Steffen Hellmuth

Wir wünschen eine anregende Lektüre!

Edition Digital Lifestyle
MANDL & SCHWARZ

Der Mac im Unternehmen:
Netzwerk, Backup, Sicherheit

Tipps & Tricks für Administratoren, IT-Supporter und interessierte Windows-Anwender

Impressum

Der Mac im Unternehmen: Netzwerk, Backup, Sicherheit
für Administratoren, IT-Supporter und interessierte Windows-Anwender

ISBN 978-3-939685-15-9
1. Originalauflage 2009

MANDL & SCHWARZ

Mandl & Schwarz-Verlag
Edition Digital Lifestyle

Theodor-Storm-Straße 13
D-25813 Husum / Nordsee

Fax 04841 – 770 99 96
leser@mandl-schwarz.de

Bibliografische Information der Deutschen Nationalbibliothek
Die Deutsche Nationalbibliothek verzeichnet diese Publikation in der Deutschen Nationalbibliografie; detaillierte bibliografische Daten sind im Internet über http://dnb.d-nb.de abrufbar.

Das Cover wurde gestaltet mit einer Illustration von © istockphoto.com

Der Verlag übernimmt keine Haftung für Folgen, die auf unvollständige oder fehlerhaften Angaben in diesem Buch zurückzuführen ist. Denn zwar wurde das Ihnen vorliegende Buch in unzähligen Tages- und Nachtstunden mit großer Sorgfalt und viel »Herzblut« erstellt. Dennoch finden sich ab und an Fehler, für die wir uns entschuldigen möchten. Wir sind Ihnen dankbar für Anregungen und Hinweise.

Zu Ihrer ersten Orientierung

Das erwartet Sie im Detail

4 Clientmanagement mit Apple-Rechnern in heterogenen Netzwerken 207

Willkommen!

Nutzwert für Supporter, IT-Verantwortliche und -Interessierte

Liebe Leserin, lieber Leser,
erst einmal danke ich Ihnen für den Kauf dieser Lektüre. Außerdem danke ich den Verlegern Daniel Mandl und Michael Schwarz für die Gelegenheit, ein Thema aufzugreifen, das nicht nur in Unternehmen oft für Grundsatzdiskussionen sorgt: »Mac oder PC«.

Zwei Welten finden zueinander – langsam, aber sicher

Seit dem Einzug der Personal Computer führt die Spaltung der beiden Lager von Mac- und Windows-Anhängern mittlerweile zur Polarisierung mit teilweise psychologischen Auswüchsen. Schon lange nicht mehr sachlich, nicht technisch und schon gar nicht objektiv, eher emotional und kaum zu argumentieren, hat es selbst die iPhone-Manie noch nicht geschafft, technische Realisierungen gemeinsam und selbstverständlich mit beiden Plattformen anzugehen. Es wird stattdessen auf »entweder oder« gesetzt. Der Fokus auf die eigentliche Anforderung und die entsprechende Lösung fehlt.

Macs gelten in der Windows-Welt als teure Außenseiter, »für die es ja kaum Software gibt«. PCs (generell als Synonym für Computer mit Windows-Betriebssystem benutzt; aber darauf kommen wir auch im Buch zu sprechen) gelten in der Mac-Welt als virengefährdete und leistungsschwache Funktionsobjekte, denen jeglicher Charme fehlt. Um die weit auseinanderklaffende Schere zumindest von einer Seite etwas enger zu drücken, haben wir versucht, den Umgang mit Macs im Firmenumfeld mit Grundlagen, Tipps und Erfahrungen näher zu betrachten.

Denn die Verwendung für Apple-Computer beschränkt sich schon lange nicht mehr nur auf grafische und multimediale Anforderungen. Vielmehr müssen IT-Verantwortliche, Projektleiter und CIOs auch immer öfter Alternativen in die Evaluierung der Plattformfrage mit einbeziehen, da die wirtschaftlichen Aspekte von Effizienz und Flexibilität eine breitere und vor allem offene Sicht erfordern. Selbst einige Softwareunternehmen haben es sich als Ziel gesetzt, die Integration von Apple-Computern im Firmenumfeld zu unterstützen. Dazu wurde 2008 die *Enterprise Desktop Alliance* gegründet, die mit verschiedenen Lösungen versucht, die Integration von Macs in Firmen zu erleichtern.

Anregende Lektüre für verschiedene Interessenten

Dieses Buch richtet sich zum einen an Windows-Administratoren, die mit der Integration von Apple-Computern »konfrontiert« werden – ihnen soll der Einstieg in die Verwaltung der Macs erleichtert werden. Zum anderen kann es aber auch für IT-Verantwortliche und bereits erfahrene Mac-Administratoren als interessantes Nachschlagewerk dienen. Im besten Fall könnte sich dieses Buch als Hilfestellung für einzelne Probleme, für Implementationen oder für größere Projekte als nützlich erweisen, bei denen der Mac im Mittelpunkt steht.

Da die Zielgruppe in der IT-Welt mit den Administratoren, »Computer-Freaks« und Technik-affinen groß ist, soll es kein reines IT-Sachbuch darstellen, sondern vielmehr einen gut gemeinten Ratgeber. Genau das war der schwierige Teil der Umsetzung vieler Themen, um sie nicht zu oberflächlich, aber auch nicht zu tief zu behandeln und womöglich Interessierte zu vergraulen. Auch konnten aus diesem Grund nicht alle Themenschwerpunkte, die einen Firmeneinsatz von Computern in ihrer ganzen Breite ausmachen, für dieses Buch berücksichtigt werden. Alles in allem werden auf den folgenden Seiten daher einige Themen detailreicher behandelt, andere wiederum nur angeschnitten.

Worauf dürfen Sie sich freuen?

Wir haben die Gliederung der Kapitel pragmatisch gewählt, so dass am Anfang einige Ansatzpunkte zur Plattformfrage und typische Vergleichsaspekte zwischen Windows und OS X angesprochen und bewertet werden. Nach einem Überblick des derzeitigen Hardware-Areals der Apple-Computer und möglichem Einsatzzweck geben wir Empfehlungen zu einzelnen Software-Anforderungen. Es folgen gezielte Themen rund um das Apple-Betriebssystem und Tipps im Clientmanagement. Im weiteren Verlauf widmen wir uns der Wartung und dem Support, was für Verantwortliche von IT-Umgebungen durchaus dienlich sein mag. Beispiele und Tipps mit Terminalbefehlen sollen dieses Buch abrunden.

Wir wünschen viel Freude beim Lesen und hoffen, dass Ihnen der Inhalt auch den einen oder anderen Nutzwert bieten wird.

Steffen Hellmuth
Hamburg, im November 2009

»Mac 4 Business«: Anforderungen, Investitionen und Vergleiche

1

- **Apple im Windows/Mac–Netzwerk – ein Status Quo**
- **Investieren in IT: Wie sich Kosten beurteilen lassen**
- **Marke, Marktsegment und Qualität – Studien jenseits der Werbung**
- **Wartung und Support in der Mac-Welt**
- **Computerviren, Trojaner und Ausspähung von Daten – auch auf dem Mac?**
- **Wie kompatibel ist ein Mac?**
- **Was kann der Mac von Hause aus?**
- **Macs und Server – vorbildliches Netzwerken**

Auf den nächsten Seiten werden wir das Thema Mac in Unternehmen, Bildungseinrichtungen und Organisationen auf eine sachliche und objektive Ebene rücken. Auf derselben sachlichen Ebene sollten Plattformentscheidungen getroffen werden. Leider sind die Meinungen oft bereits vor Projektbeginn in Stein gemeißelt und Prinzipiensache. Die Frage nach dem Vor- und Nachteil eines Windows-Betriebssystems wird dabei ebenso wenig gestellt wie ein objektiver und sachlicher Vergleich der Bewertungskriterien im Rahmen des Anforderungsprofils. Gerade hier setzen wir an, um so eine Basis zu bieten, die im Projektverlauf Ihrer Plattformentscheidung nützlich sein kann.

Apple im Windows-/Mac-Netzwerk: der Status Quo

Potentielle Einsatzgebiete

Eines kann mit Sicherheit gesagt werden: Ein Mac kann grundsätzlich für viele Anforderungen in Unternehmen – wenn nicht sogar für jede für einen Computer in Frage kommende Aufgabe – eingesetzt werden. Die Frage nach der besseren Plattform für einen bestimmten Einsatz ist ebenso schwierig wie nur pauschal zu beantworten. Wie bereits am Anfang des Buches angedeutet, neigen Leute bei dieser Frage oft zu polemischen Antworten. Nur lassen sich in den wenigsten Fällen auch wirkliche Fakten herauslösen. Vor allem in diversen Internetforen und bei spontanen Gesprächen über dieses Thema kommt es immer wieder zu der Frage: »Welches System ist denn nun die bessere Wahl?«

Jede Plattformentscheidung ist stets einzeln zu treffen und muss dabei genau betrachtet werden. Und nur diese individuellen Schwerpunkte erlauben es, realistische Anforderungskonzepte zu erstellen. Natürlich kann die Ausrichtung an eine technologische Plattform strategisch wertvoll sein – und daher sollte die Fragestellung im Rahmen der Evaluierung auf folgende Punkte ausgeweitet werden:

Geplanter Einsatzzeitraum für die Client-Infrastruktur

- Berücksichtigung von »End of Life« der Client-Hardware
- Zeitpunkt des Kaufs bezüglich Stand des Betriebssystems

Anforderungen an die Clients

- Hardwareausstattung
  (Leistungsniveau, Erweiterungsmöglichkeit, Qualität etc.)
- Betriebssystemfunktionalität (Vorteile durch integrierte Funktionalität)
- Softwareausstattung
  (Umfang, Qualität und Kosten für notwendige Software)

- Stabilität und Ausfallsicherheit
- Bedienbarkeit / Schulungsaufwand

Kosten bis zum »End of Lifecycle« der Clients

- Abschreibungskosten (inkl. Garantiezeitraum)
- Supportaufwand / Kosten für Systempflege
- zu erwartende Reparaturkosten
- Aufwand und Kosten für die Gewährleistung der Datensicherheit
- Kosten für sonstiges Clientmanagement (Inventar- bzw. Asset Management)

Kompatibilität zu vorhandener Infrastruktur

- Kompatibilität zu möglichen vorhandenen Servern und Systemen
- etwaige Investition in neue Serverinfrastruktur

Erst nachdem alle relevanten Rahmenbedingungen und Anforderungen bekannt sind, können die entscheidenden Fragen zur Plattform berücksichtigt werden:

Welche Vorteile sprechen für die in Frage kommenden Betriebssysteme?
Welche Nachteile sprechen gegen die Betriebssysteme?

Und genau diese Entscheidung für die mögliche Plattform wird in vielen Unternehmen nicht fundiert oder genügend betrachtet; sie steht allerdings als Grundvariable zum Beginn des Tests für die Clienthardware fest.

Das akribische Testen der EDV-Hardware beginnt dann in den meisten Firmen erst im Rahmen von Hardwaretests *innerhalb einer Plattform.* Die Untersuchungen sollten aber für alle in Frage kommenden Betriebssysteme durchgeführt werden und am Anfang einer Plattformevaluierung stehen.

Dies gilt gleichermaßen für Apple OS X wie auch für Microsoft Windows, da für diese Betriebssysteme die höchste Verfügbarkeit von Software und Service am Markt besteht. Andere Betriebssysteme sind eher außerhalb von Clientsystemen zu finden. Sprechen allerdings Gründe dafür, so müssen auch diese Systeme bei der Evaluierung berücksichtigt werden.

Bleiben wir bei der Frage, wie und ob sich Apple-Computer überhaupt im Vergleich zur Windows-Plattform in den Unternehmen eignen. Allgemein findet sich oft die pauschale Einstellung, Apple sei zu teuer – oder zumindest teurer als andere Hardware-Hersteller. Warum kann sich Apple, sofern diese Aussage zutrifft, diese höheren Preise leisten? Spielen nicht gerade in der heutigen Zeit, die von Finanz- und Immobilienkrise gezeichnet ist, günstigere Investitionen in der IT-Infrastruktur eine entscheidende Rolle? Welche Benefits erhalte ich möglicherweise durch den Einsatz von Apple-Computern und welcher Vorsprung im Vergleich zur Windows-Plattform entsteht dadurch? Gibt es vielleicht doch nur mehr emotionale als sachliche Argumente, warum sich langjährige Nutzer von Apple-Systemen auch weiterhin wünschen, mit ihnen arbeiten zu können? Wir können natürlich nicht auf jede Frage eine eindeutige Antwort geben, versuchen aber mindestens auf die grundlegenden Aspekte einzugehen und auf Interessantes hinzuweisen.

IT-Betreuung: »Volle Kraft voraus« mit Qualität!

Zunächst werfen wir einen Blick in die heutigen Strategien für Effizienzsteigerung und Kosteneinsparung, die durch betriebswirtschaftliche Maßnahmen geplant werden. Controlling-Firmen werden beauftragt, um das Potential und den Umfang von möglichen Optimierungen zu beschreiben und zu beziffern. Prozesse und Verfahren werden verabschiedet, um noch effizienter arbeiten zu können.

Da Effizienz im Fokus dieser Maßnahmen steht, hinkt nicht selten der Qualitätsfaktor hinterher – oder wird bei der Beurteilung kaum in Betracht gezogen, obwohl das Thema »Qualität« am Anfang der Umstrukturierungen als Argument benutzt wird.

So liegen die Tätigkeiten rund um die IT-Betreuung mittlerweile im Zentrum der Sparmaßnahmen. Warum dies so ist, erklärt die Einteilung eines Unternehmens nach Kerngeschäft und tertiärem Dienstleistungsbereich. Die Tätigkeiten der Abteilungen Personalwesen, Reinigung, IT und andere Bereiche außerhalb der direkten Leistungserbringung des Unternehmens gehören zum tertiärem Sektor.

Anfang der 90er Jahre begannen Unternehmen in diesen Servicebereichen nach Einsparungen zu suchen. Dabei entstanden Firmen, die plötzlich Dienstleistungen für interne Aufgaben anderer Unternehmen zu günstigeren Konditionen anbieten konnten. Diese internen Services wurden dann von einigen Unternehmen ausgegliedert, aber auch in eigene Tochterfirmen umgewandelt, um nicht nur steuerliche Vorteile zu erhalten, sondern auch ein höheres Spezialisierungsniveau zu erreichen. **Spezialisierung sollte einen Vorteil gegenüber der Konkurrenz bringen.**

Externe Firmen, die sich auf Dienstleistungen spezialisieren, sprießen in der heutigen, immer teurer werdenden Zeit wie Pilze aus dem Boden. Sie ringen am Markt um niedrige Kosten und differenzierte Leistungen, drücken dabei die eigenen Lohnkosten nach unten und beschneiden zum Teil den geschaffenen Qualitätsbereich der Leistungserstellung. **Und so drehen sich die einstigen Vorteile langsam, ähnlich einer Sinuskurve, wieder nach unten.**

Dienstleistungsunternehmen arbeiten zum Teil mit Leiharbeitsfirmen zusammen, um sich für einen Kundenauftrag optimal aufzustellen. Das geschieht immer öfter zu Niedriglöhnen und anderen Abstrichen in den Arbeitsbedingungen.

Daher sei hier auch einmal die kritische Nebenfrage gestellt: Ist das die Zukunft für qualitativ hochwertige IT-Betreuung? Aber wird diese Anforderung überhaupt noch gestellt? Zumindest werden selten Umfragen bei Anwendern berücksichtigt, da die Antworten der Betriebswirtschaft eindeutig scheinen und Priorität genießen. Aber wie sieht es mit dem Motivationsfaktor der Mitarbeiter aus, wenn die Arbeitsmittel und die technische Betreuung nicht den Anforderungen entsprechen? Nur der Anwender selbst kann hierzu Auskunft geben.

Outsourcing – ein Argument gegen Apple?

Ein gravierender Grund gegen die Entscheidung für Apple in Unternehmen ist für viele kaufmännische Entscheidungsgremien das Thema Outsourcing. Der Exkurs in das heikle betriebswirtschaftliche Thema im Rahmen zukünftig geplanter Effizienzsteigerungen, der Schaffung von Wettbewerbsvorteilen und notwendiger Kostenreduzierung kann nur einen kleinen Einblick in die relevanten Punkte geben, die für die IT-Struktur vorab beachtet werden müssen. Da die IT-Betreuung als Nicht-Kerngeschäft ideal für die Auslagerung geeignet erscheint, geht diese Überlegung natürlich auch in die Argumentation für die Plattformbeurteilung mit ein.

Dienstleistungsbetriebe für die Betreuung einer Windows-Clientinfrastruktur gibt es am Markt im Überfluss. Der Kostendruck für solche Firmen ist demnach extrem hoch. Leider beschneidet genau dieser Punkt erneut einen der eigentlichen Vorteile, die man sich mit dieser Service-Abdeckung erhofft.

Serviceunternehmen unterbieten sich gegenseitig im Preis, um Kunden zu gewinnen. Die Anforderungen an die IT-Supporter steigen, die Gehälter sinken, der Stress und damit auch das Fehlerrisiko nimmt zu. Um überhaupt eine Chance auf eine funktionierende Betreuung durch einen externen IT-Dienstleister zu erhalten, muss vorher auch noch eine einheitliche IT-Landschaft geschaffen werden.

Bestehende Apple-Geräte werden noch immer als »Exoten« angesehen und ausgetauscht, da ein etwaiger Technologievorteil nicht in die Bewertung mit eingeht. Die Kosten für diese Umstellung werden oft nur ungenügend betrachtet. Ganz zu schweigen von den möglicherweise entstehenden Schwierigkeiten bei den Schnittstellen und der technischen Umsetzung; sie werden als vorgeblicher »Einmalaufwand« angesehen und als notwendig bewertet.

Natürlich gibt es auch jede Menge Zweifel an einigen bereits erfolgten Auslagerungen im IT-Support, und ob die Verhältnismäßigkeit von Kostenaufwand und Risiko im Vergleich zum Ergebnis überhaupt gegeben sind. Es kann nur darauf hingewiesen werden, dass die Erfahrung anderer Unternehmen miteinbezogen werden sollte. An dieser Stelle sind neben den reinen Zahlen der Kosten aber auch diejenigen hinzu zu zählen, die sich aufgrund von möglichem Qualitätsverlust und defizitären Arbeitsbedingungen der Mitarbeiter auf die Produktivität niederschlagen.

Vor der weit reichenden Entscheidung für eine Auslagerung von Teilen der IT-Abteilung beziehungsweise des kompletten IT-Bereiches sollten daher folgende Nachteile berücksichtigt werden:

- Durch den Know-How-Transfer geht dem Unternehmen ein hohes Maß an eigenem Wissen verloren, was bei einem etwaigen Insourcing erneut aufgebaut werden muss.

- Ein externes Dienstleistungsunternehmen muss im Kundenunternehmen durch interne Prozesse und Steuerungsmechanismen reguliert und die Schnittstellen aufwendig kontrolliert werden, was zu zusätzlichen Kosten führt und mögliche Einsparungen reduziert.

- Die Übergabe von Aufgaben an ein externes Service-Unternehmen bedeutet ein großes Risiko, was bei Firmen mit hohem Produktionsdruck im Problemfall eklatante Auswirkungen haben kann.

- Geringere Motivation der IT-Kollegen des Dienstleisters durch geringe Bindung an das Einsatzunternehmen schränken die Qualität und Servicebereitschaft ein.

- Da die Bindung an das Unternehmen fehlt, steht die Einhaltung der Vorgaben des Dienstleisters im Vordergrund, was wiederum ein geringeres Pflichtbewusstsein im Kundenunternehmen zur Folge hat.

- Im Einzelfall bedeutet die externe IT-Dienstleistung auch ein höheres Risiko für Verletzungen im Rahmen der Integritätswahrung und des Datenschutzes.

- Das Dienstleistungsunternehmen unterliegt klaren Verträgen, was den Leistungsdruck und damit das Fehlerrisiko der IT-Kollegen erhöht, gleichzeitig aber auch die Leistungsfähigkeit lahmt.

- Letztlich steht das Kundenunternehmen in einer hohen Abhängigkeit gegenüber dem Dienstleister und ist ihm, was Personalwechsel und damit auch Neuaufbau von Know-How angeht, in diesem Bereich kaum entscheidungsbefugt.

Berechnungsgrundlagen im IT-Support

TCO / Total-Cost-of-Ownership ist die Methode der Kostenberechnung, die von den meisten Unternehmen herangezogen wird, um die direkten und indirekten Kosten der IT-Infrastruktur aufzuzeigen und zusammenzuführen. In den vergangenen Jahren gab es dazu Studien, die sich mit den IT-Kosten in vielen Unternehmensbereichen auseinandersetzten.

Eine direkte Aufstellung und Studie von aktuell zu erwartenden und bestehenden IT-Kosten in Deutschland gibt es so nicht.

Daher haben wir eigene Tests durchgeführt, um in den nächsten Abschnitten Antworten liefern zu können, die im Rahmen der Plattformentscheidung gestellt werden sollten.

Zum Teil handelt es sich dabei zwar um pragmatische Ansätze, die aber genau die Aspekte unter die Lupe nehmen, die für die Beurteilung der Clientinfrastruktur von Relevanz sind.

Ganz grundsätzlich: Warum eigentlich Apple?

Die Bereiche, in denen Apple-Computer auch heute noch überwiegend und normalerweise ihren Platz finden, sind sicherlich die von Grafikern, Fotografen, Autoren und Musikern. Die Hardware und das Betriebssystem waren von Anfang an auf diese speziellen Anforderungen abgestimmt und optimiert. Dennoch spielt die Hardware im Vergleich mit anderen Plattformen heutzutage eine untergeordnete Rolle. Ja, selbst Apples Prozessor-Architektur stammt mittlerweile von Intel, die allerdings oft wiederum zuerst in Apple-Computern vorzufinden ist. Allein dieses Merkmal erklärt einen Teil des immer wieder zitierten Preisaufschlages.

Aktuelle Technologien bedeuten aber auch früheren Leistungsvorteil am Markt beziehungsweise theoretisch mögliche längere Lebenszyklen der eingesetzten Hardware, sofern diese überhaupt gewünscht sind.

Genau das ist eines der Argumente für Apple-Rechner; sie könnten nach ihrem technologischen Fortschritt in vielen Bereichen länger eingesetzt werden. Und obwohl die Kombination der Komponenten und gerade das Betriebssystem dazu beitragen, da sich im Grunde jeder aktuelle Apple-Computer leistungsmäßig für rechenintensive Anforderungen eignet, ist die Produktpalette natürlich unter anderem nach Leistungsdaten einteilbar.

* Der **MacPro** für professionelle und leistungsstarke Anforderungen,

* **Mac minis** und **iMacs** für den Home- und Office-Bereich.

* Für mobile Zwecke nennt Apple seine Geräte **MacBook**, **MacBook Air** und **MacBook Pro**.

Im Kapitel »Hard- und Software« gehen wir auf die Geräte und deren Einsatzmöglichkeit näher ein.

Nachfolgend haben wir einige Gründe und Argumente zusammengetragen, die bei einem Vergleich zwischen Hard- und Software für Apple im Unternehmen sprechen könnten. Nicht jedes der angesprochenen Punkte ist dabei eins zu eins in jedem Umfeld signifikant, aber dennoch in der ganzen Tragweite sicherlich interessant.

Wie sich ein Apple-System behaupten kann, mit welchen Merkmalen man in einen Plattformvergleich gehen könnte und welche Details vielleicht wichtig oder zumindest interessant für eine Evaluierung sein können, wollen wir auf den kommenden Seiten versuchen herauszustellen. Zunächst haben wir einmal einige Argumente aufgeführt, die für sich allein genommen durchaus für ein Apple-System sprechen könnten. Teilweise schon sehr provozierend und individuell, andererseits bewusst markant, manchmal subjektiv erscheinend, aber dennoch fundiert, werden die Argumente eine Richtung »Pro Apple« vorgeben und möglicherweise Ihnen als IT-Verantwortlichen einige Ideen für die Plattformevaluierung an die Hand geben.

Viele Argumente: Was für Apple spricht

- Apple ist der einzige Computerhersteller, der das dazugehörige Betriebssystem selbst entwickelt und es somit perfekt auf die eigene Hardware anpassen kann sowie umgekehrt.

- Das bedeutet auch, dass die Beseitigung von Softwareproblemen auf dem **Betriebssystem** weniger Konflikte hervorruft.

- Warum DELL? Acer? HP? Und nicht Medion? Apple ist im Markensegment platziert und sollte aufgrund der **Qualität** auch auf dieser Ebene verglichen werden. Gleiches gilt für die technische Aktualität und Ausstattung.

- Color Management ist nur auf Macs mit OS X professionell zu managen (***Color Sync***-Implementation, Umgang mit Profilen, Einbindung von Adobe-Profilen).

- Der zu 100% funktionierende sichere **Schlafmodus** ist gerade für mobile Anwender komfortabel und vor allem ein Schutz vor Datenverlust. Effizienz lässt sich somit mit den »Green IT«-Vorgaben vereinbaren.

- Trotz vielfach installierter Software ist der **Bootvorgang** eines Macs im Vergleich zum Windows PC kürzer.

- Die im Betriebssystem integrierte Backup-Funktion **Time Machine** reduziert das Risiko von Datenverlust auf äußerst komfortable und sichere Weise – und sie ist kostenlos! (Im Kapitel 4 gehen wir näher auf den Einsatz von Time Machine im Firmenumfeld ein.)

- Das Betriebssystem Snow Leopard wird in nur einer Version angeboten, in der alle Funktionen integriert sind und diese mit **32- oder 64 Bit** automatisch betreibt. Man muss nicht zwischen einer Vielzahl von Versionen auswählen, wie das bei Windows 7 der Fall ist (auch bei früheren Windows-Versionen). Außerdem gilt somit ein Preis, der im Vergleich zu den Business-Versionen von Windows wesentlich **günstiger** ist.

- MacBook Pro-Modelle haben im Vergleich zu günstigeren PC-Laptops die besseren **Displays**, was sich gerade bei Tageshelligkeit positiv auswirkt. Wird auf der Windows-PC-Seite die gleiche Qualität erwartet, geht der Preisvorteil verloren (ohne gleichzeitig andere Vorteile des Mac OS X zu erhalten).

- Snow Leopard ist das erste und derzeit einzige Betriebssystem, in dem die **Exchange-Integration** umgesetzt wurde. Es muss keine zusätzliche Software installiert werden. (Auf die Möglichkeiten gehen wir im Verlauf der kommenden Seiten näher ein.)

- Service und Support sind bei Apple für 90 Tage inklusive und können auf drei Jahre erweitert werden – **Apple Care**. (Dazu gehören, falls gewünscht, auch die Displays.)

- In Deutschland gibt es ein ausreichendes Angebot von Apple-Systemhändlern, die sich um die Garantie- und sonstigen Reparaturabwicklungen kümmern.

- Ein Apple-Computer wird im Durchschnitt ein Jahr länger eingesetzt als ein Windows-PC, was den Anschaffungspreis zusätzlich relativiert (man höre und staune!)

- Durch den Einsatz aktueller Technologien sind Apple-Computer auch mit zunehmendem Alter noch **performant** und mit einem aktuellen Betriebssystem funktionsfähig.

- **Treiberkonflikte** von Peripheriegeräten treten aufgrund der Systemstruktur kaum auf.

- Ein **Virenschutz** auf einem OS X von Apple muss derzeit hauptsächlich für die passive Sicherheit sorgen, um zum Beispiel keine Windows-Viren via E-Mail weiterzuleiten. Die Virenverbreitung auf der Windows-Seite steht in keinem Verhältnis.

- Qualitative Software ist bereits integriert, für die Sie auf anderen Systemen zum Teil viel Geld bezahlen müssen (**iLife, Time Machine** etc.). **Apple iWork** ist bei ähnlichem Funktionsumfang und Kompatibilität erheblich preisgünstiger als das Produkt von Microsoft.

- Das integrierte Programm **Vorschau** öffnet alle gängigen Medienformate (JPG, TIFF, PDF, GIF, BMP, EPS etc.) und konvertiert sie bei Bedarf. Hier sind keine zusätzlichen PDF- oder Bildinterpreter notwendig.

- Sie finden ein stabiles Betriebssystem vor, das sich auf **Benutzerfreundlichkeit** und Innovation spezialisiert hat. Computer-Anfänger erreichen am Apple-System somit eine höhere Arbeitsproduktivität, als dies bei anderen Betriebssystemen der Fall ist.

- Der Zugang zu Programmen über das **Dock** bei OS X ist übersichtlicher und komfortabler als auf einem Windows-Betriebssystem über das Startmenü.

- Im Gegensatz zum Windows-Betriebssystem gibt es ein vernünftiges und funktionierendes Schriftenverwaltungssystem, was bereits mit der Standard-Applikation **Schriftsammlung** solide bedient werden kann.

- Der Ein-Fensterbetrieb in einigen Applikationen auf einem Windows-Betriebssystem hindert bei der Arbeit. So muss zum Beispiel auf einem Windows-basierten InDesign-Arbeitsplatz im **Mehrbildschirmbetrieb** das Arbeitsfenster auf alle Bildschirme erweitert werden, um Dokumente miteinander vergleichen zu können.

- Verschiedene Macs können unproblematisch mit ein und demselben **Systemimage** installiert werden, was die Anzahl von Systemimages im Unternehmen gravierend reduziert.

- Bei Bedarf kann das Windows-Betriebssystem dennoch auf einem Apple nativ eingesetzt werden. Durch die Funktion **Spaces** sind aufgeräumte Arbeitsflächen getrennt voneinander nutzbar, zwischen denen einfach hin und her gewechselt werden kann. So können Vorteile von beiden Systemen vereint genutzt werden.

- Im Supportfall können zwei Macs über den **Target Disk Mode** einfach mit einem FireWire-Kabel verbunden werden, um Daten zu sichern (außer bei MacBook Air und einer früheren MacBook-Serie). Auch Images von kompletten Festplatten lassen sich somit äußerst einfach und schnell erstellen.

- Die **Softwareverwaltung** lässt auf OS X weitaus komfortablere Funktionen zu. So können Dateien oder Programme als Filestruktur auf den Client verteilt und wieder entzogen werden.

- Im Supportfall reicht oft das Entfernen von einzelnen **Voreinstellungsdateien**, um etwaige Schwierigkeiten mit Programmen oder Diensten zu beseitigen.

- Die **Aktivitätsanzeige** ist ein übersichtliches und vollständiges Support-Tool für die Überprüfung auf dem Mac, welche Prozesse und Dienste mit welchen Parametern laufen.

- Es können **keine Konflikte mit DLLs** auftreten, die den Support in der Effizienz der Fehlersuche negativ beeinträchtigen.

- Aufwendige Änderungen und langwieriges Fehlersuchen in der **Registry** existieren auf Apples OS X nicht.

- *Drag & Drop*-Funktionen sind seit Jahren im System integriert und funktionieren Schnittstellen-übergreifend zu den Applikationen.

- Es existiert eine einfache und dennoch umfangreiche **Screenshot-Funktionalität**, also ohne die Notwendigkeit einer Zusatzsoftware.

- Nach dem Einschalten eines neu installierten Rechners müssen nicht Massen an Demo-Software gelöscht werden. Auch **Werbefenster** und nervige Infofenster, die nach Installationen von Programmen auf einem Windows-System auftauchen, gibt es bei Apple nicht.

- Apple verbaut hochwertige Technik in **hochwertigen Designgehäusen**, die dennoch von **Stabilität** gezeichnet sind.

Diese Anhaltspunkte sollen nur ein wenig verdeutlichen, dass die oft einfach scheinende Kaufentscheidung für einen Windows-Computer doch ein wenig genauer betrachtet werden sollte.

Dass sich die Anschaffungskosten für Apple- und Windows-Systemen mit vergleichbarer Ausstattung dabei zum Teil nicht wesentlich voneinander unterscheiden müssen, haben wir mit Hilfe der nachfolgenden Abschnitte versucht darzustellen. Dabei soll vorab erwähnt werden, dass eine genaue Gegenüberstellung und ein direkter Vergleich oft unmöglich sind, da man wie oben beschrieben mit reinen Hardwaredaten eigentlich »Äpfel mit Birnen« vergleicht und sich die integrierten Technologien dabei zum Teil wesentlich voneinander unterscheiden. Und dennoch nehmen wir die Leistungs- und Preisdaten verschiedener Hersteller im Vergleich zu einigen aktuellen Apple-Computern etwas genauer unter die Lupe.

Investieren in IT: Kosten kritisch beurteilen

Preis / Leistung – ein Vergleich nach Einsatzzweck

Die Schere der am Markt angebotenen Computer, die vom billigsten Gerät bis hin zum teuersten Markengerät reichen, ist für eine Bewertung der Investitionskosten in reine Hardware nicht unbedingt geeignet. Wie bereits erwähnt, müssen hier Service, Stabilität und andere Faktoren ebenso wie auch die technischen Details beurteilt werden. Der Vergleich wird allerdings schon im technischen Ansatz schwierig, da jeder Computer-Hersteller eigene Konfigurationsvorgaben für seine Palette nutzt. Im Detail ergeben sich dabei Unterschiede, die es selbst für viele Benchmark-Tests unmöglich machen, eine objektive Auswertung zu gewährleisten.

So auch Apple: Durch eine scheinbar fehlende Nutzung der *NUMA*-Technologie *(Non-Uniformed Memory Architecture)* im Prozessorspeichermanagement unter *Snow Leopard* würde, wie Messungen der *c't*-Redaktion ergaben, Apple auch weiterhin nicht die höchstmögliche Geschwindigkeitsausnutzung erreichen – dennoch sprechen bisherige Testergebnisse für überlegende Leistungsdaten.

Reduziert auf jede einzelne Funktion müssen wohl alle Systeme irgendwo passen; dafür gibt es verschiedene Benchmarktests, die in ihrer Gesamtheit beachtet werden sollten und von allen Komponenten abhängen. Dazu zählen unter anderem auch der *Level 3*-Cache, die *TurboBoost*-Technologie und der schnelle *DDR3*-Speicher, die sich positiv in Apples aktueller Generation auswirken.

Apple hat sich jedenfalls bewusst gegen die Implementierung der Prozessorspeicheroptimierung *NUMA* entschieden. Sei es, da es in bestimmten Situationen auch theoretische Geschwindigkeitseinbußen durch die Synchronisation der Speicherbereiche geben kann. Oder vielleicht aufgrund des hohen Aufwands für die Umgestaltung bestimmter Systemressourcen.

Entscheidend ist der Einsatzzweck, der zunächst bewertet werden muss. Und daher reduzieren wir die Anforderungen für den Vergleich auf zwei Kategorien. Zum einen stellen wir kleine Business-PCs für den Arbeitsplatz gegenüber. Im zweiten Schritt vergleichen wir einige Geräte mit höchster Workstation-Leistung miteinander.

Im letzten Schritt wollen wir uns auf Standard-Laptops konzentrieren und versuchen, vergleichbare Geräte gegenüberzustellen. Es darf vorweggenommen werden, dass Apple im Billig-Preissegment tatsächlich nicht vertreten ist. Aber das haben Sie mit Sicherheit auch nicht erwartet. Soll ein Computer für den Business-Bereich angeschafft werden, der in seiner Endkonfiguration mit maximal 400,- € (o. MwSt.) zum Tragen kommt, werden die aufgeführten Modelle nicht als Referenz geeignet sein. Der günstigste Rechner von Apple heißt Mac mini, kostet ab ca. 460,- € (o. MwSt.) und ist trotz seiner absolut kleinen Abmessungen dennoch leistungsstark.

Die folgenden Preise sind empfohlene Verkaufspreise des jeweiligen Herstellers ohne Mehrwertsteuer und den offiziellen Online-Preislisten mit dem Stand der Entstehung dieses Buches entnommen. Sie haben lediglich Vergleichscharakter und wurden zusammengestellt, um einen ungefähren Überblick in der Bewertung der Preisklassen zu finden. Preise sind sicherlich ständigen Veränderungen unterworfen – jedoch bleibt ein gewisses Verhältnis, welches sich dadurch abzeichnet.

BUSINESS SMALL

KRITERIEN	APPLE MAC MINI	ACER VERITON L410	DELL OPTIFLEX FX160	HP DC7900 ULTRA-SLIM
Prozessor	2.26 Hz Intel Core 2 Duo	2.5 GHz AMD Athlon	Intel Atom 1.6 GHz	3.0 GHz Intel Core 2 Duo
Speicher	2 GB RAM, 160 GB HD	1 GB RAM, 160 GB HD	1 GB RAM, 80 GB HD	2 GB RAM, 160 GB HD
Grafik	NVIDIA GeForce 9400M mind. 256 MB Shared	RS690 max. 256 MB Shared	SiS Mirage 3 max. 256 MB	Intel 4500 mit 8-512 MB Shared
Gewicht	ca. 1,31 KG	ca. 4,0 KG	ca. 1,81 KG	ca. 3,1 KG
Energie	110 W (Netzteil) 87% Wirkungsgrad, 12.6 W Idle	135 W (Netzteil)	50 Watt (integriert) 87% Wirkungsgrad	135 Watt (Netzteil) 87% Wirkungsgrad
Preis	ca. 461 € (o. MwSt.)	ca. 436 € (o. MwSt.)	ca. 536 € (o. MwSt.)	ca. 672 € (o. MwSt.)

- *Konfigurationen zum Teil angepasst, um Vergleichbarkeit zu erreichen*
- *alle Geräte inklusive Betriebssystem (Apple Mac OS X oder Windows Vista Business, bei Mac mini in optionaler Version ohne optisches Laufwerk liegt Mac OS X Server bei)*
- *DELL OptiPlex FX 160 ohne Wechselmedium*
- *HP bietet derzeit in der »Slim Line«-Variante nur Server-basierte Systeme an, daher wurde ein nahe gelegenes Vergleichsgerät ausgesucht (Stand: September 2009)*

BUSINESS WORKSTATION PROFESSIONAL

KRITERIEN	APPLE MAC PRO 8-CORE	ACER VERITON M67WS	DELL PRECISION T7500	HP Z800
Prozessor	2 x 2.93 GHz Quad-Core Intel Xeon	2.66 GHz Intel Core 2 Quad	2 x 2.93 GHz Quad-Core Intel Xeon	2 x 2.53 GHz Quad-Core Intel Xeon
Bus	1600 MHz Frontside-Bus	1333 MHz Frontside-Bus	1600 MHz Frontside-Bus	ohne (läuft über Prozessor Geschwindigkeit)
Speicher	12 GB RAM, 1 TB S-ATA HD	8 GB RAM, 960 GB S-ATA HD	12 GB RAM, 1 TB S-ATA HD	12 GB RAM, 2 x 146 SAS HDs
Grafik	NVIDIA GeForce GT 120 mit 512 MB	NVIDIA FX 1700	ATI FirePro V5700 mit 512 MB	NVIDIA Quadro FX 1800 mit 768 MB
Preis (ohne MwSt:)	ca. 4.789 €	ca. 1.700 €	ca. 5.482 €	ca. 4.552 €

- *Konfigurationen zum Teil angepasst, um Vergleichbarkeit zu erreichen*
- *Acer bietet derzeit keine Acht-Kern-Konfigurationen an (Stand: September 2009)*
- *Maximalausstattungen wurden nicht berücksichtigt*

BUSINESS STANDARD LAPTOP 15"

KRITERIEN	APPLE MACBOOK PRO 15"	ACER TRAVELMATE 6593G-863G32N	DELL LATITUDE E6500	HP ELITEBOOK 8530P
Prozessor	2.53 GHz Intel Core 2 Duo	2.4 GHz Intel Core 2 Duo	2.53 GHz Intel Core 2 Duo	2.53 GHz Intel Core 2 Duo
Speicher:	4 GB RAM, 250 GB HD	3 GB RAM, 320 GB HD	4 GB RAM, 250 GB HD	4 GB RAM, 250 GB HD
Grafik:	NVIDIA GeForce 9400M 256 MB	ATI HD3470 mit 256 MB	Intel GMA 4500MHD	Mobile Intel PM45 Express mit 256 MB
Auflösung:	1440 x 900	1440 x 900	1440 x 900	1280 x 800
Gewicht:	ca. 2,49 kg	ab ca. 2,9 kg	ca. 2,74 kg	ca. 2.86 kg
Höhe:	2,41 cm	3,65 cm	3,3 cm	2,8 cm (vorn)
Akku-Betrieb:	bis 7 Stunden	bis 5 Stunden	bis 5 Stunden (mit 6-cell Akku)	bis 4,5 Stunden
Preis (ohne MwSt):	ca. 1.343 €	ca. 1.049 €	ca. 1.532 €	ca. 1.340 €

- *Konfigurationen zum Teil angepasst, um Vergleichbarkeit zu erreichen*
- *Maximalausstattungen wurden nicht berücksichtigt*

Die abgebildeten Geräte können nur einen Ansatz bieten, in welcher Ebene man vergleichen sollte, möchte man die Apple-Plattform in die Überlegungen für eine Anschaffung mit einbeziehen. Oft tragen zum Teil veraltete Technologien oder der Verzicht auf technische Details dazu bei, dass vermeintliche PC-Konkurrenten im ersten Preis-Check besser abschneiden. Zum Beispiel verbaut Apple gerade in der professionellen Linie nur aktuelle Prozessor-Generationen. Das führt dazu, dass einige Details abweichen und sich nur schwer vergleichen lassen.

Die Gretchenfrage: Zählt allein der Preis?

Aber auch der grobe Ansatz von Preis und Leistung ist nur schwer heranzuziehen. Denn, über welche Leistung spricht man und wie wird sie definiert? Welche Anforderungen werden gestellt? Was gehört alles zum Preis? Lediglich die Leistung eines Computers lässt sich zumindest in Ausstattung, Performance, Produktivität und andere Faktoren zerlegen. Die Betrachtung des Preises fällt da bereits schwerer, da nicht nur die Anschaffungskosten dazu gehören, sondern auch die Folgekosten und Einsatzdauer der Geräte berücksichtigt werden müssen. Die Kostenplanung wird erst komplett, wenn die zusätzlichen Kosten von Support und Software mit einfließen.

Also wirklich: Wer mag unter Einbeziehung all dieser relevanten Faktoren noch behaupten, dass die Evaluierung der Plattform »trivial« ist? Und dennoch: Die Mehrheit aller IT-Anschaffungen in den Unternehmen finden noch immer ohne eine exakte Untersuchung der Anforderungen statt und beruhen auf Annahmen.

Ohne innerhalb eines Projektes definierte Anforderungsprofile für den jeweiligen Einsatz zu bestimmen, fällt die Entscheidung oft in Richtung des gewohnten Terrains.

Ein typisches Beispiel dabei ist der Standard-Büroarbeitsplatz für die täglichen Aufgaben der Textverarbeitung. Eine Plattformentscheidung in Richtung Windows-Betriebssystem auf Nicht-Apple-Systemen scheint hier die Standardwahl. Und die wird in den meisten Fällen auch nicht infrage gestellt. Bewegen sich die Anforderungen für diesen Arbeitsplatz letztlich im Rahmen der angenommenen Büroverwaltung und handelt es sich bei der Softwareauswahl um einfache Officeware ohne Streubreite, kann auf Systeme mit geringerer Leistung und somit auch geringerem Preis zurückgegriffen werden. Durch die hohe Konkurrenz im PC-Markt mussten einst sämtliche PC-Hersteller im Bereich der Ausstattung flexibler werden, damit auch die Möglichkeit bestand, günstigere Konfigurationen zusammenstellen zu können. Daher geht die Schere der meisten Anbieter von günstig bis teuer sehr weit auf.

Und dabei werden die billigsten PCs auch immer preisgünstiger sein als der preisgünstigste Mac.

Einer Anschaffung eines billigen PCs mit Windows-Betriebssystem scheint also kaum noch etwas im Wege zu stehen. Genauere Untersuchungen in Projektform können dabei jedoch interessante Ergebnisse vermitteln, die für den einen oder anderen möglicherweise nicht so eindeutig erscheinen wie vorher vermutet. Veraltete Technik beim Kauf, der Aufpreis für zusätzliche Software, um Datenaustauschproblemen entgegen zu wirken, oder notwendige Hardware-Upgrades, um möglichen Mehranforderungen gerecht zu werden, lässt auch das PC-Kostenpendel im Endeffekt stärker ausschlagen. Die Gesamtkosten steigen an, was nicht nur bei größerer Anzahl von Clients beachtet werden sollte.

Innovationen: iPod, iPhone, iMac und mehr

Da das Unternehmen Apple von Beginn an für Innovationen steht, gibt es neben der Computerpalette noch weitere Produkte, die sich zum Teil als Marktführer in ihrem Bereich etabliert haben. Die Marken iPod und iPhone gehören seit Jahren zum Standard-Equipment jeder Altersgruppe und können in Kombination mit der dazugehörigen Plattform im geschlossenen System für weitere Anforderungsfelder dienen. Die breite Palette an Applikationen für das iPhone, die vielen innovativen Funktionen und damit die Möglichkeit, es sogar als Unterstützung für Geschäftsprozesse nutzen zu können, ließen die Verkaufszahlen in die Höhe steigen. Gerade in Sachen Softwareumgebung setzt Apple mit einigen Lösungen Maßstäbe. Aber auch mit Peripherie und Zubehör sorgt Apple neben den Standard-Computermodellen für ein abgerundetes Angebot. Dazu zählen zum Beispiel LCD-Displays und Time-Capsule für Backup-Zwecke.

Gehäusestabilität bei den flachen mobilen Apple-Geräten, ein Trackpad aus Glas für eine störungsfreie Bedienung – auch bei trockenen oder feuchten Fingern –, beleuchtete Tastatur, sicherer Schlafmodus, lange Akkulaufzeit und LED-Hintergrundbeleuchtung sorgen neben den absolut schnellen Prozessoren im Gesamtpaket auch zu höheren Preisen. Selbstredend können diese Modelle wohl kaum mit billigen Plastik-Laptops verglichen werden, bei denen die Akkus herausschauen und das CD/DVD-Laufwerk noch immer auf instabilen Schienen herausfährt.

Aber auch Merkmale im Betriebssystem selbst werden zum Teil vernachlässigt. Je nach Struktur und Einsatzgebiet der Clientsysteme kann in Unternehmen zum Beispiel die im Betriebssystem integrierte Funktion Time Machine zur komfortablen Backup-Lösung werden. Ein mögliches Konzept für die Erweiterung und Absicherung der Clientinfrastruktur in Firmen durch Time Machine beschreiben wir im Kapitel »Clientmanagement« genauer.

Andere innovative Funktionen und Applikationen wie aus iLife und iTunes spielen dagegen für die meisten Unternehmen keine große Rolle. Was nicht heißen soll, dass Apple mit diesen Programmen nicht gut aufgestellt ist. Aber im professionellen Sektor greift man auf andere Tools zurück, um eine Verwaltung der Bilder zu gewährleisten oder Videos zu schneiden. Für letztere Anforderungen schickt Apple seine professionelle Videoschnittlösung Final Cut Studio ins Rennen.

Für Programme dieser Klasse und Ausstattung muss im Windows-Bereich viel Geld extra gezahlt werden, wobei es sich dann um Einzelapplikationen handelt, die nicht – wie bei Apple üblich – ineinander greifen und zusammenarbeiten. Zusätzlicher Arbeitsaufwand für Konvertierungen und sonstige Schnittstellenprobleme sind letztlich vorprogrammiert.

Zurück zum dienstlichen Einsatz eines Macs und zu einer Betrachtungsweise aus einer anderen Perspektive. Viel zu oft finden Preisvergleiche statt, ohne vergleichbare Voraussetzungen zu schaffen. Dass es nicht leicht fällt, diese Voraussetzungen herzustellen, liegt nicht nur – wie bereits angemerkt – an den unterschiedlichen Betriebssystemen. Daher folgt im nächsten Abschnitt eine Betrachtung des Marktsegmentes, in dem sich Computer der Marke Apple bewegen.

Marke, Marktsegment und Qualität – Studien jenseits der Werbung

Zunächst muss klargestellt werden: Wer sich für einen Apple-Computer entscheidet, kauft keine Alternative, sondern das Original. Das bedeutet, dass der Vergleich auf der Markenebene mit Hewlett Packard, Acer, Lenovo oder DELL stattfinden sollte, nicht aber mit Low-End beziehungsweise »No Name«-Geräten. Leider wird aber genau das oft getan. Nichts gegen Discounterangebote oder Multimediamärkte, in denen keine Abnahme für Firmencomputer stattfinden sollte, da allein schon die Logistik nicht darauf ausgerichtet ist. **Preise von Billiggeräten sorgen oft für unseriöse Preisvergleiche. Markenbewusstsein oder technische Aktualität der benutzten Komponenten werden dann schlicht ignoriert.**

Dabei ist zu beachten, dass preisgünstigere Personal Computer oft auf Komponenten preisgünstiger Hersteller zurückgreifen. Markenhersteller hingegen stimmen ihre Komponenten zum größten Teil optimal aufeinander ab und glänzen mit technischer Aktualität. Wer ein – technologisch gesehen – vier Jahre altes Gerät kaufen möchte, darf nicht erwarten, bei Apple fündig zu werden. **Ganz wichtig und damit überlegen gegenüber anderen Hardware-Herstellern ist das auf die eigene Hardware abgestimmte Betriebssystem. Ressourcen und Funktionen können somit optimal genutzt werden.** Stellt Apple seine Hardware auf neue Komponenten ein, wird gleich noch ein Betriebssystem-Update vorgenommen, damit die Leistung und Funktionalität auch genutzt werden kann. Vielen Firmen mit Windows-basierten Systemen wurde der Leistungshunger einiger Applikationen zum Verhängnis, indem nachträglich nicht nur die Hardwareausstattung erweitert werden musste, sondern auch ein Betriebssystem-Update auf 64 Bit notwendig war, um die Mehrleistung auch nutzen zu können.

Im Laptop-Markt wird der Unterschied zu vielen anderen Marken gerade in der Qualität ersichtlich. Alle MacBook Pro-Geräte sind aus Aluminium, sehr flach und trotzdem äußerst robust. Andere Computerhersteller bieten für widrige Anforderungen auch extra stabile Hardware an, die dann jedoch meist klobig und schwer wird. Aber wer möchte schon mit einem Laptop umher reisen, welches jenseits der 3 kg-Marke liegt? Sogar Apples »Gigant«, das 17" MacBook Pro, wiegt nur ca. 2,99 kg.

In diesen Zeiten darf schon fast wieder von unterhaltsamer Werbung gesprochen werden, sieht man einmal, wie sich Microsoft und Apple gegenseitig mit Filmen durch den Kakao ziehen. Allerdings ist dann eine objektive Betrachtung der einzelnen Argumente kaum noch realisierbar. Die Schlagworte sind teilweise weit hergeholt, gestellte Fragen wirken darauf angepasst und jeder versucht, den Wind durch spaßige Bemerkungen aus des anderen Segel zu nehmen.

Apple fing vor einigen Jahren mit der Kampagne »I'm a Mac and I'm a PC« an, sich über die Windows basierten PC-Systeme lustig zu machen – witzige Filme mit professionellen Schauspielern kommen immer gut an. Nun ist Apple als Marke sowieso cool und die Klischees der PC-Welt wie gemacht für eine Comedy-Reihe. Microsoft wehrte sich schließlich und brachte Filme auf die Leinwand, in der junge Menschen hinausziehen, um billige Laptops zu bekommen. Sie fangen dann immer bei Apple an, flüchten dann aber aufgrund der hohen Preise schnell aus dessen Stores und halten dann plötzlich für wesentlich weniger Geld doch ein High-End-Gerät in den Händen.

Offen gesprochen: Eigentlich haben es beide Unternehmen nicht nötig, sich dermaßen teilweise überzogen und pauschal zu attackieren. Den Kunden wird's allein schon freuen, wenn die Preise von Apples Hardware wie bisher weiter purzeln.

Abgesehen davon liefern mittlerweile Marktforschungen und Umfragen ihr eigenes Bild. Apple kommt in diesen Studien meist äußerst gut weg. Auf den vergangenen Seiten haben wir versucht, selbst so sachlich wie möglich jene Punkte zu nennen, die für OS X und Apple als Plattform gelten könnten. Nun möchten wir einige Ergebnisse von unabhängigen Marktuntersuchungen aufzeigen, aus denen hervorgeht, dass es doch genügend Gründe zu geben scheint, um Apple als Plattform einsetzen zu können.

Schließlich hat auch der Axel Springer-Verlag in einer vorangegangenen Kosten- und Nutzenanalyse ermittelt, dass für ihr Unternehmen der Schritt in Richtung Apple für alle Bereiche sinnvoll ist und sind nun munter dabei, alle vorhanden Computer durch jene der Marke Apple zu ersetzen. Und mittlerweile haben sie beschlossen, mittelfristig auf allen Arbeitsplätzen auch das Mac OS X einzusetzen, wobei anfänglich noch der Betrieb von Windows auf einigen Apple-Rechnern in Erwägung gezogen wurde. Ob es nun in erster Linie reine finanzielle Hintergründe hatte, diese einheitliche Plattformentscheidung vorzunehmen oder Apple in dieser Größenordnung einfach nur unschlagbare Angebote erstellt hatte, wird wohl offiziell nicht zu klären sein. Dennoch wurde die Unternehmensspitze überzeugt und gab ihr Einverständnis für eines der größten Apple-Rollouts im europäischen Raum.

Gartner Group, IDC, EDA, Net Applications & Co.

IDC und Gartner Group – Recherche nach Verkaufszahlen

Nach einem Ranking von IDC für die größten PC-Hersteller, die **weltweit** Anfang 2009 in den Unternehmen eingesetzt werden, liegt Apple seit einiger Zeit mit knapp 8 % Marktanteil der verkauften Systeme auf dem sechsten Rang, wobei Toshiba nur knapp vor dem Hersteller aus Cupertino zu finden ist. Die Gartner Group untersuchte den Gesamtverkauf aller Computer und sprach in ihrer Analyse vom 1. Quartal 2009 von ca. 5,5 % der verkauften Systeme dann Apple zu.

In den **USA** sieht das dann schon anders aus: Hier liegt Apple nach wie vor auf einem guten vierten Platz in jenen Verkaufszahlen, die für die Integration in Unternehmen herangezogen werden. Selbst wenn Apple hier zum Vorjahresvergleich nicht zulegen konnte, kam der Hersteller hinter Hewlett Packard, DELL und Acer auf akzeptable **7,4 % Marktanteil.**

Um diese Ermittlung noch einmal kritisch zu beleuchten: Es ist an sich bereits ein sehr interessanter Ansatz, die Verbreitung von PC-Hardware statistisch so zu prüfen und aufzuzeigen, indem die **Verkaufszahlen** herangezogen werden. Jedoch ist auch diese Statistik nicht hundertprozentig aussagekräftig. Die Investitionen in neue Hardware setzt voraus, dass entsprechende Alt-Hardware ersetzt werden muss. Apple hatte bereits vor ungefähr zwei Jahren ein Hardware-Redesign durchgeführt und auf Intel-Prozessoren gesetzt. Zu dieser Zeit gab es dann einen stärkeren Anstieg des Marktanteils. Einen ähnlich starken Anstieg außerhalb der Endanwender/Consumer-Produkte konnte Apple bisher nur im mobilen Sektor verbuchen.

Interessante Zahlen sind erfahrungsgemäß erst wieder zum Ende des Jahres zu erwarten, da sie durch den Durchschnitt bereinigt aussagekräftiger sein werden.

Net Applications – Zugriffe auf Webseiten

Suchen wir also nach einer genaueren Betrachtung der Marktsituation nach Plattform, um nun den eigentlichen Anteil von Betriebssystemen zu messen. Hier bietet sich eine andere Methode an, die das Unternehmen Net Applications anwendet: Es prüft im Internet die **Zugriffe auf Webseiten** mit Hilfe des jeweiligen Betriebssystems.

Jeder Internet Browser und mit ihm auch jedes Betriebssystem hinterlassen Art und Versionsstand der eingesetzten Software. Auch hier legt Apple seit geraumer Zeit permanent zu, während der Dominator Microsoft seit Monaten einen Rückgang verzeichnen muss. Laut Net Applications musste Microsoft mit Windows von knapp 91,5 % der eingesetzten Betriebssysteme Anfang 2008 bis Anfang 2009 mit ca. 88,4 % mehr als 3% Marktanteil einbüßen.

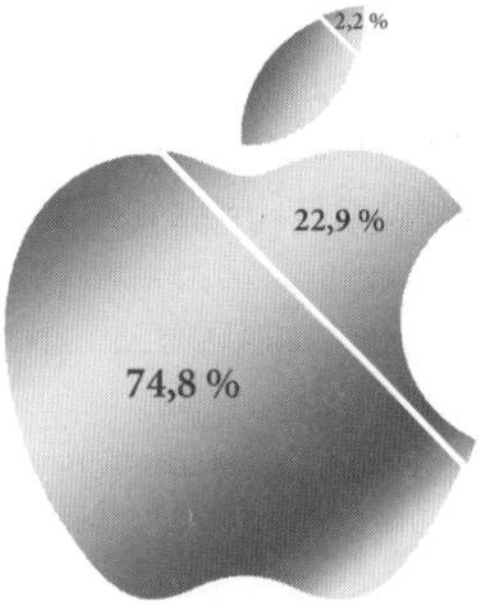

Apple hingegen konnte einen Anstieg im gleichen Zeitraum ausgehend von ca. 7,3 % auf **9,6 %** verbuchen, was immerhin ein Plus von gut 2,3 % ausmacht. Man könnte somit sagen, das **jedes zehnte eingesetzte Betriebssystem ein Mac OS X von Apple** ist.

Diese Statistik ist für den Einsatz von Betriebssystemen repräsentativer. Allerdings wird natürlich nicht unterschieden, ob das erfasste System zu privaten oder dienstlichen Zwecken benutzt wurde. Der Querschnitt beinhaltet alle erfassten Nutzer, wobei nicht ganz von der Hand zu weisen ist, dass sich viele Menschen privat einen Mac zulegen, obwohl sie auf Arbeit vor einem Windows-Computer sitzen.

Allianzen fürs Firmen-Umfeld: die EDA

Die *Enterprise Desktop Alliance (EDA)* ist aus dem Wunsch heraus entstanden, den Mac im Firmen-Umfeld stärker zu etablieren. Eine der wichtigsten Aufgaben, die sich alle beteiligten Unternehmen bei der EDA gestellt haben, ist die **OS X-Clients in bereits bestehende Windows-Netzwerke optimal zu integrieren** bzw. **Systeme** zu schaffen, die **als Grundlage für plattformübergreifende Infrastruktur** dienen.

Die reibungslose Zusammenarbeit beider Plattformen kann mit den richtigen Tools große Synergieeffekte bedeuten. Der Verbund setzt sich aus folgenden Firmen zusammen:

Centrify = Identity & Access Management
LANrev = Systems Lifecycle Management
Atempo = Enterprise Data Protection
GroupLogic = File & Print Services
Parallels = Virtualization

Nach einer Ende 2008 durch die *EDA* durchgeführten Umfrage von IT-Administratoren – von denen die Mehrzahl bereits Systeme von Apple einsetzen – gaben **74,8 %** der Teilnehmer an, die Marke **Apple im Clientbereich** zukünftig noch **stärker einbinden** zu wollen. Knapp 23 % der Teilnehmer erwähnten, dass es in naher Zukunft keine Änderung an den Mac-Zahlen geben wird, wobei nur 2,2 % der IT-Administratoren angaben, die Summe der eingesetzten Apple-Systeme in Zukunft reduzieren zu wollen.

Dabei wurde auch danach gefragt, welche größeren Hürden es denn gäbe, um Macs in bestehende Windows-Infrastrukturen zu integrieren. Die drei Hauptbereiche dabei waren die Einbindung in ein Active Directory-System, Client Management-Systeme in Windows-Netzwerken und der Datenaustausch zwischen den Plattformen.

Wir werden in den späteren Kapiteln auf einen großen Teil dieser Aspekte eingehen und dabei auch hilfreiche Antworten finden, um den Mac auch in bislang etablierte »Nur Windows-Umgebungen« einbinden zu können.

Zufriedenheitsanalyse – mit Auswirkung auf die Produktivität

Der *American Customer Satisfaction Index (ACSI)* ermittelt regelmäßig die Zufriedenheit mit Computermarken. Anwender werden befragt, wie zufrieden sie mit ihrem Arbeitsgerät sind. Apple erreicht dabei mit seinen Produkten seit einigen Jahren konstant einen der vorderen Plätze. Und es ist mehr als eine Annahme, dass **ein zufriedener Mitarbeiter leistungsfähiger und produktiver arbeitet** als derjenige, der ständig über seine technische Infrastruktur frustriert ist. Ganz zu schweigen von den Hindernissen, die einem in der täglichen Arbeit am Rechner begegnen können.

Leider nehmen Verantwortliche in Unternehmen auf diesen Aspekt oft keine Rücksicht. Der Computer wird als Arbeitsgerät gesehen, das möglichst günstig in der Anschaffung sein soll und sowieso nur als Hilfsmittel gilt.

Diese Hilfsmittel bestimmen jedoch maßgeblich auch die Art und Weise, wie mit ihnen umgegangen wird. Dass Arbeitsgeräte in den meisten Fällen einer groben Behandlungsweise ausgesetzt sind, kann sich jeder denken: »Ist ja nicht mein eigener Rechner ...«. So sehen Computer, die unter dem Tisch stehen, dann bereits nach einem halben Jahr aus, als ob sie häufig benutzte Handwerksmaschinen seien: Schrammen, Beulen oder gar defekte Gehäuseteile, wenn zum Beispiel unnötige Klapptüren zum Verschließen der Gehäusefront dran glauben müssen. Für mobile Geräte wird die grobe Behandlungsweise schnell lebensbedrohlich.

Allerdings gibt es auch hier Unterschiede in den Plattformen. Wie oben aufgeführt, waren Apple-Rechner schon von Anfang an nicht nur in ihrer Optik ansehnlich, sondern auch äußerst stabil. Es fällt auf, dass Apple weiterhin versucht, die Ausrichtung auf die Merkmale Design und Robustheit auf einen Nenner zu bringen.

Und wenn wir schon dabei sind: Im März 2009 führte ***FORTUNE's* survey** erneut eine Marktforschung durch, in der Apple im zweiten Jahr hintereinander den ersten Platz der beliebtesten Firmen über alle Branchen hinweg belegte. Auf den weiteren Plätzen folgen unter anderem Google, Johnson & Johnson, Procter & Gamble, General Electric und Microsoft, das auf den 10. Platz kam. Im Segment der Computerhersteller musste Apple sich dem im letzten Jahr auf Platz vier gelandeten Unternehmen Xerox geschlagen geben und kam auf den zweiten Platz, direkt vor Hewlett Packard. Ein weiteres interessantes Untersuchungsfeld ist das Thema Innovation, in dem Apple gemäß den Umfragen den ersten Platz belegen konnte. Dahinter folgen Walt Disney und Google.

Wartung und Support in der Mac-Welt

Versucht man, den IT-Support auch im Vergleich zur Windows-Plattform zu bewerten, kommt dies oftmals einem Stich in das betriebswirtschaftliche Wespennetz gleich, welches in heutiger Zeit immer öfter zu entscheidender Tragweite heranwächst:

- Zum einen sehen sich die Administratoren und IT-Betreuer einer immer größer werdenden IT-Landschaft mit weniger Personaleinsatz gegenüber.
- Zum anderen ist es die Aufgabe der kaufmännischen Verantwortlichen, in diesem Bereich Ressourcen zu sparen, Synergieeffekte zu nutzen, Spezialisierungen zu fördern und somit Kosten zu senken.

Ganz klar: Die IT-Betreuung im Unternehmen mit eigenen Ressourcen gilt grundsätzlich als hoher Kostenfaktor. Und es gehört nun mal zu einem Unternehmensziel, den Gewinn zu maximieren, die Marke bzw. den eigenen Markt zu stärken und vor allem die Kosten zu reduzieren.

Da somit auch externe Dienstleistungen als Option in Erwägung gezogen werden, steigt derzeit gerade in Deutschland die Zahl der ausgelagerten IT-Bereiche. Und wir haben es bereits angedeutet: Bei der Wahl eines Dienstleisters sollte es als Grundvoraussetzung gelten, die Kosten für den Know How-Aufbau und die Weiterqualifizierung des internen Personals zu berücksichtigen.

Darüber hinaus fällt es vielen »Kalkulatoren« bereits schwer, Motivation und Identifizierung mit dem Unternehmen als Gegenargument zu akzeptieren. An dieser Stelle tritt die Bewertung des Clientsupports in den Vordergrund, der in den meisten Fällen nur individuell im jeweiligen Geschäftsfeld betrachtet werden kann. **Support wird allgemein als Unterstützung für die Haupttätigkeiten gesehen.**

Die Frage ist nur, wie weit sich dieser Support auswirken soll: Was wird gefordert und welche Tätigkeiten können vielleicht sogar auf die zu unterstützenden Bereiche selbst verlagert werden? Gerade bei der Entscheidung für die externe Auslagerung einzelner Servicebereiche bestimmt der Preis das Leistungs- und Qualitätsniveau. Denn, welche **Flexibilität** lässt sich mit einem externen Service-Partner vertraglich vereinbaren? Auch für diese Unternehmen stehen **Strukturanpassung** und **Prozessoptimierung** im Vordergrund. Welche zusätzlichen Kosten entstehen für **Steuerung** und **Erreichbarkeit**? Externes Supportpersonal muss koordiniert werden, um die internen Aufgaben effizient zu verteilen. Dabei geht es nicht nur um die einmalige Definition der Ressourcenverteilung, sondern vielmehr um die **Kontrolle im täglichen Arbeitsfluss.**

Eine weitere Fußfalle ist, dass bei der Betrachtung des Supports für verschiedene Plattformen oft mit nur einerlei Maß gemessen wird. Gibt es denn überhaupt einen Unterschied zwischen allgemeinem Windows-PC- und Mac-Support? Was ist an dieser Stelle mit etwaigen Aussagen darüber, dass der Support von OS X-Clientlandschaften mit weniger Aufwand verbunden sein soll, als für andere Betriebssysteme investiert werden muss? Im Gegensatz dazu halten sich aber auch völlig konträre Aussagen darüber, dass der Mac-Support zu teuer ist. Genau zu dieser Frage haben wir einige Dienstleistungsunternehmen befragt, die sich auf heterogene Clientlandschaften spezialisiert haben. Und siehe da – dabei gab es erstaunliche Antworten. Der **Aufwand für Apple-Clients** wäre im Vergleich zu Windows-basierten Systemen mit ca. **50 %** zu sehen. Würden demnach alle Windows Clients auf Apple mit OS X wechseln, gäbe es ein Auftragsdefizit. So konstruiert wie diese Annahme auch ist, bleibt die Frage, warum sich anders lautende Meinungen halten.

Aber denken wir noch weiter: In diesem Punkt wird oft der Fehler begangen, homogene mit heterogenen Clientumgebungen zu vergleichen. Natürlich sind die Kosten bei gemischtem Clientsupport höher als für eine einzige Plattform – natürlich unter der Annahme, dass deren Struktur nicht stets neu angepasst werden muss. Auch in heterogenen Umgebungen können Einsparungen erzielt werden, ohne gleich ein Clientsystem ganz zu verbannen – egal welches.

Es ist kein Geheimnis, dass auch für spätere Anpassungen weniger Kosten aufgewendet werden brauchen, sobald das Augenmerk – eben bei Anpassungen der Infrastruktur – darauf liegt, eine **Technologie** auszuwählen, die (wie heute durchaus möglich) **plattform-offen** ist. Ebenfalls kostenmindernd wirkt es sich aus, wenn die Fachleute in diesem Bereich entsprechend **geschult** sind und damit auch die Möglichkeit für diese **Evaluierungen und Tests** besitzen. Diese können in größeren Unternehmen relativ schnell ansteigen, gerade wenn nur eine einzige Plattform genügend betrachtet wird. Dabei gibt es für sämtliche Systemlösungen **plattformübergreifende Lösungen**, die meist **webbasiert** sind.

Und eines darf dabei nicht vergessen werden: Oft sind es gerade **die Betreuung der Anwendungen, Workflows und die Unterstützung der Anwender bei ihren Aufgaben**, die zum Supportalltag gehören und gern im Zuge der Bewertung des IT-Supports vergessen werden.

Der Wunsch liegt dabei natürlich nahe: So gibt es eine Reihe an produktiven Clientsystemen mit umfangreicher Softwareausstattung und flexiblen Umgebungen – doch diese mit Systemen mit Standard-Office-Anwendungen zu vergleichen ist nicht verhältnismäßig und auch nicht sachlich. Auch die Grundausstattung der Hardware stellt in diesem Fall andere Anforderungen und muss berücksichtigt werden (wie bereits am Anfang des Buches erwähnt).

Wenn letztendlich Spezialisierungen dazu führen, dass **Kernthemen in der so genannten »Endpoint-Betreuung« aufgespalten** werden, diese nicht mehr im Unternehmen verbleiben und das Unternehmen durch die zusätzliche Beschäftigung eines Dienstleistungsunternehmens Mehrkosten verbucht, so werden nicht nur in der Kostenkalkulation Kompromisse notwendig. Die Flexibilität nimmt ab, die Kommunikation leidet und letztlich die Effizienz der Anwender damit auch – so leid uns diese Feststellung in Richtung »Controlling« auch tut. Aber es verbirgt sich auch eine wichtige Erkenntnis darin:

Ohne gleich zu versuchen, das Kerngeschäft durch externe IT-Leistungen zu erweitern und damit den (an sich nachvollziehbaren) Drang zur Kosteneinsparung in zusätzliche strategische Maßnahmen umzuwandeln, kann sich bei genauer Betrachtung und Erfassung der Anforderungen auch herausstellen, dass der **Clientsupport mit eigenen Ressourcen für das Unternehmen nicht teurer sein muss.** Die Wahl der richtigen Struktur und eine sinnvolle Verteilung der Ressourcen spielen bei größeren Unternehmen eine gewichtige Rolle und können – richtig eingesetzt – durchaus Optimierungspotential ausschöpfen.

Um darauf zurückzukommen, wie die Integration von Apple-Computern und der notwendige Support dafür überhaupt möglich ist, stehen neben Hilfe von Mac-Dienstleistern auch andere Möglichkeiten zur Verfügung, selbst Know-How aufzubauen.

Zu nennen ist hier auch die *IT Infrastructure Library (ITIL)*, die umfassende und weltweit verfügbare fachliche Dokumentationen zur Planung, Erbringung und Unterstützung von IT-Serviceleistungen beinhaltet. In ihr sind so genannte »Good Practices« und Prozesse im *IT-Service-Management (ITSM)* beschrieben; sie gehören heute zur Standard-Ausrüstung jeder IT-Abteilung. Aus den dort gesammelten Erfahrungen lässt sich gut erkennen, dass in einigen Bereichen eine Gesamtbetreuung eines Workflows, in anderen Bereichen eher eine Spezialisierung auf definierte Tätigkeiten effizient ist.

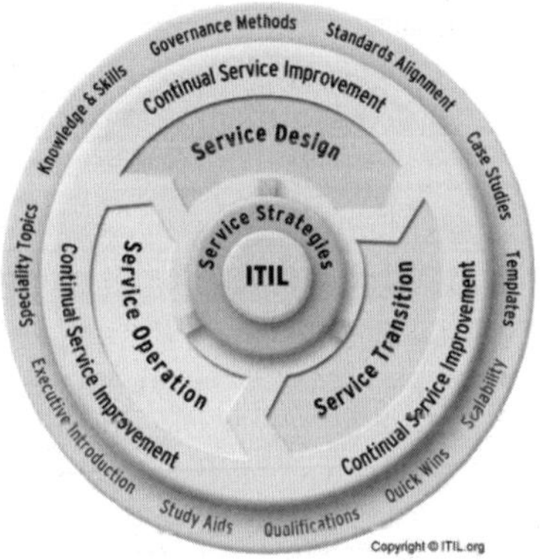

Zum Stichwort Fortbildung werden – ähnlich wie bei Windows – auch für Apple spezielle, je nach Anforderung mehr oder weniger umfangreiche Schulungen angeboten. Da es sich bei Apple um einen Hersteller von Hard- **und** Software handelt, können im Rahmen verschiedener Zertifizierungen auch unterschiedliche Anforderungen berücksichtigt werden.

Der Charme liegt natürlich wieder in der Gesamtbetrachtung einer Plattform eines Herstellers, da auch die Lerninhalte der Schulungen einfacher abzustimmen sind. Für den Support auf technischer Ebene kann man sich zum Beispiel zum *Apple Certified Macintosh Technician* ausbilden lassen. Im Bereich Betriebssystem Mac OS X reichen die Qualifizierungen vom *Apple Certified Pro* über den *Apple Certified Support Professional* bis hin zum *Apple Certified System Administrator.* Die genannten Apple-Zertifizierungen können bei verschiedenen Firmen vorgenommen werden. Auf Apples Website `www.apple.com/de/training/` finden Sie nicht nur die Partner, mit denen Apple im Rahmen der Zertifizierungen zusammenarbeitet, sondern auch noch weitere Qualifizierungsmöglichkeiten.

Apple Care – eine ausbaufähige Garantie

Wichtig für die Entscheidung einer Marke ist zweifellos deren Service-Angebot. Es kann schnell zum finanziellen Fiasko werden, falls technische Probleme außerhalb der Garantiezeit eintreten, bevor Neuinvestitionen überhaupt geplant wurden. Die Antwort von Apple auf besonderen Service und erweiterter Garantie heißt hier *Apple Care*. Mit Apple Care bietet das Unternehmen eine Palette von Service-Angeboten – angefangen vom umfangreicheren Support bis hin zur auf bis zu drei Jahre erweiterten Garantie. Dabei sind auch Kombinationen möglich, so dass zum Teil komplette Arbeitsplätze inklusive des Apple-Displays zum erweiterten Garantieumfang gehören.

Kritik muss hier dem Aufpreis geschuldet werden, da es andere Marken gibt, die auch für Firmenkunden zwei bis drei Jahre Garantie als Standard anbieten. Apple leistet jedoch – ähnlich wie einige andere der großen Marken – in der Standard-Variante ohne Apple Care für Firmen leider nur ein Jahr Hardwaregarantie an und sollte endlich auch in diesem Bereich mit größerer Flexibilität auf Unternehmen zugehen. Und obwohl Apples Qualität mit als führend auf dem Markt gilt, ist das Thema Garantie entscheidend für die Bewertung der Clientverwaltung. Daher sollte dem Motto gemäß – trotz überschaubarer Reparaturvorkommen – eine Verlängerung der Hardwaregarantie vereinbart werden.

Falls der Aufpreisanteil den Rahmen der Investitionsplanung und Vergleichsrechnung sprengt, lassen sich eventuell andere Alternativen finden. So bieten einige Systemhändler eigene Wartungs- und Garantieverlängerungen an. Apple muss hier nicht die erste Wahl bleiben. Für größere Unternehmen kann sich jedoch auch die Apple-Autorisierung im eigenen Unternehmen lohnen. Wenn die interne Struktur passt und der Aufwand mit den zur Verfügung stehenden Ressourcen abgedeckt werden kann, spricht eigentlich nichts dagegen, Standardreparaturen selbst durchzuführen. Zumindest stellt diese Lösung eine erhöhte Flexibilität dar und ermöglicht in einigen Situationen einen Zeitvorteil. Dafür gelten jedoch eigene Richtlinien von Apple, da Reparaturen ausschließlich von autorisierten *Apple Service Providern (AASP)* zulässig sind; diese werden zum Teil auch am Ende dieses Kapitels aufgeführt. Möglich wären auch Vereinbarungen, in denen etwa nur die Ersatzteilbeschaffung über einen solchen AASP geregelt wird.

Plattformunterschiede – was lässt sich im Support messen?

Microsoft ist im Bereich der Client-Betriebssysteme Marktführer. Im Fall von technischem Fortschritt hat diese komfortable Situation hingegen einen faden Beigeschmack.

Entwicklungssprünge können meist etwas langsamer umgesetzt werden als das bei kleineren oder auch unabhängigeren Unternehmen möglich ist. Es ist schwierig, Innovationen und Veränderungen durchzusetzen, wenn gleich eine ganze Industrie davon betroffen ist. Diese Abhängigkeit von Microsoft gegenüber den PC-Herstellern kostet aber nicht nur Innovationspotential. Auch das Anfälligkeitsniveau steigt, je mehr Hersteller Plattformen aufeinander abgestimmen müssen.

Forderungen der Hardwarehersteller treten in den Hintergrund und Wünsche des Softwareriesen sind nicht wirklich zeitnah umzusetzen oder stoßen bei den Herstellern auf Absatzschwierigkeiten, da sie nach Neuanpassung der Technologie auf Altgeräten sitzen bleiben. Windows Vista war hierfür ein Beispiel, auch wenn es weitere und zum Teil komplexere Gründe für die geringe Akzeptanz im Firmenumfeld gab.

Führen Sie ein überschaubares Unternehmen mit einer in sich geschlossenen Produktfamilie, ist selbstredend eine größere Flexibilität im technologischen und innovativen Fortschritt möglich. Und Innovation ist nun wirklich nicht Apples Schwäche. Aber gute technische Geräte herstellen, reicht eben nicht allein aus. Neben dem guten Aussehen und der Stabilität des Systems müssen sich die Geräte auch **kompatibel in eine bestehende Umgebung** integrieren lassen und »supportbar« bleiben. Und genau dieser Punkt bremst den Versuch, eine Vergleichbarkeit zwischen den Plattformen herzustellen, immer wieder aus.

Es existieren auch bisher kaum vernünftige Studien über den Support von Apple-Computern im Vergleich zu Windows-basierten Systemen. Um die Supportkosten für Mac-Systeme ausreichend und fundiert mit denen für Windows-Systeme vergleichen zu können, sind nicht nur diverse Informationen notwendig, sondern auch eine Reihe an Kriterien, die sich messen lassen: Angefangen von durchschnittlichen Gehaltsansprüchen in vergleichbaren Unternehmensbereichen, weiter über Standardtätigkeiten, die notwendigerweise täglich auf einen Supporter einströmen, bis hin zu Einsatzdauer und Infrastrukturausgaben.

Und da es unmöglich ist, dazu eine aussagekräftige und vor allem plausible Auswertung durchzuführen, wird es am Ende wieder zwei Wahrheiten geben – nämlich je eine pro Plattform-Lager. Ein Versuch, einige Aspekte auf gleicher Ebene gegenüber zu stellen, ist es jedoch allemal wert. (Daher auch die

Inspiration für dieses Buch. Denn würde es nicht die Überzeugung geben, dass neben den Gründen für den Einsatz der Windows-Plattform im Firmenumfeld auch Macs ihre Vorzüge haben, wären diese Seiten nicht entstanden.)

Wichtige Bewertungsmaßstäbe

Da man Apple-Systeme hauptsächlich in kreativen Bereichen findet, die Systeme selbst im mittleren bis oberen Preissegment liegen und Macs generell in geringerer Konzentration am Markt vertreten sind, lässt es bereits vermuten, dass auch die technischen Betreuer im Durchschnitt ein etwas höheres Gehalt erwarten können als ein durchschnittlicher Windows-Supporter. Dieser Punkt wird allgemein vernachlässigt, wenn wieder einmal die Frage gestellt wird, in welcher Höhe die Supportkosten eigentlich bewertet werden.

Die pauschale Aussage darüber, dass die Administration und Wartung eines Apple-Computers unter Berücksichtigung der üblichen am Markt vorfindbaren Gehälter damit auch teurer ist als die Betreuung eines Windows-Systems, kann freilich so nicht getroffen werden. Und allein das verfügbare Angebot spezialisierter Supporter am Markt und die zu erwartenden Lohnkosten sagen auch nicht aus, wie hoch die zukünftigen Kosten im Clientsupport aussehen werden. Vielmehr müssen zunächst die Anforderungen der Supportaufgaben definiert werden.

Erst danach können folgende Aspekte zusätzlich Berücksichtigung finden:

- Aufwand für Wiederherstellung eines gestörten Betriebssystems
- durchschnittliche Fehlersuche
- Einschätzungen über die Stabilität des Betriebssystems
- Produktivitätsfaktor des Anwenders
- Kosten und Aufwand zur Gewährleistung des Virenschutzes
- Aufbau von Know-How
- Durchschnittsgehalt eines Supporters
- Allgemeine Client-Umgebungsbedingungen in Firmen

Gerade diese Punkte, auf die es im Rahmen des Supports und dem Vergleich beider Plattformen ankommt, lassen sich nur schwer auswerten. Der Weitläufigkeit von Einsatzvariablen und Umgebungsbedingungen geschuldet, existieren somit auch kaum definitive Kriterien, die zusammengezählt werden können.

Wir haben es dennoch versucht, zu den oben genannten Punkten Unterschiede zu finden und eine vorsichtige Bewertung vorzunehmen. Dabei haben wir Dienstleistungsfirmen befragt, Tests durchgeführt, Studien berücksichtigt und eigene Erfahrungen zusammengetragen. Als Referenzsysteme haben wir uns stets bemüht, technisch gleichwertige Geräte zu verwenden, um rein leistungsbezogene Gründe des Testausgangs ausschließen zu können. Allerdings kam es uns auch mehr auf Erfahrungen an als auf reine Angaben von Herstellern oder Fachzeitschriften. Letztere stehen eher für exakte Prüfergebnisse einzelner Komponenten, die in Laborumgebungen zu Benchmarkergebnissen verarbeitet werden.

Und so dürften unsere Ergebnisse als unterstützende Fakten in der Bewertung der **Unterschiede zwischen der Windows- und der Mac OS X-Clientbetreuung zulässig** sein. Oben aufgeführte Aspekte haben wir Punkt für Punkt abgearbeitet und entsprechende Antworten ermittelt.

Aufwand für Wiederherstellung: Aus dem Alltag eines »IT'lers«

Sollte es doch einmal vorkommen, dass es Gründe für eine komplette Neuinstallation oder Wiederherstellung gibt, können auf beiden Systemen verschiedene Ansätze verfolgt werden.

Grundsätzlich wird jedoch eine **Komplettinstallation** in drei Phasen beschrieben.

- In der einen Phase, in der die eigentliche **Systeminstallation** vorgenommen wird,
- in der zweiten Phase, in der die **Konfiguration** stattfindet und
- die letzte Phase, in der etwaige **Benutzerdaten** wiederhergestellt beziehungsweise zurückkopiert werden.

Systeminstallation

Das Betriebssystem kann dabei entweder mit einer System-DVD, einem Image von externem Datenträger oder per Netzwerkdienst auf die Clients installiert werden. Je nach Unternehmensgröße und verfügbaren Ressourcen setzen die meisten Systembetreuer auf die Installation per **Image** oder per letztgenanntem »**NetInstall**«.

Aufgrund der Technologie ist die Image-Variante bei Apple **sehr übersichtlich** und bietet die Möglichkeit, ein Image **für alle Clients innerhalb kurzer Zeit** zu erstellen. MacBook Pro und Mac mini können damit genauso installiert werden wie ein iMac oder ein Mac Pro; in der Regel auch dann, wenn die Herstellungsdaten der Geräte einige Jahre auseinander liegen.

Diesen Vorteil sucht man leider auf der Windows-Plattform vergebens. Selbst in der gleichen Produktlinie müssen zum Teil unterschiedliche Images erstellt werden. Das kostet Ressourcen und trägt nicht gerade zur Übersichtlichkeit bei. Das ist einer der Nachteile einer offenen Hardwareplattform-Basis.

Wenn es um die reinen Zahlen geht, so gibt Microsoft für ihr komplettes Windows 7 ca. 16 GB Speicherbenutzung mit allem installiertem Gehabe an, das sich dann in ca. 60 Minuten von DVD installieren lässt. Für Firmen ist jedoch der Wert für die Installation mit DVD weniger wichtig. Reduziert man ein **Windows 7 Ultimate** für den Firmeneinsatz um den Teil überflüssiger Komponenten, so bleiben ca. **7 GB** übrig, welches dann zum Beispiel über eine *PXE* (Abkürzung für *Preboot eXecution Environment)*-kompatible Bootumgebung auf den Zielrechner installiert werden kann. Mit Hilfe einer USB 2.0-Festplatte dauert dieser Vorgang ohne Benutzerkonfiguration im Durchschnitt **13 Minuten. Mit der Möglichkeit, ein PE-System per Wechselspeicher für das Starten von Windows-PCs zu benutzen, steht in etwa eine ähnliche Komfortabilität zur Verfügung wie die auf der Mac-Seite.** Wobei sich kaum zusätzliche Tools im PE (für »elektronisch programmierbares«)-System integrieren lassen und auch der Zugriff auf das System selbst eingeschränkt bleibt.

Apples Snow Leopard begnügt sich mit ca. 5 GB installierter Systemsoftware. Das sind nur etwa ein Drittel von dem, was Microsoft in Windows 7 hineingepackt hat. Für den Firmeneinsatz, also ohne unnötigen Ballast, verbleiben als Installationsgewicht nur noch **3,6 GB** beziehungsweise 2,9 GB als komprimiertes Disk Image auf dem Datenspeicher. Dieses Image kann von einem Standardsystem auf einer externen Festplatte, die bei allen Macs (außer MacBook Air) auch gern einen FireWire 800-Anschluss haben darf, auf einem neuen Rechner installiert werden. Dafür benötigt der Mac im Durchschnitt **ganze drei Minuten.**

Sicherlich werden individuelle Konfigurationen letztlich auch verschiedene Werte ergeben. Der deutliche Unterschied, der auch zur Zeitersparnis bei der Wiederherstellung eines Macs zum Vorteil beiträgt, bleibt jedoch bestehen.

Systemkonfiguration

Die Alltagserfahrung eines »IT'lers« besagt hier, dass jener, der unter Windows nichts automatisiert, dann für die Konfiguration bis hin zum fertigen Einsatz eines Firmen-Computers viel Zeit wird investieren muss. Die Vielfalt der möglichen Schnittstellen und Hardwaremodi, die Ausstattungen und Zusatzsoftware, wie auch die Anpassungen am Default-User und Einträgen in der Registry sind zwar nur einmalig notwendig, jedoch auch immer wieder neu für jedes neue erforderliche System-Image.

Daher versucht man **alle wichtigen und möglichen Konfigurationsanpassungen in Scripte** zu packen, um **so automatisiert wie möglich** arbeiten zu können.

Unter Snow Leopard sieht das leicht anders aus: Die notwendigen Anpassungen und auch das etwaige Löschen von unnötiger Software für den Firmengebrauch halten sich in Grenzen. Da sind zum Teil nur die iLife-Komponenten, die bei der Standardinstallation ohnehin nicht mitinstalliert werden. Gibt es dennoch Anlass zur komplexeren Konfiguration, kann auch auf dem Mac automatisiert werden.

Benutzerdaten

Die Benutzeraccounts können sowohl manuell als auch per Directory-System verwaltet und auf den Clients konfiguriert werden. Die Funktionalität sieht hier auf beiden Systemen ähnlich aus. Ein Vergleich von Open- und Active Directory mit verbundener Accountverwaltung ersparen wir uns, da die Erkenntnisse und Erläuterungen ein zweites Buch füllen würden.

Auch eine **mögliche Integration von Mac Clients in einer vorhandenen Active Directory-Domäne** mit oder ohne Schema-Erweiterung – mit Hilfe von *Centrify DirectControl* oder einer Kombination von Active und Open Directory – bieten diverse Ansätze für die Konfigurationsumsetzung, die in ihrer Betrachtung äußerst komplex werden.

Dabei funktioniert die Client-Verwaltung – unabhängig vom benutzten System – in gleicher Art und Weise. Über Benutzer-, Gruppen- und Maschineneinstellungen erfolgt die Konfiguration. Clients authentifizieren sich dann gegenüber dem Verzeichnisserver und erstellen – je nach Vorgabe – ein lokales Profil auf dem Clientsystem. Mobile Benutzerprofile können dafür sorgen, dass die Benutzerdaten auf einem Server gesichert werden.

Was aber, wenn **ein System nach Problemen neu installiert** werden muss und kein mobiles Profil zur Verfügung steht? In diesem Fall sichert man die notwendigen Profildaten auf eine externe »Halde«: Je nach Umfang der Clientdaten und Aufbau der jeweiligen Support-Struktur müssen meist externe Festplatten oder File-Server herhalten.

Die Kopie des Profils an sich ist dabei nicht das Entscheidende. Viel wichtiger wird zunächst die **individuelle Anforderung, was denn wiederhergestellt werden soll**: Nur die Dokumente? Auch die persönlichen Einstellungen für Darstellung der Oberfläche? Eventuell auch etwaige individuelle Programmkonfigurationen?

Hierfür kann man auf der Windows-Seite zum Beispiel *Acronis True Image* benutzen, welches dann ein vorher gesichertes Image von etwa 5 GB in ca. 15 Minuten zurückschreibt. Die einfache Kopie ist unter Beachtung der Berechtigungen nicht sinnvoll.

Unter Mac OS X sollte das gesamte Profil auch nicht einfach zurückkopiert werden. Aber auch für den Mac stehen Hilfsprogramme wie zum Beispiel der *Carbon Copy Cloner*, quasi »für den Support des Supports« bereit. Es besteht allerdings auch die einfache Möglichkeit, die Inhalte der Hauptebenen durch Kopie wiederherzustellen. Dabei müssen in der Regel der Dokumente-, Schreibtisch- und der Library-Ordner berücksichtigt werden. Letzterer enthält alle individuellen Einstellungen für Programme und grafischer Oberfläche, dessen Inhalt – anders als die Einstellungen eines Windows-Profils – tatsächlich eins zu eins kopiert werden können.

Aufwand für die durchschnittliche Fehlersuche – ein Praxisvergleich

Diese Fragestellung ist so schwierig zu beantworten wie die Frage nach der durchschnittlichen Herzfrequenz von Sportlern: Welche Sportart? Welches Alter? Wie ist die Kondition? Egal, wo man anfängt, es scheint nichts messbar zu sein.

Aber dennoch ist die Fehlersuche ein Indikator für den Support und somit hilfreich, wenn es um die Bewertung für den Aufwand geht. Wenn man davon ausgeht, dass jeder Fehler sofort erkannt werden kann, der auf einem Computersystem entstehen könnte, ist man nicht nur ein Guru, sondern hat vermutlich auch eine Datenbank mit gefühlten 1.328 Jahren Support-Erfahrung im Kopf. Wie also lässt sich dennoch ein brauchbares Ergebnis erzielen?

Jede Fehlersuche ist von Art des Fehlers, Erfahrung des Supporters und sonstigen Parametern abhängig. Versuchen wir es mit Standardfehlern, die wir auf beiden Welten finden und die Frage nach einer durchschnittlichen Zeit für die Fehlersuche. Die folgenden Standardfehler haben wir nicht nur zum Teil durch eigene Tests, sondern auch durch die Befragung einiger IT-Abteilungen verschiedener Unternehmen und IT-Service-Dienstleistern erfasst. Sie erfüllen demnach nicht die Anforderungen offizieller Studien, sollen aber an dieser Stelle für einen Überblick reichen. Grundsätzlich haben wir Aussagen darüber erhalten, dass der **Support von Dienstleistungsunternehmen für Mac OS X-Clientumgebungen proportional gesehen etwa nur 50 % des Aufwandes für Windows-basierte Clientlandschaften** ausmachen. Das ist bereits ein erstaunliches Ergebnis.

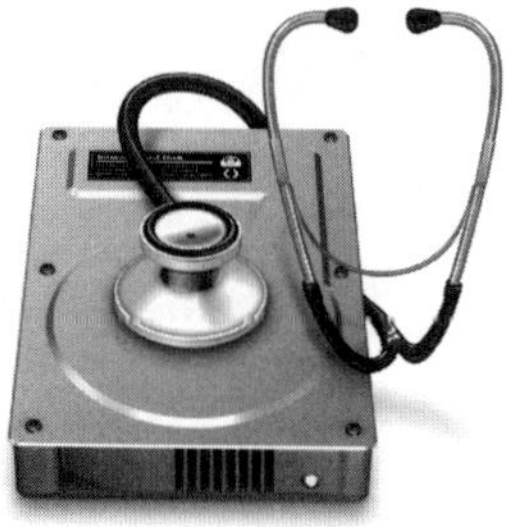

»System startet nicht«

Das OS X basiert auf einem **Unix-Unterbau**, wodurch mehrere Module durch das eigentliche System gestartet und überwacht werden. Apple hat vereinzelt Möglichkeiten integriert, die eine Fehlerbehebung auch während des Starts erlauben. Diese Fehlersuche oder Fehlerbehebung erstreckt sich dann über Standardhandgriffe mit gedrückter ⇧-Taste bis hin zur Benutzung von Apples **Festplattendienstprogramm** (hier über eine externe Startmöglichkeit; sie kann aber auch mit einer Aktualisierung des Systems mit Hilfe der System-DVD oder des zuletzt durchgeführten System-Updates abgekürzt werden). In der Regel dauert das Wiederherstellen der Startfähigkeit eines Macs damit **nicht länger als 15 Minuten.** Das ergibt sich aus den Hilfsmitteln, die durch OS X selbst zur Verfügung stehen und der relativ kurzen Wiederherstellungszeit des gesamten Systems, sofern notwendig.

Unter Windows XP, Vista, aber auch Windows 7 sieht es im Vergleich dazu etwas anders aus. Bereits ein unsachgemäß gelöschtes Programm kann dazu führen, dass während des Systemstarts Fehler auftreten, die eine Anmeldung verhindern und den abgesicherten Systemstart erfordern. So lange die Ursache bekannt ist, muss entweder der entsprechende Eintrag in der Registry, oder aber der Rest der gelöschten Software gesucht werden, der beim Systemstart nach Ressourcen sucht. Für alle weiteren Startfehler ist auch die Wiederherstellung mit externer Hilfe nicht so praktisch wie sie beim Mac durch die Möglichkeit einer externen Festplatte besteht. Die Nutzung über eine PE-Version von Windows auf einem externen Speichermedium ist hier **wesentlich eingeschränkter als unter OS X.**

»Drucken nicht möglich«

Ohne hier zu sehr ins Detail zu gehen – da die Druckerverwaltung bei beiden Systemen über mehrere Wege möglich ist –, bewegen wir uns auch an dieser Stelle im Bereich der Standardfehler. Natürlich kann auch beim Mac einmal ein Druckjob hängen bleiben. Ob letztlich ein defekter Druckjob Ursache des Übels ist oder das Programm selbst den Fehler verursacht oder einfach nur ein Netzwerkproblem vorliegt, ist für die durchschnittliche Fehlersuche **eigentlich unerheblich.** In den meisten Fällen gelten Druckprobleme am Mac nach wenigen Minuten als gelöst. Der Blick in die Druckerwarteschlange oder in die Netzwerkeinstellungen reichen meist aus. Lediglich bei defekten PPDs, die jedoch äußerst selten auftreten, zieht sich die Suche nach dem Fehler etwas in die Länge. Zur Unterstützung kann das **»Common Unix Printing System«- / CUPS-Dienstprogramm** herangezogen werden. Die Neuinstallation des Druckertreibers ist in jedem Fall einer langen Fehlersuche vorzuziehen.

Bei Windows Vista / 7 können auch Anwendung, Netzwerk, Printserver oder Druckertreiber Auslöser für Druckprobleme sein. Der Support am Printserver ist **mit wenigen Minuten relativ überschaubar.** Auch die mögliche Neuinstallation eines lokalen Treibers läuft ähnlich ab wie unter Mac OS X. Alles Weitere ist tatsächlich schwer zu vergleichen, da Anwendungsfehler schwer definierbar sind.

»Programm kann nicht gestartet werden«

Wenn ein Programm nicht gestartet werden kann, gibt es oft nur zwei grobe Ansätze. Zum einen kann eine Programmkomponente defekt sein, oder das

System bietet nicht genügend Ressourcen. Bei **OS X ist** die Fehlersuche **relativ überschaubar**, da meist das Entfernen der Voreinstellungsdatei ausreicht, um das Programm wieder starten zu können. Die Einstellungen werden dann automatisch auf ihren Ursprung gesetzt. Auch der Versuch des Öffnens unter einem anderen Benutzer ist eine schnelle Möglichkeit, die Ursache herauszubekommen. So oder so werden die meisten Programmausführungs-Fehler unter Mac OS X im Durchschnitt **nach vier Minuten gelöst.**

Bei beiden Systemen ist – laut Aussagen der Anwender – ein Neustart das Mittel der Wahl. Unter **Windows** haben wir in Sachen Fehlersuche ein **erhebliches Manko.** Einen Programmfehler zu finden – falls dieser in den Ressourcen steckt oder innerhalb von fehlerhaften Registry-Keys verborgen ist –, kostet erheblich mehr Zeit. Oft greifen Administratoren hier schneller zur Neuinstallation zurück, wenn das Zurücksetzen auf die Default-Settings nicht möglich ist oder nicht den gewünschten Erfolg bringt. Der durch unsere Befragungen erhaltene Durchschnitt in dieser Kategorie liegt unter Windows bei **etwa 10 bis 15 Minuten inklusive einer etwaigen Neuinstallation.**

»Netzwerkprobleme beziehungsweise Netzwerk nicht vorhanden«

Bei beiden Systemen ist hier meist der Blick auf das Netzwerkkabel oder auf die Verbindungsanzeige das erste, was in Augenschein genommen wird. Sollte an der grundsätzlichen Verbindung kein Fehler feststellbar sein, wird im System weitergesucht.

Unter **Mac OS X** reicht in den meisten Fällen ein Blick in die Netzwerkeinstellungen. Ist eine IP vergeben und die Einträge für DNS und mögliche Domainen konfiguriert, bleiben nicht mehr viele Ecken, an denen es klemmen kann. Im Durchschnitt sind **Netzwerkfehler nach vier Minuten gelöst.** Etwas einfacher stellt sich zudem die Bedienung und Administration der Netzwerkeinstellungen unter OS X dar. Sollte einmal eine Konfiguration vom Anwender notwendig sein, da er sich auf Dienstreise befindet und per Telefon um Rat bittet, kann er relativ leicht durch die Einstellungen geführt werden.

Aber auch die Windows-PCs können an dieser Stelle punkten. Zumindest, wenn es um den Netzwerkstatus geht. Dieser wird in der Regel von einer der blinkenden LEDs an einer der Gehäuseseiten angezeigt. Zwar kann der Anwender auch durch die Netzwerkeinstellungen geführt werden, jedoch strapaziert ihn dann sehr schnell die **geringere Übersichtlichkeit.** Alle weiteren Fehler sind meist etwas für den **Vor-Ort-Support.**

Allgemeine Support-Anfragen über Telefon

Ein äußerst »herausforderndes« Thema, jedoch keinesfalls unwichtig. Wenn der Support über Telefon erforderlich wird, da ein Mitarbeiter auf Dienstreisen vor Problemen steht, die er selbst nicht beheben kann, wird die Remoteunterstützung benötigt. Sollte der Client noch über eine funktionierende Internetverbindung verfügen, besteht zumindest theoretisch die Möglichkeit der Fernkontrolle über ein Remote-Tool. Ohne diesen günstigen Faktor bleibt nur die mündliche Unterstützung, die auf Beobachtetes und Verstandenes angewiesen ist. Genau diese Komponenten des Dialoges gehören aber zum schwierigen Teil einer ferndiagnostischen Kommunikation.

Auf beiden Systemen kann man **relativ schnell ans Ende der Möglichkeiten** stoßen, wenn auf der einen Seite die Eingabe von Befehlen in der Kommandozeile notwendig ist oder auf der anderen Seite durch die Registrierdatenbank gelotst werden muss.

Beschränken wir uns aber auch hier auf mögliche Standardfehler, so stellen wir aus Erfahrungen dennoch einen **Vorteil für Apples Betriebssystem** fest. Die Voreinstellungsdatei einer Applikation vom Benutzer löschen zu lassen, ist nach unserer Erfahrung dabei ebenso machbar wie der sichere Systemstart, der einige Selbstreparatur-Mechanismen in Gang setzt. Bei Beachtung der korrekten Systeminstallation der Clients (siehe Kapitel »Tipps & Tricks«) kann sogar – ohne Belastung des Speicherplatzes – mit entsprechender Tastenkombination in den *Apple Hardware Test* gestartet werden, der zumindest in einigen Fällen die richtige Diagnose stellt. Bei Vista & Co. bleibt hier oft das Nachsehen, wenn nicht der Anwender »zufällig« eine System-DVD bei sich hat und den Systemstart reparieren lassen kann. Zusätzliche Partitionen für Zweit- oder Reparatursysteme sind dafür wesentlich umfangreicher. Auch der abgesicherte Systemstart unter Windows hilft dem Anwender in der Regel nur zu einem Start mit geringer Auflösung und ohne Möglichkeit der Benutzung von Programmen, nicht aber für die eigentliche Lösung des Problems. Die ist dann in den meisten Fällen nur von einem Fachmann zu erwarten.

Stabilität des Betriebssystems oder: »Der stürzt sonst nie ab«

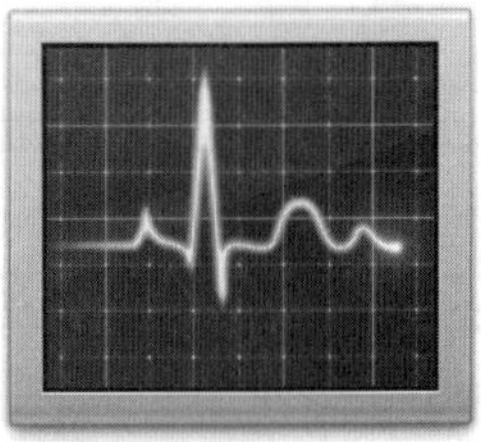

Systemabstürze sind unter Unix bekanntermaßen selten und – falls dennoch eingetreten – meist der Hardware geschuldet. Wie bei Windows **Task-Manager** mit Hilfe von *Alt+Strg+Entf* können unter Mac OS X einzelne Programme bei Bedarf über die Tastenkombination ⌥+⌘+*esc* hart beendet werden. Kontrollierter geht es bei Mac OS X über die **Aktivitätsanzeige**. Beide Programme bieten umfangreiche Möglichkeiten zur Fehleranalyse, sollte das Betriebssystem einmal haken. Prozessorauslastung, Arbeitsspeichernutzung oder Festplattenanalyse gehören neben der Prozess-Überwachung zum Funktionsumfang.

Unter Windows sind leider oft **Drittanbieter schuld an Systemproblemen**, deren Software zum Teil auch vom Anwender selbst installiert werden kann. Für diverse Anforderungen stehen viele verschiedene Hersteller »Gewehr bei Fuß«, um ein geeignetes Tool bereitzustellen. Nach den Updates werden dann zum Teil andere Komponenten nicht berücksichtigt, was zum Absturz eines Dienstes oder im schlimmsten Fall des Betriebssystems führen kann. Noch immer hauptsächlich darum, weil sich nicht alle Hersteller an einheitliche Richtlinien für das Speichern der berühmten DLLs halten. Eine genaue Analyse ist hier schwer, da man meist nicht über die pauschalen Antworten eines Anwenders: »Der ist mir heute schon mindestens zehnmal abgestürzt« oder »Der stürzt sonst nie ab« hinwegkommt. Dennoch gibt es in dieser Hinsicht **bei beiden Systemen heute kaum noch eklatante Betriebssystem-Schwächen.** Hardware-Defekte oder falsch installierte Software sind die häufigste Ursache von Blue-Screen oder Kernel Panic.

Ob nun eine Software vernünftig funktioniert, ein Update ausgeführt werden kann oder ein aufwendiger Vorab-Test notwendig ist, hängt natürlich auch von der jeweiligen Softwarekomponente ab. In einem Unternehmen mit verschiedenen Geräte-Altersstufen und -Herstellern werden **auf der Windows-Seite eine größere Anzahl an Systemimages** benötigt als auf Apple-Systemen. Das bedeutet natürlich auch, dass ein Softwaretest anspruchsvoller sein kann, soll dessen Funktionalität auch auf allen Systemen gewährleistet werden.

Im Großen und Ganzen hat der **Mac leicht die Nase vorn**, da die **Vermeidung von installierbaren Komponenten per Zugriffsrechte** besser möglich ist.

Würden die Antiviren-Programme nicht ihr Soll erfüllen, sähe das Ergebnis noch deutlicher aus. Wobei es die einschlägige Aussage gibt, dass **das Windows-System ohne Antiviren-Software geradezu äußerst stabil und unproblematisch läuft – eben aber nicht besonders lange, soll er auch am öffentlichen digitalen Leben teilnehmen.**

Bei den Bordmitteln der Prozessüberwachung ist Apples *Aktivitätsanzeige* etwas funktionsreicher ausgestattet als der *Task-Manager*, was jedoch nicht für jeden Betreuer von hoher Relevanz ist, da für die detaillierte Fehleranalyse oft zusätzliche Tools genutzt werden.

Ein wichtiger Faktor: Die Produktivität des Anwenders

Äußerst wichtig für die Effizienzbewertung in Firmen ist die Produktivität und Leistungsfähigkeit, die sich beim Anwender eines EDV-Systems ergibt beziehungsweise zu der ihm die IT in die Lage versetzen kann. Hier spielen eine Reihe an Indikatoren eine Rolle.

Einarbeitungszeit

Gewohnheit ist das eine, Intuition das andere. Wer nicht umlernen will, wird es auch schwerer haben, sich auf dem jeweilig anderen System zurecht zu finden. Jedoch sprechen noch einige Bestandteile und Funktionen des Apple-Betriebssystems dafür, dass die **Einarbeitungszeit als geringer als bei anderen Betriebssystemen** eingeschätzt werden darf. Eingelegte CDs, die auf dem Schreibtisch auftauchen, das einfach zu bedienende Programm-Dock und die konsequente *Drag & Drop*-Funktionalität tragen einen Teil zum überwiegend einfacher gestalteten System bei. Dennoch sorgt die hohe Verbreitung der Windows-Plattform sicherlich statistisch gesehen dafür, dass die meisten Anwender eher bereits mit Erfahrungen für »Vista & Konsorten« aufwarten können. Dennoch zählt dieser Punkt nur für Neuanfänger beziehungsweise für Umlernende nach größeren Systemupdates. So zum Beispiel von Windows XP zu Windows 7, bei dem es auch in der Bedienung eklatante Unterschiede gibt, die bei der Planung zu diesem Schritt beachtet werden müssen.

Rechnerstart

Gerade für Windows-Systeme ist diese Maßeinheit nicht ganz unwichtig. Der bisherige **Umgang mit dem Ruhestand** zwingt die Anwender dazu, den Rechner lieber auszuschalten, bevor die geöffneten Applikationen aussteigen oder der Akku leer ist. **Aber auch beim Start selbst gibt es eklatante Unterschiede.** Während ein Standard-System mit Apples Snow Leopard im Durchschnitt 25 Sekunden zum Starten benötigt, vergehen für ein nicht anders konfiguriertes Windows-System in der Regel ca. 40 Sekunden. Wohlgemerkt ohne Installationen von Zusatzsoftware. Der Unterschied wird umso größer, je mehr Systemkomponenten installiert werden. Kommen diverse Schriften und Erweiterungen zum Standardsystem hinzu, können bei Windows 7 schon mal über 90 Sekunden ins Land gehen, während der Mac bereits Programme starten kann. Seit Einführung der Intel-Prozessortechnologie für Mac Clients startet selbst ein Mac mini in ca. 30 Sekunden.

Wie lange die Installation des Betriebssystems zurückliegt, ist ein weiterer Umstand, der den Rechnerstart negativ beeinflussen kann. Im Laufe der Zeit setzen sich beide Betriebsysteme, sowohl Mac OS X als auch Windows (jede Version), mit Resten von temporären Dateien und Verzeichnissen zu. Aber auch hier ist das Mac OS X weniger empfindlich. Mit den Erfahrungen mit Installationen von Snow Leopard und Vista innerhalb von Firmennetzwerken begründet, sieht sich das **Microsoft-System** im Durchschnitt **bereits nach sechs Monaten einem erheblichen Geschwindigkeitsdefizit** ausgesetzt. Ein **Apple-Rechner** mit Mac OS X dagegen im Durchschnitt **erst ab ca. einem Jahr.** Windows 7 hat jedoch im Vergleich zum Vorgänger Vista in Sachen Geschwindigkeit aufgeholt. Galt Vista noch als zäh und träge, kann Windows 7 mehr zur Konkurrenz aufschließen.

Funktion: Ruhezustand

Eines der oft genutzten Argumente, wenn es zum Vergleich der Plattformen geht. Aber so lange Microsoft und deren PC-Gemeinde an dieser Stelle nichts Grundlegendes ändern, wird der staunende Blick der Sitznachbarn im ICE bleiben: Leute, die ihre Windows-Laptops aufklappen, einschalten und warten, währenddessen die anderen Leute ihre **MacBooks aufklappen und sofort mit der Arbeit oder sonstiger Beschäftigung beginnen können.**

Auch wenn es übertrieben klingen mag: Wenn einem dieser Vorteil erst einmal bewusst geworden ist, möchte man nicht mehr ohne ihn auskommen. Kommt der Umsteigebahnhof (also auch im Regionalverkehr ...), wird der Mac zugeklappt und in der Tasche verstaut. Keine Notwendigkeit für ein ordentliches Beenden der Applikationen, kein Herunterfahren. Aber auch kein unnötiger Verbrauch der Akkukapazität, während der Laptop vor sich hin schläft.

Unter **Windows** bleibt hier nur die Wahl zwischen sicherem Beenden der Applikationen und Ausschalten des Rechners oder die relativ kurze Phase des Ruhezustandes. Aber auch das Aufwachen aus dem Ruhezustand ist mit einem Windows Client nicht immer unproblematisch. Nicht nur die längere Zeit, die im Vergleich vergeht, nervt zum Teil den Anwender, obwohl sich auch hier viel mit Windows 7 getan hat. Sondern auch das Risiko von **sporadischen Programmabbrüchen oder Treiberproblemen**, die nach dem Aufwachen nicht mehr zur Verfügung stehen und zum Beispiel die Maus nicht mehr steuern lassen, zwingen den Anwender dann zu einem Neustart. Letztere Erfahrungen haben wir mit Windows 7 nur von vereinzelten Benutzern erfahren, so dass es anscheinend stabiler läuft als vorher mit XP oder Vista.

Unterbrechung durch notwendige Sicherheitsupdates

Auch bei dieser Disziplin ist nur eine Tendenz erkennbar. Während Apple nachgelegt hat und mittlerweile ähnlich viele Sicherheitsupdates herausbringt wie Microsoft, gibt es **kaum größere Abweichungen beider Systeme.**

Anders sieht es aus, wenn man bedenkt, dass sich Apple auf der einen Seite noch ab und zu etwas länger Zeit lässt, bis Sicherheitslücken geschlossen werden. Microsoft hat hier mehr Erfahrung und reagiert bisher etwas schneller darauf. Auf der anderen Seite ist die **Flut der Windows-Viren** ungebremst groß und erzwingt permanente Aktualität der Antivirensoftware.

Ob und in welchem Rahmen dieser Umstand auch für Apples Betriebssystem eintreten kann, ist schwer zu sagen. Größere Sicherheitslöcher – wie zuletzt über Apples Safari-Browser vor zwei Jahren – gehören dennoch zur Seltenheit. Einen Unterschied gibt es auch beim Intervall: Während Microsoft noch immer auf den so genannten »Patch Day« setzt, an dem wichtige Updates herausgebracht werden, finden diese Aktualisierungen bei Apple in unregelmäßigen Abständen statt.

Kombination von Systemfunktionen

Nicht nur die Bedienungsoberfläche gestaltet den Alltag eines Systembenutzers, sondern auch der Umfang der Funktionen, die auf dem ersten Blick nicht unbedingt ins Auge stechen. Allem voran steht die Integration von kleinen Helfern, die unnötiges Suchen vermeiden und das Installieren oder Öffnen von zusätzlichen Softwarekomponenten ermöglichen. Hier glänzt der **Mac mit OS X**: So gut wie jedes Bild- oder Textdokument wird mit Bordmitteln automatisch geöffnet – ohne lästiges Nachfragen. Die Programme **Vorschau** und **TextEdit** sind die am meisten genutzten Helferchen auf einem OS X installierten Computer. Auch die **PDF-Integration** ist ein wichtiges Indiz dafür, dass hier sofort gearbeitet werden kann und weniger nach zusätzlicher Software recherchiert werden muss.

Auch **Windows** hat nachgelegt und bietet ähnliche Tools im Lieferumfang an; unserer Meinung nach können diese im Funktionsumfang jedoch nicht ganz mithalten. Für das Öffnen von PDF-Dokumenten bleibt nur die Installation **von Zusatzsoftware wie den Adobe Reader**. Auch **Word-Dokumente** können **nur nach Erweiterung der Softwareausstattung** gehandhabt werden (auch wenn im Vergleich Apples TextEdit nicht wirklich als Textverarbeitungs-Suite bezeichnet werden kann). Aber allein die Integration dieser nützlichen Kompatibilitäten kann für einige Anforderungen zusätzlichen Aufwand sparen.

Umgang mit dem Betriebssystem

Jeder Supporter wird bestätigen, dass der größte Teil der aufkommenden **Schwierigkeiten** mit einem Client-Computer auf **unzureichendes Verständnis oder Detailwissen des Anwenders** zurückzuführen ist. Aber genau das muss auch ein Ziel eines Betriebssystems sein, um es so intuitiv wie möglich zu gestalten, damit vieles selbst erklärend wirkt. In diesem Bereich trottet Windows auch mit dem neuesten Kandidaten aufgrund zum Teil schlechter Übersichtlichkeit hinterher. Den Bereich, den Mac OS X mit intuitiven Funktionen abdeckt, versucht Windows mit einer Vielzahl von Konfigurationsmöglichkeiten und Untermenüs zu erschlagen. Die Bedienung wird zwar immer eine subjektive Einschätzung bleiben, jedoch sind prozentual gesehen mehr Menschen der Meinung, das Apple-Betriebssystem wäre einfacher zu bedienen als das von Microsoft. Es sei zwar honoriert: Seit Vista hat auch Microsoft viel für die Einfachheit im Umgang mit dem System getan. Jedoch scheint die **Anmutung** noch immer **überladen**. Auch mit Windows 7 setzt sich diese Übermenge an Fensterfunktionen, Symbolen und Konfigurationsoptionen fort.

Sicherheit vor Viren und Trojanern – Kosten und Aufwand (und Nerven ...)

Wir haben schon erwähnt, dass ein Virenschutz auf jedes System gehört. Sei es nun, um sich gegen die Flut der Windows-Viren zu rüsten oder aber um nicht als Wirt für andere Systeme zu dienen.

Zudem sollte beachtet werden, dass auch Apples Snow Leopard nicht völlig frei von Virengefahr zu sehen ist. Allerdings ist es schon erheblich, welcher Aufwand für ein Microsoft Windows-System betrieben werden muss, um der Gefahr von Schadsoftware permanent zu trotzen. Dem Anwender eines Firmen-Computers bleibt diese Gefahr und dieser Aufwand meist verborgen; dem Systembetreuer jedoch nicht! Er muss dafür sorgen, dass automatische Aktualisierungsmaßnahmen zur Verfügung stehen und im Notfall auch ein manuelles Eingreifen und Installieren von Antiviren-Definitionen möglich ist.

Das **Risiko für Windows ist dabei bekanntermaßen ungleich höher** als man das für andere Betriebssysteme behaupten kann. Ein fehlender aktiver und aktueller Schutz kann als fahrlässig beschrieben werden. Auch die Masse an zur Verfügung stehender Downloads im Internet – ist man auf der Suche nach einer speziellen Lösung – stellt ein hohes Virenrisiko dar. Für einen Apple-Computer mit dem aktuellen Betriebssystem gibt es derzeit keinen aktiven Virus, so dass das Risiko als extrem gering eingestuft werden darf.

Trotz geringem Risiko auf Mac OS X sollte dennoch im Rahmen der Datensicherheit nicht auf den Schutz vor Schadsoftware verzichtet werden. Die **Kosten** für die Antiviren-Software sind – wie bei einigen anderen Applikationen auch – **in der Regel gleich**. Oft können dieselben Lizenzen mitbenutzt werden. Für den Mac besteht in der Regel nur eine indirekte Gefahr, da derzeit keine aktuellen Viren zu erwarten sind; daher kann getrost auf einen wöchentlichen Updatezyklus vertraut werden. Zum Stichwort »Viren auf dem Mac« kommen wir auch nochmals etwas später in diesem Kapitel.

Bei **Windows** sieht das schon anders aus. Das **tägliche Überprüfen auf Aktualität der Virendefinitionen ist hier Pflicht**, soll ein halbwegs vernünftiges Maß an Sicherheit gewährleistet werden. Auf jeden Fall sollte für die Windows-Plattform eine Möglichkeit bestehen, manuell und direkt Updates über das Netzwerk verteilen zu können. Stellt sich eine akute und plötzliche Gefahr eines neuartigen Virus oder Trojaner heraus, zählen oft Minuten.

Immer eine gute Investition – der Aufbau von Know-how

Ein seriöser Systemadministrator und Supporter nimmt in regelmäßigen Abständen an Schulungen teil – nicht nur, um zum Teil notwendige Zertifizierungen zu aktualisieren, sondern auch, um mit neuen Technologien arbeiten und umgehen zu können. Daher setzen wir uns im Folgenden mit diesen Administratoren-Trainings auseinander.

Vergleichen lassen sich diese Zertifizierungen kaum miteinander, da die Firmen Microsoft und Apple unterschiedliche Wege bestreiten. Während Microsoft ein wesentlich größeres Spektrum an Schulungen anbietet, innerhalb dessen man sich zum ...

MCP, MCSA, MCSE, MCDST, MCTS, MCITP oder *MCM*

... zertifizieren lassen kann, ist das Angebot von Apple (noch) etwas überschaubarer. Die Ausbildungen fangen beim ...

- *ACSP (Apple Certified Support Professional)* an, gehen weiter über den
- *ACTC (Apple Certifed Technical Coordinator)* bis hin zum
- *ACSA (Apple Certified System Administrator).*

Beide Firmen bieten obendrein die Möglichkeit der Schulung und Prüfung von Einzelthemen an. Die **Zertifizierung** beinhaltet dann meist mehrere Lehrgänge, die aufeinander aufbauen. Neben diesen hauptsächlichen Betriebssystemschulungen können sowohl über Microsoft als auch über Apple so genannte **Applikationsseminare** absolviert werden.

Apple bietet zudem Zertifizierungen für die eigenen **Hardwarekategorien** an, um Autorisierungen zu ermöglichen.

Die größere Verbreitung von Microsoft-Betriebssystemen ermöglicht auch eine größere Auswahl an Zertifizierungsfirmen. Apple gibt für **autorisierte Schulungen** auf ihrer Internetseite derzeit unter anderem folgende Firmen an:

- Assense Software Solutions GmbH
- AVT Service und Vertriebs GmbH
- Cancom Hamburg
- Brainworks Hamburg GmbH
- Apple, Hamburg
- macademy GbR
- HSD Consult GmbH
- Bilgi interface GmbH
- Brainworks Berlin GmbH
- Brainworks Düsseldorf GmbH
- DTP AKADEMIE RheinMain GmbH
- Brainworks Frankfurt GmbH
- Denkforum GmbH
- Cancom Nürnberg
- Cancom Stuttgart Weilimdorf
- Brainworks Stuttgart GmbH

Wir haben nun für Sie einen kurzen Blick über das Internet geworfen und einige ähnliche Schulungen für Microsoft Vista und Mac OS X (hier: noch Leopard) nachfolgend aufgelistet. Die Preise sind gerundet und sollen nur

Vergleichscharakter besitzen, um zu zeigen, dass auch der Unterschied beider Plattformen in der Schulung von Support-Personal in der Regel nicht groß ist. Die Preise sind dabei ohne gesetzliche MwSt. angegeben.

MAC OS X SUPPORT ESSENTIALS V10.5
VORBEREITUNG AUF APPLE CERTIFIED SUPPORT PROFESSIONAL (ACSP)
u.a. Systemkonfiguration
Fehlersuche
Zertifizierung
3 Tage
ca. 975,- €

MAC OS X ADVANCED SYSTEM ADMINISTRATION V10.5
u.a. Systemkonfiguration und Directory-Anbindung
Netzwerksicherheit und Konfiguration
Datenintegrität und Werkzeuge
Fehlersuche
Zertifizierung
5 Tage
ca. 1.875,- €

MICROSOFT CERTIFIED TECHNOLOGY SPECIALIST (MCTS)
u.a. Systemkonfiguration
Zertifizierung
3 Tage
ca. 1.310,- €

MICROSOFT CERTIFIED IT-PROFESSIONAL (MCITP) UND ENTERPRISE SUPPORT TECHNICIAN (INKL. 2 PRÜFUNGEN)
u.a. Systemkonfiguration und Netzwerkanbindung
Netzwerksicherheit und Konfiguration
Datenintegrität und Werkzeuge
Fehlersuche
Zertifizierung
5 Tage
ca. 2.380,- €

»Verdient«: Durchschnittsgehalt eines Supporters

Diesen Aspekt haben wir bereits versucht zu erläutern, da auch der bisher als führend im Verlags- und Werbeagentur-Segment angesehene Einsatz von Apple-Computern Auswirkung auf die Bezahlung eines technischen IT-Betreuers hat. Ein wichtiger Punkt dabei ist die **Aufgabenstellung** in diesem Bereich. Gerade im kreativen Segment, das hauptsächlich mit Macs bestückt ist, dehnt sich der Support auch auf die **technische Anwender-, Anwendungs- und Workflow-Betreuung** aus. Diese Supportfelder werden in anderen Unternehmensbereichen mit Schwerpunkt auf Microsoft-Systemen oft strikt getrennt, was eine genaue Vergleichbarkeit erschwert.

Das Leistungs- und Anforderungsportfolio ist hier zwar eines der entscheidenden Merkmale, aber bereits die **Plattformaufteilung** sorgt für Unterschiede, die berücksichtigt werden müssen. Die allgemeine Ausgangssituation stellt sich auf dem Mac-Markt leicht verzerrt dar, vergleicht man sie mit der üblichen Marktabdeckung von IT-Support. Auf der einen Seite finden wir eine **Verbreitung von Windows-Betriebssystemen** mit ca. 88 % – seit Jahren wird dies als Markt-dominierend bezeichnet, in den letzten Jahren sinkt diese Zahl. Auf der anderen Seite steigt der Anteil der professionell eingesetzten Mac OS X-Systeme stetig an.

Da verwundert es eigentlich nicht, dass sich diese Tendenz auch in der Verfügbarkeit der IT-Kräfte auswirkt. Das am meisten vertretene Betriebssystem ist nun einmal Standard und suggeriert vielen Nachwuchs-Administratoren einen breiten Markt, auf dem üppige Einsatzmöglichkeiten zur Verfügung stehen.

Da in diesem Bereich die gleichen Regeln herrschen wie auf jedem anderen Kapitalmarkt, bestimmen Angebot und Nachfrage den Preis. Mittlerweile sehen sich aber zu viele Windows-Administratoren einem **schrumpfenden Markt** gegenüber, in dem allein Mac OS X, aber auch Linux zulegen können. Für externe Dienstleistungsunternehmen ist es daher für den Bereich **Windows** relativ einfach, entsprechende **Fachleute zu günstigen Konditionen** einzukaufen.

Aber auch andere Indikatoren – wie etwa das Outsourcing und der Ausbau von Internet-Plattformen zur Unterstützung des Dienstleistungssektors – beeinflussen das zu den 90er Jahren stark veränderte Bild der IT-Dienstleistungen. Vor nicht allzu langer Zeit begann die Phase der Spezialisierungen im IT-Fachmarkt, die zum Teil nur mit Fachpersonal aus dem Ausland zu befriedigen war. Jedem Allrounder in der IT-Welt stand und steht es offen, sich zu qualifizieren; ansonsten besteht die Gefahr, einfach in der Masse unterzugehen und zukünftig geringere Chancen auf Job-Angebote zu haben. Durch **Outsourcing und Spezialisierung erleben Dienstleistungsfirmen einen Boom,** der bisher ungebrochen stark anhält. Der Druck, der sich aus den Anforderungen ans Know-How ergibt, kann somit an das externe Dienstleistungsunternehmen weitergegeben werden und geht mit dem hohen Anspruch auf Qualifizierung einher. Die Dienstleister tragen den Konkurrenzkampf aus und unterbieten sich mit ihren Preisen.

Die noch immer als Minderheit geltende Gemeinschaft der **Mac-Administratoren** befindet sich dabei völlig konträr auf der anderen Seite und sieht sich in einer **etwas besseren Lage**, da die steigende Nachfrage auch einen entsprechenden Preis nach sich zieht. Dieses Bild wird sich mit weiterer Verbreitung von Apple-Betriebssystemen im Firmenumfeld nach und nach relativieren, da sie in absehbarer Zukunft mehr und mehr zum Standard gehören werden. Und je mehr Macs in unterschiedlichen Anforderungsbereichen eingesetzt werden, desto stärker werden sich Gehaltsniveaus angleichen.

Bisher gibt es im Vergleich zur Windows-Plattform noch relativ wenige IT-Dienstleistungs-Unternehmen, die auch kompletten Unternehmenssupport für Apple-Systeme anbieten. Relativ deshalb, da es nicht bedeutet, dass sich dieser Markt nicht längst entwickelt.

In der folgenden Übersicht sind die Jahres-Durchschnittsgehälter von internem Support-Personal in verschiedenen Branchen zu sehen, wie sie im Jahr 2009 laut verschiedener Gehaltsstudien in Deutschland zu finden sind. Da es keine Auswertungen gab, anhand derer eine Einteilung nach Plattform zu finden war, haben wir einfach je drei Branchen herangezogen, die relativ stark einer Plattform zuzuordnen sind (Erläuterungen dazu im Anschluss).

Durchschnittsgehalt Support-Mitarbeiter - Mac OS X-dominierend (Annahme)			
	Minimum	Maximum	Durchschnitt
Agenturen	19.000 €	50.000 €	32.000 €
Medien	23.000 €	54.000 €	36.500 €
Verlag/Druckerei	22.000 €	87.000 €	42.500 €

Durchschnittsgehalt Support-Mitarbeiter - MS Windows-dominierend (Annahme)			
	Minimum	Maximum	Durchschnitt
Öffentlicher Dienst	18.000 €	46.500 €	30.000 €
Versicherungen	24.500 €	53.500 €	35.500 €
Banken	18.500 €	76.000 €	39.500 €

- *Zusammensetzung: Brutto-Jahresgehalt inklusive etwaiger Zulagen (z.B. Weihnachts- und Urlaubsgeld etc.), gerundete Beträge. Quelle: »Die große Gehaltsdatenbank« auf www.frauenzimmer.de (Stand: September 2009).*
- *Ferner handelt es sich ausschließlich um männliche Gehaltserfassungen, da die teilweise geringe Abgabe von weiblichen Gehaltszahlen realitätsfremder wäre.*

Diese Auswertungen zeigen in dieser Auswahl eine leicht höhere Gehaltstendenz in den Branchen, die man eher mit Apple-Systemen in Verbindung bringt. Der Vorteil eines Durchschnitts ist es jedoch auch, dass etwaige Fehler oder Ausreißer in der Masse zum Teil korrigiert werden. Zudem können wir diese Zahlen auch so interpretieren, dass der oft behauptete große **Unterschied der Gehaltszahlungen zwischen den unterschiedlichen Plattformbetreuern in Wirklichkeit relativ gering** ausfällt.

Allgemeine Bedingungen für eine gelungene Client-Betreuung

Dieser letzte Punkt kann auch als Fazit in diesem Kapitel angesehen werden. Die beiden Betriebssysteme sind nicht mehr so unterschiedlich wie noch vor einigen Jahren unter Mac OS 9 und Windows XP. Sowohl die **Funktionen** als auch das Bestreben, dem Anwender eine **bedienerfreundliche Oberfläche** zu bieten, haben sich ansatzweise **einander angeglichen**.

Für uns ist es daher wichtig, die Unterschiede in der täglichen Clientbetreuung herauszustellen. Dabei ist ein Punkt äußerst wichtig, der sich durch sämtliche Konfigurations- und Optimierungsebenen zieht.

Es ist die Regelung innerhalb der Clientlandschaft, die von den IT-Administratoren vorgegeben wird. Lässt man dem Anwender sämtliche Möglichkeiten, Software zu installieren, hat man auf beiden Betriebssystemen kaum noch eine Chance, der vielen potentiellen Probleme Herr zu werden. Jedoch ist der Systemaufbau von Windows dabei noch etwas empfindlicher, da die Registry bei verschiedenen Aktivitäten auch schon einmal einen Knacks bekommen kann; der schon bekannte Blue Screen und auch Kernel Panic finden dann den Weg in die Unternehmen. Daher muss innerhalb von Firmenumgebungen eine **einheitliche Rechtestruktur** durchgesetzt werden – und dies dezidiert ohne Administratorrechte für die Anwender. Ein Wiederherstellungsimage für einen »Tob-dich-aus«-Arbeitsplatz vorzuhalten, kann zwar eine Alternative zur mühsamen Fehlersuche darstellen, aber auch dieser Aufwand kann bei Regelmäßigkeit hohe Ressourcen binden.

Computerviren, Trojaner und Ausspähung von Daten – auch auf dem Mac?

Nun kommen wir auf Fragen zu sprechen, die oft Teil kontroverser Diskussionen im Streit über die bessere Plattform sind. Gibt es wirklich keine Viren auf Apple Computern? Ist ein Unix-System tatsächlich sicherer als zum Beispiel Windows Vista oder Windows 7? Um diesen Fragen auf den Grund gehen zu können, müssen verschiedene Aspekte betrachtet werden. Zunächst noch einmal die Erläuterung, was Computerviren und Trojaner sind und was sie anstellen.

Computerviren

Mit Computervirus ist ein Programm gemeint, das sich an ein anderes Programm auf der Festplatte »andockt«, um sich weiter zu vervielfältigen und das Programm selbst und/oder das Betriebssystem in seiner Funktion stört. Der Computervirus kann somit nur mit dem Start des »Wirtprogramms« – z. B. eine Startdatei, ein Script, Bibliotheken oder Systemprogramme – Schaden anrichten.

Sobald dieses Programm gestartet wird, wird der Virus mit ausgeführt, liegt im Speicher und hängt sich an weitere gestartete Programme. Beim Kopieren dieser Programme wird auch der Virus mit kopiert.

Trojaner (Trojanisches Pferd)

Ein Trojaner ist ein als »nützliches Computerprogramm« getarntes Schadprogramm, das unbemerkt durch Zufall per Kopie von Daten oder bewusst durch Einschleusung in das System auf den Computer

geraten kann. Der Trojaner kann dabei ein weiteres Virus ausführen oder aber durch eigene Funktionen für Schaden sorgen.
So werden Trojaner gern eingesetzt, um auf Phishing-Seiten im Internet umzulenken. Die Trojaner werden meistens von Würmern über E-Mail oder aber versteckt über eine Internetseite vervielfältigt. Gern werden Sicherheitslücken für die Angreifbarkeit von Trojanern benutzt. Kann er eine Sicherheitsbarriere durchbrechen, hängt er sich wie ein Virus an Programmdateien, die dann beim Start zur Fehlfunktion bestimmter Dienste führen. Im Unix-Bereich wurden bereits einige Terminalbefehle für die Ausführung benutzt, da letztlich die Administrator- oder »root«-Berechtigung notwendig ist, um das System noch besser angreifen zu können.

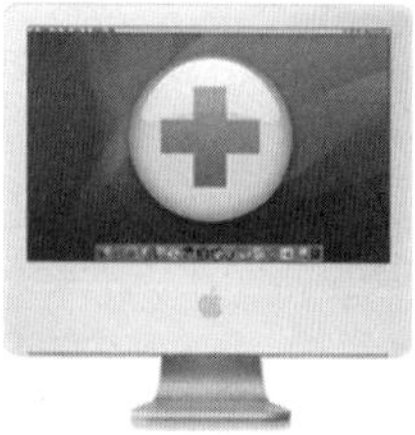

Generell kann gesagt werden, dass das Betriebssystem von Apple sicherer ist als das eines Windows-Systems – jedoch liegt es nicht unbedingt am Betriebssystem selbst. Es wäre fahrlässig zu behaupten, ein Apple-Computer benötigt keinen Schutz gegen schadhafte Programme. Auch in Apples Software-Struktur finden sich ab und zu Lücken in einigen Komponenten des Betriebssystems, die dann mit Hilfe von Security-Updates geschlossen werden. Vielmehr spielen die größere Verbreitung der Windows-Plattform und die immer größer werdende Community von neuen Viren- und Wurmautoren eine Rolle, da auch im Schadensfall eine breitere Masse an Betroffenen erreicht werden kann.

Aussagen jedoch darüber, dass es keine Viren oder Würmer auf einem OS X gibt, sind so nicht korrekt, obwohl **derzeit kein aktiver Virus für OS X im Umlauf** ist. Der letzte kam 2007 über Pornoseiten – als Video-Codec getarnt – auf einige Rechner.

Einen weiteren Ansatz für das positive Abschneiden im Virenbefall könnte die Erklärung bieten, dass Apple-Computer weitestgehend im professionellen Bereich eingesetzt werden und dieser meist einen höheren Schutz genießt, als das im privaten Bereich der Fall ist. Dennoch spielen das Betriebssystem und der Umgang damit die wichtigste Rolle im Kampf gegen den Schädlingsbefall. Der Mac wird Sie **bei Eingriff in die Systemstruktur immer nach der Authentifizierung eines Administrators** fragen. Durch diese absolute Trennung der Rechte kann das Zustimmen von fraglichen, nicht bewusst gewollten Systemfragen als fahrlässig angesehen werden. Bei dieser vorsichtigen Arbeitsweise hält sich das Risiko für einen Schadbefall in Grenzen. Dennoch sollten Sie beachten, dass der erste Benutzer, den Sie bei der Standardkonfiguration eines Apple-Rechners einrichten, immer auch ein »Administrator« ist. Hier gilt vorab die Empfehlung, den Standardzugriff auf dem System mit einem Standardbenutzer zu realisieren. Administratorenrechte sind für Konfigurationen und Änderungen am System sinnvoll, nicht aber im täglichen Umgang mit Text-, Bild- und Ton-Applikationen.

Optimale Systemsicherheit durch Softwareaktualisierung

Die Updatestrategie von Apple ist so aufgebaut, dass bei Online-Verbindung nach aktuellen Systemaktualisierungen geprüft wird.

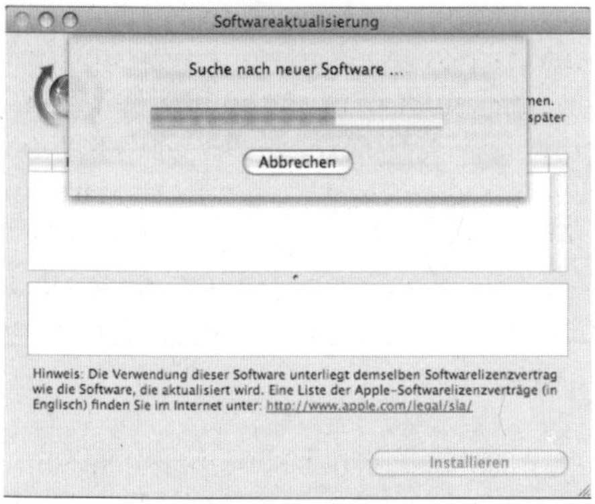

Dieser Intervall kann vom Benutzer modifiziert, aber auch deaktiviert werden – wobei die Deaktivierung natürlich bedeutet, dass sinnvolle und wichtige Updates manuell geprüft werden müssen.

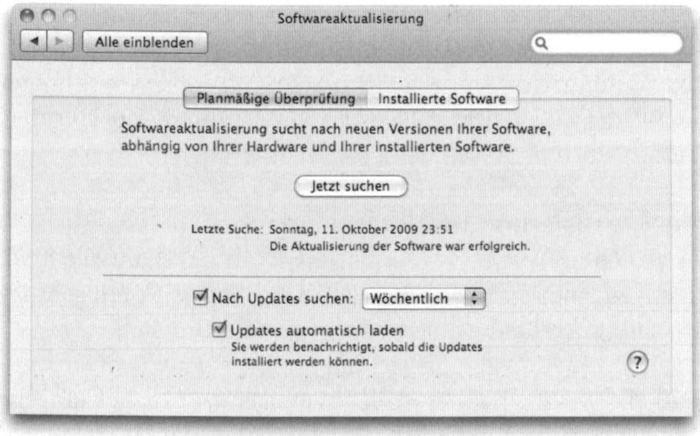

Das Systemprogramm *Softwareaktualisierung* finden Sie für den direkten Zugriff unter dem Apfel / -Menü.

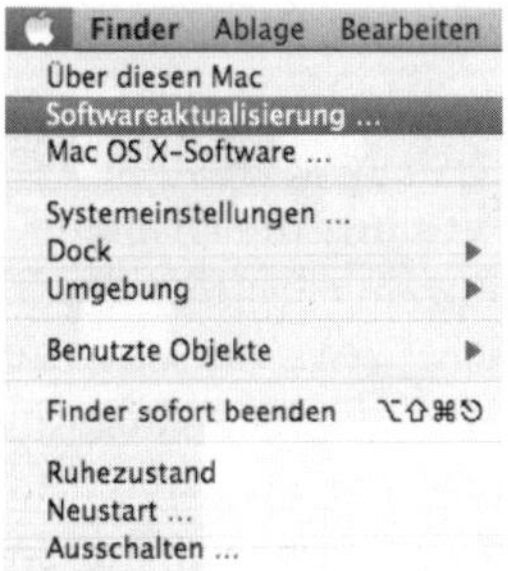

Bei der Überprüfung auf verfügbare Systemaktualisierungen werden die Kenndaten des eigenen Systems mit denen auf Apples Update-Server abgeglichen. Es werden dann nur die Aktualisierungen angezeigt, die auch mit dem eigenen Betriebssystem-Stand kompatibel sind.

Möchten Sie einige dieser Updates nicht oder noch nicht installieren, so ist das per Deaktivieren der Markierung vor dem jeweiligen Paket möglich. Handelt es sich um Systemupdates, die einen Neustart erfordern, werden Sie durch eine Meldung vor dem eigentlichen Installationsprozess hingewiesen. Zu sehen ist der erforderliche Neustart bereits durch ein entsprechendes Symbol links neben dem Namen der Aktualisierung.

Softwareaktualisierung im Unternehmen

Bei einer größeren Anzahl von Apple Clients ist das manuelle Update natürlich nicht zu empfehlen, da schnell die Übersicht verloren geht und auch der Aufwand unverhältnismäßig ansteigt. Hierfür stehen verschiedene Möglichkeiten zur Auswahl, die sich im Rahmen der Clientverwaltung bewegen, auf die wir im Kapitel »Clientmanagement« näher eingehen. Die Verteilung der spezifischen Update-Pakete über SSH oder einem professionellen Deployment-Verteilsystem sind dabei ebenso möglich wie die Benutzung von Apples Updateserver und der entsprechenden Verwaltung mit Hilfe eines Open Directorys.

Dass nicht jedes Update gleich eine Pflichtaktualisierung werden muss, erklärt sich von selbst. **Wichtig sind zunächst alle Updates, mit denen Sicherheitslücken geschlossen werden.** »Security Update« nennt Apple diese Pakete, die dann neben der Möglichkeit des Downloads über Apples Website von der Softwareaktualisierung angeboten werden. Auch einige Applikationen erfordern dann und wann sicherheitsspezifische Aktualisierungen – wenn zum Beispiel Lücken im Programmcode von Safari gefunden werden. Dass Apple dabei zum Teil nicht so schnell zu reagieren scheint, wie man dies von Microsoft gewöhnt ist, wird gern als Argument gegen Apples Sicherheitsphilosophie genutzt. Da Apple bisher jedoch bei allen relevanten und dringenden Lücken zeitnah entsprechende Softwareaktualisierungen angeboten hatte, kann auch diese Kritik verschmerzt werden. Die Anzahl von zu schließenden Sicherheitslöchern hat, wie oft fälschlicherweise als Argumentation benutzt, nichts mit deren Dringlichkeit zu tun.

Datenschutz auf dem Mac

Generell geht man davon aus, dass **ein Mensch mit krimineller Energie theoretisch an die Daten jedes Rechners herankommen kann, sofern er physisch davor sitzt.** Im Zweifel wird mit externen Startmöglichkeiten versucht, auf die Datenstruktur zuzugreifen.

Daher sollten **diskrete Informationen** mit einer **Verschlüsselung** versehen werden. Apple bietet hierzu die Implementation von *FileVault* an. *FileVault* ist eine Funktion, bei der das lokale Benutzerprofil in Form eines so genannten »Sparse Bundles« gesichert wird: Hat nun jemand vor, sich die Daten anzueignen, muss er schon das Passwort wissen, da die verschlüsselten Inhalte unmöglich mit heutigen Tools entschlüsselt werden können.

Allerdings ist jeder Schutz auch nur so gut, wie dessen notwendige Sicherheitsmaßnahmen eingehalten werden. Nicht nur das Passwort auf einem Zettel am Bildschirmrand ist ein oft genutztes Hilfsmittel gegen Vergesslichkeit, sondern auch die Eingabe von äußerst nahe liegenden beziehungsweise sehr kurzen Passwörtern. Dann werden Hacker mit der so genannten »Brute Force«-Methode fündig, die darauf beruht, alle zunächst denkbaren Passwort-Lösungen auszuprobieren.

Das Ausspionieren von Festplatteninhalten über einen **externen Netzwerkzugang** sieht sich jedoch **weitaus größeren Schwierigkeiten** ausgesetzt als der einfachen Eingabe von verschiedenen Passwortmöglichkeiten. Wenn zwar eine FireWall im Unternehmen konfiguriert wurde, außerhalb des Firmennetzwerkes die Internetverbindung jedoch ohne Verschlüsselung der WLAN-Verbindung benutzt wird, steigt das Risiko von Datenmissbrauch unnötig an.

Der Knackpunkt dabei: Jeder haftet dabei nicht nur für seinen eigenen Schaden, der ihm dann möglicherweise von außen zugefügt wurde, sondern auch für kriminelle Handlungen, die von seinem Anschluss ausgeführt wurden. Firmendaten, die durch diese Unachtsamkeit in fremde Hände gelangen, können dann mitunter einen großen Schaden anrichten. Daher gehört zum Einmaleins des Systemsupporters, auch wenn die **Schuldfrage** zu klären ist, die **Anwender** bestenfalls vorher darüber **aufzuklären**, wie und warum die **Sicherheit im Vordergrund** steht.

Die sonstigen Sicherheitsvorkehrungen – neben den systemspezifischen Konfigurationen – ergeben sich aus dem Unix-Unterbau. Ein klar struktu riertes Rechtesystem mit strikter Trennung zwischen Benutzer- und Systemebene stellt an sich bereits ein hohes Maß an Sicherheit dar.

Im Kapitel »Datensicherheit« gehen wir tiefer auf mögliche Maßnahmen im Rahmen der verschiedenen Sicherheitsanforderungen ein, da sie auch Aufwand und damit Kosten bedeuten und je nach Relevanz angepasst werden sollten.

Wie kompatibel ist ein Mac?

Ein äußerst wichtiges Thema rund um die Integration der Macs in eine möglicherweise vorhandene Infrastruktur ist die Kompatibilität. Macht man sich meist auf der einen Seite weniger Gedanken darüber, ob ein Personal Computer mit Windows-Betriebssystem mit verschiedenen Komponenten im Netzwerk oder mit bestimmten Programmversionen lauffähig ist, scheint auf der anderen Seite der **wesentlich stärker auf Kompatibilität getrimmte** Mac ständiger Kritik ausgesetzt.

Im ersteren Fall kämpfen Windows-Administratoren permanent damit, dass neue Programmversionen irgendwie mit der eingesetzten Hardware und dem installierten Microsoft Service Pack kooperieren. Zum Teil werden ältere Versionen über Jahre in Kauf genommen, da ein Upgrade der Infrastruktur als zu kostspielig gilt.

Ein Mac sollte es da eigentlich einfacher haben, da er seit Jahren von Hause aus mit den meisten Datenformaten der Windows-Welt vertraut ist, auf Datenträger anderer Plattformen zugreifen kann und mittlerweile Open Source-Software in großer Bandbreite zur Verfügung steht.

Dennoch sitzt ein Mac ständig auf der Anklagebank, wenn es um Plattformvergleiche geht, da ja schließlich »die Masse für Microsoft Windows angeboten« wird und nur begrenzt für Mac OS X. Die Produkte für Apples Betriebssystem werden dabei leider oft nicht berücksichtigt; das sollte man jedoch tun, da das Ergebnis erstaunen könnte. Denn, pauschal kann keine Bewertung vorgenommen werden. Die Qualität der Software beider Welten reichen von »Nicht vorhanden« über »Identisch« bis hin zu »Besser als«.

So sollten vielmehr zunächst die Anforderungen definiert werden, bevor zum Beispiel das Produkt *Microsoft Access* auf dem Mac gesucht wird, welches es nicht gibt, wohl aber attraktive Alternativen.

Programme für den Mac

Gehen wir also noch ein wenig mehr auf diesen Punkt ein: Eine scheinbar immer noch tief sitzende Überzeugung vieler Menschen, die bisher keinen Bezug zur Marke Apple hatten, lautet:

»Für Apple Computer gibt es doch kaum Programme, oder?«

Wenn dem tatsächlich so wäre, würde es verdammt schwer werden, überhaupt noch Gründe für den Einsatz eines Apple-Computers zu finden. Der Wahrheitsgehalt dieser Aussage beschränkt sich jedoch lediglich darauf, dass **Windows-Software** nicht direkt unter dem Apple-Betriebssystem lauffähig ist. Das gilt in gleicher Weise für den umgekehrten Fall. Sollte jedoch die Notwendigkeit bestehen, kann der Mac im **Dualbetrieb mit Mac OS X und Windows** betrieben werden. In den meisten Fällen ist das jedoch nicht notwendig. Viele **Software-Hersteller** bieten das gleiche Produkt nicht nur für beide Plattformen an, sondern akzeptieren auch die Benutzung ihrer **Lizenzen übergreifend.**

Das bedeutet, dass ein Großteil der bereits gekauften Software auch auf dem Mac benutzt werden kann.

Zudem kann gesagt werden, dass vielleicht die Anzahl der Variationen innerhalb der Softwareauswahl für den Mac geringer ausfällt, das jedoch nicht mit dem Fehlen von notwendigen Applikationen gleichgesetzt werden darf. Für die meisten Anforderungen werden auch äquivalente Produkte für Mac OS X angeboten. Der **vermeintliche Nachteil** kann so sogar zu einem Vorteil werden, wenn nicht aus tausend verschiedenen Tools das richtige ausgesucht werden muss, sondern nur von denen, die wirklich in Frage kommen.

Im Kapitel »Hard- und Software-Auswahl« haben wir für einige Standardbereiche Software-Empfehlungen für den Mac beschrieben, um Ihnen somit einen kleinen Überblick zu bieten.

Windows-Programme auf dem Mac

Sollte es Gründe geben, die einen Einsatz von Microsoft Windows erfordern, kann der Mac dies in verschiedener Art und Weise handhaben. Apple hat *Boot Camp* für den nativen Zugriff von Windows auf die Client-Infrastruktur zur Verfügung gestellt.

Boot Camp bietet per Assistenten die einfache **Möglichkeit, ein Windows-Betriebssystem auf einem Intel-Mac** zu installieren. Beim Start des Computers kann dann entschieden werden, welches Betriebssystem booten soll. Ein direkter Austausch zwischen beiden Systemen und die parallele Benutzung ist damit nicht möglich; Daten können nur über ein Austauschverzeichnis gemeinsam genutzt werden.

Doch es gibt andere Tools, die sich bewährt haben: So zum Beispiel *VMware Fusion* oder *Parallels*. Diese Programme ermöglichen die gleichzeitige Nutzung von Windows und Mac OS X. *Drag & Drop* zwischen den Applikationen und das **teilweise Simulieren der Mac-Fenster für Windows-Applikationen ermöglichen ein paralleles Arbeiten.**

CITRIX®

Auch in bestehende **Citrix-Installationen**, die Anwendungen im Netzwerk bereitstellen, lassen sich Apple Clients einbinden. Dabei ist es unerheblich, ob die Java-Integration oder das separate Citrix-Clientprogramm genutzt wird. Der **Mac wird mit diesen Schnittstellen ein Teil der Infrastruktur** und bleibt kein Außenseiter mehr. Das ist immer dann wichtig, wenn die Betreuung der Systeme betrachtet wird, da eine zweite Plattform sofort Angst vor Mehraufwand hervorruft.

Exchange und der Mac

In vielen Firmen findet man eine **Exchange Mail-Server**-Lösung vor, die für einige IT-Verantwortliche bereits Grund genug für die ausbleibende Integration von Apple Client-Systemen ist. Die Vergangenheit hat hier einen faden Beigeschmack hinterlassen. So konnte der Mac zwar mit *Outlook* unter Mac OS 9 und später mit *Entourage* von Microsoft in Exchange-Landschaften eingebunden werden; jedoch gab es immer wieder Probleme mit Funktionen, die in einer Windows-Umgebung als Standard galten. Dass jedoch in erster Linie die eingesetzte Server-Version Grund des Übels war, wurden den meisten Administratoren erst spät gewahr.

War die Umgebung dann auch noch komplex mit öffentlichen Ordnern konfiguriert, taten die fehlenden Funktionen – wie etwa der Abwesenheitsassistent und eine Passwortänderung – ihr Übriges.

Aber spätestens seit »Exchange Server 2007« und eingesetzter Mac-Clientsoftware »Office 2008« sind nahezu alle Bedenken obsolet und ein vernünftiges Arbeiten mit »Entourage« möglich. Auch die Stellvertretungseinstellungen werden ab diesen Versionen korrekt verarbeitet.

Datenformate

Die gängigsten Dateiformate kann Leopard bereits in der Standardkonfiguration handhaben. Die integrierte Vorschaufunktion (»QuickLook«) über die Space/⌴-Taste, über die bei markiertem Finder-Objekt ein Vorschaufenster geöffnet wird, zeigt den **innovativen Vorsprung in punkto Kompatibilität.**

Wie bereits erwähnt werden alle typischen Bild- und Textformate bei Doppelklick entweder mit den Programmen **Vorschau** oder **TextEdit** automatisch geöffnet. Für den verbliebenen Rest an Formaten, die zunächst eventuell nicht verarbeitet werden können, stehen einige Konverter und Interpreter zum Download zur Verfügung.

Fast alle verfügbaren Programme und Tools für den Mac können auf der Internetseite `www.versiontracker.com` gesucht und teilweise herunter geladen werden.

Was kann der Mac von Hause aus?

Nachfolgende Liste kann nur einen kleinen, aber eventuell entscheidenden Überblick geben, um eine mögliche Skepsis zum Mac OS X beiseite zu schieben. Es handelt sich um eine Auswahl der üblichen Dateiformate, die einem im Alltag begegnen und die bereits ohne zusätzliche Programme mit Apples Standard-Betriebssystem bearbeitet werden können.

Die eingebetteten Funktionen von Vorschau, TextEdit, QuickTime & Co. sorgen für unproblematische Verarbeitung von – neben vielen anderen – folgenden Formaten:

BILD	TEXT	AUDIO/VIDEO
TIFF	TXT	MP3
JPEG	RTF	AAC
JPEG 2000	DOC	AIFF
RAW	ODT	WAV
GIF	DOCX	AU
BMP	XML	MOV
PDF	etc.	MPEG-1
PICT		MPEG-2
PICS		MPEG-4
PNG		DV
SGI		AVI
TGA		MIDI
Photoshop-Dokument		Flash
EPS		etc.
PS		
etc.		

Peripherie: Drucker, Kopiersysteme, Scanner und Kameras

Wie ebenfalls bereits beschrieben, kann der Mac auf **fast alle Datenträger** zugreifen. Das gilt auch für alle weiteren halbwegs aktuellen Peripheriegeräte: Drucker, Kopiersysteme, Scanner und Kameras können **entweder direkt nach Anschluss oder nach entsprechender Treiberinstallation** einfach genutzt werden.

Snow Leopard hat dazu bereits alle aktuellen Gerätetreiber an Bord. Wenn Sie den Einsatz von Mac Clients in Ihrem Unternehmen in Erwägung ziehen, dürften also kaum Barrieren bestehen. Aber auch Grafik-Tablets oder andere Eingabegeräte spielen in manchen Bereichen eine nicht unwichtige Rolle. *WACOM* bietet hier für den Mac alles an, was an spezieller Eingabetechnologie gefordert wird. Außer einigen Spezialtasten auf den Mac-Tastaturen lassen sich sowohl Standard-Tastaturen oder Mäuse am Mac anschließen. Die

Belegung für etwaige Mehrtasten-Mäuse ist entweder direkt über die Standard-Systemeinstellung oder mit Hilfe eines Treibers konfigurierbar.

VGA nur mit Adapter

Beim Monitoranschluss setzt Apple bereits seit einigen Jahren auf den **DVI-Standard**. In einigen mobilen MacBook-Modellen hatte Apple eine mechanisch veränderte Version des DVI-Standards eingesetzt.

Mittlerweile wurde in Abstimmung mit der *Video Electronics Standards Association / VESA* der Mini-DisplayPort eingebaut, der eine geringere Bauweise ermöglicht und Apples flacher Gerätestruktur bei den Laptops zu Gute kommt. Die **Kompatibilität von Mini-DisplayPort zu DVI, VGA oder Dual-Link-DVI** wird durch entsprechende **Adapter** gewährleistet, die jedoch zusätzlich erworben werden müssen.

Anschlüsse – aktuell, aber nicht überflüssig

Mit Apple-Geräten erlebt man in Hinblick auf die Anschlüsse keine Überraschungen, wie man es oft von Discounter-Computern gewöhnt ist. Allerdings findet man weder HDMI noch Slots für alle anderen möglichen Erweiterungskarten in den Macs. Aber für Profigeräte zählen andere Stärken. Zudem können **alle notwendigen Erweiterungen an vorhandene Schnittstellen angeschlossen und entsprechend adaptiert** werden.

Macs und Server – ein vorbildliches Netzwerken

Lassen Sie es uns vorwegnehmen: Der Apple-Rechner kann sich mit seinem OS X mit fast jedem Netzwerk unterhalten. Dazu haben wir einmal eine Liste aufgeführt, welche Server-Arten grundsätzlich von OS X unterstützt werden:

- SMB/CIFS
- NFS
- Novell NetWare
- Freigaben auf Windows NT, 2000 und XP
- Linux-Server
- Unix-Server
- WebDAV-Server
- FTP-Server

... und natürlich sämtliche Freigaben von Apple-Systemen. Applikations-Server wie Exchange, Bildsysteme, Redaktionssysteme und sonstige Direktverbindungen, zu denen spezielle Programme notwendig sind, haben wir an dieser Stelle nicht berücksichtigt.

Hier muss natürlich gezielt überprüft werden, ob es Schnittstellen oder Anwendungen für den Mac gibt, die den Zugriff auf das jeweilige System erlauben.

Gemäß Protokoll: der Mac kann auch »Samba«

Wenn Sie einen oder mehrere Windows-Server in Ihrem Netzwerk benutzen, so können Sie selbstverständlich schon jetzt mit einem Mac darauf zugreifen. Wie auch von der Windows-Seite gewöhnt, ist ein **registrierter und entsprechend berechtigter Benutzer** Voraussetzung, um sich am Server anmelden zu können.

Übernimmt ein **Active Directory** die Zugriffssteuerung, so muss auch ein Benutzer für den Mac-Anwender konfiguriert sein.

Das Betriebssystem von Apple kann mit verschiedenen **Protokollen** auf verschiedene Server-Plattformen zugreifen. Da für den Windows-Share-Zugriff *Samba* benutzt wird, ist es erforderlich, dass Sie bei der Anmeldung, die Sie entweder im Finder durch die Tastenkombination ⌘ + K oder im Finder-Menü unter *Gehe zu | Mit Server verbinden …* aufrufen, den entsprechenden Protokollvermerk vornehmen.

Als Eingabe erfolgt dann vor der eigentlichen Adresse des Servers (durch die IP-Adresse oder durch den voll qualifizierten Hostnamen) der Zusatz des notwendigen Serverprotokolls. In diesem Fall *smb://*

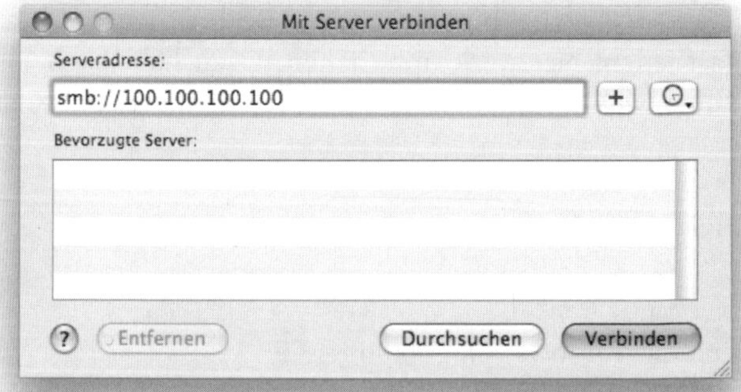

Nun kommt es vor, dass Sie regelmäßig auf einen oder mehrere Server zugreifen wollen. Dafür können Sie auf das Symbol + klicken, um einen Server als bevorzugten Server zu sichern.

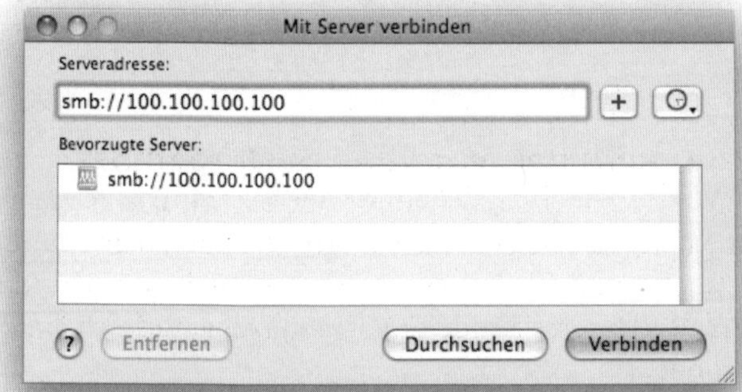

Bevor wir aber nun noch weiter in die Details einsteigen, lassen Sie uns im folgenden Kapitel die Grundlagen abrunden und uns auf eine Erstkonfiguration konzentrieren.

Grundlagen zu Mac OS X und Erstkonfiguration für Administratoren

2

- So behalten Sie den Überblick
- Benutzeroberfläche
- Der Finder
- Der Schreibtisch
- Das Dock – die Programmleiste
- Suche mit Mac OS X
- Systemaufbau und Ordnerstruktur
- Programminstallationen
- Systemstruktur
- Grundkonfiguration – Mac »out of the Box«
- Standardsoftware – bei Apple bereits dabei!
- Systemfunktionen
- Berechtigungsstruktur
- Schriften

So behalten Sie den Überblick

Grundlagen zum Betriebssystem

Um ein Betriebssystem administrieren zu können, sind zunächst **Grundkenntnisse über Verzeichnisstruktur, Systemarchitektur und Umgang mit den installierten Anwendungen** erforderlich. Jedes Betriebssystem ist dabei anders aufgebaut und trotz teilweise gleicher Funktionen zu Beginn für den Ungeübten undurchschaubar.

Nun handelt es sich bei Mac OS X um ein Unix-System, von dem man denken mag, es müsse sich komplett von einem Windows-Betriebssystem unterscheiden. Allerdings trifft das nicht für die Bedienung innerhalb der grafischen Oberfläche zu. Es gibt eine **Benutzeroberfläche** mit relativ einfacher Struktur, die es nicht nur dem Anwender des Systems, sondern auch dem Administrator in der Regel leicht macht, den **Großteil aufkommender Aufgaben im Betrieb schnell zu lösen.**

Wer allerdings Änderungen an Berechtigungsstruktur, Finder-Einstellungen und Systemkonfigurationen vornehmen möchte, findet einen völlig zu Windows konträren Systemaufbau vor: Keine Registry und Gerätemanager, kein Treibermanagement und völlig unterschiedliche Berechtigungsmuster innerhalb der Systemhierarchie.

Die folgenden Abschnitte sollen die Basis bilden, um den Mac mit OS X im Firmenumfeld betreuen zu können. Am Anfang beschreiben wir verschiedene Grundlagen des Betriebssystems, um dann im Verlauf der kommenden Seiten tiefer in das Thema Clientmanagement einzusteigen. Dabei versuchen wir, den Spagat zwischen oberflächlicher Funktionsbeschreibung und sinnvollen Kernthemen für die zukünftige Administration hinzubekommen. Eine reine Einweisung in alle Betriebssystemfunktionen wollten wir vermeiden, da der Administrator im Allgemeinen sowieso dazu neigt, selbstredende Abschnitte zu negieren und gleich loszutesten.

Benutzeroberfläche

Wie bereits beschrieben, ist das Apple-Betriebssystem durchaus kein Zauberwerk mit vielen Unbekannten. Ganz im Gegenteil hat Apple ein Zwei-Komponenten-System so gut ineinander verschweißt, dass man sich an der einen oder anderen Stelle gleiches für andere Betriebssysteme wünschen würde:

- Auf der einen Seite arbeitet ein **Unix-System**, welches für die Gewährleistung aller Systemdienste notwendig ist. Es arbeitet mit allgemein bekannter Solidität, Sicherheit und vor allem Stabilität, die man vor Apples Integration nur von Serverplattformen gewöhnt war.

- Auf der anderen Seite findet man die **Benutzeroberfläche** vor, die sowohl dem Anwender, aber auch dem angehenden Administrator eine Umgebung bietet, um schnell und effizient arbeiten zu können. Das markante Erscheinungsbild von Apples Systemoberfläche heißt **Aqua** und orientiert sich, wie der Name vermuten lässt, an Objekten mit wasserähnlichem Ambiente: Bestimmte Details in den Fenstern muten wie Wassertröpfchen an, die teilweise animiert schimmern.

Gehen wir näher auf die allgemeinen **Systemelemente** ein, um den Aufbau des Systems zu verstehen:

Ähnlich dem Betriebssystem von Microsoft gibt es Verzeichnisse für den Benutzer und das System. Eine Funktion, die so manch ein Benutzer vermissen wird, ist der Explorer unter Windows. In der Mac-Oberfläche navigiert man etwas anders – das ist allerdings auch historisch bedingt: Während man in früheren Zeiten auf der einen Seite noch Kommandos in eine Eingabeaufforderung eintippen musste, konnte der Apple-Benutzer bereits durch die Bewegung einer Maus die Objekte des Bildschirminhaltes bewegen und auch benutzen.

Drag & Drop waren bei Apple schon von Anfang an eines der wichtigsten Eigenschaften, mit denen der Benutzer des Systems aufwuchs. Auch heute noch arbeitet die Masse aller Mac-Anwender überwiegend mit der Maus oder einem Trackpad. Kurzbefehle, die beim Mac ebenso möglich sind, geraten da oft in den Hintergrund. Und gerade diese Art der Benutzung spiegelt sich auch in der Navigation im System wieder.

Benutzerprofil

Jeder Benutzer, der sich an einem Mac anmeldet, muss zunächst über ein Benutzerprofil verfügen. Es kann manuell konfiguriert oder von einem Directory-System zur Verfügung gestellt werden. In der Benutzeroberfläche wird das aktive Benutzerprofil – auch »Home-Profile« genannt – als Haussymbol dargestellt.

Pfad

Das Verzeichnis des Benutzer-Profils liegt im Ordner »Benutzer« auf der Hauptebene der Verzeichnisstruktur. Nur das Profil des Systemadministrator-Account *root* liegt in den Tiefen der Systemstruktur in folgendem Pfad: */private/var/root/* Bei OS X stellt der Systembenutzer *root* die höchste Macht dar. Aber dazu später mehr.

Aufbau

Jedes Benutzerprofil hat nach Erstellung folgende Ordnerinhalte:

Kerberos	**Verschlüsselungs-**Management
Bilder	**iPhoto** speichert automatisch seine **Bilddatenbank** in diesen Pfad
Dokumente	dieser Ordner ist für alle **Benutzerdaten** gedacht
Downloads	**Safari** speichert automatisch Downloads in diesen Pfad
Filme	**iMovie** speichert automatisch in diesen Pfad
Library	**individuelle Voreinstellungen** werden hier gesichert
Musik	**iTunes** speichert automatisch in diesen Pfad
Öffentlich	für die Freigabe von **Daten im Netzwerk**
Schreibtisch	der Inhalt erscheint auf dem Schreibtisch des Anwenders
Webseiten	automatischer Pfad für erstellte Webseiten

Rechte

Außer den Ordnern **Öffentlich** und **Webseiten** sind alle anderen Verzeichnisse eines Benutzer-Profils für andere im Zugriff gesperrt.

Neu erstellte Verzeichnisse eines Benutzers im eigenen Profilordner sind auch für alle anderen Benutzer zugänglich. Dies sollte beachtet werden, wenn sich mehrere Anwender einen Computer teilen.

Der Finder

Wenn Sie das erste Mal vor einem Apple-Computer sitzen, werden Sie sofort einen Unterschied im Vergleich zu einem Windows-Betriebssystem feststellen: Die Menüleiste ist nicht unten, sondern am oberen Bildschirmrand. Das war bei Apple seit Einführung einer Benutzeroberfläche Anfang der 80er Jahre schon immer so.

Die Menüleiste wird von dem Programm genutzt, das gerade im Vordergrund aktiv ist. Damit ändern sich auch die angezeigten Elemente und zeigen **Funktionen der jeweiligen Programme** an. Das **Apple-Symbol** ganz links wird als Apple/-Menü bezeichnet und bietet stets einen schnellen Zugriff auf die wichtigsten Systemfunktionen.

Der Mac startet nach der Benutzeranmeldung mit dem Öffnen des Finders, welches fälschlicher Weise oft auch als Schreibtisch bezeichnet wird. Der **Finder** ist jedoch ein Teil der Benutzeroberfläche und ermöglicht die Navigation im System. Er zeigt dabei auch den Schreibtisch, das Dock, die Menüleiste, Fensteroptionen und alle anderen Elemente an, auf die zugegriffen werden kann.

Am rechten oberen Bildschirmrand wird die **Festplatte** des Macs angezeigt. Sie hat – auch im Gegensatz zum Windows-System – einen eigenen Namen und heißt »Macintosh HD«. **Eine Änderung des Namens hat keine Auswirkung auf die Systemfunktionalität.** Lediglich für selbst erstellte Scripte sollte beachtet werden, ob der Name oder die Volume-ID angegeben wurde.

Die **Kurzbefehle für die Finderfunktionen** sind zum Teil hinter den Menüfunktionen vermerkt. Es lassen sich jedoch wesentlich mehr Standard-Tastaturfunktionen nutzen beziehungsweise ändern und erweitern. Am Ende des Buches haben wir eine Übersicht der wichtigsten und meist genutzten **Tastaturbefehle** erstellt, mit denen die Arbeitsschritte im Finder zügig von der Hand gehen. Diese Kurzbefehle sind in den Systemeinstellungen unter *Tastatur* modifizierbar.

Die Seitenleiste eines Fensters in Mac OS X ist flexibel konfigurierbar. Durch *Drag & Drop* können Pfade hinein- oder herausgezogen werden.

Die Menüleiste eines Fensters ist über den Menüpunkt *Darstellung | Symbolleiste anpassen …* individuell konfigurierbar.

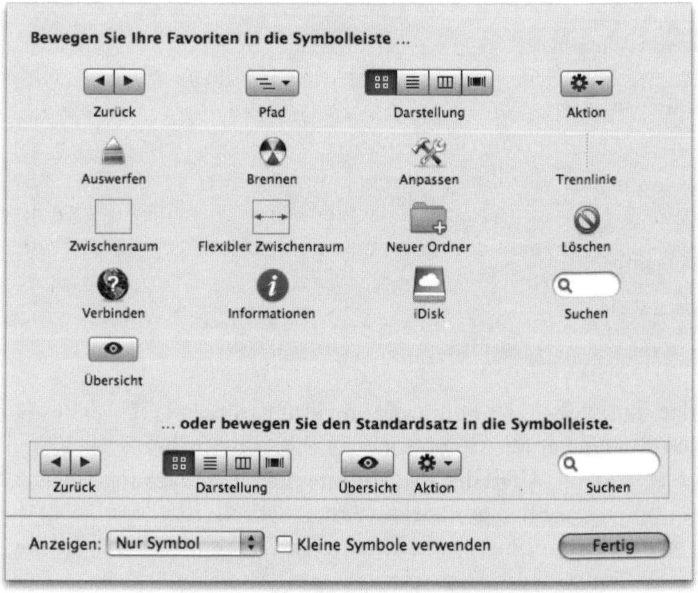

Das Fenster selbst gibt nicht nur Auskunft über den verfügbaren Speicherplatz, sondern auch für **Berechtigungseinschränkungen**. Im unteren linken Fensterbereich erscheint bei Ordnern und anderen Medien, für die man keine Schreibberechtigung besitzt, ein durchgestrichener Stift.

Der Blick lohnt sich gerade bei der Fehlersuche, wenn man von Programmen undefinierbare Fehlermeldungen erhält. Oft ist ein fehlendes Schreibrecht die Ursache für diese Funktionsstörung.

Der Schreibtisch

Beim Schreibtisch selbst, der im Grunde die Arbeitsfläche darstellt, handelt es sich um einen Ordner, der standardmäßig für jeden Benutzer angelegt wird.

Jedoch gibt es – anders als beim Betriebssystem Windows – keinen übergreifenden Schreibtisch, mit dem sich Objekte für alle Benutzer abbilden lassen. Die Rechtestrategie von Apple für die angemeldeten Benutzer sieht ein benutzerübergreifendes Zugriffssystem auf interne Verzeichnisse so nicht vor.

Objekte, die für alle angemeldeten Benutzer zur Verfügung gestellt werden sollen, müssen an anderer Stelle platziert werden. Entweder wird ein Ordner mit entsprechender Berechtigung manuell erstellt oder man bedient sich des dafür vorgesehenen Austauschordners »Für alle Benutzer«. Jedoch hat auch dieses Verzeichnis keine Auswirkung auf die Schreibtischelemente.

Wie viele andere Verzeichnisse wird auch der Ordner »Für alle Benutzer« für die Benutzeroberfläche übersetzt. Auf der Systemebene arbeitet – wie bereits erwähnt – ein Unix-System, auf das im Terminal zugegriffen werden kann. Der Austauschordner liegt in originaler Schreibweise mit Namen »Shared« vor und kann vom Terminal eingesehen werden. Der Hauptordner für die Benutzer wird in der grafischen Benutzeroberfläche ebenfalls für die eingestellte Landessprache übersetzt. Der komplette Pfad lautet daher */Users/Shared/*

Das Dock – die Programmleiste

Am unteren Rand eines frisch installierten Macs ist standardmäßig das Dock als transparente Leiste eingeblendet, welches sich auch an den linken oder rechten Rand bewegen lässt. Es ist eine Art **Startleiste zum schnellen Ausführen von Programmen.**

Größe, Art und Sichtbarkeit können Sie flexibel verändern. So lassen sich über das Apfel-Menü unter dem Punkt *Dock* ganz individuelle Einstellungen vornehmen.

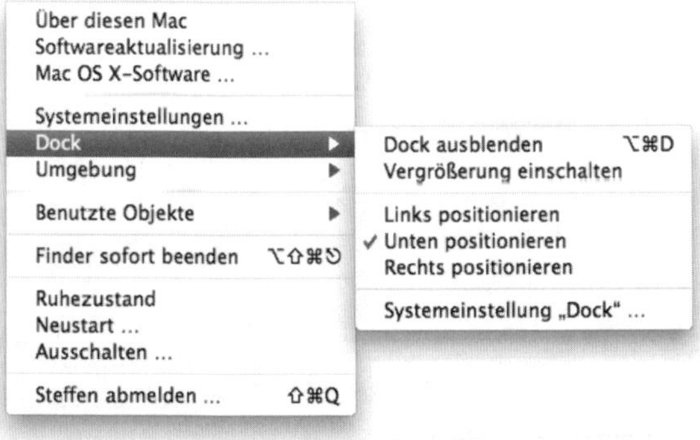

Sofern das Dock eingeblendet wird, ermöglicht das linke Symbol mit dem typischen Macintosh-Gesicht einen direkten Wechsel zum Finder.

Durch einen Klick mit der rechten Maustaste auf dieses Finder-Symbol erscheint ein Aufklappmenü mit einigen Standardfunktionen.

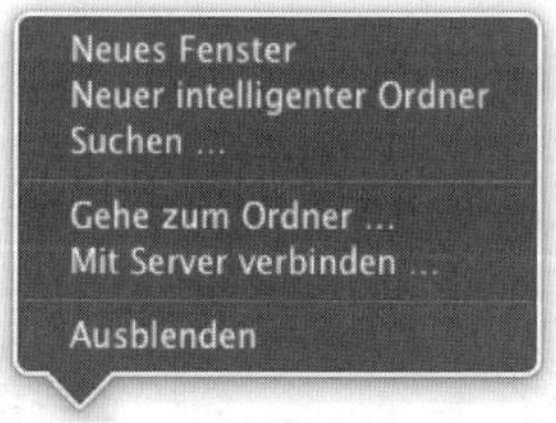

Unter anderem lassen sich durch die Funktion *Neuer intelligenter Ordner* Suchabfragen erstellen, die dann stets automatisch den gewünschten Inhalt anzeigen.

Programme aus dem Dock lassen sich durch Klick mit der rechten Maustaste auf das Docksymbol öffnen, in der Verzeichnisstruktur anzeigen, automatisch bei Anmeldung am System starten oder aus dem Dock entfernen.

Bei geöffnetem Programm stehen einem beim Klick auf das Symbol im Dock mehr oder weniger Funktionen zur Verfügung. Die Optionen im unteren Bereich erscheinen als Standard für jedes Programm und bieten die Möglichkeit, es mit gedrückter Alt / ⌥-Taste sofort zu beenden, falls es nicht mehr reagieren sollte.

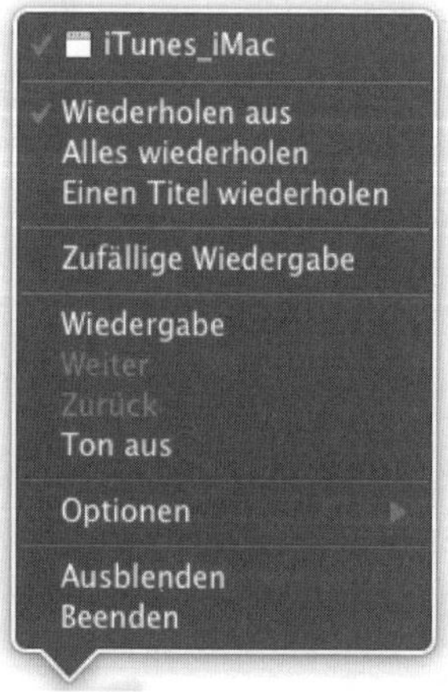

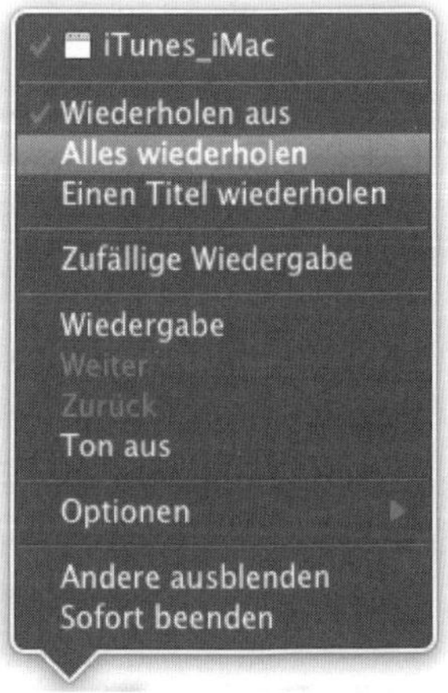

Das rechte Symbol im Dock ist der Papierkorb, der sich nicht als sichtbares Verzeichnis in der Oberfläche zeigt. Es handelt sich dabei um einen in der Verzeichnisstruktur unsichtbaren Ordner, der für jeden am System angemeldeten Benutzer existiert. Er befindet sich in dem folgenden Pfad:

/Users/horst/.Trash/... (der Name »horst« bezieht sich auf den Kurznamen des jeweiligen Anwenders).

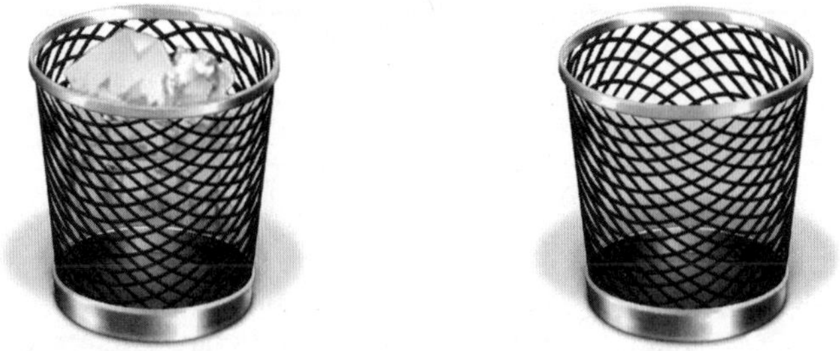

Durch den Klick mit der rechten Maustaste auf das Papierkorb-Symbol lässt sich der Inhalt löschen.

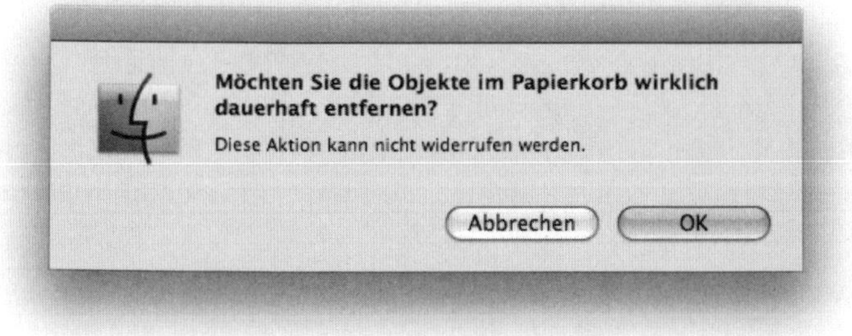

Drückt man beim Klick auf *Papierkorb entleeren* noch die Alt / ⌥-Taste, entfällt die sonst übliche Sicherheitsfrage. Außerdem werden somit auch Dateien gelöscht, die geschützt sind.

Der Papierkorb kann auch über die Menüleiste geleert werden. Hier steht zusätzlich noch die Möglichkeit zur Verfügung, den Inhalt auf sichere Art zu löschen.

Zum Teil können Dateien nicht gelöscht werden, wenn es noch Programme oder Dienste gibt, die darauf zugreifen. Auch mit gedrückter ⌥-Taste lässt sich da nichts machen.

Es erscheint folgende Meldung:

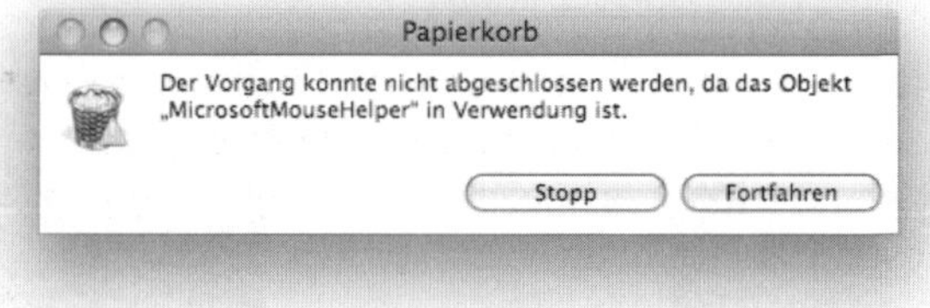

Entweder muss in diesem Fall das System neu gestartet werden, um die Datei freizugeben, oder es reicht das Beenden des Programms oder des Dienstes. Bei letzterem Vorgang ist jedoch nicht immer gleich ersichtlich, um welches Programm es sich handelt. Im Kapitel »Im Terminal von A bis Z« gehen wir auf den Befehl `lsof (list open files)` ein, mit dem unter anderem die entsprechende Applikation gefunden werden kann, um sie zu beenden.

Nach der Anmeldung an einem neu installierten Mac existieren bereits standardmäßig im Dock bereitgestellte Symbole von Programmen, die durch einfaches Anklicken geöffnet werden können. Ist ein Programm bereits gestartet, wird das mit einem leuchtenden Punkt unter dem Programmsymbol im Dock angezeigt.

Suche mit Mac OS X

So sehr man sein eigenes System, die installierten Programme und gesicherte Daten kennt, gibt es dennoch Situationen, in denen man auf Suchhilfen angewiesen ist. Apple hatte in all seinen Systemversionen stets eine **Hilfsfunktion** integriert, die sich als zusätzliches Fenster zeigte.

Bereits vor Mac OS X gab es dann eine zweigeteilte Suchfunktionalität. Eine für die Suche nach Dateien und Ordnern, eine andere für Inhalte von Dateien und Webcontent. Letztere bekam den Namen **Sherlock** und war mit diversen komfortablen Suchfunktionen ausgestattet.

Auch in der aktuellen Betriebssystem-Version unterscheidet Apple zwischen diesen Funktionen, hat sie jedoch anders integriert. Die Suchfunktion hört auf den Namen **Spotlight** und kann über den schnellen Zugriff über die Menüleiste oder über den komplexer ausgestatteten Finder-Suchmodus geöffnet werden. Spotlight hat jedoch auch Grenzen, gerade beim Durchsuchen von Server-Volumen – deswegen beschreiben wir im Verlauf dieses Themas auch eine Alternative.

Spotlight

Sämtliche Dateien einer Festplatte werden von Apple als Content gesehen und inhaltlich indiziert. Diese Indizierung der Dateien findet einmalig in einem kompletten Durchgang statt und wird bei Änderungen regelmäßig aktualisiert. Innerhalb des erstmaligen Indexierungsvorgangs, der eine Weile dauern kann, steht die Suche über die Menüfunktion nicht zur Verfügung, wohl aber die Suche im Spotlight-Fenster.

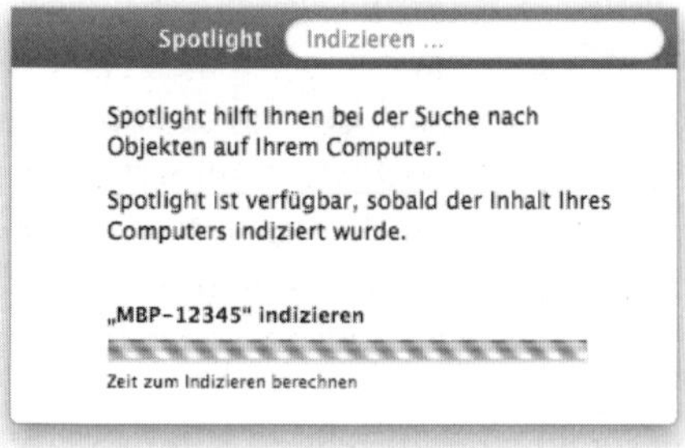

Jedes einzelne Volume legt dann einen Index an, in dem **Schlüsselbegriffe** der enthaltenen Dateien gesichert werden. Es handelt sich dabei um eine indizierte Datenbank, die auf dem indiziertem Volume in folgendem Verzeichnis liegt: *Volumenname/.Spotlight-V100/.*

In diesem unsichtbaren Verzeichnis wird neben der eigentlichen Datenbank auch die systemübergreifende Vorgabendatei *_rules .plist* gesichert.

Führt nun ein Anwender eine Suche über Spotlight aus, werden alle Index-Dateien überprüft und das Ergebnis ausgegeben. Dabei sucht Spotlight über die Menüfunktion – ohne die zusätzliche Eingabe von Attributen – nach dem Namen der Datei und der inhaltlichen Indizierung.

Aufgerufen werden kann die Spotlight-Suche über ⌘+Leerschritt / ⌤-Taste oder durch einen Mausklick auf das Lupensymbol rechts in der Menüleiste.

> ***Suche auf Servervolumen***
> **Auf File-Servern erstellt der Client keinen Index für die Spotlight-Suche. Dies kann zwar mit dem Befehl `mdutil -i on` und dem entsprechenden Volume temporär aktiviert werden. Oder es kann mit Hilfe eines Scriptes regelmäßig ausgeführt werden, indem man den kompletten Index auf den Server schreiben lässt. Bei mehreren Zugriffen jedoch macht das keinen Sinn – schon gar nicht, wenn andere Betriebssysteme beteiligt sind.**
> **Soll dennoch auf Server-Volumes per Inhaltssuche recherchiert werden, hilft nur eine Serverindizierung von Spotlight über Mac OS X-**

Server oder zum Beispiel die Such-Alternative »EasyFind« vom Hersteller *DEVONtechnologies.*
Letzteres ist ein freies Programm, welches Suchen ohne Indexerstellung durchführt. Im nächsten Kapitel gehen wir etwas näher auf dieses Tool ein, da es sich für die Standard-Softwareausstattung eignet.

Konfiguration von Spotlight

Es ist möglich, die Suche einzuschränken und Orte **von der Indexierung auszunehmen.** Das kann sinnvoll sein, sofern man auf eine erhöhte Sicherheit Wert legt und die Daten nach Benutzung verschlüsselt – diese Vorkehrung hätte schließlich nicht den gewünschten Effekt, wenn per Spotlight Suchergebnisse aus sicherheitsrelevanten Daten zum Vorschein kommen. Im Kapitel »Sicherheit« gehen wir explizit auch auf dieses Thema genauer ein.

Aber auch unter anderen Umständen kann eine Ausnahme verschiedener Medien oder Datentypen sinnvoll sein. Für diese Konfiguration steht die Systemeinstellung *Spotlight* zur Verfügung: Hier können einzelne **Datenformate** von der Suche durch Spotlight ausgeschlossen werden. Aber auch ganze **Pfade** können im Bereich **Privatsphäre** angegeben werden, die dann von Spotlight übergangen werden.

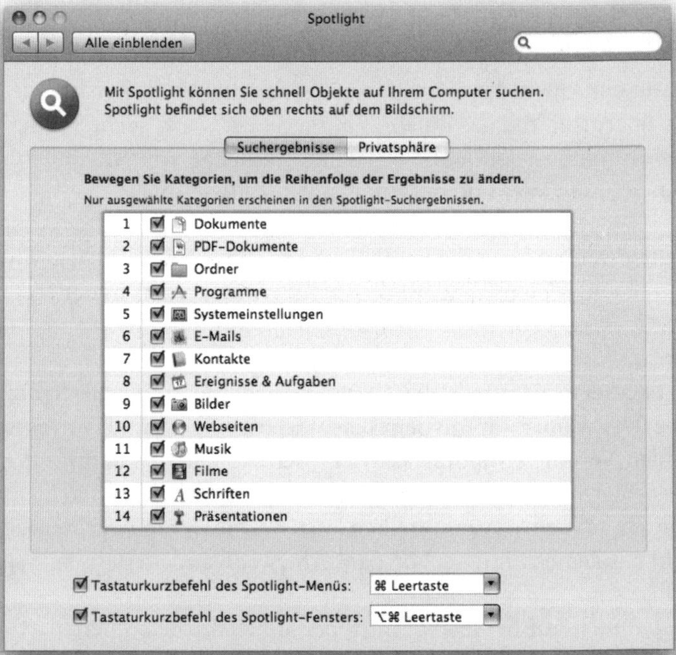

Suche mit boolschen Variablen

Niemandem ist geholfen, wenn nach Eingabe eines Suchbegriffs hunderte Treffer angezeigt werden. Bei Benutzung der normalen Spotlight-Suche über das Menü kann das Ergebnis über boolsche Variablen weiter eingeschränkt werden. Das hat natürlich nur Sinn, solange sich die Eingabe von Attributen und Variablen in Grenzen hält.

Mit einigen Beispielen wollen wir zeigen, dass Spotlight durchaus clever genutzt werden kann. Interessant ist die Möglichkeit der direkten Eingabe von mathematischen Aufgaben, da die Spotlight-Suche durch ⌘+⎵ schneller aufgerufen ist als das hauseigene Rechenprogramm.

Eingabe: (Grafik OR Layout) AND Apple
Ergebnis: Es wird nach einem der beiden Begriffe »Grafik« oder »Layout« in Verbindung mit dem Begriff »Apple« gesucht.

Eingabe: »OS X 10.6« Art:Dokument
Ergebnis: Die Zeichenkette OS X 10.6 wird nur in Dokumenten gesucht.

Eingabe: (13*423)-199
Ergebnis: 5300

Mögliche Kurzbefehle und weitere Tipps im Umgang mit Spotlight finden Sie in der Apple-Hilfe unter *Hilfe | Mac-Hilfe* oder mit der Tastenkombination ⌘+?

Spotlight-Erweiterungen

Für die Suche nach Inhalten installieren einige Softwarehersteller ein Plugin für Spotlight. Dieses Plug-in kann dann zum Beispiel die Suche nach Inhalten von E-Mails in Entourage ermöglichen. Die Spotlight-Erweiterungen enden auf *.mdimporter* und liegen an folgender Stelle:

Neben dem angesprochenen *Microsoft Entourage.mdimporter* für die Suche nach E-Mail-Inhalten aus Entourage gibt es aber noch weitere Plugins.

Auch Apple selbst stellt diese Funktionserweiterungen zur optimierten Suche für *Pages-*, *Numbers-*, *Keynote-*, *AppleWorks-* oder *iWeb*-Dateien zur Verfügung. Somit lassen sich gezielte Suchanfragen über Spotlight absetzen, die in allen unterstützten Applikationen und deren Dokumenten wirken.

Suche im Spotlight-Fenster

Neben der Spotlight-Suche über das Symbol in der Menüleiste gibt es noch die Suche im Finder-Fenster. Bei gedrückter Tastenkombination ⌘+*F* im Finder erscheint das Suchfenster. In einem bereits geöffneten Finder-Fenster kann auch sofort mit der Eingabe von Suchbegriffen begonnen werden. In der oberen Leiste des Fensters erscheinen dann zusätzlich einige Optionen für die Einschränkung von Suchpfad und Art des gesuchten Objektes.

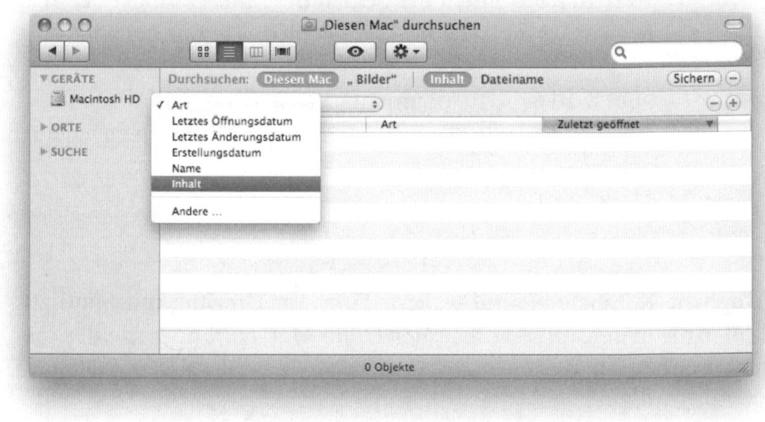

Dass diese Suche relativ mächtig ist, veranschaulicht die nächste Abbildung: Klickt man auf *Andere ...*, können diverse Suchvariablen ausgewählt werden. Die Suche lässt sich somit sehr stark einschränken, so dass das Ergebnis genauer wird.

In der rechten Spalte können Sie durch die Markierung einer Variable festlegen, dass diese auch in der Standard-Findersuche auswählbar ist.

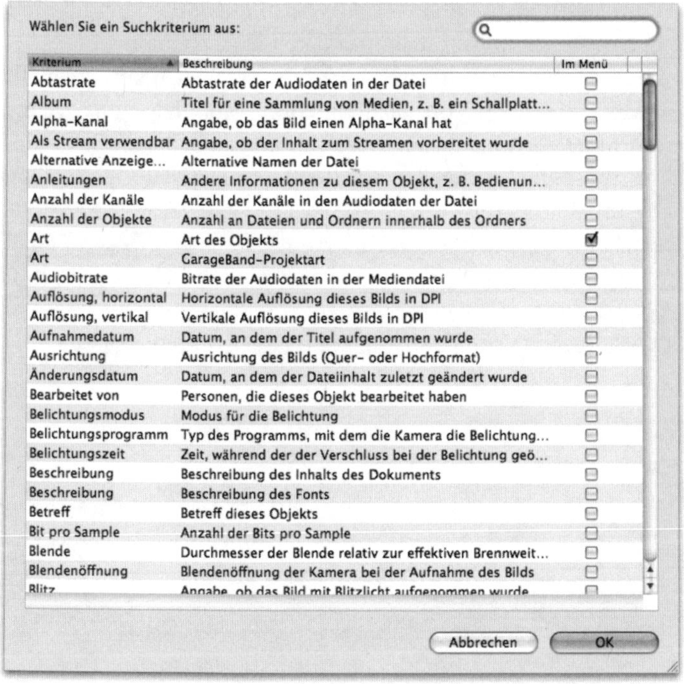

Systemaufbau und Ordnerstruktur

Das Betriebssystem setzt sich grob aus einem Unix-Kern und der Aqua-Benutzeroberfläche zusammen. Die Verzeichnisstruktur von OS X sieht grundsätzlich vier sichtbare Hauptverzeichnisse vor, mit denen Sie in der Administrierung in Berührung kommen:

Sichtbare Hauptverzeichnisse von OS X

/Users/...
In diesem Verzeichnis werden die lokalen Benutzerprofile gesichert.

/Programme/...
Das ist der Ort, an dem alle Applikationen liegen sollten.

/Library/...
Hier werden Treiber und Ressourcen für das System und die Programme für alle Benutzer zur Verfügung gestellt.

/System/Library/…
Systemressourcen und Bestandteile des eigentlichen Betriebssystems sind in diesem Verzeichnis abgelegt

Neben diesen im Finder sichtbaren Verzeichnissen existieren noch allerhand weitere Ordner, die Sie im Normalfall und ohne Modifizierung der Findereinstellungen nur im Terminal sehen. Dazu gehören zum Teil die Standard-Unix-Verzeichnisse, auf die Sie auch bei anderen Unix-Derivaten stoßen könnten.

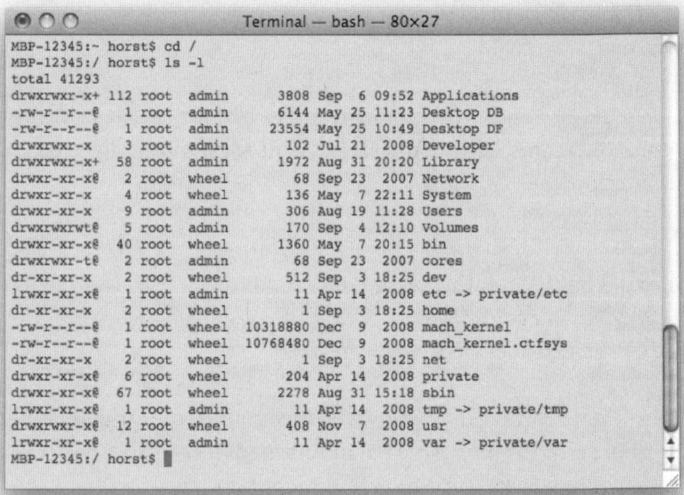

Nicht sichtbare Systemverzeichnisse von OS X

/Network/…
Ein Verzeichnis, in dem die zur Verfügung stehenden Netzwerkdomains angezeigt werden.

/Volumes/…
Von diesem Pfad aus kann auf alle zur Verfügung stehenden Datenträger bzw. Netzwerkfreigaben zugegriffen werden.

/bin/…
Hier sind Systembefehle und Programme – so genannte *Binaries* – zu finden.

/cores/…
Ein Speicherort, der temporär für die Auslagerung von *core dumps* und Speicherinhalten genutzt wird, die z. B. nach einem Absturz eines Programms Aufschluss über die Ursache liefern können.

/dev/...
Hier befinden sich die Gerätedateien aller vom System benutzten Geräte.

/tmp/...
Der Ordner dient zur Auslagerung von *Temp*-Dateien einiger System-Dienste.

/private/...
In diesem Pfad befinden sich unter anderem einige Systemdienste und -funktionen, die im Betrieb von OS X benötigt werden. Im Unterpfad */private /var/...* befindet sich – neben einigen Spool-Verzeichnissen – auch das Home-Profil von *root.*

/sbin/...
In diesem Verzeichnis befinden sich Systemprogramme, die eine *root*-Berechtigung erfordern.

/usr/...
Die Abkürzung *usr* steht für *Unix System Resources.* Zusätzliche Systemprogramme werden hier gespeichert, wobei die dazugehörigen Binaries zum Teil im Unterverzeichnis */usr/bin/...* liegen

In der *root*-Ebene gibt es noch weitere Verzeichnisse, die zum Teil noch zum Ur-Unix-Standard gehören; sie sind im Rahmen des Supports aber nicht relevant und/oder werden von Mac OS X nicht benutzt.

Zudem erscheinen bei der Verzeichnisanzeige im Terminal Verlinkungen zu Ordnern, die vom System und auch einigen Programmen benutzt werden und daher mit einem Pfeil andeuten, wo ihr Originalpfad liegt. Die Links ermöglichen einen schnellen Zugriff auf diese oft benutzten Verzeichnisse. Somit muss die Pfadangabe nicht immer voll qualifiziert werden.

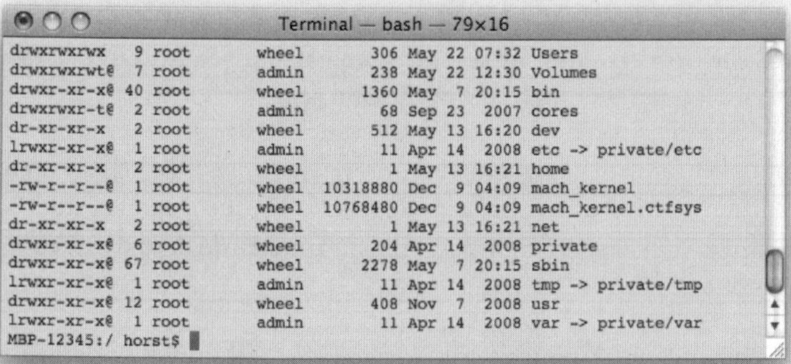

Programm-Installationen

Die **Installation von Programmen** auf dem Mac **unterscheidet sich nicht wesentlich von der auf anderen Plattformen.** Eine besondere Beachtung sollte jedoch den Berechtigungen geschenkt werden. Wie wir noch im Verlauf der nächsten Abschnitte erläutern werden, ist die **Trennung von Administrator und Anwender** auf der Berechtigungsebene sinnvoll, damit Systemeingriffe und Programm-Installationen nicht willkürlich vorgenommen werden können.

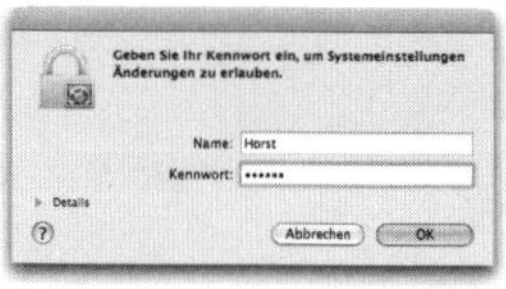

Für die Installation von Programmen im Hauptverzeichnis */Programme/* *(/Applications/)* muss daher eine Authentifizierung eines Administrators erfolgen. Das Gleiche gilt für jene Software, die Teile der System-Infrastruktur verändert oder neue Komponenten hinzufügt. So lassen sich **ungewollte Veränderungen an der Client-Softwareausstattung** auf äußerst sichere Art und Weise vermeiden. Es entsteht nicht nur ein **Sicherheits**-, sondern auch ein **Effizienzvorteil**, da ein vorgegebener Standard auf allen Rechnern auch eine einheitliche Betreuung gewährleistet.

Bei der Installation selbst kann es sich um einen Installationsvorgang oder aber das simple Kopieren der Applikation in den Programme-Ordner handeln. Einige Hersteller speichern nach erfolgreicher Installation eine so genannte Paketquittung in einen dafür vorgesehenen Ordner mit dem Namen »Receipts«, der sich im *Library*-Verzeichnis in der Hauptebene und in jedem Benutzerprofil befindet.

Die Voreinstellungen der Programme im Mac OS X werden meist individuell im lokalen Profil des Benutzers und dort im Ordner »Preferences« abgelegt. So kann es bei einer möglicherweise notwendigen Fehlersuche hilfreich sein, mit einem anderen Benutzer zu prüfen, ob es lediglich an den Voreinstellungen liegt. Tritt das Problem eines Programms systemweit, also bei allen Benutzern auf, handelt es sich auch wohl eher um systemweite defekte Voreinstellungen in */Library/Preferences/...*, oder aber um die Applikation selbst.

Im Kapitel »Clientmanagement« erläutern wir einige Möglichkeiten für die Installation von Software über das Netzwerk. **Um Programme zu löschen, reicht in den meisten Fällen aus, das Programm einfach in den Papierkorb zu bewegen.**

Natürlich bieten auch einige Softwarehersteller Deinstallationsroutinen für ihre Komponenten an, mit deren Hilfe dann auch der nicht mehr benötigte Rest innerhalb der Systemstruktur beseitigt wird. Jedoch wird es zu keiner Fehlermeldung vom System kommen, wenn Sie selbst Hand anlegen und

Applikationen entfernen. Startobjekte werden in der Regel einfach ignoriert, wenn die dazugehörigen Applikations-Komponenten vermisst werden.

Anders als bei Windows können Programme auf dem Mac bei Bedarf unproblematisch entfernt werden, auch ohne die möglicherweise dafür vorgesehenen Deinstaller zu benutzen. Allerdings gilt das nicht für Systemsoftware in den Verzeichnissen »/Library/...« und »/System/...» An diesen Orten sollte genau geprüft werden, um welche Komponenten es sich handelt.
Ein Installations- und Deinstallations-Center für das Managen der installierten Komponenten gibt es unter Mac OS X nicht.

Systemstruktur

Das eigentliche System setzt sich aus den zuvor genannten Komponenten */Library/*, */System/Library/* und den unsichtbaren Verzeichnissen zusammen. Auf Letztere werden wir noch öfter im Laufe der kommenden Themen stoßen, da sie zum Teil den eigentlichen Unix-Unterbau bilden. Die programmnahen Systemelemente im Pfad */Library/...* bilden die Schnittstelle zwischen Applikation und System; die reinen Systemkomponenten befinden sich im Pfad */System/Library/...*

Auf den folgenden Seiten zeigen wir einen Auszug von wichtigen Systempfaden und erläutern deren Funktion. Es existieren noch diverse andere Verzeichnisse, die jedoch zum Teil selbsterklärend oder für die Betrachtung im Support weniger relevant sind.

Wichtige Systempfade und -Komponenten

/Library/Application Support/

In diesem Verzeichnis speichern viele Softwarehersteller Ressourcen für die systemweite Verfügbarkeit. Adobe nutzt diesen Pfad zum Beispiel für diverse Plugins und Vorgaben, die von allen am System angemeldeten Anwendern benutzt werden müssen.

/Library/Caches/

Wie der Name erahnen lässt, nutzen Softwarehersteller diesen Pfad für ihre Auslagerungsdateien. Sollten **Performance- oder andere Schwierigkeiten mit Applikationen** auftreten, können die Cache-Inhalte gelöscht werden.

/Library/Fonts/

Das ist der Ordner für die Schriften, die jedem Benutzer zur Verfügung stehen sollen. Diesen Pfad nutzen einige Programme, wie zum Beispiel Micro soft, um Schriften abzulegen. Aber auch für das Bereitstellen von eigenen Fonts kann dieser Ordner verwendet werden.

Wir empfehlen, bei Gruppierungen von Schriften lediglich einen Unterordner zu verwenden. Bei komplexeren Verzeichnishierarchien kann es zu Problemen bei der Schriftaktivierung kommen.

Schriften sind für das System sofort nach dem Verschieben oder Kopieren in das Font-Verzeichnis aktiv. Geöffnete Programme müssen einmal neu gestartet werden, damit auch sie auf die neuen Schriften zugreifen können; mehr dazu im Kapitel »Clientmanagement«.

Jeder Benutzer, der sich am System anmeldet, verfügt in seinem **Profilordner** über den Pfad *~/Library/Fonts/...*, in dem er seine Fonts aktivieren kann. Sie sind dann nur für ihn aktiv und wirken sich nicht systemweit auf andere Benutzer aus.

/Library/LaunchAgents/
/Library/LaunchDaemons/

Diese Pfade werden für die Aktivierung der Systemdienste genutzt, auf die wir gleich noch näher eingehen werden. Es handelt sich dabei um systemweite Dienste, die entweder nach dem Login eines Benutzers oder bereits während des Systemstarts aktiviert werden.

Den Diensten, die durch den Hauptprozess *launchd* im System gestartet und kontrolliert werden, widmen wir uns im Kapitel »Tipps & Tricks« – diese können zur Fehlersuche oder Systemkonfiguration herangezogen werden. Zusätzlich erläutern wir die Erstellung von eigenen Startdiensten.

Bei den Diensten in diesen Verzeichnissen handelt es sich um Pfade, die von Apple für **Softwaredienste von Drittanbietern** zur Verfügung gestellt wurden. Selbst erstellte Prozesse, die für alle Benutzer des Systems aktiviert werden sollen, können mit einer entsprechend konfigurierten *Property List*-Datei hier abgelegt werden.

/Library/Logs/

Das Verzeichnis »Logs« ist hauptsächlich dafür vorgesehen, einen standardisierten Ort im System für **Programm-Logfiles** zur Verfügung zu stellen. Jedoch halten sich nicht alle Softwarehersteller an diesen Standard und binden ihre Protokoll- oder Logdateien in andere Pfade mit ein. Die eigentlichen Systemlogs liegen etwas tiefer in der Systemstruktur an folgendem Ort vergraben: */private/var/log/...*

Analyse der Log-Dateien mit der Konsole
Das Programm *Konsole* ist für die Betrachtung und Analyse der Logfiles vorgesehen; es befindet sich im Ordner »Dienstprogramme«. Hier kann die Suche nach Einträgen aller Logs gefiltert werden. Außerdem ist es möglich, Protokolle oder Auszüge aus den Logdateien zu exportieren.

/Library/PreferencePanes/

Nach der Grundinstallation des Systems ist dieser Ordner noch leer. Er ist dafür vorgesehen, zusätzliche **übergreifende Systemeinstellungen** von Apple und Drittanbietern zu verwalten. Alle darin befindlichen Erweiterungen erscheinen dann in den Systemeinstellungen im Punkt »Sonstige«.

/Library/Preferences/

Ein Vorteil gegenüber anderen Betriebssystemen schlechthin bieten die *Preference*-Files. Dabei handelt es sich um **Konfigurationsdateien von Programmen und Diensten**, die im Format **XML** oder als **Binary** vorliegen und entsprechend editiert werden können.

Neben dem systemweiten *Preference*-Verzeichnis verfügt auch jedes Benutzerprofil über diesen Ordner. Im Supportfall ist das **einfache Entfernen der entsprechenden Konfigurationsdatei ein schneller Helfer**. Das jeweilige Programm erstellt diese Datei dann mit Standardvorgaben neu. Mitunter kann jedoch auch die **Seriennummer** innerhalb dieser Datei eingebunden sein, die dann neu eingegeben werden muss.

Bei Problemen mit einer Software oder nicht nachvollziehbaren System-Beeinträchtigungen kann das temporäre Auslagern des gesamten Inhaltes des *Preference*-Ordners bei der Fehlersuche helfen. Beachten Sie aber, dass spätestens nach einem Neustart ohne diese Konfigurationsdateien – von denen einige neu erstellt werden – bestimmte voreingestellte Systemkonfigurationen nicht mehr zur Verfügung stehen.

Das gilt auch für den *Preference*-Ordner im *User*-Verzeichnis, bei dem es sich jedoch lediglich um Benutzereinstellungen für die Benutzeroberfläche und die Applikationen handelt. Löschen Sie vereinzelte *Preference*-Dateien erst, wenn Sie sich sicher sind, dass Sie diese Einstellung erneut vornehmen können.

/Library/Printers/

Dieses Verzeichnis für die Druckertreiber und Druckervorgaben ist in drei Ebenen aufgeteilt. Neben den herstellerspezifischen Ordnern, in denen teilweise Ressourcen und Plugins für die Treiber abgelegt werden, gibt es noch zwei weitere wichtige Strukturpfade:

Zum einen der Unterordner »PPD Plugins«, der global für die Erweiterungen vorgesehen ist. Zum anderen der eigentliche Ort der Druckerbeschreibungs-Dateien. Diese PPDs liegen im Pfad */Library/Printers/PPDs/Contents/Resources/...*

Nach einer Druckerinstallation werden im Normalfall Druckerbeschreibungs-Dateien für alle verfügbaren Sprachen installiert. Daher finden sich Unterverzeichnisse wieder, deren Namensbezeichnungen auf Abkürzungen der jeweiligen Länder zurückzuführen sind. Einige Hersteller speichern ihre PPDs allerdings auch im Hauptverzeichnis – ohne Berücksichtigung auf eine spezifische Landessprache.

Auch beim Format herrscht nicht unbedingt Einigkeit. Nicht alle Druckerbeschreibungen liegen im offenen PPD-Dateiformat vor, sondern sind mit GZIP komprimiert.

Es ist möglich, hier die Verzeichnisse zu löschen, deren Landessprachen schlicht nicht verwendet werden. Die Suche für eine spezielle PPD wird unter diesen Umständen leichter, da zwar kein Problem durch die Masse an Druckerbeschreibungen entsteht, jedoch der Datenwust vermieden wird.

/Library/Receipts/

Apple selbst, aber auch viele Programme speichern nach erfolgreicher Installation einer Softwarekomponente eine Paketquittung in Form eines »PKG«s. Nachfolgende Installationspakete prüfen unter anderem innerhalb dieses Verzeichnisses nach vorhandener Software.

Falls sich eine Software nicht installieren lässt, kann es hilfreich sein, im Ordner »Receipts« nachzuschauen, um die dort eventuell vorhandene Paketquittung zu löschen. Das Installationsprogramm geht dann davon aus, dass es alle Komponenten neu installieren muss.

/Library/Scripts/

Auch in diesem Verzeichnis speichern Apple und andere Software-Produkte Erweiterungen für zusätzliche Funktionen. So findet man in diesem Pfad Finder- und andere Zusatz-Skripte, die sich editieren und erweitern lassen.

/Library/Spotlight/

Wie bereits im Abschnitt »Suche mit Spotlight« beschrieben, nutzen auch andere Softwarehersteller neben Apple die Spotlight-Funktionalität, indem sie mit Hilfe von Erweiterungen indizierte Suchanfragen innerhalb ihrer Datenbestände ermöglichen.

Somit bezieht sich die Suche mit Spotlight zum Beispiel auch auf Entourage-Datenbanken, indem die Suchanfragen E-Mails und weitere Daten berücksichtigen, zu denen das Betriebssystem sonst keine direkte Verbindung hat. Diese Erweiterungen liegen dann in diesem Verzeichnis und enden auf *.mdimporter.*

/Library/StartupItems/

Dieses Verzeichnis war in älteren OS X-Versionen der Pfad für diverse **Startscripte und -dienste.** Der Ort existiert noch immer, wird aber nur noch von einigen Drittanbietern für Software benutzt, um ihre Startdienste auszuführen.

Anders als bei den *Launch Agents* und *Daemons* wird im Verzeichnis »Startup-Items« eine *Property List*-Datei mit dem eigentlichen Startbefehl und eine zweite Konfigurationsdatei für verschiedene Programmparameter gesichert.

/Library/Updates/

Apple sichert in diesem Verzeichnis die aktuellen **Update-Pakete**, die über die Softwareaktualisierung geladen werden. Kommt es bei einem Update-vorgang zu Fehlern, reicht es meist, den Inhalt im Verzeichnis */Library/Updates/* zu löschen.

/Library/Widgets/

Die schöne Technologie seit Tiger, einfach alle **nützlichen Helferchen auf den Bildschirm** zu zaubern, nennt Apple **Dashboard.**

Die kleinen Programme, die über Dashboard angezeigt werden, werden im Ordner »Widgets« gesichert. Auch jeder angemeldete Benutzer am System besitzt dieses Verzeichnis in seinem Profil.

/System/Library/CoreServices/

Einige der wichtigsten **Systemkomponenten** und **Menüfunktionen** werden in diesem Verzeichnis gesichert. Zum Teil findet man Funktionen wieder, die bereits in den Systemeinstellungen oder der Menüleiste zu finden sind.

Darüber hinaus können jedoch zusätzliche Tools oder Funktionen aktiviert werden. Näheres dazu folgt im Kapitel »Tipps & Tricks«.

/System/Library/Extensions/

In diesem Systemverzeichnis befinden sich die eigentlichen Treiber für sämtliche Hardware-Komponenten, die vom System benutzt werden.

/System/Library/Fonts/

Die Standard-Schriften von OS X werden in diesem Verzeichnis gesichert. Eigene Fonts sollten entweder im Pfad */Library/Fonts/...* oder im individuellen Profilordner und dort unter *~/Library/Fonts/...* abgesichert werden.

/System/Library/LaunchAgents/
/System/Library/LaunchDaemons/
Diese Pfade werden für die Aktivierung der Apple-Systemdienste genutzt, auf die wir im Verlauf des Kapitels noch näher eingehen werden. Es handelt sich dabei um systemweite Dienste, die entweder nach dem Login eines Benutzers oder bereits während des Systemstarts aktiviert werden.

Den Diensten, die durch den *launchd* im System gestartet und kontrolliert werden, widmen wir uns im Kapitel »Tipps & Tricks«; sie können zur Fehlersuche oder Systemkonfiguration herangezogen werden.

Diese Verzeichnisse im Pfad */System/...* sind für Apple eigene Dienste vorgesehen und sollten nicht verändert werden.

/System/Library/PreferencePanes/
Alle systemweiten und von Apple als Standard angegebenen Systemeinstellungen werden in diesem Pfad gesichert. Zusätzlich installierte Systemeinstellungen werden entweder im Profil-Verzeichnis des Benutzers oder im Pfad */Library/PreferencePanes/...* gesichert.

/System/Library/User Template/
An dieser Stelle befindet sich – nur für den *root* zugänglich – die Standardkonfiguration des Benutzerprofils. Wird ein neuer Benutzer im System konfiguriert, wird dieses Template für die Konfiguration der jeweiligen Sprache verwendet.

Mit diesem Verzeichnis und den enthaltenen Voreinstellungen lassen sich Standardprofile definieren. Neu erstellte Benutzer erhalten dann die modifizierten Einstellungen, so dass weniger Konfigurationsaufwand in der Nachbearbeitung notwendig wird. Im Kapitel »Tipps & Tricks« beschäftigen wir uns genauer mit diesem Thema.

Grundkonfiguration – Mac »out of the Box«

»Aller Anfang ist schwer« heißt es allgemein. Einen Mac jedoch aus der Verpackung zu nehmen, ihn anzuschließen und zu starten, dürfte niemanden überfordern. Gern bewirbt Apple diese Einfachheit in den Werbespots. Und tatsächlich bietet Apple mit dem Konfigurationsassistent eine hilfreiche und verständliche Unterstützung. »Plug & Play« ist die Devise.

Dennoch sollte es jedem bewusst sein, dass es sich um ein komplexes Betriebssystem handelt, das gerade im professionellen Einsatz optimal konfiguriert werden muss.

Wir wollen daher zunächst auf folgende Schwerpunkte innerhalb der Erstkonfiguration genauer eingehen:

- Benutzerkonfiguration
- Netzwerkanbindung
- Systemkonfiguration
- Standardprogramme

Die weiteren wichtigen Bereiche der Administration wie die Softwareverwaltung beziehungsweise -verteilung, die Inventarisierung und die Arbeit mit System-Images sind Teil des Kapitels »Clientmanagement«.

Erstinstallation

Zurück zur Erstkonfiguration eines Macs in Ihrem Firmenumfeld. Nehmen Sie sich Zeit, um die wichtigsten Anforderungen Ihrer IT-Landschaft in Augenschein zu nehmen – nur so lassen sich der oder die Macs optimal integrieren.

Wenn man einen Apple-Rechner zum ersten Mal startet, ist das Betriebssystem bereits installiert und fordert lediglich ein paar Standardkonfigurationen für Benutzer und Netzwerkanbindung. Wie erwähnt, wird im Kapitel »Clientmanagement« beschrieben, mit welchen Hilfsmitteln ein Image von einem konfigurierten Mac erstellt werden kann, um es zum Beispiel auf eine größere Anzahl Rechner zu installieren. Unabhängig davon ist die Erstellung eines Referenzsystems dennoch notwendig und sinnvoll.

Dieses Buch ist im »Zeitalter des Leoparden« entstanden, was nichts anderes aussagt als den Namen von Apples Betriebssystem. Apple hat seit Ablösung der klassischen Mac OS-Variante und mit Einführung eines Multi-User-Betriebssystems, genannt *OS X (Operating System 10)*, Katzennamen vergeben. So begegneten uns in der Vergangenheit die Versionen ...

- **Cheetah** (10.0),
- **Puma** (10.1),
- **Jaguar** (10.2),
- **Panther** (10.3),
- **Tiger** (10.4) und
- **Leopard** mit 10.5.x und nun
- **Snow Leopard** mit 10.6.x.

Die Installation des Betriebssystems mit Hilfe der DVD ist an sich keine große Sache, da die wesentlichen Komponenten auf einem neuen Mac ja bereits vorhanden sind; das Betriebssystem ist sozusagen fertig installiert und wartet mit der individuellen Konfiguration. Daher wollen wir uns ersparen, alle Einzelschritte nach dem Auspacken des Rechners zu beleuchten (obgleich bereits das für viele Apple-Fanatiker ein Event darstellt).

Nachdem der Apple-Rechner angeschlossen und eingeschaltet wurde, startet er auch schon und lässt uns durch seinen **Startsound** bereits wissen, dass der Selbsttest keine Fehler feststellen konnte. Es dauert nicht lange und es erscheint der Konfigurationsassistent, der alle für die Grundeinstellungen notwendigen Informationen von uns einfordert. Je nach Umfang Ihrer Infrastruktur lassen sich die meisten Einstellungen schnell vornehmen.

Benutzerkonfiguration

Da Sie mit der Einrichtung des Grundsystems starten, wird der erste angegebene Benutzername als Administrator-Account angelegt. Die Frage, ob die Anwender im Unternehmen über Admin-Rechte verfügen sollten, ist nicht immer leicht zu beantworten. Gerade im kreativen Bereich spielt dies immer wieder eine Rolle, da hier zum Teil hohe Flexibilität gefordert wird und außerdem ein zu eingeschränkter Zugriff schnell auch die Motivation behindern kann.

Auf den kommenden Seiten gehen wir noch tiefer in die Berechtigungsstruktur ein, wobei wir allerdings stets eine **strikte Trennung zwischen Anwender und IT-Admin** empfehlen würden. Der Standardzugriff kann in einzelnen Punkten so flexibel gestaltet werden, dass kaum Beeinträchtigungen auftreten werden.

Ein System zu betreuen, auf dem der Anwender *selbst Software installieren darf,* wird immer mehr Aufwand bedeuten als eine einheitliche Clientsoftware-Infrastruktur.

Benutzerarten unter OS X Snow Leopard

Systemadministrator »root«

Der Systembenutzer *root* stellt die höchste Macht innerhalb von Unix, also auch von OS X dar. Um ihn aktiv für Konfigurationen benutzen zu können, muss er aktiviert werden, was im Standardfall jedoch nicht notwendig und auch nicht unbedingt sinnvoll ist.

Da es Verzeichnisse gibt, die *root* gehören und essentiell für das System sind, aber dennoch für die Administration wichtig sein können, kann sich ein Administrator auf Befehlsebene temporär *root*-Rechte verschaffen (dazu später mehr).

Administrator

Der erste Benutzer, der bei der Installation und Konfiguration erstellt wird, ist ein Administrator. Von ihm können beliebig viele Benutzer konfiguriert werden. Bei Programminstallationen und Änderungen an der Systemstruktur wird eine Admin-Authentifizierung benötigt. Für spezielle Zugriffe am System werden ***Superuser*-Rechte** verlangt, die sich ein Administrator temporär verschaffen kann.

Unter Mac OS X lassen sich mehrere Administratoren einrichten, deren Zugriffsrecht sich jedoch stets auf die lokale Systemstruktur bezieht.

Standardbenutzer

Dieser Benutzer hat – sofern nicht explizit zum Beispiel durch die Systemeinstellung ***Kindersicherung*** eingeschränkt – Zugriff auf die installierten Programme und die eigenen Dateien. Alle anderen Verzeichnisse und Dateien, die für einen anderen Benutzer, Admin oder das System selbst berechtigt sind, bleiben für den Standardbenutzer schreib-, lese- und/oder ausführungsgeschützt.

Gast

Mit dem Benutzer *Gast* ist schon ab Version 10.5.x die Anmeldung am System möglich, sofern er aktiviert wurde. **Der Clou dabei ist, dass sämtliche gesicherten Daten beim Abmeldevorgang gelöscht werden.** Für eine spontane und temporäre Nutzung eines Macs kann diese Art des Logins sicherlich interessant sein. Der nächste angemeldete Gast findet wieder eine »saubere« Umgebung vor.

Es gibt noch eine weitere Benutzerart: den **Sharing-Benutzer**, der jedoch nicht über einen Login für das System selbst verfügt, sondern nur auf jene Dienste zugreifen kann, für die er von einem Administrator berechtigt wurde. Ein entsprechend eingerichteter Benutzer kann dann zum Beispiel auf öffentliche Ordner zugreifen oder die Freigabe des Bildschirms nutzen. Besteht die Notwendigkeit, dass er über die öffentlichen Ordner hinaus Zugriff auf andere Verzeichnisse haben muss, kann ihm ein Administrator diese Freigaben erteilen.

Folgende ausgewählte Systembenutzer und Gruppen sind Teil der Standard-Benutzerstruktur auf der Darwin-Systemebene. Da wir während der Administration am Mac OS X immer wieder darauf stoßen, sollten sie im Hinterkopf behalten werden:

wichtige Systembenutzer		
Kurzname	**User-ID**	**Beschreibung**
root	0	Systemadministrator (höchstes Recht)
daemon	1	startet Dienste im Hintergrund
windowserver	88	für Benutzeroberfläche und das Fenstersystem zuständig

wichtige Systemgruppen		
Kurzname	**Group-ID**	**Beschreibung**
wheel	0	Gruppe mit den meisten Rechten (inkl. root)
staff	20	das ist die Standardgruppe für alle Benutzer
admin	80	dieser Gruppe gehören alle Administratoren an

Es sind noch viele weitere Benutzer und Gruppen im System vordefiniert; diese erledigen zum Teil als Eigentümer von Diensten ihre Arbeit – oder sie werden aufgrund nicht benötigter Funktion nie aktiv benutzt.

Benutzereinrichtung auf Arbeitsplätzen

Da wir zunächst ein Standard-Netzwerk anstreben, empfehlen wir, den Anwender ohne administratorische Berechtigungen zu konfigurieren. **Installationen im System- und Programmbereich sind dann dem lokalen Administrator überlassen.** So halten Sie sich – zumindest aus dieser Richtung – unvorhersehbare Systemstörungen und mögliche Schadsoftware vom Leib, die durch etwaige Installationen eines Anwenders vorgenommen wurden. Bei allen Eingriffen in die Systemstruktur ist demzufolge die Eingabe des Administrator-Passwortes notwendig.

Ein weiterer Vorteil liegt in der übersichtlichen und kontrollierbaren Clientinfrastruktur, wenn der Administrator-Zugang dem Systembetreuer vorbehalten ist.

Sollte es vorkommen, dass ein Anwender mit seinem mobilen Mac auf Reisen geht, empfehlen wir einen zweiten Administrator-Account, dessen Passwort Sie im Notfall auch per Telefon durchgeben können. Sie können das Kennwort danach wieder ändern, so dass Sie nicht Ihr gängiges Passwort herausgeben müssen. Mit Hilfe einer Softwareverteilung kann ein entsprechendes Script verteilt werden, mit dessen Hilfe man diese Notfall-Administratoren erstellen oder ändern kann.

Netzwerkeinstellungen

Im Laufe der Erstinstallation im Auslieferungszustand oder eben per DVD erfolgt die Konfiguration der Netzwerkeinstellungen, die je nach Wahl der Netzwerkschnittstelle über WLAN oder Ethernet erfolgen kann.

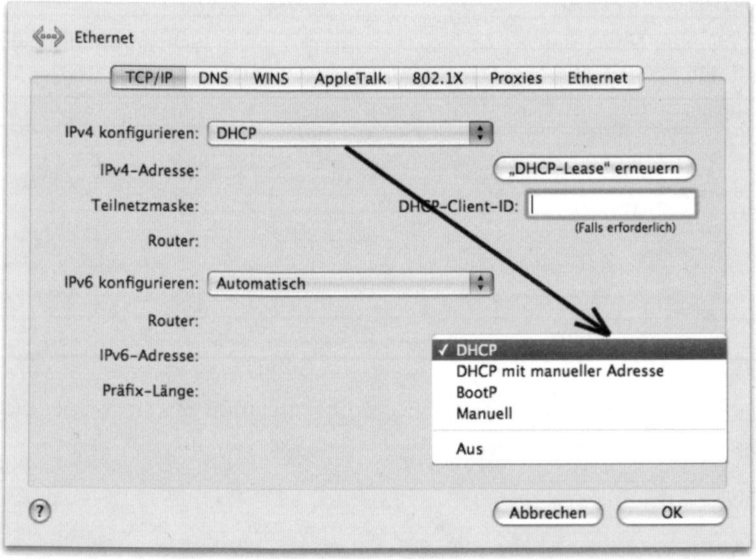

Da es heutzutage üblich ist, Netzwerke auf *Dynamic Host Configuration Protocol / DHCP*-Basis zu konfigurieren, besteht eventuell noch die Notwendigkeit, verschiedene Zugangs-Domains einzutragen. Die eigentliche Konfiguration erfolgt im Normalfall erst nach abgeschlossener Systeminstallation.

Unter Mac OS X können **mehrere Umgebungen** angelegt werden, mit denen eine saubere Trennung zwischen verschiedenen Netzwerkeinstellungen möglich ist. Das kann von Vorteil sein, wenn sich unter den zu betreuenden Rechnern auch mobile Computer befinden, die auch außerhalb des Firmennetzwerkes betrieben werden. Hier kann zum Beispiel eine interne Umgebung mit entsprechenden Domain-Einträgen und etwaiger Proxy-Konfiguration sowie eine externe Umgebung mit geöffnetem WLAN erstellt werden.

Folgende Netzwerkeinstellungen sind am Mac konfigurierbar und für die Infrastruktur in einem Unternehmen möglicherweise relevant:

Ethernet-Konfiguration

Hier können Sie zwischen manueller *IPv4*-Konfiguration, *DHCP mit oder ohne manueller IP-Adressenvergabe, BootP-Server*-Einstellungen und *IPv6*-Konfiguration wählen. Die zusätzlichen Etherneteinstellungen findet man unter den oberen Reitern. Änderungen an diesen Einstellungen sind grundsätzlich dem Administrator vorbehalten.

DNS-Konfiguration

Der *Domain Name System / DNS*-Servereintrag – sofern nicht automatisch über den DHCP-Server bezogen – kann in diesem Bereich konfiguriert werden.

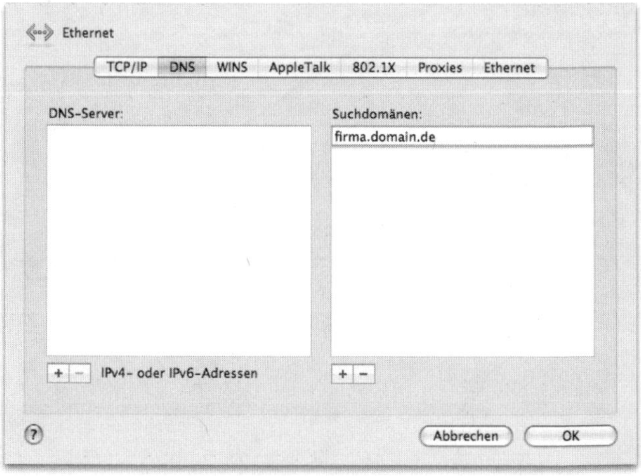

Auch die Such-Domänen lassen sich so bestimmen; sie lassen sich durch Wahl der Zeichen + und - im linken unteren Fensterbereich hinfügen beziehungsweise auch wieder entfernen.

WINS-Konfiguration und die Windows-Arbeitsgruppe

Gerade für die Einbindung in eine Windows-Domain kann diese Systemeinstellung genutzt werden; an dieser Stelle lässt sich auch der NetBIOS-Name eintragen und die Domäne auswählen. Wie unter Windows können **verschiedene *Windows Internet Naming Service / WINS*-Server** hinzugefügt werden.

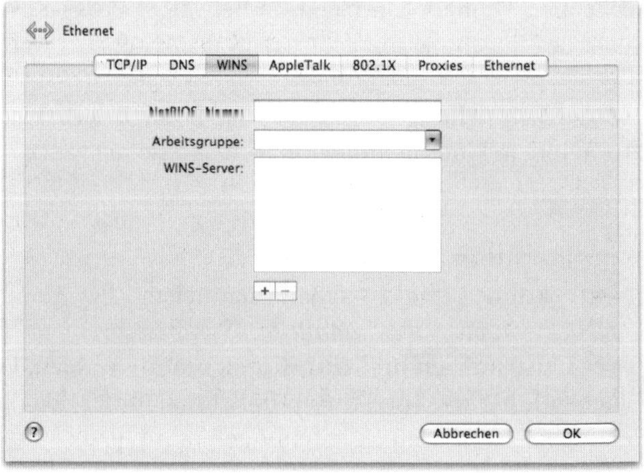

AppleTalk-Einstellungen

Die altbekannte Familie der Netzwerkprotolle *AppleTalk* wird noch immer unterstützt, obwohl diese mittlerweile durch die TCP/IP-Verbindung in den Hintergrund getreten sind.

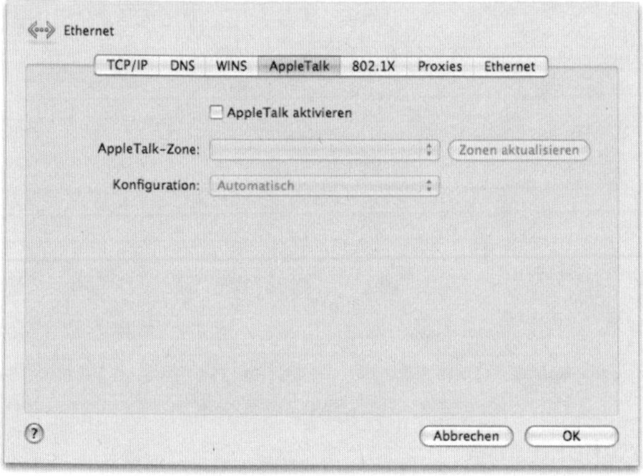

Zur Erinnerung: *AppleTalk* gehörte viele Jahre zum Apple-Standard, es wurde auch durch die Implementation des IP-Protokolls weiter entwickelt und ermöglichte eine für den Benutzer einfach zu bedienende Datenkommunikation.

Der Vorteil von AppleTalk war von Anfang an die aktive Kommunikation durch die *Keep-Alive*-Funktion, die es ermöglicht, dass sich verfügbare Drucker oder Server im Netzwerk auch ohne einen Netzwerk-*Pull-Scan* permanent zeigen und somit einfach mit dem Computer verbunden werden können. Der Nachteil der hohen Netzwerkbelastung durch die permanente Paketflut konnte und kann nur von einigen Routern durch Filterung minimiert werden. Des Weiteren lässt AppleTalk im Vergleich zur TCP/IP-Verbindung eine nur sehr geringe Datenübertragung zu.

Rein technisch wurde die Art der Netzwerkkommunikation von *Rendezvous* und später von *Bonjour* abgelöst, die auch für das Windows-Betriebssystem zur Verfügung steht. Die **Druckerkommunikation und Verbindung zwischen mehreren Macs im Home Office-Bereich** ist durch dieses Protokoll äußerst praktisch und komfortabel möglich. Im **Firmennetzwerk** jedoch, vor allem mit einer größeren Anzahl von Apple-Rechnern, wird die **Druckerverwaltung über TCP/IP** realisiert und **zum Teil durch ein Directory-System** verwaltet.

802.1X

Hiermit wird die Einbindung eines mit dem *802.1X*-Standard gesicherten Netzwerkes konfiguriert.

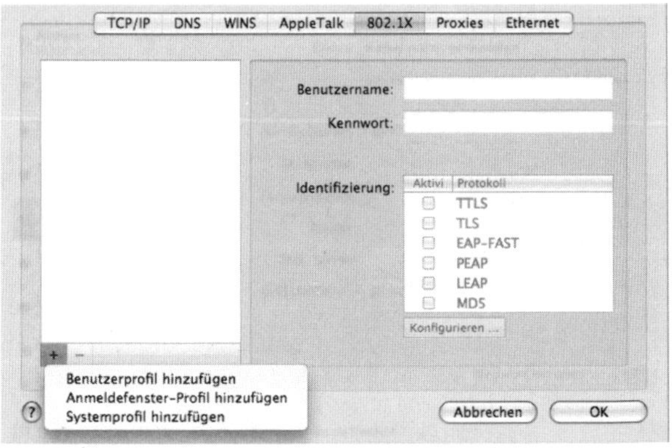

Proxy-Einstellungen

In diesem Feld lassen sich Einstellungen für einen möglichen Proxy-Server treffen. Sie können so manuell konfigurieren; zur automatischen Proxy-Konfiguration können Sie hier aber auch eine *PAC / Proxy Auto Config*-Datei einsetzen.

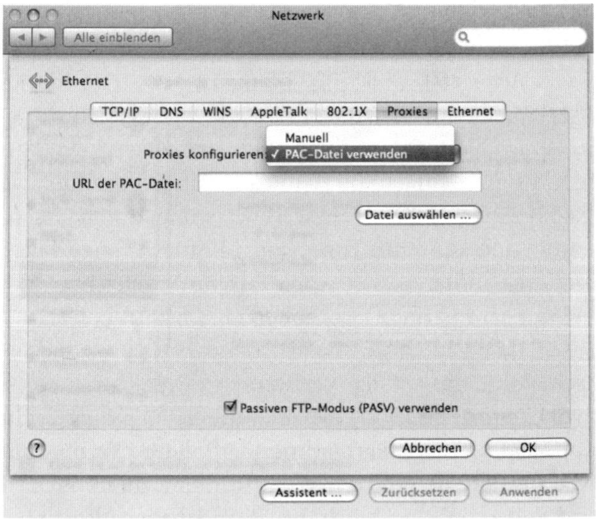

Sofern Sie eine *PAC*-Datei benutzt haben, reicht der Wechsel zu *Manuell* oft nicht aus, um die automatische Konfiguration zu deaktivieren. In diesem Fall muss der Pfad für die *PAC*-Datei gelöscht werden.

Ethernet-Einstellungen

Die Grundeinstellungen der Ethernet-Übertragung mit Geschwindigkeit und *MTU*-Wert sind an dieser Stelle konfigurierbar. Die Abkürzung *MTU* steht für *Maximum Transmission Unit*, also die im Computernetzwerk maximale, unfragmentiert übertragbare Datenmenge.

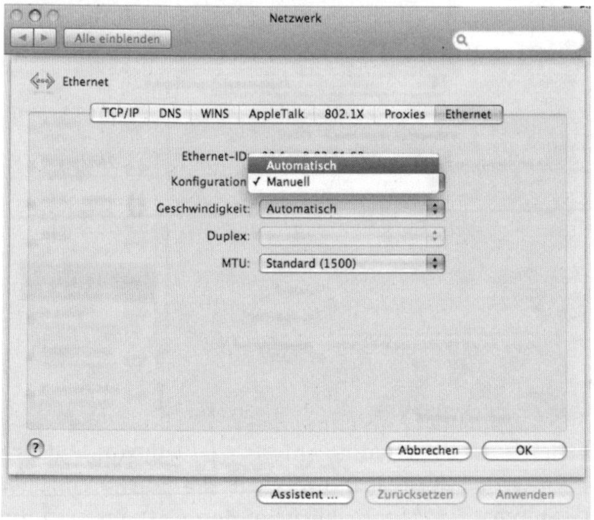

In der Standardkonfiguration ist die Option *Automatisch* gewählt. Da der *MTU*-Wert und andere Netzwerkparameter in größeren IT-Umgebungen meist über die Komponenten der Netzwerk-Infrastruktur verwaltet werden, brauchen Sie diese Einstellungen am Client in der Regel nicht ändern.

Systemkonfiguration

Systemeinstellungen

Wenn der Mac seinen Schreibtisch zeigt, beginnt das Fine-Tuning. Unter dem Apple / -Menü ist ein wichtiges Werkzeug dafür eingebunden: die *Systemeinstellungen*. Ähnlich den Windows-Einstellungen lassen sich damit die wichtigsten Konfigurationen an System und Applikations-Schnittstelle vornehmen. Im oberen Fensterbereich neben dem Lupensymbol ist eine Suchfunktion integriert.

Nachdem der gesuchte Begriff im oberen rechten Suchbereich eingegeben wurde, werden die Systemeinstellungen hervorgehoben, zu deren Schlüsselwörtern das eingegebene Suchwort passt.

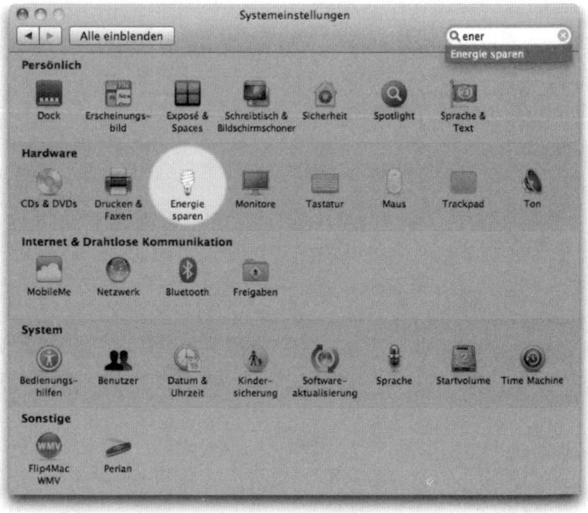

Es ist möglich, weitere so genannte »Kontrollfelder« von Drittherstellern zu installieren. Entweder werden sie innerhalb der Softwareinstallation automatisch oder durch einen Doppelklick auf das meist aus dem Internet geladene Kontrollfeld in Form einer Datei mit der Endung *.prefPane* eingebunden. Nach erfolgter Installation erscheint das neue Kontrollfeld dann im unteren Bereich der Systemeinstellungen im Punkt *Sonstige.*

Wann immer eine zusätzliche Systemeinstellung manuell installiert wird, fragt das System, ob es nur für den aktuell angemeldeten Benutzer oder aber für alle Benutzer des Systems installiert werden soll. In letzterem Fall ist die Authentifizierung eines Administrators notwendig, da die Installation im Systemverzeichnis und nicht im User-Verzeichnis erfolgt.

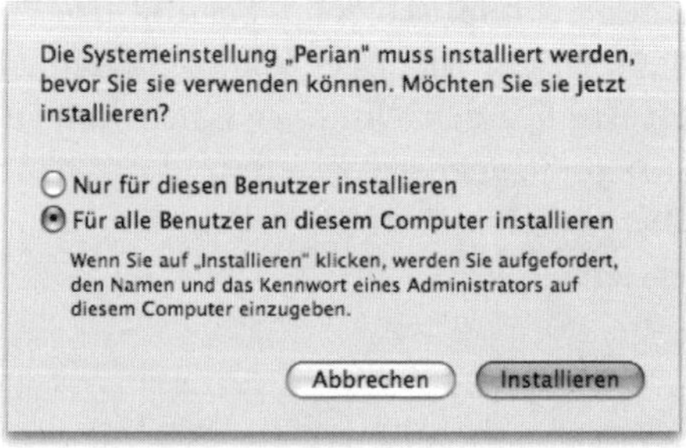

Der Ordnername für diese Systemeinstellungsdateien heißt *PreferencePanes.* Jedes Benutzerprofil verfügt über diesen Ordner, so dass individuelle Systemerweiterungen möglich sind.

Systemweit wird zwischen den Standard-Systemeinstellungen, die sich in der Verzeichnisstruktur im Pfad */System/Library/PreferencePanes/...* und den zusätzlichen Systemeinstellungen des Drittanbieter-Herstellers unterschieden; diese stehen für alle angemeldeten Benutzer des Systems zur Verfügung und liegen in folgendem Pfad: */Library/PreferencePanes/...*

Im Unternehmen wird aus IT-Sicht stets danach gestrebt, **standardisierte Arbeitsplätze** zu konfigurieren, um im Problemfall nicht lange nach möglichen Ursachen forschen zu müssen. Das hat neben der Fehlersuche auch ganz pragmatische Vorteile: Zum einen **finden sich Mitarbeiter umgehend an jedem Rechner zurecht**, sofern dies notwendig wird. Zum anderen können Sie so die Clientsysteme auch von außen **per Remote-Modus viel effizienter verwalten.**

Daher sollte auch im Fall von zusätzlichen Erweiterungen geprüft werden, ob diese nicht einheitlich auf allen Plätzen installiert werden können.

Einheitliche Standards

Der Begriff »Standard« ist für viele störend und signalisiert eine Form von Starre und Unflexibilität; für IT-Fachleute ist oft aber genau das Gegenteil der Fall: Wenn Systeme unterschiedlich und nach den individuellen Gepflogenheiten des jeweiligen Administrators konfiguriert wurden, kann die Fehlersuche in zunehmenden Maße erschwert werden. Gibt es jedoch **einheitlich konfigurierte Arbeitsplätze**, ist zumindest die Chance größer, bei Fehlermeldungen entsprechende Muster erkennen zu können und diese global zu beseitigen.

Den Anfang machen bereits die Grundeinstellungen am System, die den Administrator und Anwender vor jedem Client in die Lage versetzen, auf wichtige Tools, Programme und Einstellungen einfach und eben standardisiert zuzugreifen.

Auf diesem Weg bilden die Standards natürlich auch die Grundlage für das bereits im ersten Kapitel erwähnte »Imaging«. Folgende Systemeinstellungen sind dafür bewährte Kandidaten:

Dock

Es bietet sich an, wenn wir schon über einheitliche Arbeitsplätze sprechen, dann auch die im Unternehmen nötige Standardsoftware mit einzubeziehen. Diese Software gehört, wenn man den Safari-Browser oder die Vorschau dazu rechnet, teilweise schon zur Systemsoftware. Aber auch andere nützliche Programme und Tools können zu einem standardisierten Rechner gehören. Als Grundgerüst sollten diese Applikationen dann auch im Dock etabliert werden – so wird sich jeder Benutzer des Arbeitsplatzes, auch der Systemadministrator, besser zurechtfinden.

Mit Hilfe eines **Directory-Systems** können Sie die Client-Rechner inklusive der **Dock-Einstellungen über das Netzwerk ideal verwalten.**

In diesem Fall lassen sich zwei Ansätze verfolgen. Entweder wird das Dock einmalig verwaltet, so dass es danach vom Benutzer vollkommen verändert werden kann. Oder aber es bleibt in permanenter Verwaltung, in dem der Benutzer nur Objekte hinzufügen, aber keine vorgegebenen Standardobjekte löschen kann. Die Einstellungen im Systemkontrollfeld für die Position der Dock-Leiste sind für jeden Benutzer individuell konfigurierbar.

Natürlich können auch Änderungen an den Client-Docks mit Hilfe von erstellten Scripten vorgenommen werden, indem die Datei *com.apple.dock .plist* auf den Clients modifiziert wird.

Weitere interessante Konfigurationsmöglichkeiten finden Sie im Kapitel »Clientmanagement« und »Tipps & Tricks«. Hier zeigen wir unter anderem, wie Sie die Voreinstellungen definieren, so dass auch neu erstellte Benutzer bereits erweiterte Funktionen nutzen können.

Sicherheit

Das Kontrollfeld *Sicherheit* bietet mehrere Funktionen: So können Sie zusätzlich zu den Anmelderichtlinien, zu denen selbstverständlich ein **sicheres Passwort** gehört, Einstellungen vornehmen, die einen **höheren Daten- und Diskretionsschutz** bieten. Dazu zählen die Kennwortabfrage beim Beenden des Ruhezustandes oder des Bildschirmschoners.

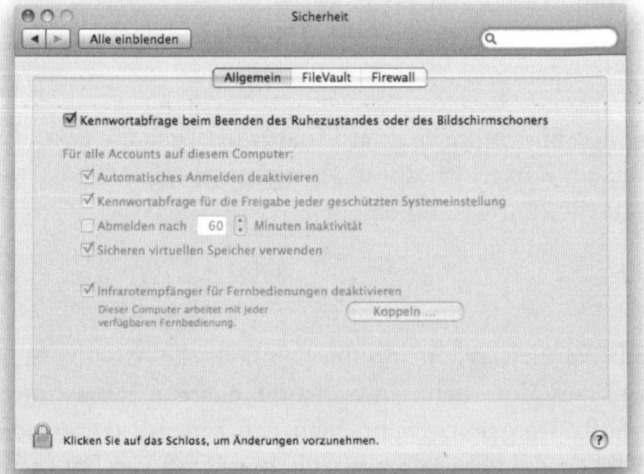

Für manch einen ist die Eingabe des Passwortes nach einer längeren Pause lästig; dennoch trägt diese Einstellung auf einfache Weise zum Datenschutz bei.

Bewährt hat sich im Unternehmen auch, den Infrarot-Empfänger zu deaktivieren. Sofern die Fernbedienung von Apple zum Beispiel für Präsentationen verwendet werden soll, kann sie mit einem mobilen Mac gekoppelt werden, damit die Kontrolle duch andere Fernbedienungen ausgeschlossen wird. Schließlich funktioniert Apples Fernbedienung, die mittlerweile separat gekauft werden muss, **zunächst mit jedem MacBook oder MacBook Pro.** Es wäre eine recht unangenehme Situation, wenn bei einer Präsentation oder einem Vortrag plötzlich ein fremder Zuhörer mit seiner Apple Remote-Bedienung Einfluss auf den Ablauf nimmt.

Aber auch Einstellungen für *FileVault* oder die lokale *Firewall* werden über dieses Kontrollfeld konfiguriert. Die Firewall-Einstellungen sind dabei eher für eine externe Umgebung eines mobilen Macs gedacht. Daher ist diese Vorkehrung normalerweise Teil der Sicherheitsmaßnahmen in Bezug auf weitere Netzwerkinfrastruktur-Komponenten.

Die Option *FileVault* hat weit reichende Konsequenzen für den einzelnen Rechner im Netz, da das lokale Profil mit einem verschlüsselten Image gesichert wird.

Neben der hohen Sicherheit, die mit *FileVault* erreicht werden kann, sollte es in einem Unternehmen zu diesem Thema eine Strategie geben, wie sehr einzelne Macs im Netzwerk abgeschottet werden müssen. Im Kapitel »Sicherheit« beschäftigen wir uns detaillierter mit der Datensicherheit auf und mit dem Mac.

***FileVault* ist eine gute Möglichkeit, ein hohes Maß an Datensicherheit zu gewährleisten. Allerdings besteht bei Verlust des Passwortes die Gefahr, dass die verschlüsselten Daten unwiederbringlich verloren gehen. Daher sollte auf Firmen-Macs vorbeugend als Standard ein sicheres Hauptkennwort definiert werden. Es kommt immer wieder**

vor, dass Anwender ihr Passwort vergessen. Mit Hilfe des Hauptkennwortes kann das *FileVault*-Benutzerkennwort zurückgesetzt werden.

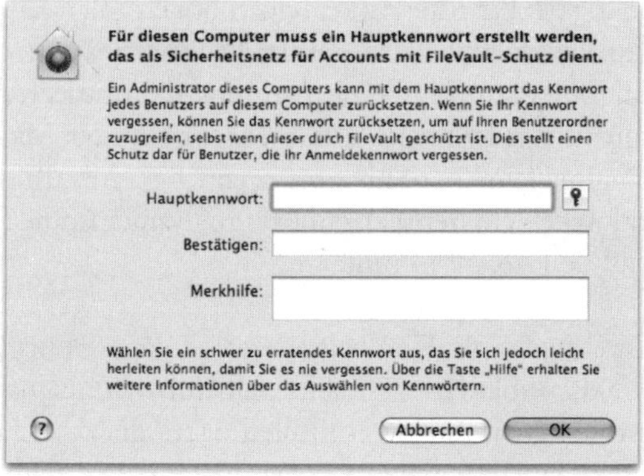

Auch wenn mit dem Hauptkennwort ein durch *FileVault* geschütztes Profil entsperrt und geöffnet werden kann, sind die Passwortinformationen innerhalb des Schlüsselbundes ohne die Eingabe des alten Kennwortes verloren.

Energie sparen

Im Verlauf des Buches gehen wir noch näher auf Möglichkeiten ein, den Einsatz der Macs im Firmenumfeld energieeffizient zu gestalten. Generell ist es natürlich sinnvoll, gerade bei mobilen Geräten einen Standard vorzugeben. Dieser sollte sich möglichst zwischen Netzteil- und Akku-Betrieb unterscheiden. Aber auch bei Standgeräten sollte überprüft werden, welche Zeitintervalle für Ruhezustand von Rechner und Monitor sinnvoll sind.

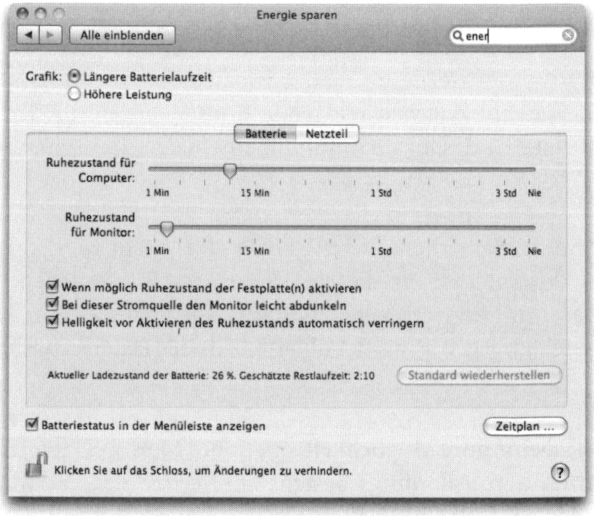

Da diese Einstellungen für Nicht-Administratoren unveränderlich sind, sollten Sie mit dem Anwender des Systems bei Auslieferung zusammen überprüfen, ob im Arbeitsrhythmus individuelle Abweichungen erlaubt sind. Gerade die Optionen für die **Monitorhelligkeit** könnten interessant sein, da der Sensor für die Monitorhelligkeit bei mobilen Macs in der Standardauslieferung aktiviert ist. Das bedeutet, dass bei dunkler werdender Umgebung auch die Display-Helligkeit abnimmt. Diese unter normalen Bedingungen sinnvolle Option kann sich im Einzelfall aber auch störend auswirken, wenn beim Schreiben auf einem MacBook Pro dessen Helligkeit durch die Hand über dem Sensor immer nur sporadisch beeinflusst wird.

Netzwerk

Wir empfehlen für die Erstellung eines Referenzsystems zwei unterschiedliche Netzwerkeinstellungen, die dem Anwender dann unter dem -Menü unter *Umgebung* zur Verfügung stehen.

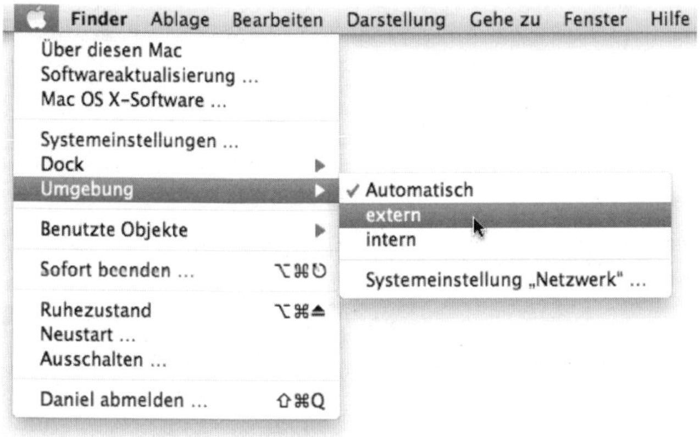

Im oberen Bereich der Systemeinstellung können Umgebungen erstellt, geändert und gelöscht werden. Sinnvoll wären hier zum Beispiel die Umgebungen **intern** und **extern**, um dem Anwender des Systems eine verständliche Auswahl zu ermöglichen.

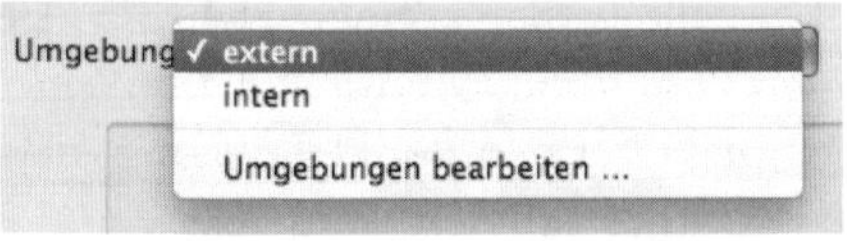

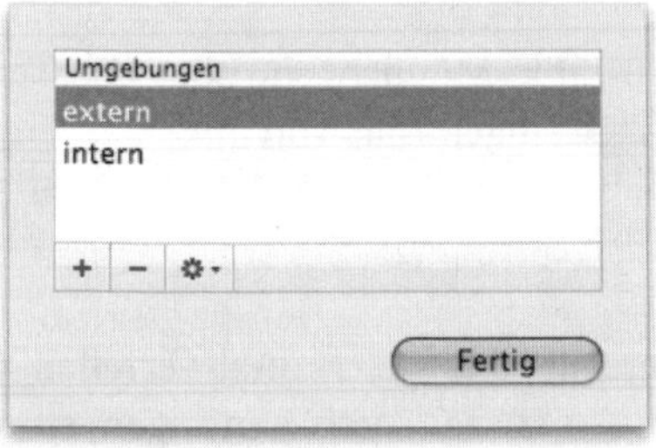

Nach dem Auswählen einer Umgebung kann diese in den Einstellungen angepasst werden. Wie bereits angesprochen sind bei mobilen Macs Unterschiede in der Domain-, Proxy- und WLAN-Konfiguration denkbar – nur so lässt sich **zwischen internem Firmennetzwerk und externer Benutzung sauber trennen.**

Sharing / Freigaben

Gerade wenn es um Sicherheitsvorkehrungen und Administrationshilfen geht, ist die Systemeinstellung *Sharing / Freigaben* ein weiteres wichtiges Konfigurationselement. In der oberen Zeile wird der Geräte/Hostname festgelegt; dieser muss sich im lokalen Netzwerk eindeutig und verständlich identifizieren lassen – zudem sollte er im Rahmen des Asset-Managements Maschinen-gebunden vergeben sein.

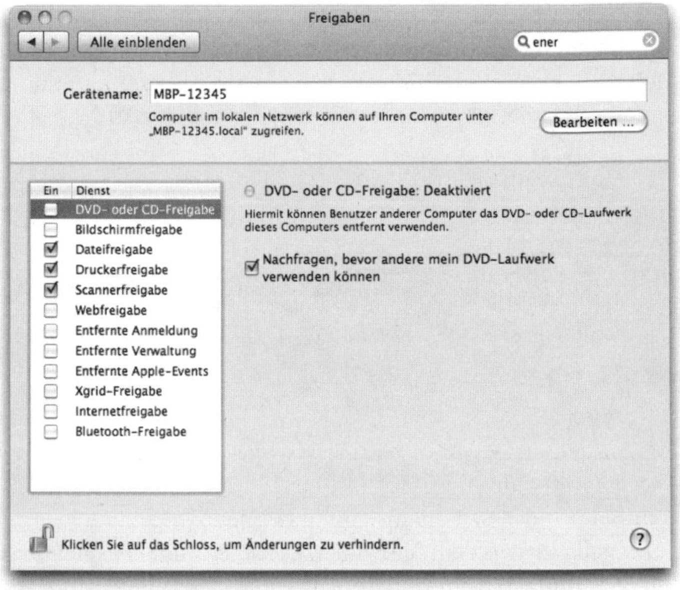

Der linke Bereich ermöglicht die Aktivierung von Diensten, die über den lokalen Rechner bereitgestellt werden können. Neben einigen für Firmennetzwerke uninteressanten Funktionen – etwa wie das Web- oder Internet-Sharing – kann zum Beispiel über den Punkt *Entfernte Anmeldung* der Zugriff über *SSH* auf diesen Rechner aktiviert werden.

SSH bietet die komfortable Möglichkeit, **über das Terminal oder Verwaltungsdienste** auf den jeweiligen Mac **von außen zuzugreifen.** In Unternehmen mit einem Betriebsrat ist dieser Punkt sicher vorab zu klären.

> ***SSH / Secure Shell***
> **Sofern Sie Software über das Terminal verteilen wollen, ist »SSH« schlicht eine Voraussetzung. Auch benötigen einige Systemverwaltungs-Tools für Funktionen, die über die Inventarisierung hinausgehen, eine »SSH«-Verbindung.**

Inwiefern die Aktivierung von Printer-, File- oder DVD-Sharing relevant ist, hängt vom Einsatzzweck der Clients und der örtlichen Netzwerk-Infrastruktur ab.

Benutzer

Im Systemkontrollfeld *Benutzer* werden die Benutzer des lokalen Systems eingerichtet. Natürlich können Sie auch ein Directory-System einsetzen, mit dem Sie Benutzerkonten über das Netzwerk zur Verfügung stellen und verwalten können. Anderenfalls ist dieses Kontrollfeld das Mittel der Wahl, um lokale Benutzer anzulegen. Wie auch für alle anderen Systeme sollte es innerhalb der **Benutzerverwaltung** unter Mac OS X eine **einheitliche Namenskonvention** geben. Wir haben es ja bereits mehrfach erwähnt: Der Standardanwender im Unternehmen sollte möglichst ohne Administrationsrechte ausgestattet sein, um das System nicht durch eigene Installationen destabilisieren zu können.

Anders als zum Beispiel bei Windows XP kann ein angelegter **Administrator** bei Apples OS X ohne weiteres Zutun **noch nicht einfach von außen auf das System zugreifen.** Diese Einstellungen müssen separat in den *Sharing / Freigaben*-Systemeinstellungen konfiguriert werden. Die vorhandenen Funktionen beschränken sich auf die lokale Administrierung.

Auch dies ist an dieser Stelle nochmals zu erwähnen: Für **mobile Anwender** kann es im dringenden Fall wichtig sein, dass ihnen geholfen wird – daher empfehlen wir die Konfiguration **eines zweiten Administrator-Accounts.** Also ein »regulärer« Admin für das Support-Team und ein weiterer eben für den Fall, dass ein Anwender unterwegs zum Beispiel selbst dringende Maßnahmen am System vornehmen muss und keine Möglichkeit besteht, Zugriff über das Internet zu bekommen. Das Passwort für den zusätzlichen Admin-Account kann dann in regelmaßigen Abständen geändert werden.

Datum & Uhrzeit

Auch für dieses Systemkontrollfeld gibt es praktische Standardeinstellungen, die nicht vernachlässigt werden dürfen. Eine der nützlichen Einstellungen ist die Einblendung der Sekunden unter dem Reiter *Uhr*. Dies hat einen ganz einfachen Grund: Die **Sekundenanzeige** ist ein schneller Indikator dafür, ob das Betriebssystem noch reagiert oder nicht. Meist handelt es sich bei Problemen nur um eine Applikationsstörung, nicht aber um ein Systemproblem. Falls jedoch ein physischer Fehler in der Hardware vorliegt, die das Betriebssystem abstürzen lässt, bleibt in der Regel auch die Uhrzeit stehen.

Zu den wichtigen Konfigurations-Aufgaben sollte für Sie die Auswahl zum **Aktivieren der automatischen Datums- & Zeiteinstellung** gehören. In diesem Feld kann entweder ein vordefinierter Zeit-Server ausgewählt oder ein eigener Dienst für diese Funktion eingetragen werden. Er sorgt dafür, dass Zeit und Datum über das Internet oder dem Intranet-Server abgeglichen werden.

Softwareaktualisierung

Natürlich sollten die Macs auf dem aktuellen Stand sein. Eine Alternative wäre hierzu im Netzwerk ein Update-Server. Sofern Sie diesen nicht eingerichtet haben, empfiehlt es sich, im Systemkontrollfeld *Softwareaktualisierung* die **automatische Suche nach Updates zu deaktivieren.** So bleibt die Clientumgebung für alle überschaubar und kontrollierbar.

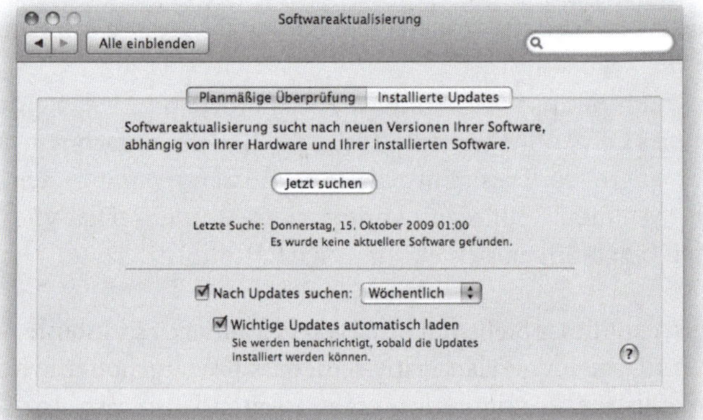

Die bessere Variante wäre aber der **Update-Server:** Mit Hilfe eines solchen Mac OS X-Servers können Sie die automatische Softwareaktualisierung auf den Clients steuern und im Netzwerk einfach und optimal konfigurieren: Pakete werden dann vom Server einmal heruntergeladen und dann den Clients zur Verfügung gestellt.

Für die Betreuung von nur wenigen Apple-Clients reicht das Laden der Update-Pakete von Apples Internetseite und das manuelle Installieren.

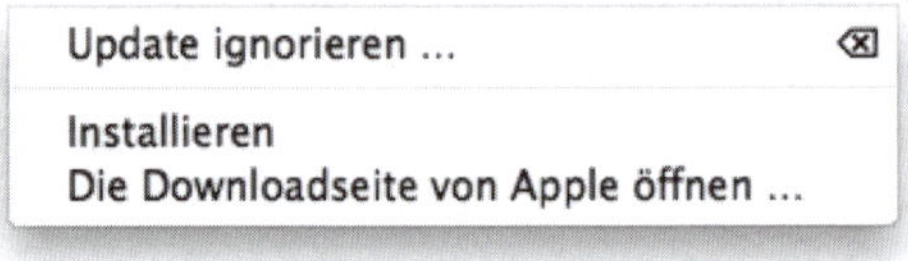

Um System-Updates über das Netzwerk zu verwalten, können Sie als Alternative auch das Clientmanagement-System einsetzen. Im Bereich »Clientmanagement« in diesem Buch beschreiben wir einige der Tools, mit denen sich unter anderem auch Apples Softwarepackages an die Clients verteilen und installieren lassen.

DVD- und CD-Konfiguration

Das Systemkontrollfeld *CDs & DVDs* sollte bei der Grundkonfiguration ebenso berücksichtigt werden wie die Konfiguration für das Laufwerk selbst. Zum einen wird ein neuer Mac mit neuem System beim erstmaligen Einlegen einer Film-**DVD nach dem Ländercode** fragen. Gerade für mobile Anwender kann es auf Reisen ärgerlich werden, wenn das Gerät keinen Film abspielt, so lange nicht der Ländercode gesetzt wurde. Diese Einstellung muss vor Auslieferung des Gerätes an den Anwender mit Administratorberechtigung konfiguriert werden.

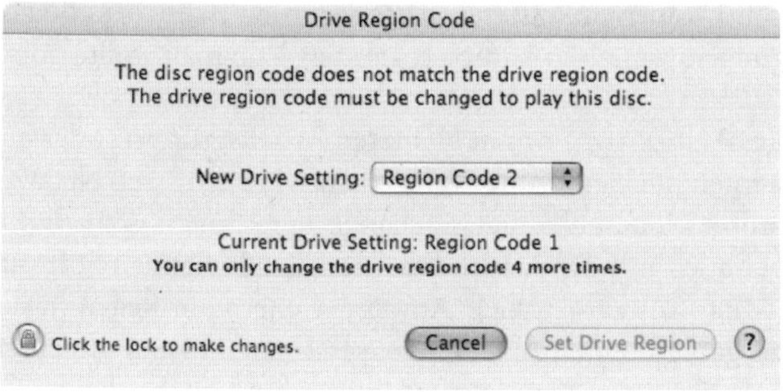

Zum anderen gibt es einige **Standardaktionen**, die **beim Einlegen eines entsprechenden Datenträgers** ausgelöst werden. Mit der richtigen Systemkonfiguration ersparen Sie sich einige Nachfragen und verärgerte Anwender.

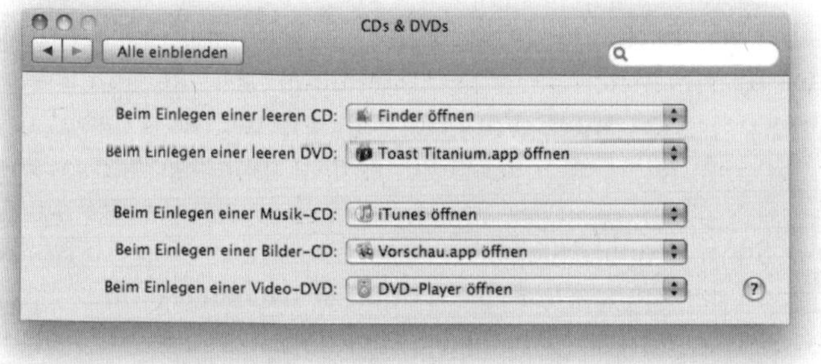

Diese Einstellungen lassen sich – wie viele andere auch – durch die entsprechende Voreinstellungsdatei als Grundlage für alle Clients benutzen. Sie liegt an folgendem Ort: */Benutzer/<Name_des_Benutzers>/Library/Preferences/com.apple.digihub.plist*

Ob nun im Image integriert oder aber per Softwareverteilung zugewiesen – ein einheitliches Konfigurationsbild auf den Client-Computern erleichtert den Support proaktiv.

Standardsoftware – bei Apple bereits dabei!

Gute Nachrichten seit Snow Leopard

Kommen wir nun zum Bereich der Softwareausstattung auf einem Mac. Von Hause aus bietet Leopard bereits viele **Standardfunktionen** und **Programme**, die für die täglichen Anforderungen in den meisten Bereichen ausreichend sind. Das sollte immer berücksichtigt werden, so dass für viele Anforderungen eine Anschaffung von zusätzlicher Software unnötig wird.

Selbstverständlich ist auch ein **Mail-Programm** integriert, das sogar in den Versionen vor Snow Leopard **bereits Exchange-kompatibel** war. Schwierigkeiten hatten allerdings diejenigen, die mit einer komplexen Struktur von öffentlichen Ordnern hantierten. Diese wurden dann bei entsprechender Berechtigung automatisch komplett geladen – ob man wollte oder nicht.

War Apples *Mail*-Programm in kleineren Arbeitsgruppen oder auf Einzelplatz-Systemen noch eine gute Wahl, entstand in größeren Netzwerkumgebungen mit vielen fehlenden Exchange-Funktionen schnell Frust und Ärger. Aber auch mit der sich als Alternative anbietenden Software *Entourage* von Microsoft kamen viele Anwender eher vom Regen in die Traufe. Lange Zeit gab es keinen Abwesenheitsassistenten, keine Lesebestätigung, keine Möglichkeit, das Kennwort zu ändern und noch etliche Funktionen mehr, die Microsoft nicht für Apple-Anwender vorsah und daher bei *Entourage* einsparte.

Und genau aus diesem Grund haben wir darauf verzichtet, eine Integration von Mail in einer Exchange-Landschaft zu beschreiben. Viele Administratoren werden über Schwierigkeiten berichten können, die gerade vor der Server-Version 2007 bestanden. Einige arbeiten heute noch damit und ärgern sich über Konfigurationen mit *Entourage* und *Exchange Server 2003.*

Seit Apples **Snow Leopard** sieht die Welt etwas anders aus. **Ab Exchange Server 2007** kann der Apple *Mail*-Client von der **Exchange-Vollintegration** profitieren. Nach Eingabe der Postfacheinstellungen stehen die Kalender- und Adressbuchfunktionen von Exchange über *iCal* und *Adressbuch* zur Verfügung. Allerdings arbeitet die Verbindung weiterhin über *LDAP (Lightweight Directory Access Protocol)* und dem *Exchange Web Services*-Protokoll. Die Software *Outlook* unter Windows spricht über *MAPI (Messaging API)* mit dem Exchange-System und durchsucht somit direkt die *GAL (Global Address List).*

Mit Apples Programm *Mail* steht somit zwar eine Alternative gegenüber dem Kauf von Zusatzsoftware zur Verfügung, jedoch ist die Menge der nutzbaren Exchange-Funktionalitäten eher gering. Für die vermutlich **beste Lösung** in diesen Umgebungen, um auch alle Funktionen nutzen zu können, wird wohl erst Microsoft selbst sorgen – so wurde kürzlich wieder ein **Outlook-Client für Mac OS X** angekündigt. Aber auch ein zukünftiges Update der *Exchange Server*-Version auf 2010 wird Vorteile bringen, sofern die Anwender auf den Web-Access zurückgreifen. Dieser bietet dann plattformübergreifend alle Funktionen.

Eine **Alternative zum Exchange-System** bietet *Kerio Technologies Inc.* mit dem *Kerio MailServer.* Damit lassen sich viele der gewohnten Exchange-Funktionen nutzen, jedoch ohne die bisher gewohnte aufwendige Administration.

Neben der Mail-Integration unter Mac OS X gibt es weitere Programme, die zum Teil für eine Standardausstattung der Arbeitsplätze berücksichtigt werden sollten. Auf die Wichtigsten gehen wir nachfolgend ein.

Sinnvolle Dienstprogramme

Aktivitätsanzeige

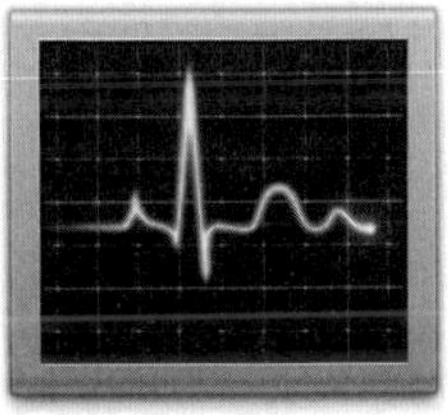

Über diese Applikation, die im Ordner »Dienstprogramme« innerhalb des Programmordners zu finden ist, können Sie die aktiven Prozesse und die entsprechende Systemauslastung nachverfolgen.

Dabei werden unter anderem der Prozessname, die Prozess-ID, der Eigentümer des Dienstes und die Live-Auslastung angezeigt. Alle Kriterien der Prozesse lassen sich zudem im Fenster sortieren und filtern.

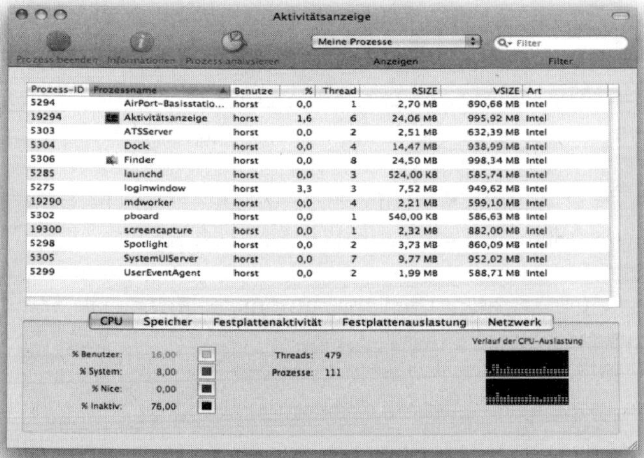

Neben dieser Standardansicht wird zudem die aktuelle **CPU-Auslastung** anstelle des Programmsymbols im Dock angezeigt.

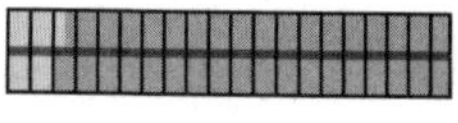

Eine weitere Optik bietet die Balkenansicht, die über das Menü aktiviert werden kann.

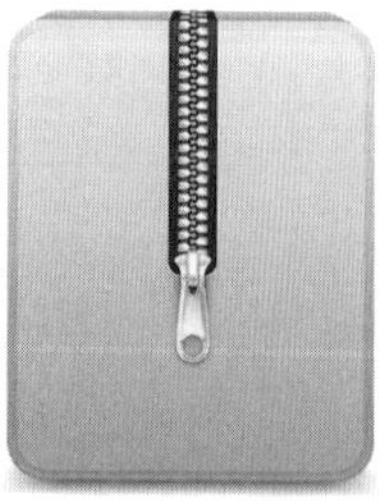

Archivierungsprogramm

Im Verzeichnis */System/Library/CoreServices/...* findet man diverse Systemprogramme und Menü-Applikationen, die für verschiedene Dienste und Funktionen genutzt werden können. Unter anderem liegt dort das *Archivierungsprogramm*, das im System implementiert ist und mit Hilfe des rechten Mausklicks als Kontextmenü auftaucht, wenn eine Datei oder ein Ordner komprimiert werden soll.

Öffnet man das Originalprogramm, stehen einige Voreinstellungen im Menü zur Verfügung.

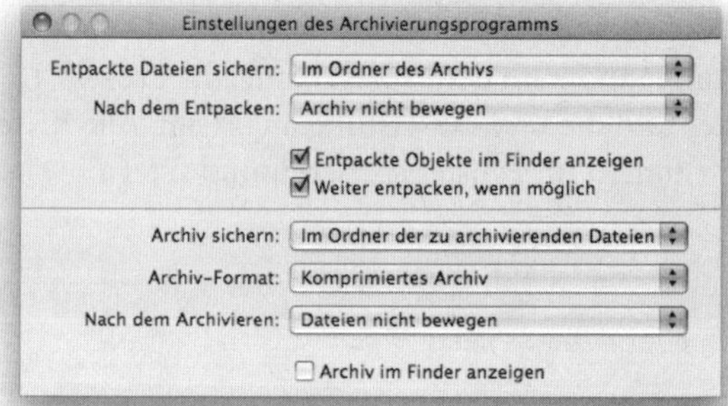

Komprimierte Dokumente werden im Format *.zip* gesichert, das auch mit dem Windows-Standard kompatibel ist.

Folgende weitere wichtige Dienstprogramme gehören zum Standard-System von Mac OS X:

Ordner *CoreServices*	**Kerberos**	Verschlüsselungsmanagement
Ordner *Dienstprogramme*	**Konsole**	Verwaltung der Applikations- und System-Logs
Ordner *CoreServices*	**Bildschirmfreigabe**	Betriebssystem-internes Screensharing
Ordner *CoreServices*	**Verzeichnisdienste**	Management der Verzeichnisdienste und Server
Ordner *Dienstprogramme*	**Terminal**	Zugriff auf Befehlsebene

Darüber hinaus fügen sich noch viele weitere Dienst- und Hilfsprogramme in die Funktionen des Betriebssystems ein.

Nützliche Programme

Neben den so genannten Dienstprogrammen finden sich eine Reihe an hilfreichen Applikationen, die standardmäßig in Mac OS X integriert sind. Nicht jedes Programm wird dabei große Verwendung im Firmenbereich finden. Allerdings ist der Funktionsumfang beträchtlich und hilft zudem noch, den Anteil an notwendigen Zusatzprogrammen überschaubar zu halten.

Adressbuch

Das systemweite **Kontaktverwaltungsprogramm** von Apple heißt schlicht *Adressbuch.* Dahinter versteckt sich die Verwaltung der Kontakte für sämtliche unter Mac OS X laufenden Programme. Äußerst überschaubar, aber dennoch mit diversen Eintragsmöglichkeiten versehen, können neben den vordefinierten auch eigene **Gruppen** erstellt werden.

Das Adressbuch verbindet sich bei entsprechender Konfiguration automatisch mit einem verfügbaren *LDAP*-**System**. Die gewünschten Felder lassen sich so optimal erweitern und modifizieren.

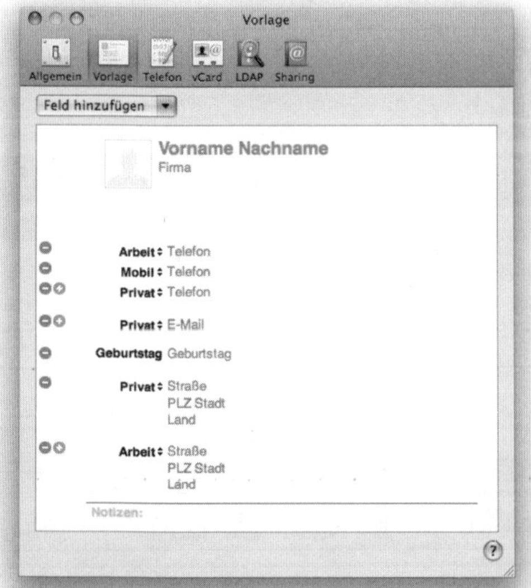

Außerdem besteht die Möglichkeit, Adressbuch-Einträge zu exportieren oder zu importieren.

Automator

Mit *Automator* befindet sich eine äußerst **komfortable Scriptumgebung** auf dem Mac. Durch die Nutzung von *AppleScript* und vordefinierten Arbeitsgängen lassen sich so objektbasiert Workflows erstellen. Dabei muss man kein Programmierer sein, um auch komplexere Automator-Scripte zu konfigurieren.

Durch die Einbettung der Standardapplikationen in Mac OS X können Sie nach dem Öffnen von Automator gleich die entsprechende Programmumgebung wählen, auf die sich der Arbeitsablauf beziehen soll:

Die Erstellung von eigenen Arbeitsgängen ist relativ einfach, da der jeweilige Befehl entweder in der Hauptebene angewählt oder über das Suchfenster gesucht werden kann.

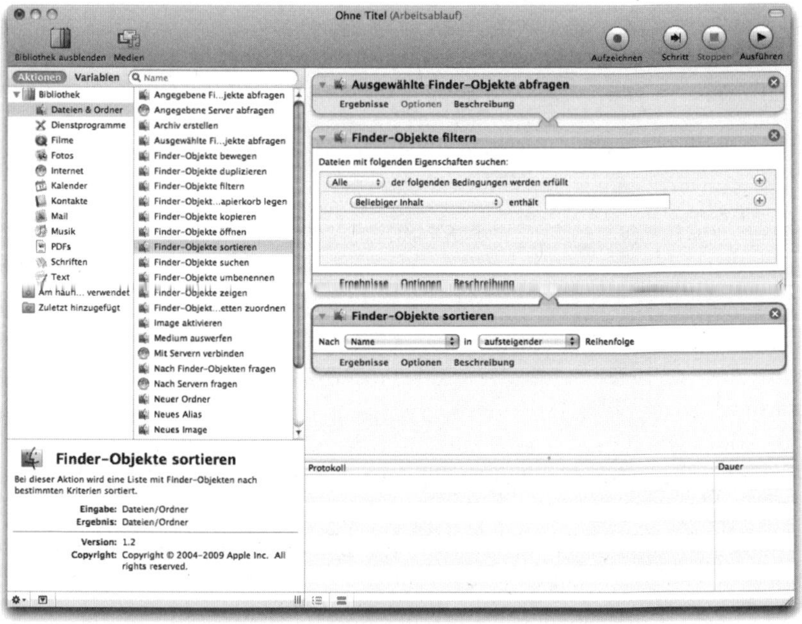

Reihen Sie die gewünschten Aufgaben auf diesem Weg einfach aneinander; es entsteht so ein Workflow, dem sich je nach Arbeitsgang weitere Variablen hinzufügen lassen. Außerdem steht Ihnen die aus dem *AppleScript* bekannte Funktion des Aufzeichnens zur Verfügung.

Fertig? Den gewünschten Ablauf können Sie dann entweder als editierbaren Arbeitsablauf oder auch als abgeschlossenes Programm speichern.

iCal

Das integrierte Office-Tool namens *iCal* können Sie zur **Terminverwaltung** im Unternehmen nutzen. Dabei lassen sich nicht nur verschiedene Kalender konfigurieren, sondern auch über eine Serverkonfiguration auf einem Mac OS X-Server **im Team** gemeinsam nutzen.

iDVD, iMovie und iPhoto

Diese drei Vertreter der *iLife*-Familie sind nicht gerade die typischen Programme innerhalb eines Unternehmens. Aber natürlich können sie bei der einen oder anderen Aufgabe helfen, **Multimedia-Anforderungen** zu bewältigen, ohne gleich viel Geld für Zusatzsoftware auszugeben.

So hilft z.B. *iDVD* bei der Erstellung von **DVDs**, während *iMovie* **Filmdateien** bearbeiten kann. (Weiteres dazu auch in den dafür separat herausgegebenen Büchern zu *iPhoto 09* und *iMovie 09* von Daniel Mandl.)

Das Programm *iPhoto* wird von Privatanwendern gern zur Verwaltung von digitalen Bildarchiven genutzt; im Firmenumfeld ist jedoch davon abzuraten, da *iPhoto* ein eigenes Format der Foto-Library erstellt, die bei etwaigen Problemen mit der Verzeichnisstruktur unbrauchbar werden kann.

iSync

Mit *iSync* können Sie mobile **Handhelds und Smartphones synchronisieren** – dies zum einen mit dem zuvor erwähnten *Adressbuch* und zum anderen mit *iCal*. Dazu wird das entsprechende Gerät zum Beispiel über Bluetooth oder USB hinzugefügt und der Sync entsprechend konfiguriert.

iTunes, Safari, Mail, QuickTime-Player, Lexikon und Rechner

All diese Programme müssen eigentlich nicht extra vorgestellt werden. Sie sind, jedes für sich, ausgereift und stellen jeweils einen großen Funktionsumfang zur Verfügung.

Während *iTunes* auch im Unternehmen für die **Verwaltung von Audiodaten** sorgt, gehören *Safari* und der *QuickTime Player* selbst auf einigen Windows-Systemen zum Standard. *Mail* ist ein komfortables **E-Mail-Programm** von Apple, das nicht nur mit Exchange-Systemen verbunden werden kann, sondern einige nette Features in der Mail-Verwaltung bietet. Die Programme *Lexikon* und *Rechner* spielen in heutiger Zeit eher eine geringere Rolle, da mit *Dashboard* ein schnellerer Zugriff auf diese Funktionen besteht.

Notizzettel

Der Vollständigkeit halber sei auch dieses erwähnt: Mit diesem nützlichen Programm gehören die immer unordentlich aussehenden bunten *Notizzettel* auf dem (richtigen) Schreibtisch der Vergangenheit an. In Ansätzen einem Textverarbeitungsprogramm gleichen lassen sich so die Texteingaben in den **digitalen Notizzetteln** formatieren.

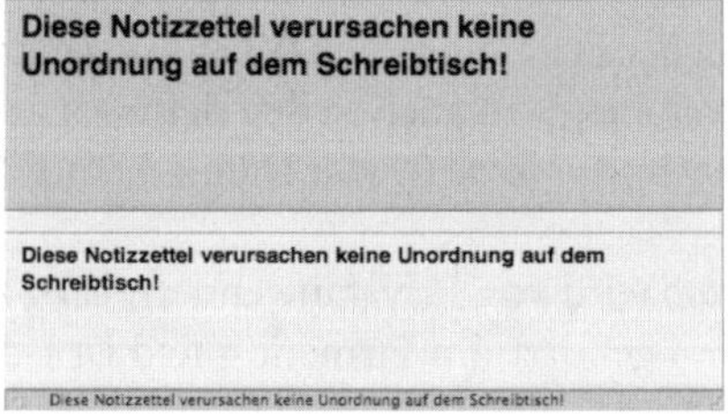

Schriftsammlung

Das Programm *Schriftsammlung* stellt auf dem Mac die grundlegendsten Funktionen rund um die **Schriftverwaltung** zur Verfügung. Schriften liegen bei Mac OS X an verschiedenen Orten und können mit der Schriftsammlung einfach aktiviert, deaktiviert und organisiert werden.

Vorschau

Vorschau ist das Überprogramm auf dem Mac schlechthin: Es bietet einen mächtigen Funktionsumfang, der weit über die einfache Ausführung des Programms hinausgeht.

Das Programm kann **sämtliche Standard-Bildformate öffnen, bearbeiten und konvertieren.** Im Finder arbeitet die Vorschaufunktion durch Drücken der Space/⌴-Taste bei markiertem Finder-Objekt, was ein sehr intuitives Arbeiten ermöglicht.

Die technischen Möglichkeiten sind für ein im System integriertes Programm beachtlich und bieten für die meisten Anforderungen entsprechende Bearbeitungsfunktionen.

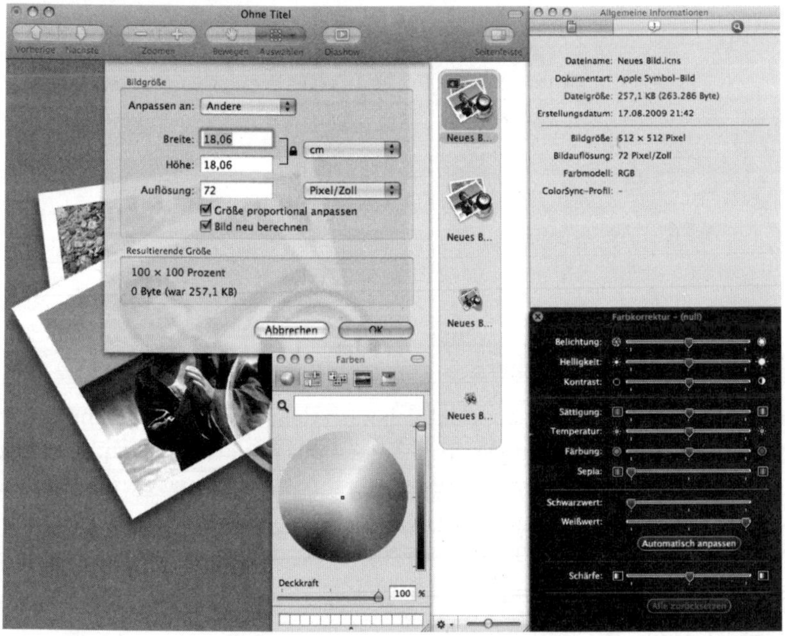

TextEdit

Analog zur Programmfülle von *Vorschau* im Bildbereich, arbeitet *TextEdit* auch in der **Textverarbeitung.** Es ist zwar genauso wenig ein professionelles Office-Programm, wie *Vorschau* kein professionelles Foto-Programm ist – und dennoch ist es mit den wichtigsten Formatierungsfunktionen ausgestattet, so dass Sie nicht nur Standard-Formate damit öffnen und bearbeiten, sondern sogar **einige Layoutfunktionen** benutzen können. Die **Rechtschreib- und Grammatikprüfung** gehört – wie auch bei anderen Programmen unter Mac OS X mit Eingabemöglichkeit – ebenfalls zum Standard.

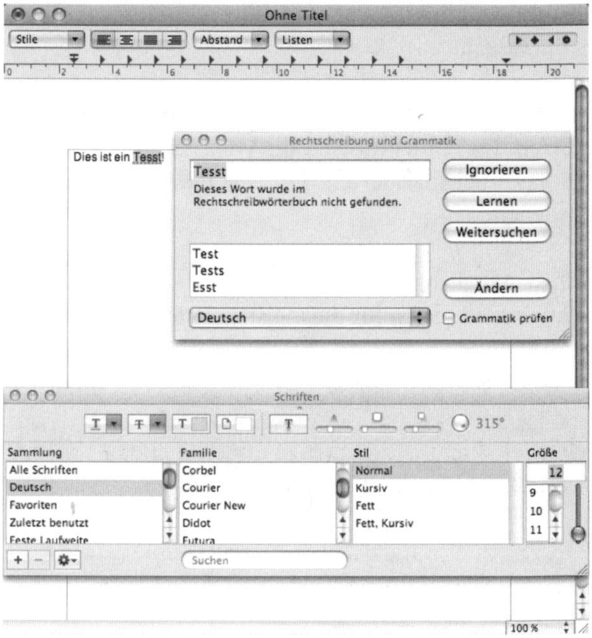

Systemfunktionen

Ein Betriebssystem wird hauptsächlich nach dem Funktionsumfang bewertet. In diesem Bereich kann Mac OS X ebenfalls punkten. Folgende Systemfunktionen gehören – wie viele weitere – zum Standard und bieten Komfort bei allen Anforderungen im Arbeitsalltag:

Bildschirmfoto	verschiedene Screenshot-Möglichkeiten
ColorSync	systemweites Farbmanagement
Dashboard	einfacher Zugriff auf transparente Hilfsprogramme
Exposé	Möglichkeit zur cleveren Fensteranordnung
MobileMe	Synchronisation von Kontakten, Mails und weiteren Daten
Spotlight	Suchfunktion über Vollindizierung
Spaces	mehrere aufgeräumte Arbeitsbereiche
Time Machine	einfache Backup-Funktion mit komfortabler Wiederherstellung

Systemeinstellungen

Weniger eine Systemfunktion als mehr die **Schaltzentrale des Systems** selbst ist das Programm *Systemeinstellungen*. Hier finden sich – wie schon weiter vorne erwähnt – alle Benutzer- und systemweiten Einstellungen.

Mit seiner **cleveren Suchmöglichkeit** ist es dem Pendant auf der Windows-Seite weit überlegen. Zum Vergleich: Während die Suche in den Systemeinstellungen unter Vista nur nach den Einstellungen selbst sucht, sind bei Mac OS X verschiedene Funktionen als Suchbegriffe hinterlegt, so dass auch beispielsweise nach Auflösung gesucht werden kann, während das entsprechende Kontrollfeld *Monitore* heißt.

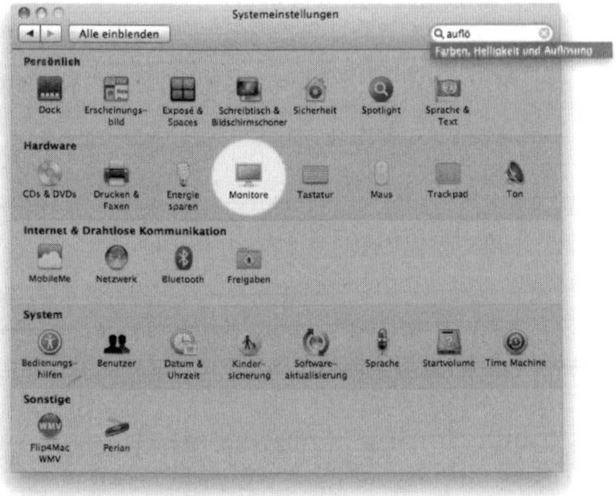

Sonstige Standardsoftware

In den Bereichen, in denen die von Apple im Lieferumfang enthaltene Software funktional an die Grenzen stößt, erfordert es manches Mal auch andere Programme. Diese stammen teilweise von Apple selbst; aber auch von einer Reihe von Drittherstellern existieren Programme am Markt. Entscheidend ist hierbei, dass diese den Standard-Arbeitsplatz in seiner Vielseitigkeit und komfortablen Arbeitserledigung bereichern.

Auf einige wollen wir im nächsten Kapitel näher eingehen, da es sich auch im Firmenumfeld lohnen kann, sie für die Grundausstattung der Arbeitsplätze mit aufzunehmen. Letztlich wollen wir Sie mit diesen Ideen zumindest bei der Planung unterstützen.

Berechtigungsstruktur

Auf den Clientsystemen im Firmennetzwerk stellt der Umgang mit der Berechtigungsstruktur eines der wichtigsten Themen dar.

Unter OS X finden wir das *Unix*-Derivat mit dem Namen »Darwin« vor. Wer bereits mit Unix Erfahrungen gesammelt hat, wird auch hier auf Vertrautes stoßen. OS X ist *POSIX*-konform. Die Zugriffsberechtigungen basieren auf dem *Eigentümer/Gruppe/Andere*-Modell und unterscheiden sich damit auf dem ersten Blick nicht von denen anderer Systeme. Es können zusätzlich *ACLs* für die Berechtigungen benutzt werden, mit denen die Berechtigungsmöglichkeiten wesentlich erweitert werden können.

> *POSIX und ACLs*
> ***POSIX (Portable Operating System Interface)* stellt die Schnittstelle zwischen Applikation und Betriebssystem dar und ist ein für Unix standardisiertes Programm-Interface. *ACL* bedeutet *Access Control List* und ist mit den erweiterten ACLs der Windows-Systeme kompatibel. An den Stellen, wo die normale *POSIX*-Berechtigung nicht ausreicht, setzen die ACLs an und bieten zusätzliche Rechtevergaben. Jede Datei hat seine eigene ACL.**

Durch die Nutzung von ACL-Berechtigungen sind unter anderem folgende Anpassungen in der Berechtigungsstruktur möglich:

- Verschachtelungen von Gruppenmitgliedschaften
- definitive Rechte-Ausnahmen beziehungsweise Zugriffsverbote
- verschiedene Ordner-Vererbungen
- Regelung von Attributen für Eigentümervermerke
- Einbindung von Berechtigungen für Netzwerkdienste
- Verwendung von Langnamen

Dateien, Ordner und Programme

In einer grafischen Benutzeroberfläche werden Details oft versteckt oder anders dargestellt, als diese tatsächlich in der Verzeichnisstruktur erscheinen müssten. Für den Standard-Anwender des Systems ist das auch verständlich, um ihn nicht mit undefinierbaren Systemdateien zu verunsichern. Wenn man davon ausgeht, dass der Standard-Anwender »out of the Box« auch noch Administratorenrechte besitzt, würde die korrekte Darstellung aller Systemverweise sogar Risiken bergen. Letztlich nehmen einige Anwender das Wort »Aufräumen« allzu genau und löschen im Zweifel sogar Bestandteile, von denen sie nicht wissen, welche Bedeutung und Funktion sie haben. Schon allein aus diesem Grund ist die Administratorberechtigung für Standardanwender des Systems zu vermeiden.

Dem Systemadministrator wiederum stehen eine Reihe von Mitteln und Wege zur Verfügung, die Darstellung in der GUI anzupassen oder mit Hilfe des Terminals direkt auf die Datenstruktur zuzugreifen. Während jedoch Dateien als normale Objekte erscheinen, im Finder angezeigt werden und je nach Art des ausführenden Programms ein entsprechendes Icon erhalten, nehmen Verzeichnisse unter OS X eine Sonderstellung ein:

In Apples Betriebssystem existiert die Sonderform der Paketinhalte. So werden Verzeichnisse in der grafischen Oberfläche zum Teil als Datei dargestellt. Nur mit zusätzlichen Funktionen oder wieder mit Hilfe des Terminals erhält man dann die korrekte Dateistruktur.

Zusätzlich bleibt einigen Benutzern des Systems der Weg in verschiedene Ordner und Unterordner verwehrt, da sie nicht über ausreichende Berechtigung verfügen. Die Ordner werden dann mit einem Verbotsschild angezeigt.

Die notwendigen Berechtigungen können allgemein im Finder – also in der grafischen Benutzeroberfläche – oder im Terminal auf Befehlsebene konfiguriert werden. Dabei ist der Zugriff natürlich abhängig von den eigenen Rechten; es versteht sich von selbst, dass Änderungen in Abhängigkeit des zur Verfügung stehenden Rechts vorgenommen werden können.

Die **Zugriffsrechte eines Objektes** definieren, wem es gehört, welche Gruppe zugreifen darf und wie die Berechtigung für alle Anderen *(everyone)* erfolgen darf. Man nennt dies auch die »security groups«.

Die Berechtigungen können für jede *security group* in …

- **Schreiben,**
- **Lesen,**
- **Ausführen** und
- **Keine Rechte**

… gesetzt werden. An dieser Stelle muss erwähnt werden, dass das **Ausführungs**-Recht **ausschließlich im Terminal auf Befehlsebene verändert bzw. gesetzt werden kann.**

Im Finder lässt sich bei markiertem Objekt mit dem Kurzbefehl ⌘- *I* ein Fenster öffnen, in dem Sie Informationen einsehen und Änderungen am Namen, an den Berechtigungen und sonstigen Attributen vornehmen können.

Zusätzliche Benutzer können entweder über die Gruppe oder mit Hilfe der bereits erwähnten ACLs berechtigt werden.

Für **Änderungen an den Berechtigungen** wird gegebenenfalls die Authentifizierung eines Administrators benötigt. Hierzu erscheint in der unteren Ecke das übliche Schloss, das Sie bei Änderungen am System freischalten müssen.

Danach ist die Eingabe von Name und Passwort eines Administrators erforderlich.

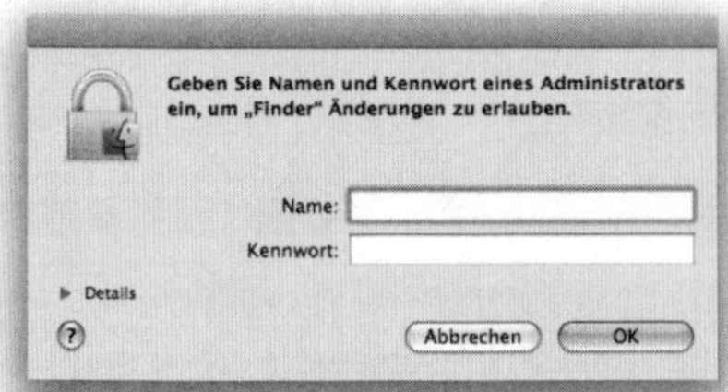

Doch zurück zum Informationsfenster: Mit Hilfe von + und - an der unteren Seite ist die Zuordnung der zu berechtigenden Benutzer möglich. Über das Zahnrad-Symbol daneben können die Berechtigungen im Falle eines Ordners für alle enthaltenen Objekte eingestellt werden. Zudem lassen sich an dieser Stelle ungewollte Änderungen zurücknehmen, sofern das Fenster seit der Änderung nicht geschlossen wurde.

Das Zugriffsrecht kann in der rechten Spalte des Fensters verändert werden. Für Ordner erscheint unter anderem beim Pulldown-Menü *Nur Schreiben (Briefkasten)*. Diese Möglichkeit ist für eingefleischte Windows-Benutzer sicher neu: Es lässt nur das Schreiben in den Ordner, nicht aber das Lesen des Inhaltes zu.

Für den entsprechend berechtigten Benutzer stellt sich der Ordner mit einem kleinen blauen Pfeil dar.

Die Option *Keine Rechte* kann lediglich für *everyone* gewählt werden und ist zum Beispiel sinnvoll, wenn Sie einzelne Benutzer und Gruppen berechtigen, alle anderen aber davon ausnehmen wollen.

Berechtigungen im Terminal auf Befehlsebene

Wie bei einigen anderen Systemkonfigurationen auch, können Sie bei den Berechtigungen auf die Befehlseingabe im Terminal zurückgreifen. Einige Funktionen sind ausschließlich nur über die Befehlseingabe möglich. Einmal an bestimmte Befehle gewöhnt, wird es schnell zum Helfer in der Not. Die grafische Oberfläche von OS X ist sicher sehr gut strukturiert und für die wesentlichen Einstellungen ausreichend. Dennoch fehlen zum Teil wichtige Konfigurationsmöglichkeiten. Der allgemeine Umgang im Terminal wird im letzten Kapitel beschrieben. Daher soll an dieser Stelle der Fokus auf den Berechtigungen bleiben. Zunächst eine Erklärung zu den Unix-Berechtigungen, wie sie uns im Terminal begegnen.

Folgende Kurzbezeichnungen oder Attribute sollen die Basis für ein erstes Verständnis des Berechtigungsmusters bilden. Sie befinden sich bei entsprechender Ansicht vor dem jeweiligen Objekt und lassen auf den ersten Blick erkennen, welcher Art es ist und für wen es berechtigt ist. So sind die Berechtigungen gekennzeichnet:

Berechtigungen		
d	***director***	kennzeichnet jedes Verzeichnis bzw. jeden Ordner
r	***read***	gibt an, ob ein Leserecht besteht
w	***write***	gibt an, ob ein Schreibrecht besteht
x	***execute***	gibt an, ob ein Ausführungsrecht besteht
-	***access***	bedeutet »kein Zugriff«

Wenn Sie das Terminal öffnen, wird unter dem gleichen Benutzer, mit dem Sie am System angemeldet sind, eine **Session** startet. Dabei können Sie beliebig viele Terminal-Fenster öffnen. Sie werden im Laufe der Zeit sehen, dass es zum Teil praktisch sein kann, parallel mehrere Terminalfenster und somit Sessions für unterschiedliche Abfragen, Benutzer oder Funktionen zu benutzen.

Um das **aktuelle Arbeitsverzeichnis** anzeigen zu lassen, wird der Befehl ***ls*** *(list segments)* benutzt. Um nicht nur die Objektnamen aufgereiht zu bekommen, können Sie sich mit der Option *-l* (steht für Langformat) etwas mehr Informationen anzeigen lassen.

In unserem Beispiel sehen Sie das aktuelle Arbeitsverzeichnis von *horst* mit den enthaltenen Objekten und deren spezifischen Berechtigungen. Das Befehlsbeispiel lautet demnach ***ls -l***

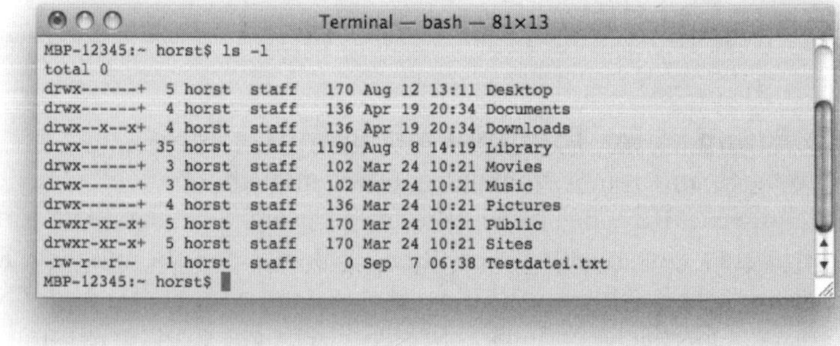

Die Datei »Testdatei.txt« gehört hier also dem Benutzer »horst« und der Gruppe »staff«. Die Zugriffsberechtigungen besagen, dass *horst* lesen, schreiben und ausführen *(rwx),* also in diesem Fall die Datei öffnen und auch etwas hineinschreiben darf. Die Gruppe *staff* ist nur noch zum Lesen und Schreiben berechtigt, ebenso wie alle anderen *(rw-).*

Soll nun eine Änderung im Terminal vorgenommen werden, schauen wir zunächst auf die gebräuchlichsten Befehle, die wir dazu nutzen können. **Hierüber können Sie im Terminal eine Berechtigungs-Änderung befehlen:**

Berechtigungs-Änderungen	
chown	bedeutet ***change owner*** und regelt, wer überhaupt zugreifen darf
chmod	hiermit wird das Lese-, Schreib- oder Ausführungsrecht vergeben
R	der Befehl wirkt sich auf alle enthaltenen Objekte aus

Da es für einen Administrator auch vorkommen kann, dass seine »normalen« Administratorenrechte nicht ausreichen, kann er sich die **notwendigen Zugriffsrechte kurzfristig** verschaffen. Dazu benutzt man den Zusatz *sudo (superuser do)* oder *su (substitute user identity)* und bekommt damit ebenfalls schon vorgestellte *root*-Rechte.

Mit dem Befehl *sudo* vor dem eigentlichen Ausführungsbefehl wird angegeben, dass der nachfolgende Befehl unter *root* ausgeführt werden soll. Wird damit gearbeitet, schaut das Betriebssystem zunächst in die *sudoers list,* um zu verifizieren, ob es dem Benutzer erlaubt ist, **das höchste Recht im Unix** in Anspruch zu nehmen. Befindet sich der ausführende Benutzer in dieser Liste, verfügt der Administrierende mit dem benutzten Account für eine gewisse Zeit innerhalb der Terminalsession über ein *root*-Recht.

Der Befehl *su* dagegen wechselt in eine **eigene Subshell** und gibt sich für den Benutzer aus, den man hinter dem Befehl schreibt. Die Befehlsangabe *su* ohne die Angabe eines Benutzernamens bedeutet das Starten einer Subshell des Benutzers *root.*

Greifen wir oben aufgeführtes Beispiel erneut auf. Wir wollen die Änderungen der Berechtigungen an unserer Testdatei vornehmen und den Eigentümer auf *frida* sowie die Gruppe auf *admin* setzen. Dazu muss die Syntax der Befehle nur noch in die richtige Reihenfolge. Das Befehlsbeispiel liest sich daher wie folgt: *sudo chown frida:admin Testdatei.txt*

Sofern der Eigentümer eines Objektes geändert werden soll, ist die Authentifizierung als Administrator notwendig.
Ist ein Objekt für eine Admin-Gruppe berechtigt beziehungsweise soll eine Nicht-Admin-Gruppe gegen eine Admin-Gruppe getauscht werden, kann dies auch nur von einem Administrator durchgeführt werden.
Für die Berechtigungsstufen sieht das ähnlich aus. Ein Benutzer kann nur Änderungen von Objekten vornehmen, dessen Eigentümer er ist. Für alle weiteren Berechtigungsänderungen ist ein Administrator-Zugriff notwendig.

Folgende Sicherheitsmeldung ist bei Nutzung von *sudo* innerhalb von Unix-Systemen normal und wird bei der erstmaligen Benutzung von *sudo* angezeigt:

> »*Warning: Improper use of the sudo command could lead to data loss or the deletion of important system files. Please double-check your typing when using sudo. Type "man sudo" for more information.*«

Nachdem das Passwort eingegeben wurde, kann mit *ls -l* überprüft werden, ob die Änderung vollzogen wurde. Die Datei ist nun Eigentum von *frida*, die Gruppe ist jetzt auf *admin* gesetzt.

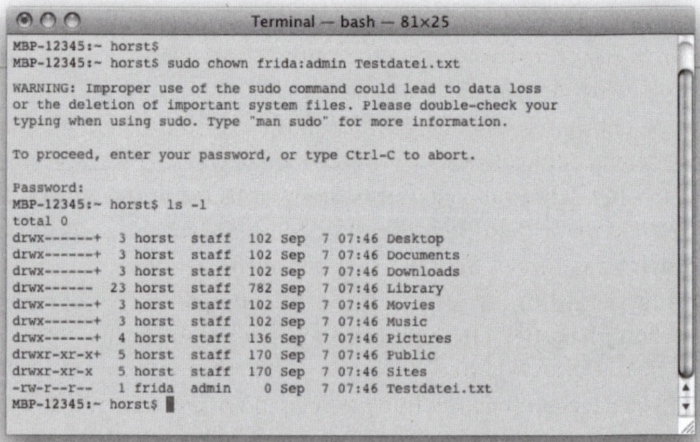

Schauen wir uns die Berechtigungen genauer an, dann sehen wir, dass die Datei für den Eigentümer lese- und schreibberechtigt, für die Gruppe und alle anderen leseberechtigt ist *(rw-r--r--)*. Diesen Zustand wollen wir ändern und benutzen dazu den Befehl *chmod*. Wie oben beschrieben können wir in diesem Fall die Lese-, Schreib- und Ausführungsberechtigung erteilen.

Das Ausführungsrecht bezeichnet bei Standard-Dateien nicht – wie vielleicht vermutet – das Recht, diese Datei zu öffnen; dazu reicht bereits die Leseberechtigung aus. Vielmehr handelt es sich hierbei um ein Recht, das bei Shellscripten oder Ordner Sinn macht. Ein **Shellscript** (im Unix erkennbar durch die Endung ».sh«) kann ohne dieses Recht nicht ausgeführt, also nicht gestartet werden. Ein Ordner kann ohne das Ausführungsrecht nicht geöffnet werden.

Textdateien jedoch sind Dateien, deren Inhalt man nur ansehen möchte. Und genau das passiert beim Doppelklick einer Datei auch im Finder. Das jeweilige Programm wird geöffnet, von der Datei wird jedoch nur der Inhalt angezeigt.

Shellscript
Hier nochmals zur Verdeutlichung: Bei einem Shellscript handelt es sich um ein Programm mit einer Abfolge von Unix-Befehlen, die nacheinander ausgeführt werden sollen. Es kann in Systemdienste eingebunden oder vom Terminal aus gestartet werden. Die Datei-Endung ist mit ».sh« gekennzeichnet. Am Anfang eines Shellscriptes kann eine spezifische Shell vorgegeben werden, in der das Script laufen soll. Ist nichts deklariert, wird die Standardshell des Clients benutzt.

Berechtigungsänderungen durch Oktalzahlen – absolut

Gehen wir einmal davon aus, dass die Berechtigungen für unsere Testdatei für den Eigentümer und die Gruppe stimmen. Wenn wir aber nicht wollen, dass weitere Benutzer darauf zugreifen, müssen wir uns zunächst noch die genaue Syntax für den Befehl anschauen.

Hier kommt eine kleine Besonderheit hinzu. Die Bezeichnungen im Terminal *rwx*, die für die jeweiligen Zugriffsarten sprechen, können in der Befehlskette zwar verwendet werden, üblicherweise benutzt man hierfür jedoch so genannte »Oktalzahlen«.

Für jedes Berechtigungs-Flag steht eine solche Oktalzahl; sie wird mit den anderen Berechtigungskennzahlen zusammengerechnet und als Summe für die Berechtigung eines jeden Benutzers verwendet. Die folgende Matrix verdeutlicht dies:

Kennzahl für Berechtigungstypen		
Darstellung	**Berechtigungsart**	**Oktalzahl**
r	Lesen	4
w	Schreiben	2
x	Ausführung	1
-	kein Recht	0

Das bedeutet, dass für einen Benutzer mit Berechtigung zum Lesen, Schreiben und Ausführen die Summe *7* als Variable verwendet wird. Für die Nur-Lese- und Schreibberechtigung würde demnach die Kennzahl *6* in Frage kommen. Sollten Sie öfter im Terminal unterwegs sein, wird diese Mathematik schnell zur Routine gehören.

Kommen wir wieder zurück zu unserer Testdatei: Wir wollten nun das Leserecht für alle anderen entziehen. Da diese Datei ja nun *frida* gehört, müssen wir auch in diesem Fall mit *sudo* arbeiten, soll dieser Befehl auch von *horst* ausgeführt werden. Wir schreiben daher die Befehlszeile wie folgt komplett aus. Das Befehlsbeispiel lautet *sudo chmod 640 Testdatei.txt*

Die *6* für den Eigentümer setzt sich aus den Kennzahlen für Lesen *(4)* und Schreiben *(2)* zusammen. Die *4* steht an zweiter Stelle, definiert also das Nur-Leserecht für die Gruppe. Alle Anderen sollen nicht berechtigt werden, daher die *0.* Im Terminal sieht das jetzt wie folgt aus:

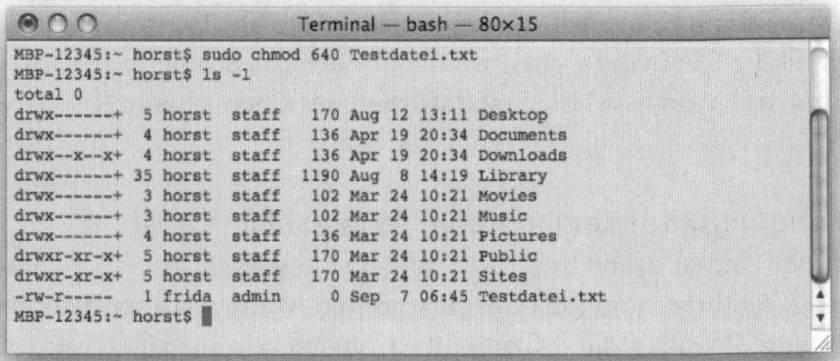

Widmen wir uns einmal den Berechtigungsänderungen bei Verzeichnissen: Wie oben beschrieben sind Ordner im Terminal mit dem Buchstaben *d* für *directory* gekennzeichnet. Für das Ändern der Zugriffsberechtigung eines Ordners selbst ist die Syntax für die Befehle gleich.

Im folgenden Beispiel wollen wir den Zugriff auf den Ordner »Downloads« ändern. Der Eigentümer bleibt lese-, schreib- und ausführungsberechtigt. Die Gruppe und alle anderen sollen ihn öffnen (Ausführungsrecht) und Inhalte lesen können (Leserecht). Der Befehl sieht dann wie folgendes Befehlsbeispiel aus: *chmod 755 Downloads*

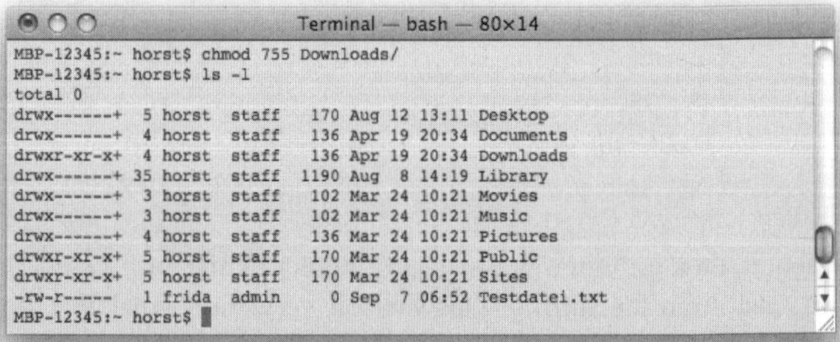

Soll sich die Änderung auch auf den Inhalt auswirken, arbeitet man mit dem Parameter *R* für *rekursiv*. Parameter werden dabei immer direkt hinter den Befehl geschrieben. Erst danach gibt man die Optionen und den Pfad an. In unserem Beispiel sieht der Befehl dann so aus: *chmod -R 755 Downloads*

Berechtigungsänderungen durch »rwx«-Kombination – relativ

Wenn man sich einmal an die Berechtigung über die Oktalzahl-Technik gewöhnt hat, wird sie schnell von der Hand gehen. Der Vorteil dieser absoluten Befehlseingabe ist, dass komplette Berechtigungen mit wenigen Buchstaben und Zahlen ausgeführt werden können. Allerdings kann auch genau das hinderlich sein, da eben immer nur eine vollständige Berechtigungsangabe mitgegeben werden muss. Wenn jedoch nur bestimmte Attribute geändert werden sollen, greift man zur relativen Methode. Mit der Eingabe der Berechtigungsbuchstaben in Verbindung mit den einzelnen Benutzerangaben können auch einzelne Rechte gesetzt oder entzogen werden.

Zunächst sind die Bezeichnungen für die korrekte Syntax notwendig. Wir unterscheiden wieder zwischen den Benutzern und den Rechten.

Benutzer	
u	User
g	Group
o	Other
a	All

Rechte	
r	read
w	write
x	execute

Wir nehmen wieder unseren Benutzer *horst* und einen vorhandenen Testordner. Dieser Testordner ist mit *horst* als Eigentümer und der Gruppe *staff* berechtigt. Diese Berechtigung ist leider Standard, sobald ein Benutzer in seinem Profilordner Dateien und Ordner anlegt. In diesem Fall können alle anderen lesend und ausführend auf diese Verzeichnisse zugreifen.

Dies wollen wir ändern und außer *horst* als Eigentümer niemandem Zugriff gewähren. Wir entziehen also der Gruppe und allen anderen das Lese- und Ausführungsrecht *(rx)*.

Unser Befehlsbeispiel schreibt sich daher so: *chmod go-rx Testordner*

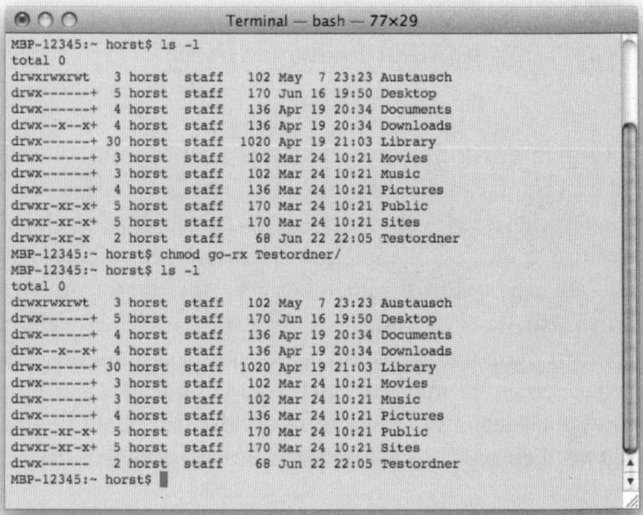

Würden wir die Änderung mit Hilfe der Oktalzahlmethode vornehmen, wäre die vollständige Berechtigung notwendig: *chmod 700 Testordner*

Im Zweifel kann bei langer Terminal-Abstinenz die Eingabe der *rwx*-Variablen leichter fallen, da die Umrechnung der Oktalzahlen sich eventuell schwerer einprägt. Die Eingabe einer falschen Zahl ist in diesem Fall eher wahrscheinlich, als dass die Bedeutung von *rwx* vergessen wird.

Mehr Informationen über weitere Attribute und Vorgaben für Dateien und Ordner, die im Terminal definiert werden können, erhalten Sie im Kapitel »Tipps und Tricks«.

Erweiterte Berechtigungsänderungen durch Nutzung von ACLs

Ohne in diesem Buch zu tief in die Materie der reinen Unix-Administration einzusteigen, wollen wir dennoch die Änderungen von Berechtigungen mit Hilfe der ACLs erläutern.

Wie bereits am Anfang angesprochen, bietet eine ACL die Möglichkeit, zusätzlich zur allgemeinen Rechte-Philosophie weitere einzelne Rechtevergaben zu kontrollieren und festzulegen. Nur so ist es möglich, **einem Benutzer trotz seiner vorhandenen Gruppenmitgliedschaft ein Recht zu entziehen oder Verschachtelungen vorzunehmen.**

Zunächst ist es wichtig zu erfahren, welche Attribute in der ACL eines Objektes eingetragen sind. Dazu benutzen wir den Parameter *-le* in Verbindung mit dem Befehl *ls*. Mit diesem Befehl werden die Einträge aller ACLs der Objekte mit ausgegeben.

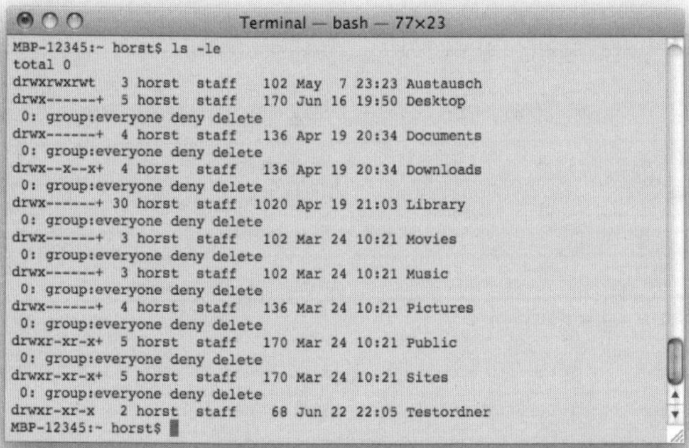

Wir sehen, dass unser Testordner keine Einträge in seiner ACL hat; die anderen Objekte allerdings schon. In der Zeile *0:* steht jeweils der gleiche Eintrag, und zwar dass die Gruppe und alle anderen nicht löschen dürfen. Wenn wir unserem Testordner nun dieselbe Vorgabe erteilen möchten, nehmen wir den Befehl *chmod* in Verbindung mit dem Parameter *+a*.

Mit dem Parameter *+a* werden ACL-Einträge hinzugefügt, mit *-a* werden sie wieder gelöscht. Das zugehörige Befehlsbeispiel hieße demnach: *chmod +a "everyone deny delete" Testordner*

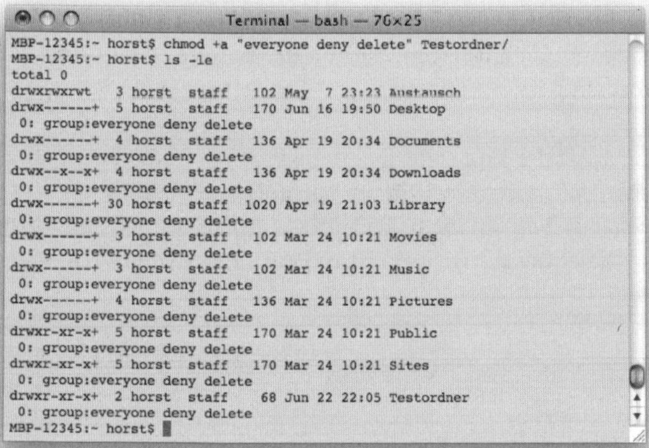

Das Beispiel zeigt die Ergänzung für die Vererbung des Leserechts für die Gruppe *staff*.

Weitere Einträge sind möglich, so dass ein **komplexes Berechtigungsmuster** erstellt werden kann.

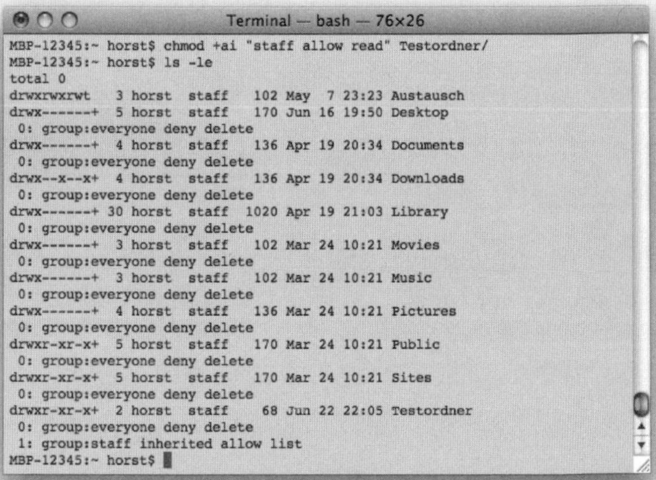

Die Berechtigungsmöglichkeiten mit Hilfe der *Access Control Lists* sind äußerst umfangreich und sollten gut überlegt sein. Wie bei anderen Befehlen auch, erscheint nach Eingabe von *man chmod* im Terminal eine erweiterte Erklärung der Parameter und weitere Beispiele.

Start- und Hintergrunddienste – »launchd« und die Dämonen

Während des Starts des Betriebssystems und nach der Anmeldung eines Benutzers werden diverse System-Prozesse als Hintergrunddienste gestartet. Alle Prozesse bekommen eine eigene ID, mit der sie identifiziert und kontrolliert werden können.

Eine einfache Art der Kontrolle über diese Prozesse ist die Benutzung des Programms *Aktivitätsanzeige* (wie in der nachfolgenden Abbildung zu sehen). Es befindet sich neben anderen Hilfsprogrammen im Ordner »Dienstprogramme« beziehungsweise per Unix-Pfad: */Applications/Utilities/Activity/Monitor.app*

Im Terminal gibt es mehrere Möglichkeiten, Prozesse anzeigen zu lassen. Die zwei bekanntesten Befehle sind *top* und *ps*. Näheres dazu finden Sie in den Kapiteln »Tipps & Tricks« sowie im Kapitelabschnitt »Terminal von A bis Z«.

Einer der **wichtigsten Bestandteile** des Apple-Betriebssystems ist der *launchd*. Er ist verantwortlich für die **Kontrolle, das Starten und Beenden von Shellscripten, Programmen und Dämonen**, die wiederum bestimmte Dienste zur Verfügung stellen. Diese Dienste werden entweder auf System- oder auf Benutzerebene in verschiedenen Phasen des Startvorgangs gestartet.

Unterschieden werden Agenten und Dämonen:

- Während *Dämonen* **direkt beim Systemstart** und in der Regel vom *root* ausgeführt werden,
- so handelt es sich bei *Agenten* um Benutzerdienste, die erst **nach der Anmeldung aktiviert** werden.

Konfiguriert werden sie in Form von *Property List*-Dokumenten, die an verschiedenen Orten der Systemhierarchie zu finden sind. Das Format liegt entweder im Binary- oder XML-Format vor. Letztere Einstellungsdateien können mit jedem Texteditor oder besser mit einem XML-Editor bearbeitet werden. Einer dieser Editoren ist zum Beispiel der »*Property List*-Editor«.

Eine *Property List*-Datei wird vom Namen her mit einer umgekehrten Domainkonvention beschrieben. Den Anfang macht die Top-Level-Domain, danach der Hersteller, dann der Name der Konfigurationsdatei und der Endung *.plist.*

Hier nun ein Beispiel für eine dieser Dienste-Dateien. Es handelt sich um die *com.apple.Dock.plist* im Verzeichnis */System/Library/LaunchAgents/...*

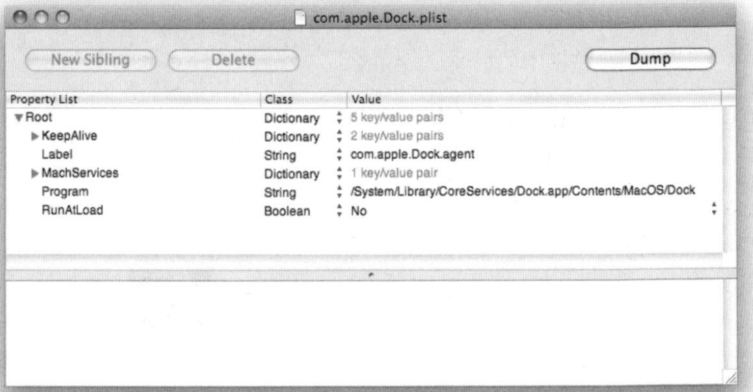

Diese Property-List-Datei sorgt für den Dienst-Start des Docks, der dann vom `launchd` gestartet werden kann, sobald sich ein Benutzer am System anmeldet. Das dazugehörige Programmelement befindet sich im Verzeichnis */System/Library/CoreServices/Dock.app/Contents/MacOS/*

Da es unterschiedliche Systemprioritäten und Startzeitpunkte gibt, zu denen die jeweiligen Dienste gestartet werden müssen, erläutern wir nun im einzelnen die möglichen Arten der Dienste-Kategorien. Einige technische Praxisbeispiele, die zum Teil sinnvolle Ergänzungen zum Clientmanagement darstellen können, haben wir im Kapitel »Tipps & Tricks« aufgeführt. Dabei gehen wir auf die Erstellung einfacher Scripte ein, um sie dann in Startdienste einbinden zu können. Zudem erklären wir die wichtigsten Standard-Systemdienste unter Mac OS X.

Launch Agents

Die »Launch Agents« stellen für einen Administrator eine einfache Art dar, **Funktions-Scripte** für einen bestimmten oder aber für alle angemeldeten Benutzer nach der Anmeldung am System **automatisiert zu starten.**

Handelt es sich dabei um einen individuellen Dienst, der nur für einen bestimmten Benutzer gestartet werden soll, so muss die Startdatei in folgendem Verzeichnis abgelegt werden: */Users/<hier der Name des Benutzerprofils>/Library/LaunchAgents/...*

Aufgrund der Rechte-Ordnung unter Unix wird diese Art des Dienste-Starts benutzt, wenn das auszuführende Funktionsscript oder Programm mit den Rechten des angemeldeten Benutzers ausgeführt werden soll.

Im Gegensatz zum Dienst, der für einen bestimmten angemeldeten Benutzer gestartet werden muss, gibt es eine Reihe an Software von Drittanbietern, die nach Anmeldung eines jeden Benutzers ausgeführt werden sollten, damit sie auch jedem Benutzer zur Verfügung steht. Diese Startdateien müssen dann in folgendem Pfad abgelegt werden: */Library/LaunchAgents/...*

Launch Daemons

Neben den Funktionen, die erst nach der Benutzeranmeldung am System benötigt und ausgeführt werden, gibt es natürlich auch Software, die bereits **vor dem Anmeldeprozess** zur Verfügung stehen muss. Die Konfigurationsdateien dafür befinden sich in folgendem Pfad: */Library/LaunchDaemons/...*

Eine *Property List* in diesem Verzeichnis sorgt dafür, dass der aufgerufene Dienst bereits vor der Anmeldung am System startet. Er wird regelmäßig vom System überwacht und läuft im Hintergrund.

Ein Administrator hat hier die Möglichkeit, systemweite und benutzerübergreifende Funktions-Scripte, Dienste oder Programme in den Systemstart einzubinden. Auch einige Softwarehersteller benutzen Daemons, um Services während der Benutzung von Betriebssystem und Applikation zur Verfügung zu stellen.

System Launch Agents

System Agents sind die Start-Agenten, die standardmäßig **vom System definiert** sind. Sie werden gestartet, sobald sich ein Benutzer am System anmeldet. Sie liegen an folgendem Ort: */System/Library/LaunchAgents/...*

Hier sollten sich ausschließlich Startdateien befinden, die Apple-eigene Dienste starten – so zum Beispiel Apple Remote Desktop Client, Spotlight oder auch der MobileMe-Sync.

Einen funktionalen Unterschied zwischen den *Launch Agents* aus dem Verzeichnis */Library/LaunchAgents/...* und denen aus dem System selbst gibt es nicht. Es dient nur der sauberen Trennung von Betriebssystem und Administration und bewahrt den Administrierenden vor unsachgemäßer Handhabung systemeigener Dienste.

System Launch Daemons

Ebenso wie die *System Launch Agents* sind auch die *System Launch Daemons* vom System definiert. Sie werden ebenfalls mit *.plist*-Konfigurationsdateien gestartet, die in folgendem Verzeichnis liegen: */System/Library/SystemDaemons/...*

Generell kann nur empfohlen werden, dass man sich bei Einbindung von Startdiensten auf die Verzeichnisse des Heimprofils oder des Library-Ordners auf der Top-Level-Ebene beschränkt; schließlich wollen Sie ja auch mittelfristig die Übersicht behalten.

Startup Items

Im Verzeichnis */Library/StartupItems/...* legen **Softwarehersteller** gern **Startscripte** mit Konfigurationsdateien ab, die dann zum Teil weitere Agents öffnen. Jedoch ist die Funktion überholt und wurde eigentlich durch Apples Implementierung des *launchd* abgelöst.

Dennoch gibt es Softwarehersteller am Markt, deren Prozesse teilweise noch über Startscripte im Ordner »Startupitems« gestartet werden.

Schriften

Was beim Konkurrent Microsoft noch immer nicht optimal integriert ist, setzt OS X bereits mit Bordmitteln ganz gut um. In der Schriftverwaltung war der Mac schon immer stark aufgestellt, wobei es auch in früheren OS-Versionen Rahmenbedingungen gab, an die man sich halten musste, um nicht Konflikte oder Performance-Defizite zu riskieren.

Nun kann man sich darüber streiten, ob das im Lieferumfang bereits integrierte Programm *Schriftsammlung* für eine professionelle Verwaltung von Fonts geeignet ist. Die verschiedenen Möglichkeiten in der Ablage und Aktivierung der Schriften sind dennoch von Apple clever umgesetzt – doch etwas anderes hätte man auch nicht von einem noch heute im Layout-Bereich dominierenden System erwartet, oder?

Apple liefert einen Standardsatz von Schriften mit, die sich im Systemverzeichnis befinden. Zudem gibt es diverse Schriftbüros wie *Linotype, Fontshop, Elsner & Flake* und diverse weitere, die Standard-Schriftfamilien anbieten und auch individuelle Modifikationen durchführen.

Unterstützte Schrifttypen

Folgende Schrifttypen werden vom System und den Applikationen normalerweise genutzt:

dfont

Apples neues Format, in dem Font-Informationen zu einem Koffer zusammengefügt werden.
Alle von Apple im System integrierten Schriften liegen aktuell in diesem Format vor.

ttf

Das bekannte *True Type*-Format, welches die Schriften auf Vektorbasis darstellt.

PostScript-Schriften

eine Seitenbeschreibungssprache; die Zeichen werden als Vektorgrafik beschrieben. Es gibt verschiedene Arten von Postscript-Schriften. Von *Postscript Type 1* über *Type 2, 3, Konturschrift* bis hin zum *Postscript Outline Font.*
Diese Schriftart wird jedoch nach und nach gegen das offene *Open Type*-Format ausgetauscht.

otf

Open Type, dieses Format gilt als aktueller, plattformunabhängiger Standard.
Der Vorteil liegt bei den Schriftherstellern, da die Schriften nicht für jede Plattform neu produziert werden müssen.

Orte für die Schriftverwaltung

Unter Mac OS X stehen **verschiedene Orte für die Installation** von Schriften zur Verfügung. Es handelt sich dabei um Pfade, die vom System automatisch auf Fonts überprüft werden. Haben Sie eine Schriftendatei in einen dieser Orte gelegt, so wird sie entweder ausschließlich für den aktuellen oder aber für alle Benutzer des Betriebssystems aktiv.

Um nun nicht ständig alle Schriften und deren Familien neu laden zu müssen, werden Font-Cache-Dateien an speziellen Orten der Verzeichnisstruktur abgelegt, die von den jeweiligen Programmen dann genutzt werden können. Sollte es zu Darstellungsfehlern kommen, reicht meist das Entfernen dieser Cache-Dateien aus.

Apple unterscheidet bei der Schriftverwaltung zwischen dem einzelnen Benutzer, der benutzerübergreifenden Schriftaktivierung, den Applikations- und den Systemfonts. Für jede Anforderung steht ein eigenes Verzeichnis zur Verfügung.

Schriften des Benutzers

Ein am System angemeldeter Benutzer kann sich individuell Schriften aktivieren. Dazu legt er sie einfach in folgendem Verzeichnis ab: */Users/<aktives Benutzerprofil>/Library/Fonts/...*

Dort abgelegte Schriften sind ausschließlich für den jeweiligen Benutzer aktiv. Da es sich bei diesem Pfad um einen Ort innerhalb des eigenen Profils handelt, ist der Benutzer schreibberechtigt und kann die Schriften flexibel installieren und wieder löschen.

Wenn eine Schrift aus dem Internet oder von einer anderen Quelle bezogen wurde, kann sie über verschiedene Wege aktiviert werden. Entweder wie beschrieben durch Kopieren in das zuvor genannte Verzeichnis, durch Öffnen des Programms *Schriftsammlung* und dem Menüpunkt *Ablage | Schriften hinzufügen...*, oder aber mit einem Doppelklick im Finder auf das Schriftsymbol. Mit letzterer Methode erscheint nicht nur die Vorschau auf den Font und etwaig verfügbare Schriftschnitte, sondern auch die Möglichkeit der Installation.

Da der Standard-Anwender nach unserer Regel nicht zur Administration berechtigt ist, stellt dieser Ort nicht nur die einzige Möglichkeit der Schrifteninstallation innerhalb der Systempfade dar. Diese Trennung ist auch für den Administrator leicht zu betreuen, da im Falle eines Darstellungsfehlers nur das eigene Profil betroffen sein dürfte.

Schriften für alle Benutzer

Im Falle von Einzelplatz-Systemen scheint die Aktivierung der Schriften über den zuvor angesprochenen Pfad einfach. Dennoch sprechen einige Gründe gegen die Benutzung innerhalb des Clientmanagements:

Er stellt eine einfache Möglichkeit des Benutzers dar, selbst Schriften zu aktivieren. Genau dieser Umstand würde jedoch dazu führen, dass global verteilte Schriften nicht ausschließlich in der Verwaltung des Systemadministrators liegen.

Damit Sie also nun die Schriften auf mehreren Clients verwalten können und zugleich auch jedem angemeldeten Benutzer am System die gleichen Schriften zur Verfügung stellen, existiert ein weiterer Pfad: */Library /Fonts/...*

Schriften, die Sie in diesem Ordner ablegen, sind für alle am System angemeldeten Benutzer verfügbar. Selbst einige der Softwarehersteller nutzen diesen Pfad für eigene Programmschriften.

Dieses Verzeichnis ist für Nicht-Administratoren schreibgeschützt und sollte es aufgrund angesprochener Gründe auch bleiben.

> ***Schriftaktivierung***
> **Um eine Schrift im System zu aktivieren, muss sie entweder in eines der Schriftverzeichnisse hineinkopiert oder aber mit einer Schriftverwaltung geladen werden.**
> **Bei zentraler Verwaltung über eine Softwareverteilung reicht das einfache Verteilen im Zweifel nicht aus, um die Schrift sofort zu aktivieren. Entweder wird die Verteilung in ein Installations-Script eingebet tet, oder aber ein Neustart am Client wird notwendig.**

Schriften des Systems

Die **Klassifizierung zwischen Benutzer- und Systemrelevanz** setzt sich bei allen Komponenten von Mac OS X fort.

Apples Betriebssystem ist von Hause aus ganz gut mit Schriften bestückt. Um die Systemstabilität zu bewahren, befinden sie sich im Systempfad und sollten auch nur verändert werden, wenn es Anzeichen für Konflikte mit anderen Schriften gibt. Folgendes Verzeichnis ist ausschließlich für diese Systemfonts vorgesehen: */System/Library/Fonts/...*

Schriften von Adobe

Nicht alle Drittanbieter-Hersteller benutzen den systemweiten Installationspfad für Schriften. Die Firma Adobe jedoch nimmt in diesem Fall eine Sonderstellung innerhalb von OS X ein. Adobe bringt für seine Programme eine Reihe an Schriften mit und legt sie auch in einem eigenen Verzeichnis innerhalb der Systemstruktur ab: */Library/Application/Support/Adobe/Fonts/...*

Dieser Pfad wird während des Installationsvorganges eines Adobe-Produkts erstellt und entsprechend gefüllt. In Verbindung mit Schriftverwaltungstools und dem Einsatz größerer Schriftmengen sind einige Besonderheiten zu beachten, mit der Sie den Supportaufwand gut »in Schach halten« können.

Für die professionelle Schriftverwaltung stehen Ihnen Programme wie der *Linotype FontExplorer X Pro* oder *Suitcase Fusion 2* zur Verfügung. Ob und in welchen Bereichen damit Vorteile entstehen können, werden wir im Kapitel »Clientmanagement« aufgreifen.

Hard- und Software: Lösungen für Ihr Unternehmen

3

- Wichtige Faktoren zur bestmöglichen Entscheidung
- Mobile Apple-Computer
- Desktop-Computer
- Apple Server – eine leistungsfähige Infrastruktur
- Standardsoftware und Empfehlungen
- Windows auf Mac – dreierlei Möglichkeiten
- Mac-Software für den Büroalltag – eine Auswahl

Wichtige Faktoren zur bestmöglichen Entscheidung

Lassen Sie uns zunächst noch einmal kurz die Begriffe klären: »Macs, PCs, Apple, Windows – dies sind die gebräuchlichsten Bezeichnungen, die bereits im Ansatz für Verwirrung sorgen. Allgemein wird heute alles als »PC« tituliert, was früher IBM-kompatible Computer waren, auf denen mittlerweile entweder ein Windows- oder ein Linux-Betriebssystem als Standard läuft. Dabei steht bekannterweise das PC für Personal Computer.

Und ein Computer der Firma Apple sollte demnach zumindest technisch gesehen auch ein PC sein. Um jedoch in jeder Situation sofort klarstellen zu können, welches System man einsetzt, hat es sich eingebürgert, diesen als »Mac« (steht für Macintosh) oder Apple zu bezeichnen.

Wobei wiederum die Begriffe »Windows« oder »Dose« (Synonym steht für IBM-kompatibler Rechner mit dem ehemaligen Betriebssystem *DOS* von Microsoft) eher das Betriebssystem bezeichnen als die Hardware, auf der sie läuft. Denn rein gefühlsmäßig ist laut den Namen von »Windows« und »Apple« meist das **Microsoft-Betriebssystem** auf der einen und die Apple-Hardware auf der anderen Seite gemeint. Der entscheidende Unterschied in diesem Fall ist die **Kombination von Hardware und Betriebssystem der Marke Apple für ein System.** Microsoft ist ein reines Software-Unternehmen, das sein Betriebssystem Windows unabhängig von allen anderen Computer-Herstellern entwickelt und entsprechende Standards vorgibt.

Und auch das sei kurz beleuchtet: Kurzformen oder Kosenamen sind ja allgemein beliebt, gerade wenn es um Technik geht. Bei der Unterscheidung eines Windows-basierten Systems und eines Computers von Apple gelten zum Teil jedoch andere Hintergründe, die zu einer Art Identifikation mit der Technik und Weltenauftrennung geführt haben. Benutzer von Apple-Systemen – auch gern »Macianer« genannt – gehörten von Anfang an zu einer Minderheit: Technisch zwar der Masse voraus, aber dennoch in der Verbreitung als Außenseiter zu bezeichnen.

Nun neigen Minderheiten meist zu stärkerer Identifizierung mit der eigenen Gruppe, da die Masse einen Standard vorgibt, dessen Bruch dann öffentlich verteufelt wird. Auf der technischen Ebene fehlt aber den meisten Diskussionspartnern jegliche Art von objektiver Grundlage. Interessant ist dabei, dass der Mac-Benutzer meist weniger Kritik verträgt und immer versucht ist, ein auch bei Apple mögliches Defizit eines Macs zu rechtfertigen oder sogar als positiven Nebenfaktor darzustellen. Der Windows-Benutzer hingegen besitzt oft so viel Selbstironie, dass er Kritik von Windows-Gegnern sogar aufgreifen und mit weiteren Argumenten untermalen kann, ohne die Gebundenheit und Treue zum eigenen Betriebssystem aufzugeben.

Ein Vergleich – rein auf die Hardware beschränkt – ist ohne Einbeziehung der Software kaum möglich und auch nicht sinnvoll. Gerade das wird aber oft versucht. Ebenso ist **die Effizienz der Software nicht ohne Berücksichtigung der Hardware messbar.** Und so tun sich bislang selbst technische Profis damit schwer, festzustellen, welches denn das bessere System ist. Eine sehr triviale Fragestellung, da mit keiner Silbe erwähnt wird, welche **Erwartungen und Anforderungen** zur Disposition stehen. Dabei sollten gerade die Anforderungen im Mittelpunkt stehen und nicht die pauschale Abgrenzung zwischen den Plattformen. Dass es in **Summe dann wiederum für den jeweiligen Einsatzzweck entscheidend** sein kann, welche Plattform gewählt werden sollte, steht natürlich außer Frage. Da beide Plattformen mittlerweile in Sachen Kompatibilität dazugelernt haben und schon heute auf den Großteil identischer Infrastruktur zugreifen können, fällt es leichter, den Fokus im Folgenden auf die Anforderungen zu lenken.

Werfen wir nun einen Blick auf die angebotene Palette von Apple-Rechnern, um einen möglichen Einsatzzweck bestimmen zu können. Wie bereits angesprochen, liegt der Fokus auf den Anforderungen, die an ein bestimmtes Gerät oder System gestellt werden. Der Einblick in die Produktpalette Apples, die bis Spätsommer 2009 als Standard galt, soll bei der Entscheidung einer möglichen Integration helfen.

Weiterhin beschränken wir uns auf die Geräte, die sich für den Einsatz im Unternehmen eignen. Dabei lassen sich die Hardwarekategorien grob wie folgt klassifizieren:

- Mobile Computer,
- Desktop-Computer und
- Server.

Mobile Apple-Computer

Eine Einteilung nach Typ und Klasse von Apples mobilen Computern ist zunächst nach den **Bildschirmdiagonalen** möglich. Ausgewählt werden kann von 13.3", über 15.4" bis 17" LCD-Diagonale. Neben der Größe gibt es noch weitere wichtige Unterscheidungsmerkmale. Denn auch Leistung und verschiedene Ausstattungsvarianten charakterisieren die Modellpalette. Jedoch kann selbst **Apples MacBook Pro 13.3" mit hoher Leistung** punkten, so dass es für normale bis anspruchsvolle Anforderungen ausreicht. Die Grafikperformance sollte dabei allerdings berücksichtigt werden, da bei den kleineren Modellen auch günstigere und leistungsschwächere Chipsätze verbaut werden, die natürlich zum Teil für grafisch intensivere Anwendungen überfordert sein können.

Was bei allen mobilen Apple-Computern als schlagendes Argument gelten darf, ist die überzeugende **Energieeffizienz**. Bereits mit den ersten Modellen mit LED-Hintergrundbeleuchtung aus dem Jahre 2007 hatte sich Apple gegen die Konkurrenz anderer Hersteller durchsetzen können. Auch wenn aktuell zum Teil die gleichen energiesparenden Bauteile zum Einsatz kommen, so stellt Apples Betriebssystem Snow Leopard dennoch einen **Vorsprung in Sachen Stromverbrauch** dar. Und genau diese Energieeffizienz ist ausschlaggebend für ein angenehmes und effektives Arbeiten. Die seltene Suche nach Stromquellen entzerrt somit ein wenig den Arbeitsstress, der unterwegs sowieso aufkommt.

Nebenbei: Kritik und Rückblick

In den frühen 90ern produzierte Apple so genannte »PowerBook Duos«. Diese Geräte waren bereits damals sehr flach und mit Hilfe einer Docking Station oder einem Dock-Adapter einfach an Monitor, Tastatur und sonstiger Peripherie anschließbar. Leider stellte Apple 1997 diese Produktion ein und bot seither keine Dockingstationen mehr für seine mobilen Geräte an. Wie so oft kopierten andere Hersteller diese Idee und etablierten sich damit im Business-Markt. Es bleibt zu hoffen, dass Apple hier bald wieder nachzieht und auch wieder bessere Möglichkeiten bietet als die mehr als Kompromiss anzusehenden bisherigen Display-Adapter mit USB- und FireWire-Anschluss.

Dabei verfolgt die Firma *BookEndz* aus den USA einen interessanten Ansatz; sie bieten **Dockingstationen für die aktuellen MacBook Pro-Modelle** an, die den Kontakt der seitlichen Anschlüsse durch mechanisch verstellbare Anschlussboxen realisieren.

Auch Apple selbst hegt anscheinend weitere Absichten, eine bessere Lösung anzubieten, um nicht ständig alle Stecker in sein MacBook stecken zu müssen. Hierzu hatte das Unternehmen 2006 einen Patentantrag gestellt, in dem es um die Verbindung zwischen mobilem Mac und Apple-Display geht, wobei der Mac seitlich in das Display hinein fährt. Anfang 2008 wurde dem Antrag stattgegeben und seit dem warten Apple-Fans darauf, dass Steve P. Jobs auf einer seiner Konferenzen ein »One more thing« hervorholt. Wir dürfen gespannt bleiben, da Apples Fantasie bekanntermaßen keine Grenzen kennt.

Um nun eine Möglichkeit des Vergleichs zu den sonstigen am Markt verfügbaren Gerätetypen zu ermöglichen, unterteilen wir die Apple-Laptops in folgende Kategorien:

- Subnotebook (offiziell gehört es nicht in diese Klasse)
- Standard-Einsatz
- Professioneller Einsatz

Subnotebook

Das MacBook Air – für Vielbeachtete

Design und Betriebsleistung als Vorteil

Noch nicht so lange auf dem Markt und schon Kult – damit hat Apple nun schon Erfahrung. Nach »iPod, iPhone & Co.« brachte Apple das MacBook Air auf den Markt; es ist aufgrund des geringen Gewichts von ca. 1,36 kg und des schlanken Designs ein beliebter Begleiter für Geschäftsleute. Mit einer maximalen Höhe im zusammengeklappten Zustand von weniger als 2 cm gehört es zu den flachsten Laptops am Markt.

In den Firmen ist es durch die Benutzung des im Lieferumfang enthaltenen *USB-Ethernet*-Adapters **leicht in eine Netzwerk-Infrastruktur zu integrieren.** Der oft angesprochene Kritikpunkt einer fehlenden internen Ethernet-Schnittstelle ist somit obsolet.

Das Design des MacBook Air ist kaum zu übertreffen und die Ausstattung für viele Bereiche ausreichend. Doch auch die Leistungsdaten sind für dieses Segment bereits beachtlich:

Technische Eigenschaften

- Intel Core 2 Duo 1.86 oder 2.13 GHz
- L2-Cache: 6 MB gemeinsam genutzt
- Systembus: 1066 MHz
- Arbeitsspeicher 2 GB
- Festplattenkapazität 120 GB oder 128 GB (Solid-State)
- Grafik: NVIDIA GeForce 9400M bis 256 MB Shared
- 1 x USB 2.0, 1 x Audio out, 1 x Mini DisplayPort, WLAN
- Akku-Betrieb bis 5 Stunden
- Abmessungen B x L x H in cm: 32,5 x 22,7 x 0,4 - 1,94
- Gewicht ca. 1,36 kg

Die Kapazität des Akkus ist dabei durchaus entscheidend. Und so hat Apple dem MacBook Air trotz geringer Bauhöhe »eben mal« fünf Stunden Betriebsleistung verpasst. Was auf der einen Seite ein Vorteil ist, kommt auf der anderen Seite als Nachteil zum Tragen: Denn dieser Akku ist nicht ohne Apples Facheingriff austauschbar. Jedoch bietet Apple mit ihren eingebauten Akkus eine bis zu drei mal längere Lebensdauer als bei bisherigen Typen.

Nur für aufmerksame Reisende geeignet

Allerdings sollten Sie bedenken, das Apple bis dato leider auf Maßnahmen verzichtet hat, dieses hübsche Gerät gegen **Diebstahl** sichern zu können. Und so wird es wohl bis auf Weiteres auf den Standard-Arbeitsplätzen eine Ausnahme bleiben.

Alle weiteren Apple-Laptops verfügen über diesen Sicherheitsanschluss, an dem sich zum Beispiel ein **Kensington-Schloss** anbringen lässt.

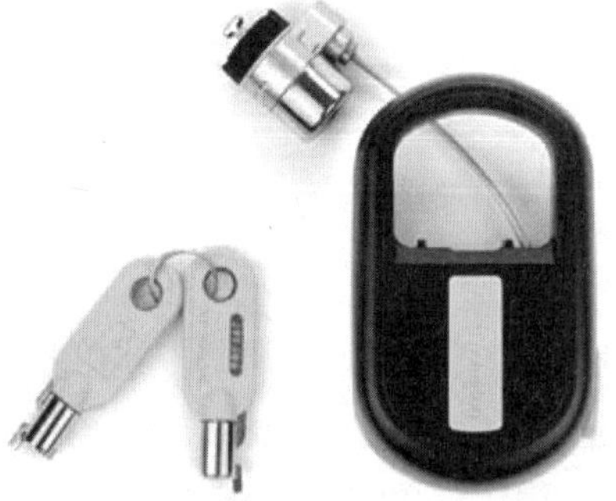

Standard-Einsatz

Das MacBook – ideal für den mobilen Business-Alltag

Leicht und lange im Einsatz

Als Standard-Laptop für normale Anforderungen schickt Apple das weiße MacBook ins Rennen. Mit dem für diese technischen Daten angemessenen Preis von deutlich unter 1.000,- € erreicht das MacBook seit einiger Zeit stets einen der **vorderen Plätze im Ausstattungs- und Preisvergleich** der Laptops mit 13.x"-Bildschirmdiagonale. Es ist mit ca. 2,13 kg **relativ leicht** und kann mit **langer Akku-Kapazität** glänzen; so wartet das weiße MacBook mit bis zu sieben Stunden Arbeitszeit im Akku-Betrieb auf.

Die MacBooks sind generell mit einem Grafik-Chipsatz ausgestattet, der zwar Standardanforderungen gerecht wird, für stark Performance-abhängige Grafikleistungen jedoch nicht geeignet ist. Der Büroalltag ist mit einem MacBook auf jeden Fall bestens zu schaffen.

Technische Eigenschaften

- Intel Core 2 Duo 2.26 GHz
- L2-Cache: 3 MB gemeinsam genutzt
- Systembus: 1066 MHz
- Arbeitsspeicher bis 4 GB
- Festplattenkapazität bis 500 GB
- integriertes SuperDrive 8x DL/DVD-RW/CD-RW
- Grafik: NVIDIA GeForce 9400M bis 256 MB
- 13.3" Display mit LED-Hintergrundbeleuchtung
- 2 x USB 2.0, 1 x FireWire, Mini DVI, Audio In/Out, Gigabit Ethernet
- WLAN und Bluetooth
- Akku-Betrieb: bis 7 Stunden
- Abmessungen B x L x H in cm: 33,03 x 23,17 x 2,74
- Gewicht ca. 2,13 kg

Weiterer Bedarf im Markt
Apple hatte in der jüngeren Vergangenheit ein professionelles Gerät mit 12"-Displaydiagonale im Angebot, das mit dem MacBook abgefangen werden sollte. Gerade bei Journalisten kam diese 12"-Variante sehr gut an, da die äußerst geringen Außenmaße und die dennoch hohe Leistung ausschlaggebend für die Mitnahme auf Reisen war.

Ob Apple hier in Zukunft wieder ein vergleichbares Modell auf den Markt bringt, bleibt nur zu hoffen.

Professioneller Einsatz

Das MacBook Pro – für mobile Leistungsträger

Drei Modelle für flexible Anforderungen
Für den hohen Anspruch, den Sie beim Kauf eines Apple-Computers bereits naturgemäß haben, stehen Ihnen gleich alle **drei Bildschirmgrößen innerhalb der MacBook Pro-Klasse** zur Auswahl. Sie lassen sich zunächst nach ihrer Displaygröße von 13.3"-, 15.4"- und 17" in der Diagonale unterscheiden.

Die Ausstattungen lassen sich flexibel an jede gewünschte Anforderung anpassen. Ob nun anstatt der Standardfestplatte eine größere oder gleich eine SSD-Variante verbaut werden soll, kann dabei ebenso gewählt werden wie die **Größe des Arbeitsspeichers**, der derzeit **bis 8 GB ausbaufähig** ist.

Akkulaufzeit als Argument
Wie das MacBook Air verfügen die MacBook Pros leider auch über interne Akkus, welche nach dem Lebensende von einer **Fachwerkstatt** ausgewechselt werden müssen. Der Vorteil der Akkulaufzeit ist allerdings grandios. Das 17" MacBook Pro bietet eine Arbeitszeit im Akkubetrieb von **bis zu acht Stunden**.

Und selbst die sieben Stunden bei den beiden kleineren Modellen sind im Vergleich zur Konkurrenz mit ähnlicher technischer Ausstattung vorbildlich.

Technische Eigenschaften

- Intel Core 2 Duo 2.26 GHz / 2.53 GHz / 2.66 GHz / 2.8 GHz / 3.06 GHz
- L2-Cache: 3 oder 6 MB gemeinsam genutzt
- Display: 13.3", 15.4" oder 17" mit LED Hintergrundbeleuchtung
- Systembus: 1066 MHz
- Arbeitsspeicher bis 8 GB
- Festplattenkapazität bis 500 GB oder 256 GB Solid-State
- integriertes SuperDrive 8x DL/DVD-RW/CD-RW
- Grafik (je nach Gerät): NVIDIA GeForce 9400M oder 9600M GT
- USB 2.0, FW 800, Mini DisplayPort, SD-Slot, Gigabit Ethernet, Audio In/Out, ExpressCard (17")
- beleuchtete Tastatur, Multi-Touch-Pad
- Akku-Betrieb: bis 7 Stunden (13.3" und 15.4") bis 8 Stunden (17")
- Gewicht ca. 2,04 kg (13.3"), 2,49 kg (15.4"), 2,99 kg (17")

Desktop-Computer

Nach den mobilen Macs wollen wir uns den Standgeräten widmen. Die Desktop-Computer der Marke Apple können in die folgenden drei Kategorien eingeordnet werden:

- Office-Einsatz
- Standard-Einsatz
- Professioneller Einsatz

Zugegeben, diese Klassifizierung ist nicht besonders aussagekräftig. Die Einteilung spiegelt jedoch die Bereiche wieder, anhand der die Computer meistens ausgewählt werden. Im Anschluss gehen wir nur kurz auf die Server-Plattform von Apple ein, da sie unabhängig von der Clientumgebung eine **Komplettlösung** darstellt.

Hier schon ein kleiner Überblick: Den Anfang macht der Mac mini, der aufgrund der äußerst kompakten Größe als beliebter Office-Rechner geschätzt wird. Seitdem er ebenfalls mit Intels Prozessortechnologie ausgestattet wird, spricht auch die Performance für einen professionellen Einsatz.

Der iMac, der aufgrund seines Komplettsystems inklusive Monitor seit seiner Einführung zum Kultobjekt geworden ist und mittlerweile zum höheren Leistungssegment gehört, bildet die Zwischenstufe und kann somit als Standardgerät bezeichnet werden. Der MacPro als Workstation eignet sich für höchsten Leistungsanspruch und rundet somit die Produktpalette von Apple ab.

Office-Einsatz

Der Mac mini – Raum für neue Ideen am Schreibtisch

Platzsparend und energieeffizient
Der Mac mini ist eigentlich ein idealer Arbeitsplatz-Computer, da er nur wenig Platz in Anspruch nimmt, für jede Anforderung im Büro-Umfeld **ausreichend ausgestattet** ist und von den Kosten sogar als konkurrenzfähig zur PC-Gemeinde gilt. Im Bereich »Green IT« wird er als energieeffizientester Desktop-Computer bezeichnet, da er im Betrieb **weniger als 13 Watt Strom** verbraucht.

Natürlich können Grafik- und Prozessor-, aber auch Festplattenleistungen nicht mit denen von iMac und Mac Pro mithalten. Interessant ist allemal, dass selbst das ältere Mac mini-Modell mit *PowerPC / PPC*-Technik (die aktuellen haben einen Intel-Prozessor) – der noch in vielen Unternehmen eingesetzt wird – seit Einführung von Leopard ein wenig aus dem Schatten der Performance-Schwäche herauskommen dürfte.

Das wird deutlicher, wenn man Messdaten zu Rate zieht. Während der Mac mini von 2005 / 2006 mit *PPC*-Chip und dem vorherigen Betriebssystem Tiger auf eine durchschnittliche Bootzeit von 55 Sekunden kommt, schafft er es mit installiertem Leopard in 22 Sekunden.

Die aktuellen Intel-Rechner von Apple profitieren dabei gerade vom letzten System-Upgrade Snow Leopard, wobei nicht nur die Startzeiten kürzer sind, sondern viele wichtige Systemfunktionen flotter laufen. Zur Standardausstattung der Mac minis zählen sowohl WLAN/**Wireless LAN** (802.11n) – bei Apple »Airport« genannt – als auch Bluetooth 2.1 mit EDR-Modul (für eine erweiterte Datenrate).

Für einen weiteren Überblick haben wir nachfolgend die technischen Daten eines Ende 2009 aktuell geltenden Mac minis aufgestellt:

Technische Eigenschaften

- Intel Core 2 Duo 2,26, 2.53 oder 2.66 GHz
- L2-Cache: 3 MB gemeinsam genutzt
- Systembus: 1066 MHz
- Arbeitsspeicher bis 4 GB
- Festplattenkapazität bis 500 GB (beim Modell ohne opt. Laufwerk bis 1 TB)
- integriertes SuperDrive DL/DVD-RW/CD-RW
- Grafik: NVIDIA GeForce 9400M bis 256 MB
- 5 x USB 2.0- und 1 x FireWire-Anschlüsse
- Abmessungen B x L x H in cm: 16,51 x 16,51 x 5,08
- Gewicht ca. 1,31 kg

Günstiger Einstiegspreis und Leistungs-Alternative zu Windows

Mit einem für Apple äußerst günstigen Preis von derzeit ab 549,- € (Stand 10/09, Apple Store Deutschland) kann der Mac mini dank der mittlerweile durch Intel und Snow Leopard überzeugenden Leistungswerte klar als Alternative zu günstigen Standard-Windows-PCs gelten. Der Vorteil, dass bei Bedarf zusätzlich Windows parallel benutzt werden kann, gehört wie bei allen Macs zu den Standardfunktionen. Durch die Konfigurationsmöglichkeit von 1000 Megabyte Festplattenkapazität, wobei dann das optische Laufwerk fehlt, eignet sich der Mac mini sogar als Server für kleinere Unternehmen. Das OS X Server-Betriebssystem liegt diesem Gerät bei.

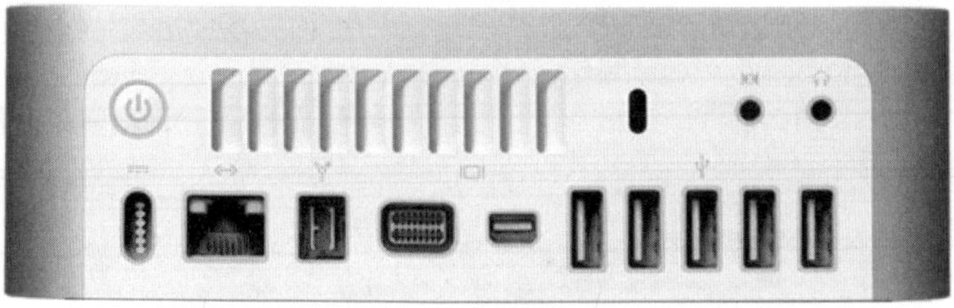

Standard-Einsatz

Der iMac – ein Glücksgriff nicht nur für Apple

»All in one« mit Kult-Charakter

Seit 1999 gibt es die einstigen bunten Computer mit eingebautem Monitor – sie stehen mittlerweile als Kult-Mac im Rampenlicht. Mit diesem Glücksgriff holte Steve Jobs, einer der Gründerväter und derzeitiger Chef des Apple-Unternehmens, eine alte Produktlinie der »All in one«-Computer wieder hervor.

Kurzer Blick in die Erfolgsgeschichte

Bereits 1984 gab es Desktop-Computer von Apple, bei denen der Monitor integriert war. Hier der »olle« Apple Macintosh, den so mancher Liebhaber mittlerweile als »Objekt« im Regal stehen hat (zumindest im *Mandl & Schwarz*-Verlag ist das so):

Einer der bekanntesten unter den Komplettgeräten war der *Macintosh SE*, der 1987 das Licht der Welt erblickte. Doch diese damaligen All-In-One-

Macs galten seiner Zeit als Low End-Rechner und waren aufgrund der geringen Ausstattung und Prozessorleistung auch entsprechend preisgünstiger als beispielsweise ein *Mac II,* der in dieser Zeit die Workstation darstellte. Die iMacs der heutigen Zeit sind im Preis relativ günstig geblieben, bieten jedoch ein im Vergleich höheres Performance-Potential.

Es ist hier einfach zwischendurch zu würdigen: Neben der Einführung des iPod, der drei Jahre nach dem iMac das Licht der Welt erblickte, wurde dem Apple-Unternehmen maßgeblich durch Steve Jobs neues Leben eingehaucht. Apple war wieder im Gespräch. Aber auch in fast jeder Serie und in vielen Kinofilmen. Der iMac galt als cool und erneuerte die Idee des platzsparenden Computers.

Einzug in die Arbeitswelt

Mittlerweile hat der iMac das Image des reinen Privat-Computers verloren und wird in Unternehmen als **platzsparender und leistungsfähiger Arbeitsplatzrechner** geschätzt. Folgende technische Daten sprechen für die Modelle mit Stand von Ende 2009:

Technische Eigenschaften

- 21,5" iMac: Intel Core 2 Duo Prozessoren mit 3,06 oder 3,33 GHz bzw. d
- 27" iMac: 2,66 GHz Quad-Core Intel Core i5 oder 2,8 Ghz Quad-Core Intel Core i7
- Cache: 3 oder 6 MB L2-Cache gemeinsam genutzt (21,5"), 8 MB L3-Cache gemeinsam genutzt mit Turbo Boost bis 3,46 GHz (27")
- Arbeitsspeicher bis 8 GB (21,5") oder 16 GB (27")
- Festplattenkapazität bis 2 TB (27")
- integriertes SuperDrive 8x DL/DVD-RW/CD-RW
- Displaygrößen: 21,5" und 27" LCD mit LED-Hintergrundbeleuchtung
- Grafikkarten: je Displaygröße von ATI und NVIDIA mit bis zu 512 MB
- 4 x USB 2.0 am Rechner und 1 x FireWire 800
- Gewicht ca. 9,3 (21,5") oder 13,8 kg (27")

Professioneller Einsatz

Der Mac Pro – Power für's Office

Für die anspruchsvollen Aufgaben im Büro-Netzwerk

Die leistungsstarke »Arbeitsmaschine« von Apple heißt »Mac Pro«; dabei steht das »Pro« für »Professionell«. Neben dem iMac wurde auch der Mac Pro in den vergangenen Jahren oft in der Presse wahrgenommen. Auf der Ebene der Workstations stellte er einen Geschwindigkeitsrekord nach dem anderen auf. Allerdings wurde auch kritisch hinterfragt: »Wer braucht Servertechnologie in Arbeitsplatzrechnern?« oder »Warum ist ein Desktop-Rechner von Apple denn so teuer?«. Bereits der Vorgänger von Apples professioneller Desktop-Reihe, der PowerMac G5, hatte bei Veröffentlichung einen Geschwindigkeitsvorsprung vor der Konkurrenz. Allerdings handelte es sich damals noch um die PowerPC-Technologie von IBM.

Ebenfalls zu dieser Zeit hatte Apple den Medien noch erklären müssen, warum die Prozessortaktung eines Windows PCs zum Teil wesentlich höher war als die von Apple verbauten Chips leisten konnten. Dazu veröffentlichte Steve Jobs dann während einer *WWDC (World Wide Developers Conference)* ein Aufklärungsvideo, das der Welt zeigte, warum der einfache Vergleich von Prozessortaktung nicht so einfach anhand der reinen Zahlen möglich ist. Es ging vor allem um Unterschiede im Befehlssatz und der Struktur der Prozessor-Pipeline: Letztere war in Apples IBM-Motorola-Chipsatz kürzer und bot damit kürzere Durchlaufzeiten der Arbeitsprozesse. Die Pipeline war schneller frei für den nächsten Job, so dass zum Beispiel Photoshop-Aktionen in wesentlich kürzerer Zeit Ergebnisse lieferten als seinerzeit unter Windows-PC-basierten Systemen. Dieses Thema wurde als der »Megahertz-Myth« bekannt.

Intel-Innovationen und Erweiterbarkeit

Das alles ist nun schon wieder lange her und mittlerweile greift selbst Apple auf die »Standard«-Prozessorarchitektur von Intel zurück. Dass Apple dabei immer einen Schritt vor der Konkurrenz zu sein scheint und oft als einer der ersten Hersteller mit der neuen Prozessortechnologie von Intel auf den Markt kommt, dürfte kein Zufall sein. Auch Intel profitiert natürlich von Apples Wandlung hin zu Standardkomponenten. Die Vorteile eines Mac Pros sind definitiv die **hohe Leistungsausbeute und Erweiterbarkeit**, gepaart mit der Möglichkeit, die alle Macs inne haben: Es kann **bei Bedarf auch das Windows-Betriebssystem nativ benutzt** werden.

Der Mac Pro ist eine **Workstation** und will also auch mit einer solchen verglichen werden. Der Zugang zu den verschiedenen **Steckplätzen** und zahlreichen **Erweiterungs-Slots** ist beispiellos. In diesem Bereich protzt der Mac Pro mit vier Einschüben für Festplatten, die ohne Schrauben austauschbar sind. Zudem besteht die Möglichkeit für bis zu 32 Gigabyte Arbeitsspeicher, was jedoch derzeit noch ein wenig ins Geld geht.

Technische Eigenschaften

- Prozessoren 8-Core: Zwei x 2.26 / 2.66 / 2.93 GHz Quad-Core 5500
- Prozessoren Quad-Core: 2.66 / 2.93 GHz Quade-Core 3500
- L2-Cache: 8 MB gemeinsam genutzt
- Systembus: 1066 MHz
- Arbeitsspeicher bis 32 GB
- Festplattenkapazität bis 4 TB
- Grafikkarten: ATI oder NVIDIA mit 512 MB
- 5 x USB 2.0 und 4 x FireWire 800
- Gewicht ca. 18 kg

Einsatz in Workgroups als Ansatz

In einigen Bereichen werden auch Mac Pros als Server eingesetzt. Die Leistungsfähigkeit kann für Workgroup-Lösungen in der Basis-Version auch ausreichen, die damit in der Anschaffung zunächst günstiger erscheint. Jedoch müssen die Server-Software und etwaige Storage-Erweiterungen angeschafft werden, die das Preisargument zunichte machen können. Es gibt wesentliche Gründe dafür, sich auch für Server-Hardware zu entscheiden; einige führen wir im nächsten Abschnitt auf.

Apple Server – eine leistungsfähige Infrastruktur

Lösungen jenseits des Lifestyles

Apple wird ja in der breiten Öffentlichkeit hauptsächlich mit diversen Lifestyle-Produkten in Verbindung gebracht und nicht immer gleich mit professionellen Clientsystemen. Vor allem ist nicht jedem bewusst, dass Apples Produktpalette daneben auch Server-Lösungen anbietet. Auch wenn in bestehenden Unternehmen in der Regel eine Server-Infrastruktur vorhanden ist und einige dieser Serverdienste derzeit durch gezielte Kostensenkungsmaßnahmen auf virtuelle Umgebungen migriert werden, dürfen wir Apple als Serverplattform an dieser Stelle nicht vergessen. Schon gar nicht, wenn neue Installationen aufgebaut oder bestehende Konfigurationen konsolidiert werden sollen.

Nun bewegt sich der Themenkreis des Buches im Rahmen der »Clientbetreuung«. Daher bleiben wir bei der Erwähnung einiger Merkmale der Server-Produkte von Apple. Gerade die Einbindung einer User-Verwaltung mit Macs durch ein *Open Directory* in eine bereits vorhandene *Active Directory*-Umgebung stellt ein weiteres umfassendes Thema dar, welches separat behandelt werden muss. Dabei sind die Komponenten bereits voll oder als Konnektor in Mac OS X-Server integriert.

Welche Anforderungen für eine zukünftige Serverumgebung gelten sollen und vor allem welche Infrastruktur vorhanden ist, stellen die Hauptaspekte dar, um eine Server-Konfiguration optimal zu implementieren. Dabei sind natürlich auch *Single-Sign-On, NetBoot*-Fähigkeit, *OS-Deployment* über *Apple Software Restore* und plattformübergreifender Clientbetrieb möglich.

Xserve und Mac OS X-Server

Die leistungsfähige Technologie mit den heute üblichen technischen Server-Funktionen kann durch weitere überzeugende Argumente für einen *Xserve* ergänzt werden. Die im Umfang der Softwareausstattung dazugehörige Systemversion Mac OS X Server beinhaltet bereits eine **unbegrenzt lizenzierte Clienten-Anzahl**, so dass Lizenz-Upgrades und zusätzliche Softwareerweiterungen entfallen. Dies bezieht sich auch auf zukünftige Upgrades bei Hardware-Erweiterungen.

Neben den **Standard-Implementierungen** eines Serversystems wie Mail-, File-, Print- und Webserver, sind auch **viele weitere Dienste** inbegriffen – wie zum Beispiel ein iCal-, Wiki- und ein Spotlight-Server. Letzterer bietet eine attraktive Möglichkeit, auf den Netzwerkvolumes optimale Suchen mit Berücksichtigung auf Berechtigung und Geschwindigkeit durchzuführen.

Mit *Xsan*, dem professionellen *64 Bit Cluster File*-System, das mit qualifizierten Raid-Systemen kompatibel ist, kann die Serverlösung erweitert werden.

Trotz der Kompatibilität der Macs zu den Standards der Server- und Netzwerk-Welt würden wir empfehlen, die Lösungen rund um *Xserve* durchaus einmal mit der bestehenden Infrastruktur zu vergleichen. Sicherlich wird das in überschaubareren IT-Umgebungen einfacher möglich sein als in komplexeren Systemen. Wenn jedoch der Horizont zur Apple-Clientauswahl bereits erweitert wurde, besteht womöglich eine Chance für die Nutzung einiger Funktionsvorteile, wenn die Serverumgebung auch mit Mac OS X läuft.

Standardsoftware und Empfehlungen

Spätestens mit diesem Buch sollte ein noch immer hartnäckig sich behauptender Mythos beendet werden können. Und zwar den »Es gibt doch kaum Programme für den Mac«-Mythos. Wo immer man auf Menschen stößt, die bisher nicht aktiv mit einem Apple-Computer in Berührung kamen, erhält man die gleichen Aussagen.

Zum einen sind sie natürlich pauschal; zum anderen absolut unbegründet. Dabei ist es zunächst irrelevant, ob auf einem aktuellen Mac auch ein Windows-Betriebssystem lauffähig ist und somit theoretisch die ganze Windows-Programmauswahl zur Verfügung steht. **Auch unter dem Apple-Betriebssystem lässt sich für fast jede Anforderung ein Programm finden.**

Als beruhigendes Argument haben wir bereits erläutert, dass es bundesweit eine äußerst große Anzahl von Apple-Fachhändlern gibt, wobei sich (noch) nicht gerade jede Kleinstadt oder jeder kleinere Ort angesprochen fühlen darf. Man kann nun allerdings bei der prozentualen Verteilung der Betriebssysteme nicht erwarten, dass Sie morgen in einem Discounter ein Foto- oder Lohnsteuerprogramm für den Mac in der Grabbelbox finden. Wenn Sie aber im Internet dem Apple-Store oder dem Apple-Systemhändler Ihres Vertrauens (auch zu finden unter `www.apple.com/de/buy/locator/`) einen Besuch abstattten, wird Ihnen eine überzeugend große Anzahl von Applikationen präsentiert, die Sie zum Teil in gleicher Gestalt von Windows gewöhnt sind. Außerdem sind viele Programme nach und nach portiert worden, seitdem auch den Softwareherstellern klar wurde, dass es einen größer werdenden Markt und entsprechende Nachfragen für die Mac-Plattform zu geben scheint.

Windows auf Mac – dreierlei Möglichkeiten

Sollte es dennoch erforderlich sein, Windows-Applikationen auf einem Apple-Computer ausführen zu müssen – was zumindest für den System-Verantwortlichen mit erhöhtem Aufwand für die Betreuung verbunden ist –, gibt es unter anderem folgende drei Möglichkeiten. *Boot Camp* als Integration vom Betriebssystem, *Parallels Desktop* und *VMWare Fusion* als zusätzliche Virtualisierungssoftware. Während *Boot Camp* **nur ein Betriebssystem zur gleichen Zeit** zulässt, aber damit hundertprozentige native Performanceausrichtung erlaubt, bieten die beiden anderen Produkte den **laufenden Windows-Betrieb gleich neben dem eigentlichen OS X** an. Weitere Möglichkeiten wären zum Beispiel *Virtual Box*, *CrossOver* oder *Wine.*

VMWare Fusion als Beispiel

Eine Auswahl zwischen Parallels Desktop und VMware Fusion kann nur nach eigenem Ermessen erfolgen, möchten Sie Windows-Software auf einem Mac betreiben. Beide Programme haben ihre kleinen Vor- und Nachteile, bieten aber beide **hohe Performance.** Ein Blick auf das Beispielbild zeigt nur eine mögliche Darstellungs- und Benutzungsart von *VMware Fusion:*

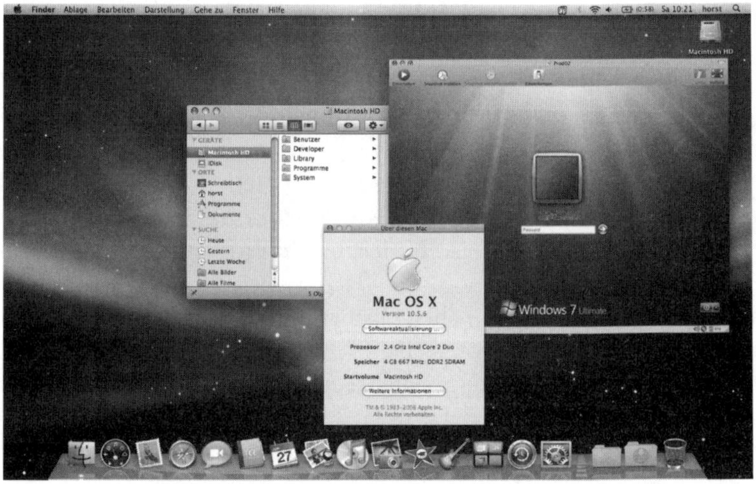

Selbstverständlich kann auch in den Vollbildschirm-Modus gewechselt werden. Sofern Sie die Apple-Funktion *Spaces* einsetzen, können Sie beide Oberflächen »sauber voneinander getrennt« halten, ohne eines der beiden in den Hintergrund auszublenden.

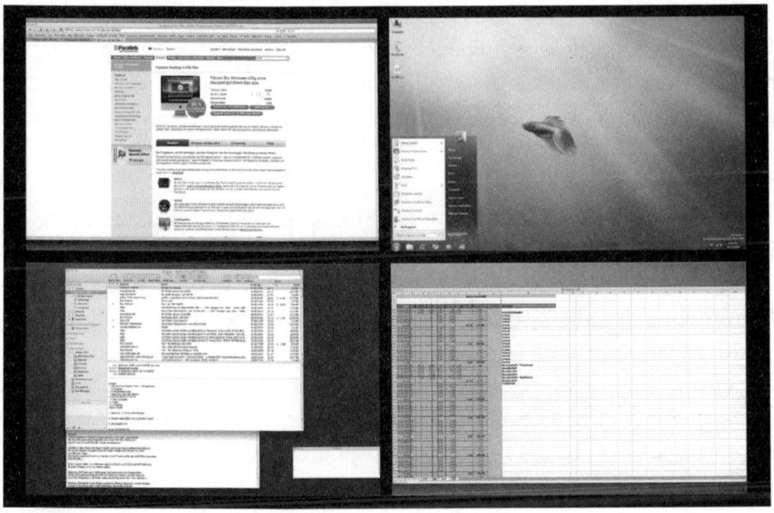

Ein weiterer Vorteil dieser Software ist es, einzelne Windowsprogramme in das Apple-Dock zu ziehen – so nutzen Sie gleich eine einheitliche Programmleiste. Ab sofort lassen sich von dort alle Programme starten. Zusätzlich ist durch die Funktion *Unity* eine Art »Windows in Mac«-Fensterbetrieb möglich, so dass Windows-Fenster vollkommen in die Mac-Erscheinung integriert werden. Diverse Konfigurationen bieten die Möglichkeit zur **optimalen Virtualisierung und Leistungsausnutzung.**

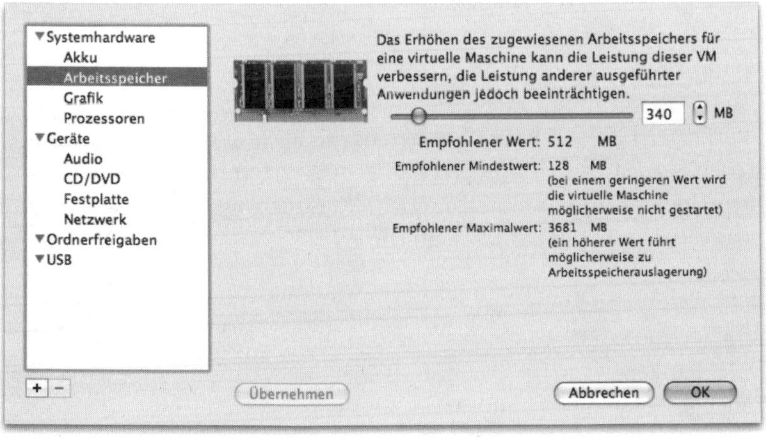

Kritisch gesehen von Admins: Windows auf dem Mac

Es ist eine durch und durch sympathische Idee, Windows auch auf einem Mac laufen zu lassen. Einige schwören sogar, mit *Boot Camp* wäre der Mac »mit Windows eigentlich der schnellste Windows-PC«. Sicherlich **erweitert diese Funktionalität die Einsatzmöglichkeiten** enorm. Jedoch neigt man somit bei anfänglichen Schwierigkeiten von bestimmten Systemanpassungen auch eher zum Betrieb von Windows als eine Alternative in Betracht zu ziehen. Dass diese Alternative dann zur optimalen Lösung werden könnte, wird manchmal vergessen.

Aber spätestens beim Einsatz von *Multi OS*-Geräten und deren Betreuung innerhalb einer produktiven Firmenumgebung werden die Nachteile sichtbar. Probleme mit **Netzwerk-Adressierungen zwischen verschiedenen Applikationen** oder die **spezielle Schulung der Anwender** sind da nur am Rande zu erwähnen. Viel größere Sorgen bereiten die Art der Softwareverteilung und der Umgang mit Fehlerbehebungen auf solchen Systemen. Es sind schließlich **zwei vollwertige Betriebssysteme**, die an einem Arbeitsplatz betreut werden. Tritt ein Fehler auf, ist nicht immer gleich klar, ob es sich um das System selbst, die Applikation oder die virtuelle Integration handelt.

Es ist sicherlich möglich, einen Ablauf zu finden, wie diese Systeme aufgesetzt werden und wie mit aufkommenden Schwierigkeiten umzugehen ist. Wir empfehlen in diesem Fall, dass die **Arbeitsdaten auf einem separaten Medium oder Netzwerk-Ordner** vorgehalten werden, damit im Bedarfsfall per Image eine schnelle Neuinstallation vorgenommen werden kann. Ist dieser Umgang mit Arbeitsplätzen im Dualbetrieb nicht möglich, sollten **native Systemlösungen bevorzugt werden.**

Mac-Software für den Büroalltag – eine Auswahl

Im vorherigen Kapitel haben wir bereits die wichtigsten im Mac OS X enthaltenen Standardprogramme erwähnt und erläutert. Nun wollen wir uns einigen Standardprogrammen auf dem Markt zuwenden, bei denen wir folgende Anforderungen berücksichtigen:

- Text
- Bild
- Datenbanken
- Sonstige

Nachfolgend haben wir eine kleine Auswahl von Programmen aufgestellt, die in den aufgeführten Kategorien als Standard für den Mac gelten. Einige von denen dürften für eingefleischte Windows-Administratoren nicht neu sein.

Diese nur kleine Auswahl kann nur als Unterstützung dienen, um einen Einblick in das Softwareangebot für die Macintosh-Plattform zu bekommen.

Office und der Mac

iWork – die Apple-Alternative

Eine Alternative zum Marktführer Microsoft Office mit den wichtigsten Funktionen ist *iWork* von Apple. Auch hier finden sich **Textverarbeitung, Tabellenkalkulation und Präsentationsprogramm** zu einem Paket zusammen. *iWork* besitzt nicht den zum Teil überladenem Funktionsumfang wie das Urgestein von Microsoft, dafür trumpft es aber mit gewohnter Apple-Haptik und modernem Design auf.

Kompatibel mit den gängigen Microsoft Office-Formaten stellt dieses Paket ein vergleichbares Pendant im Office-Segment dar. Lediglich das Fehlen von Microsoft Access könnte das Bild trüben, gäbe es da nicht die Alternative von Claris: FileMaker Pro, aber dazu später mehr. Folgende Funktionen sind wie folgt erklärt in *iWork* enthalten: *Pages, Numbers* und *Keynote.*

Pages – rahmenorientiertes Layouten

Pages ist ein vollwertiges Textverarbeitungs-Programm mit zusätzlichen Layoutfunktionen. Nach dem Start kann eines von etlichen Templates gewählt werden. Allerdings arbeitet es – als Umgewöhnung für den Normalnutzer – statt linear (»von oben nach unten«) eher rahmenorientiert. Es ist kompatibel zu *Microsoft Word* und weiteren Standard-Textformaten.

Die Ansicht ist überschaubar und kann individuell angepasst werden, so dass die wichtigsten Funktionen im schnellen Zugriff bleiben.

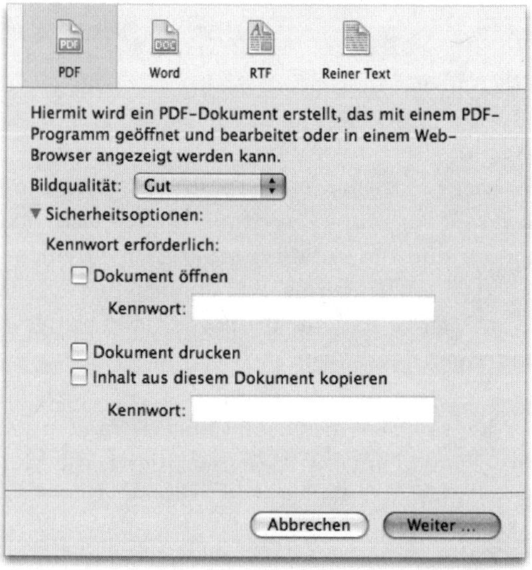

Es stehen einige Absatz-, Zeichen- und Listenstile zur Verfügung, die durch eigene Vorlagen ergänzt werden können. Viele Funktionen sind intuitiv auswählbar, so dass eine lange Einarbeitungsphase entfällt.

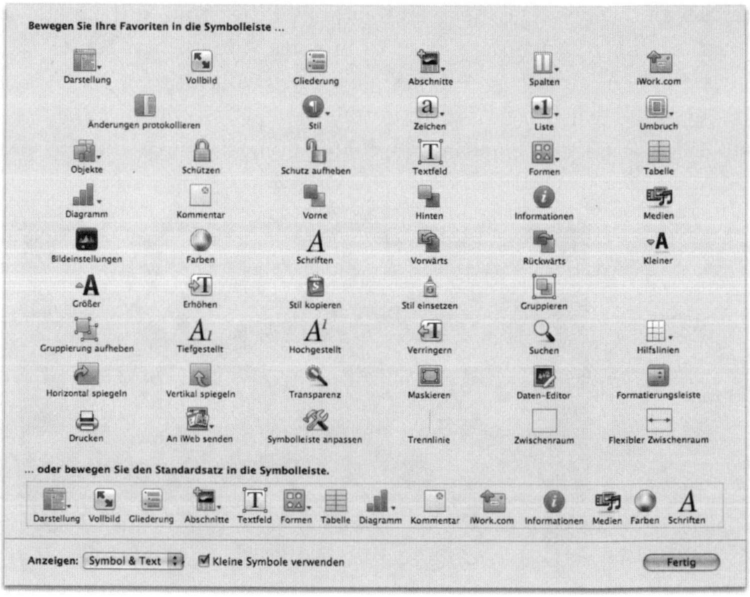

Numbers – eine Excel-Alternative

Mit *Numbers* verfügen Sie über eine äußerst komfortable Tabellenkalkulation, die sich mit Blick auf die Funktionen und die Bedienung hinter keinem anderen Produkt in diesem Bereich verstecken muss. Diagramme und sonstige grafische Aufbereitungen sind ebenso möglich wie die Weiterverarbeitung von *Excel*-Dokumenten und der einfache Umgang mit Formeln.

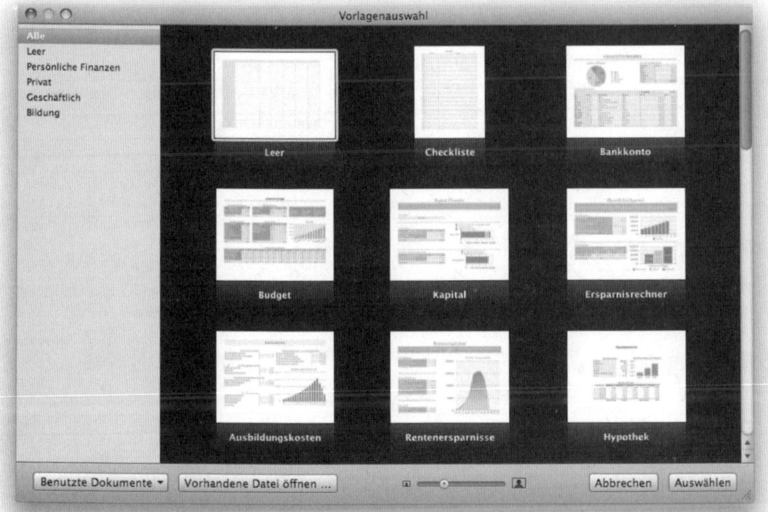

Ein mit *Numbers* erstelltes Tabellenkalkulations-Dokument kann über die *iWork*-Website auch für Dritte bereitgestellt werden. Die Optik ist einfach und durchschaubar, obwohl eingefleischte *Excel*-Profis auch ihre Startschwierigkeiten haben werden, da es eben keine reine Kopie von *Excel* darstellt.

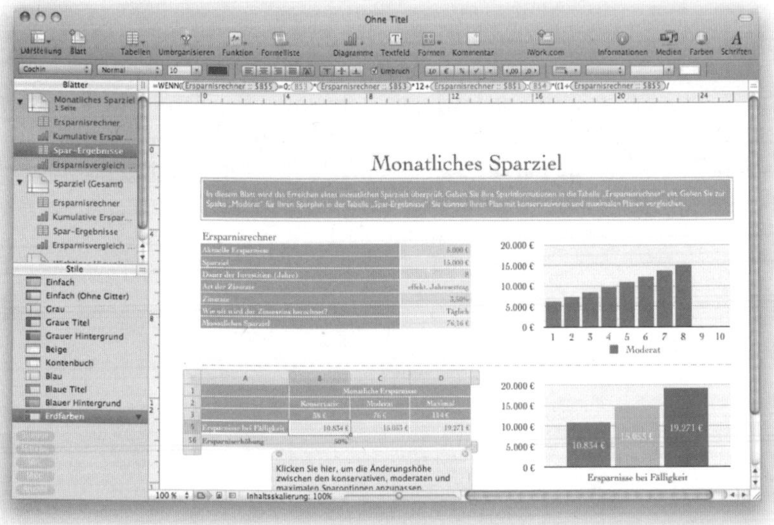

Als Hilfestellung für die Formelbearbeitung ist zum einen die Funktionsübersicht, zum anderen aber auch die Apple-Hilfe zu *Numbers* verfügbar.

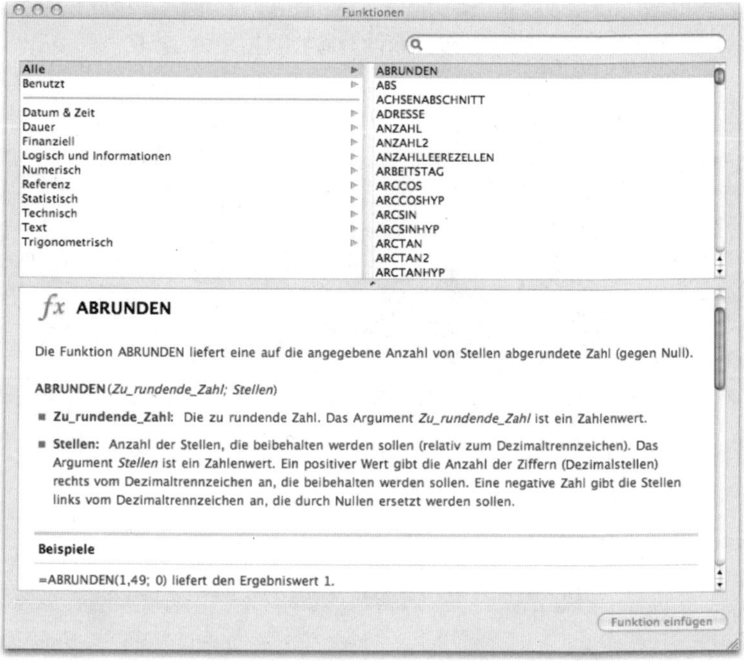

Keynote – Präsentationen à la Mac

Das erste Programm aus Apples *iWork*, noch bevor es das Paket mit *Numbers* und *Pages* gab, war *Keynote*. Seitdem wurde es weiterentwickelt und einige Anfangsschwierigkeiten beseitigt.

Wie auch bei den anderen *iWork*-Programmen stellt *Keynote* eine Reihe an Vorlagen im Programmstart zur Verfügung. *Drag & Drop*-Funktionalität sind ebenso selbstverständlich wie die Benutzung der Fernbedienung *Apple Remote* für die große Präsentation (wie jährlich auf der WWDC zu sehen). Natürlich können auch andere, über einen USB-Empfänger angeschlossene Fernbedienungs-Hilfen benutzt werden.

Effekte und Übergänge wirken mit *Keynote* nicht nur moderner, sondern sind auch vielseitiger anzuwenden als bei *PowerPoint.*

Apple bewirbt die Kompatibilität zu *PowerPoint*, wobei es dann und wann auch damit hapert. Nicht nur – wie bei jedem Layout-Programm – müssen die verwendeten Schriften geprüft werden, damit die Ansicht nicht völlig aus dem Rahmen läuft. Auch vermeintlich als *.ppt*-Format gesicherte Dokumente können manchmal nicht vom Windows-Rechner geöffnet werden. Muss die unter *Keynote* erstellte Präsentation auf einem Windows-System abgespielt werden, empfiehlt es sich, sie als PDF oder als Film abzuspeichern. Zwar können im PDF-Format bestimmte Effekte nicht gesichert werden, aber so gibt es wenigstens keine Probleme beim Öffnen.

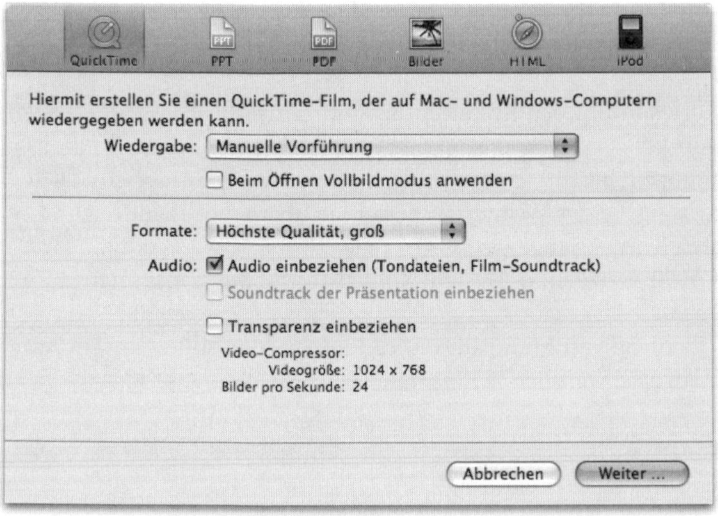

Microsoft Office für Macintosh

Dieses Paket enthält neben den bekannten Mitstreitern in der Office-Familie wie **Word, Excel** und **PowerPoint** auch **Entourage.** Letzeres kommt dem *Microsoft Outlook* in seiner Funktion nahe, wurde aber von Microsoft nicht ganz so üppig ausgestattet.

In Version 2008 ist *Entourage* nun um einige Bugs ärmer und viele Funktionen reicher geworden: Der Abwesenheitsassistent ist nun endlich mit an Bord. Aber leider fehlt weiterhin die in Outlook verfügbare Lesebestätigung, die Möglichkeit der Kennwortänderung und die Synchronisation von Notizen, Kategorien und Aufgaben sowie einige weitere kleinere Funktionen. Sollte ein *Outlook Web-Access*-Server zur Verfügung stehen, können Anwender zumindest über diesen Weg einige dieser in Entourage nicht verfügbaren Features nutzen.

Sobald Microsoft mit den neuen Produkten und der Integration von *Microsoft Web-Services* auf den Markt kommt, werden wohl endlich die erhofften Funktionen verfügbar sein. Die aktuell erste Beta-Version lässt bereits einiges erhoffen. Außerdem hat Microsoft angekündigt, wieder einen Outlook-Client anzubieten. Viele Macianer in bestehenden Exchange-Umgebungen wird es freuen, zukünftig alle Funktionen nutzen zu können, die auch den Windows-Kollegen zur Verfügung stehen.

In Sachen Kompatibilität fällt – neben dem für Apple nicht verfügbaren Produkt *Access* – eigentlich auch nur Entourage aus dem Rahmen von Office 2008. Alle weiteren Apple-Pendants bieten in etwa den Funktionsumfang von Office für Windows und sind auch mit den gängigsten Dokumenten der jeweils anderen Plattform kompatibel.

Ein Kuriosum: In den Anfängen für Office für Macintosh – lange vor Einzug von OS X – hatte die Applikation *Word* zum Teil noch Shortcut-Bezeichnungen in den Menübefehlen, die aufgrund der unterschiedlichen Tastaturdesigns beider Welten auf dem Mac überhaupt nicht benutzt werden konnten. Das ist lange her, und so gleichen sich die Produkte zwar heute nicht mehr gänzlich im Design, wohl aber im Funktionsumfang.

Der Übergang von Microsoft Office für Windows sollte für den Anwender an einem Mac wahrlich keine große Herausforderung sein.

NeoOffice und OpenOffice

Bei *NeoOffice* handelt es sich um ein **Open Source-Programmpaket**, welches frei verfügbar ist und die wichtigsten Funktionen von **Textverarbeitung, Tabellenkalkulation, Präsentation** und **Datenbank**-Tool vereint. Für einige Jahre galt *NeoOffice* für den Mac gegenüber *OpenOffice* im Vorteil, da für die Installation die einfache Applikation ausreichte. Nun ist auch *OpenOffice* für Mac OS X ohne die Installation weiterer Systemmodule möglich und bietet den gewohnten Office-Umfang, den man auch vom Microsoft-Original her kennt. Beide Programme sind kompatibel zu allen Standard-Textformaten und einigen anderen Formaten, die auch Microsoft Office verarbeiten kann.

✓ Microsoft Word 97/2000/XP (.doc)
OpenDocument Text (.odt)
OpenDocument Textdokumentvorlage (.ott)
NeoOffice 1.0 Textdokument (.sxw)
NeoOffice 1.0 Textdokumentvorlage (.stw)
Microsoft Word 95 (.doc)
Microsoft Word 6.0 (.doc)
Rich Text Format (.rtf)
StarWriter 5.0 (.sdw)
StarWriter 5.0 Vorlage (.vor)
StarWriter 4.0 (.sdw)
StarWriter 4.0 Vorlage (.vor)
StarWriter 3.0 (.sdw)
StarWriter 3.0 Vorlage (.vor)
Text (.txt)
Text Kodiert (.txt)
HTML-Dokument (NeoOffice Writer) (.html)
AportisDoc (Palm) (.pdb)
DocBook (.xml)
Microsoft Word 2007 Document (.docx)
Microsoft Word 2003 XML (.xml)
Pocket Word (.psw)

✓ OpenDocument Tabellendokument (.ods)
OpenDocument Tabellendokumentvorlage (.ots)
NeoOffice 1.0 Tabellendokument (.sxc)
NeoOffice 1.0 Tabellendokument Vorlage (.stc)
Data Interchange Format (.dif)
dBASE (.dbf)
Microsoft Excel 97/2000/XP (.xls)
Microsoft Excel 97/2000/XP Vorlage (.xlt)
Microsoft Excel 95 (.xls)
Microsoft Excel 95 Vorlage (.xlt)
Microsoft Excel 5.0 (.xls)
Microsoft Excel 5.0 Vorlage (.xlt)
StarCalc 5.0 (.sdc)
StarCalc 5.0 Vorlage (.vor)
StarCalc 4.0 (.sdc)
StarCalc 4.0 Vorlage (.vor)
StarCalc 3.0 (.sdc)
StarCalc 3.0 Vorlage (.vor)
SYLK (.slk)
Text CSV (.csv)
HTML-Dokument (NeoOffice Calc) (.html)
Microsoft Excel 2007 Document (.xlsx)
Microsoft Excel 2003 XML (.xml)
Pocket Excel (.pxl)

Da sich die Optik und Funktionsauswahl natürlich ein wenig vom Microsoft-Produkt unterscheidet, wird *NeoOffice* nicht unbedingt als Standard für größere Unternehmen geführt: außerdem wurde es in jüngster Vergangenheit für die Projektteams von *NeoOffice* immer schwerer, Sponsorengelder für die Weiterentwicklung zu erhalten.

Allerdings kann es als Alternative gesehen werden, wenn der Nutzungs-Rahmen und die Anforderungen an das Produkt passen. Die Geschwindigkeit hat sich zwar deutlich gegenüber den Vorgänger-Versionen gesteigert, wirkt aber immer noch ein wenig zäh.

Selbst bei *OpenOffice* hapert es ab und zu noch in der Performance, jedoch bietet die Umgebung ein gewohntes Office-Ambiente – und das ohne die hohen Lizenzgebühren von Microsoft.

Da das Patchmanagement für Office auf dem Mac sowieso fehlt, kann sich **Open Office tatsächlich im Unternehmen lohnen.** Allerdings sollte – wie auch in der Windows-Version – geprüft werden, welcher Anteil der Microsoft Office-Dokumente bei Entscheidung für *OpenOffice* überarbeitet werden muss.

Ein weiterer Vorteil von *OpenOffice* ist die Integration von *Base* als Ersatz für Microsoft *Access*, welches für den Mac nicht verfügbar ist.

Fazit: Seit Version 3 stellt *OpenOffice* endlich eine vernünftige Alternative zum Marktführer Microsoft Office dar. Falls es also keine Hindernisse in Sachen plattformübergreifende Makro-Integrationen von Office-Dokumenten zu überwinden gilt oder *OpenOffice* gleich als Standard eingesetzt werden soll, sind kaum Abstriche zu befürchten.

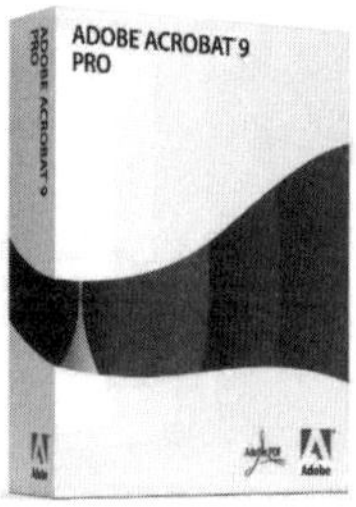

Adobe Acrobat Professionell

Nicht nur für Windows-Nutzer ist *Adobe Acrobat Professionell* das Standard PDF-Programm. Dabei steht es weniger für ein Text-, sondern mehr für ein Layout-Tool auf dem Rechner. Auch für den Mac ist es einzeln – oder in Verbindung mit dem Creative Suite-Programmpaket – erhältlich. Das Original von Adobe beinhaltet sämtliche Funktionen der **PDF-Erstellung** und entsprechende Konvertierungs- und Editier-Funktionen.

Anders als für die Windows-Plattform unterscheidet man bei Adobes PDF-Tool nur zwischen zwei Arten. Einerseits *Acrobat Pro* zusammen im Paket mit dem *Distiller*, der für die automatisierte PDF-Erstellung – zum Beispiel von Postscript-Dateien – benutzt werden kann und deren Status überwacht.

Sowie andererseits dem kostenlosen *Adobe Reader,* der das lesende Gegenstück darstellt und keine PDF-Erstellung erlaubt.

Für Apple-Nutzer ist der Begriff »PDF« schon lange keine Hürde mehr: Mit der in Mac OS X integrierten *Vorschau*-Applikation lassen sich aus den meisten Dokumenten über den Druckbefehl ebenso ein **PDF erzeugen.** Dennoch gibt es dann und wann PDF-Formate, in denen die Felder und Formulare nur mit dem kostenfreien *Adobe Reader* korrekt ausgefüllt werden können. Somit sollte wenigstens dieses kostenfreie Programm auf jeden Mac gehören.

Texteditoren

Ein einfaches Textprogramm kann gewollt oder ungewollt auch unerwartete Zeichen ins Dokument setzen. Für die Ansicht und Anpassung von reinen Textdateien, Quelltext oder HTML-Dokumenten sollte in bestimmten Fällen eher ein professioneller Texteditor genutzt werden. Außerdem sind **Dokumente im Binary-Format nicht mit Apples TextEdit oder Word kompatibel.** An dieser Stelle setzen die Texteditoren an, die zum Teil mit beachtlichen Funktionen für die Bearbeitung der Inhalte ausgestattet sind.

TextWrangler und BBEdit

BBEdit von *Bare Bones Software* ist seit vielen Jahren die unanfochtene Nummer 1 der TextEditoren. Neben diesem kostenpflichtigen Editor gibt es vom selben Unternehmen auch eine freie Version, den *TextWrangler;* dieser sollte auch für Nicht-Programmierer aufgrund seines Funktionsumfangs zur Standardausstattung gehören.

Die Unterschiede zwischen beiden Produkten sind für die meisten Administratoren kaum relevant. Wer auf die Integration eines Web Servers, In dexfunktionen und einige erweiterte Syntax-Check-Optionen verzichten kann, ist mit dem *TextWrangler* gut aufgestellt. Erweiterter Datei- und Ordnervergleich über die grep-basierte Suche, auch über verschiedene Dokumente hinaus, Script-Highlighting, Mehrfach-Zwischenablage und ein integrierter FTP-Client sind auch bei *TextWrangler* mit an Bord. Auf der Internetseite von *Bare Bones Software* ist die Gegenüberstellung mit allen Unterschieden aufgeführt.

Bilder und der Mac

Das Thema Bild- oder Fotoverwaltung trifft eines der definitiven Mac-Felder, für die er prädestiniert ist. Das Angebot von professioneller Software in diesem Bereich ist daher überaus überzeugend. Und auch für alle »normalen« Anforderungen rund um digitale Bilder ist der Mac von Hause aus gut aufgestellt. **Es gibt kein zum Standard gehörendes Bildformat, das der Mac**

nicht bereits von Hause aus öffnen kann. Mit dem im System integrierten Programm **Vorschau** oder der im Finder integrierten Vorschaufunktion durch Klick mit der Space/⌴-Taste, sobald ein Dokument markiert ist, werden die meisten Grundanforderungen bereits erfüllt. In der professionellen Bildbearbeitung liegt die Messlatte der Anforderungen jedoch um einiges höher. **RAW-Formate** müssen korrekt interpretiert und entwickelt und Arbeitsplätze müssen **farbverbindlich kalibriert und profiliert** werden. Auch der Umgang mit **großen Datenmengen** muss handhabbar bleiben. Überhaupt ist es in der Medienbranche äußerst wichtig und kann daher zum entscheidenden Argument für den Einsatz von Apple gelten, wenn das Öffnen von Bildformaten kein Problem darstellt.

Es gibt zahlreiche Hersteller am Markt, die immer häufiger versuchen, das »All In One«-Produkt zu erschaffen. Die Anforderungen im Umgang mit digitalen Bildern lassen folgende Aufgabenfelder entstehen:

- Foto-Recherche
- Bild- oder Fotobearbeitung
- Bild- oder Fotoverwaltung

Im Bereich Recherche ist das Angebot undurchsichtig, da der Weg zum Foto entweder direkt über eine Bildagentur führt oder über ein Netzwerk, welches zum Beispiel *my-picturemaxx* bietet. Da dieses Thema zu individuell und speziell ist, wollen wir uns den beiden anderen Kategorien zuwenden. Für die Bereiche der Fotobearbeitung und -verwaltung gibt es diverse Anbieter mit Produkten am Markt, von denen wir einige hier nennen und vorstellen.

Allerdings ist es mittlerweile schwer, jedes Produkt einer klar ausgerichteten Anforderung zuzuordnen. Viele Produkte lassen sich sowohl als Bildverwaltungs- als auch als Bildbearbeitungs-Tool klassifizieren. Das liegt hauptsächlich daran, dass der Workflow in vielen Bereichen angepasst werden musste, da sich die Zahl der zu bearbeitenden Bilder seit der Digitalfotografie extrem erhöht hat. Haben Fotografen vor 15 Jahren noch genauer überlegen müssen, wann der Finger den Auslöseknopf der Spiegelreflexkamera betätigen soll, »so bleibt er heute oftmals gleich drauf …« Um dem Herr zu werden, haben sich einige Programme bereits bewährt – auch an dieser Stelle möchten wir allerdings erneut erwähnen, dass wir natürlich nicht jedes am Markt erhältliche Produkt berücksichtigen können.

Fotobearbeitung und Fotoverwaltung

Nachfolgende Programme beschäftigen sich hauptsächlich mit der Bearbeitung von digitalen Bilddokumenten und deren Verwaltung. Ohne ins Detail der Produktbeschreibung einsteigen zu wollen, soll diese Auflistung mehr einen Überblick der meist genutzten Programme in diesem Bereich aufzeigen. Dabei versuchen wir zu erläutern, für welche Anforderungen sowie unter welchen Bedingungen diese Produkte eingesetzt werden könnten.

Aperture von Apple

»Aperture« heißt so viel wie Blendenöffnung. Es ist ein professionelles **Bildbearbeitungstool speziell für Fotografen,** das Apple selbst als *Post-Produktion*-Werkzeug bezeichnet. Der Schwerpunkt des Programms liegt in der Entwicklung von digitalen Negativen und deren Korrektur. Der Funktionsumfang der Software geht jedoch weit über die Entwicklung von digitalen Bildern hinaus. Es bietet auch eine clevere Fotoverwaltung, obwohl die Handhabung innerhalb der Oberfläche etwas gewöhnungsbedürftig ist.

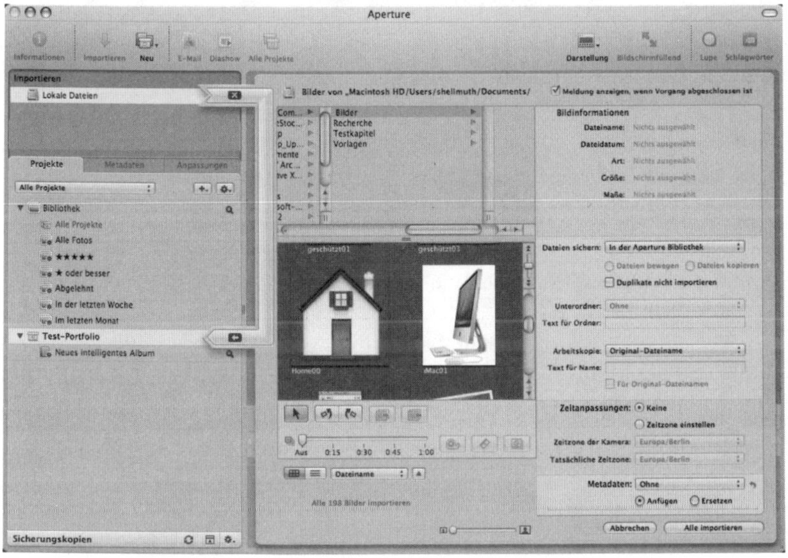

Eine interessante Möglichkeit der **Verwaltung** bietet Aperture mit **intelligent gefilterten Alben.**

Die Funktionen im Umgang mit digitalen Fotos sind reichlich und lassen kaum Wünsche offen. **Vergleich von Fotos, Farbverwaltung, verlustfreie Korrektur und Bearbeitung** sind optimal integriert.

Neben Adobe *Lightroom* kann Apples *Aperture* für Fotografen nur empfohlen werden, da der Funktionsumfang auf die Anforderungen zugeschnitten, die Arbeitsgeschwindigkeit akzeptabel ist und die gängigsten Kameramodelle unterstützt werden.

Ein Vorteil gegenüber *Lightroom* hat *Aperture* im Vollbild-Modus. Hier lassen sich die Fotos mit Hilfe von Schwebepaletten optimal bearbeiten. Auch der erweiterte Bildervergleich und die komfortable Belegung von Kurzbefehlen zählen zu den Stärken von Aperture.

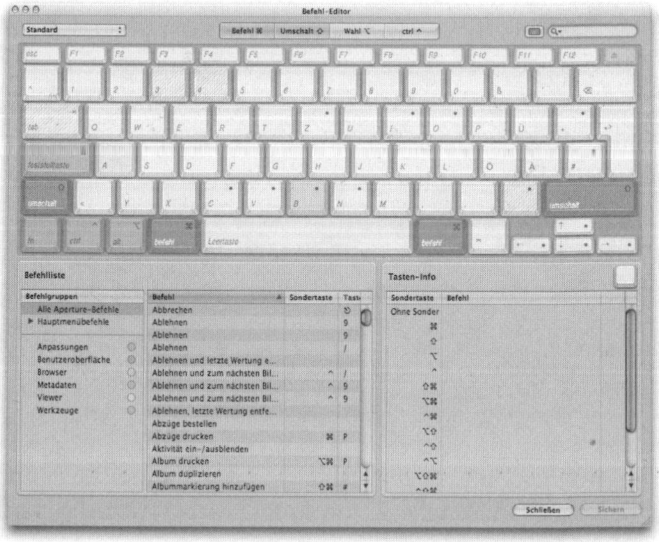

Adobe Photoshop Lightroom

Mit *Lightroom* bietet Adobe nicht nur eine Alternative zu *Aperture* an, sondern stellt für die Verwaltung von digitalen Fotos neben *Adobe Bridge* gleich ein zweites Programm auf, was sich allerdings durch professionelle Konvertierungsmöglichkeiten und RAW-Bearbeitungsfunktionen gegenüber *Bridge* abhebt. Integrierter RAW-Konverter, **professionelle Bildbetrachtung und gute Performance** sind einige der überzeugenden Argumente **für Fotografen**, um dieses Programm einzusetzen.

Im Gegensatz zu *Aperture*, dessen Funktionen ineinander übergehen, versucht Adobe mit *Lightroom* die klarere Struktur in der Oberfläche zu gewährleisten. Getrennte Bereiche für die Bibliothek, das Entwickeln von Fotos, der Diashow, Drucken und Web unterstützen **klare Workflows.**

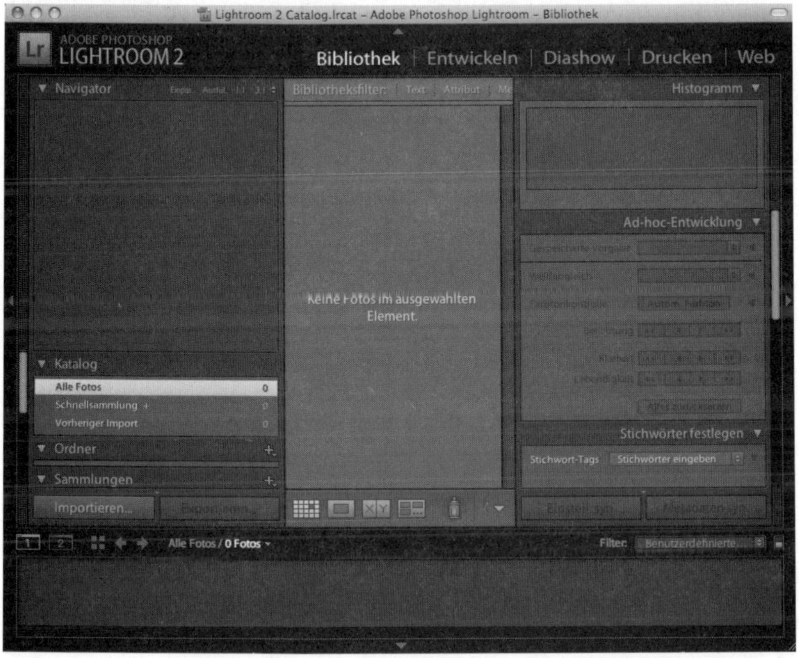

Lightroom und *Aperture* bieten einen ähnlichen Funktionsumfang, und es soll an dieser Stelle auch nicht unsere Aufgabe sein, beide direkt miteinander zu vergleichen. Wer ein Programm für die professionelle RAW-Konvertierung und die Verwaltung seiner Fotos sucht, ist mit beiden Programm gut ausgerüstet.

Adobe Photoshop

Bei *Adobe Photoshop* handelt es sich nicht nur um ein einfaches Bildbearbeitungs-Programm, sondern vielmehr um ein professionelles Werkzeug. Und dennoch benötigt es eigentlich keiner vielen Worte, um beschrieben zu werden. Es ist seit Jahren im Bereich der **professionellen Bildbearbeitung** bekannt und nicht mehr wegzudenken. *Adobe Photoshop* bietet bereits im Lieferumfang eine Vielzahl an Filter, die durch zusätzliche Plug-Ins erweitert werden können. **RAW-Converter, Gammakorrektur-Tools oder Plug-Ins für das professionelle Schärfen von Bildinhalten** sind am Markt erhältlich und gehören für viele Bildbearbeiter zum Standard.

Auch *Photoshop* ist von Adobe einzeln oder in Verbindung mit einer Creative-Suite erhältlich. Je nach Anforderung besteht auch die Möglichkeit, *Photoshop* in der Version »Extended« zu erhalten, die zusätzliche Möglichkeiten gerade für 3D-Bearbeitung bietet.

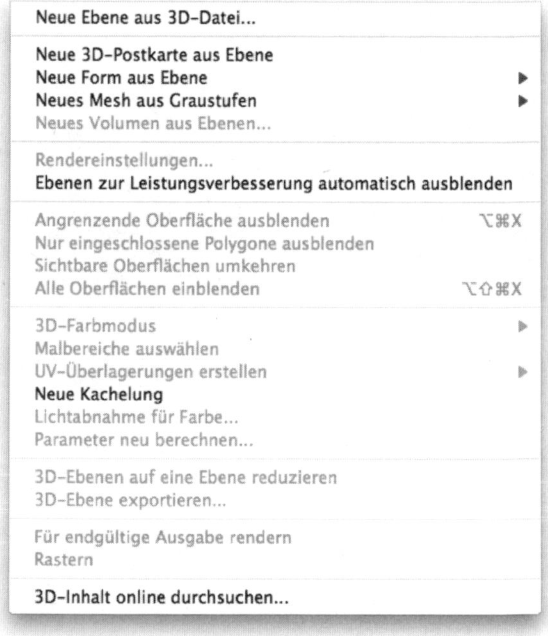

Was eigentlich alle Adobe-Programme gemeinsam haben, ist die Ausstattung unzähliger Funktionen, die entweder erst durch viel Erfahrung oder entsprechende Ausbildung sinnvoll nutzbar werden.

Erwähnenswert ist die kostenfreie Anwendung *Photoshop.com Mobile*, mit der über das *iPhone* und den *iPod touch* auch einfache Bearbeitungs- und Korrekturfunktionen als 1-Klick-Werkzeuge zur Verfügung gestellt werden. Die Anwendung basiert im Vergleich zu Photoshop auf der reduzierten Programm-Version *Photoshop Express* und zielt nicht auf den Business-Markt; es sei aber dennoch als Beispiel für zukünftige Programm-Innovationen genannt.

Adobe Bridge (in Verbindung mit Photoshop)

Digitaler Leuchttisch, Bearbeitung der Farbprofile und *IPTC (International Press Telecommunications Council)*-Informationen, all das hat Adobe Bridge im Standardgepäck. Der Arbeitsbereich lässt sich flexibel gestalten und auf die eigenen Bedürfnisse anpassen. *Bridge* gehört zu *Photoshop* und ergänzt es mit **klassischen Verwaltungsfunktionen.** Es verbindet alle Bild- und Layout-Applikationen von Adobe und ermöglicht den Austausch und die Bereitstellung von Bildern.

Adobe Bridge will richtig konfiguriert werden, damit beim Browsen durch einen Berg von tausenden Bildern kein Frust entsteht. Die Cache-Einstellungen sollten daher besondere Beachtung finden. Aber trotz guter Konfiguration und performantem Rechner lässt die Geschwindigkeit gerade mit vielen Bildern und Verzeichnissen oft zu wünschen übrig.

Für die professionelle Verwaltung von tausenden Bildern ist *Bridge* nur bedingt geeignet, bietet aber für die gelegentliche Arbeit mit Bildern ausreichende Funktionen.

Adobe Photoshop Elements

Die Light-Version in Sachen Fotobearbeitung von Adobe heißt *Photoshop Elements,* obwohl sie in ihrer Erscheinung kaum Ähnlichkeiten zum größeren Bruder aufweist. Erstaunlich ist die **üppige Ausstattung** – auch im Vergleich zum großen Bruder. Es hat sich im Laufe der Jahre zu einer guten Alternative für viele Arbeitsplätze entwickelt und ist gerade auch wegen des Preises für **Gelegenheits-Bildbearbeiter** interessant.

Wenn es Gründe für eine tiefer gehende Bearbeitung in den Ebenen, den Farbprofilen, der Textelemente und überhaupt den Filtern gibt, sollte man auf das professionelle Tool *Photoshop* zurückgreifen.

GraphicConverter von Lemkesoft

Ein Konvertierungstool, mit dem sich nicht nur *IPTC*-Informationen bearbeiten lassen, sondern auch Änderungen am Bildinhalt selbst. Neben den Grundfunktionen wie Skalierung, Farbwert- oder Gammakorrektur stehen auch eine Menge an Filtern zur Verfügung.

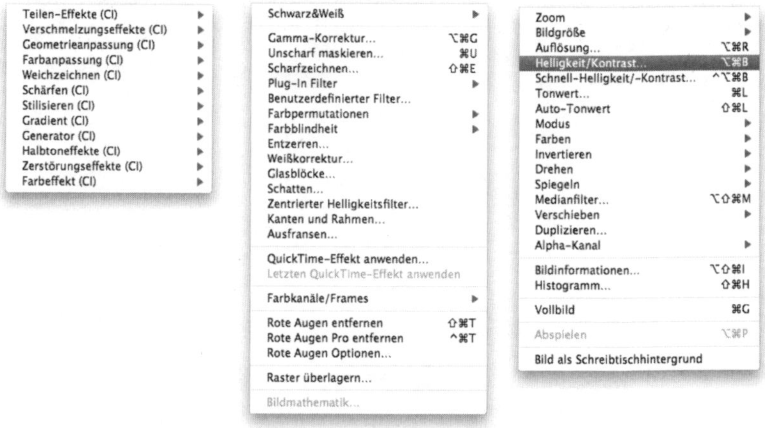

Das Schlagwort für den *GraphicConverter* ist: **Kompatibilität**. Für eine überragend große Anzahl von Dateiformaten lassen sich **alle erdenklichen Stapelverarbeitungs-Vorgänge in Sachen Bilddokument-Konvertierung** erstellen.

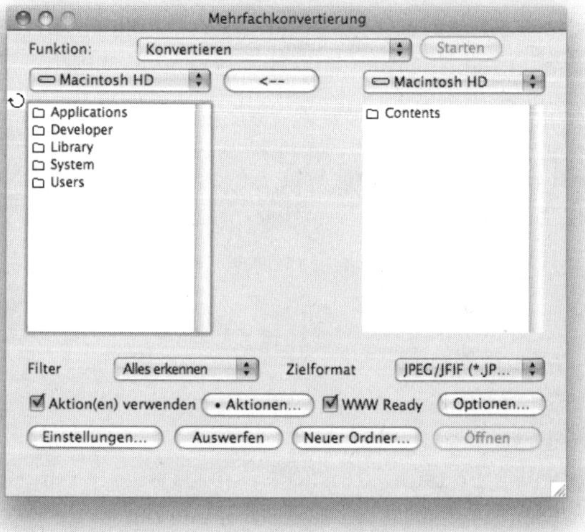

In der Bearbeitung der unterschiedlichsten Dokumentformate und deren Mehrfachkonvertierung hat der *GraphicConverter* seine großen Stärken.

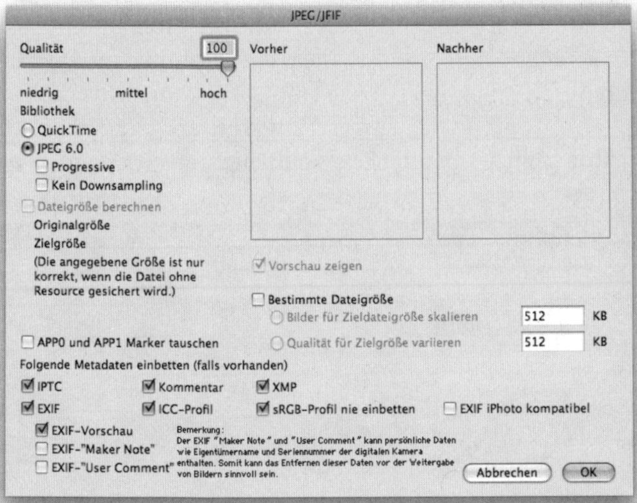

Die Einstellungen und vor allem die Erkennung der Dateiformate scheinen unbegrenzt.

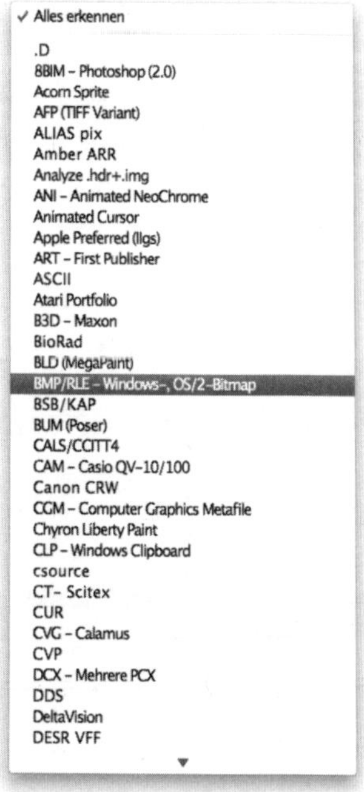

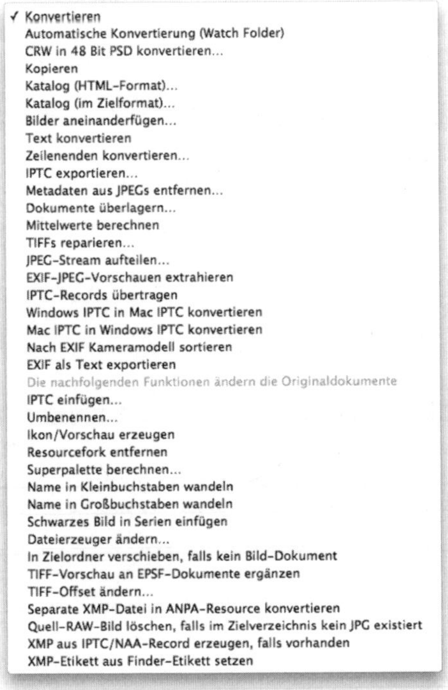

iPhoto aus der iLife-Suite

Eines der Bordmittel, die von Apple im Lieferumfang dazugehören, ist das Programm iPhoto, welches zum Paket **iLife** gehört. *iPhoto* ist eigentlich beides, ein Bildbearbeitungs- und Bildverwaltungs-Programm. Es gehört jedoch nicht gerade zu den Applikationen, die wir für die professionelle Erledigung von Aufgaben im Bildbereich empfehlen können, da das Format der Bilddatenbank als proprietär zu bezeichnen ist und die Anforderungen in diesem Sektor schlicht über die Leistungsfähigkeit von *iPhoto* hinausgehen.

Allerdings kann es – sofern geduldet und vernünftig umgesetzt – neben der Nutzung auf privaten Macs auch für die nicht zum Arbeitsfluss gehörenden Bilddaten der Anwender auf den Firmen-Computern verwendet werden. Hier gilt jedoch die Empfehlung, den Anwender explizit darauf hinzuweisen, dass er selbst für seine Daten verantwortlich ist.

Eine gute Möglichkeit, mit den großen Media-Daten fertig zu werden, die durch die Benutzung der iLife-Programme entstehen können, ist eine separate Partition, auf die zum Beispiel ein Softlink der »iPhoto Library« verweist.
Die Anwender werden darauf hingewiesen, persönliche Daten, so auch einzelne Fotos und Musik, auf diese Partition zu sichern. Im Problemfall braucht keine Rücksicht auf diese Partition genommen zu werden, da der Anwender für deren Inhalt selbst verantwortlich ist.

Fotostation und Fotostation Pro

Bei *Fotostation* handelt es sich in der Arbeitsplatz-Version um ein Verwaltungs- und Katalogisierungstool, das in Verbindung mit den Server-Applikationen von *Fotoware* ein komplettes Bildverwaltungssystem beziehungsweise Bilddatenbank-System darstellt. Innerhalb dieses Systems sind diverse **automatisierte Konvertierungs- und Workflowprozesse konfigurierbar.** Umfangreiche Verschlagwortung, einheitliche Vorgabensteuerung und gute Präsentationsmöglichkeiten zählen zu den weiteren Merkmalen von Fotostation.

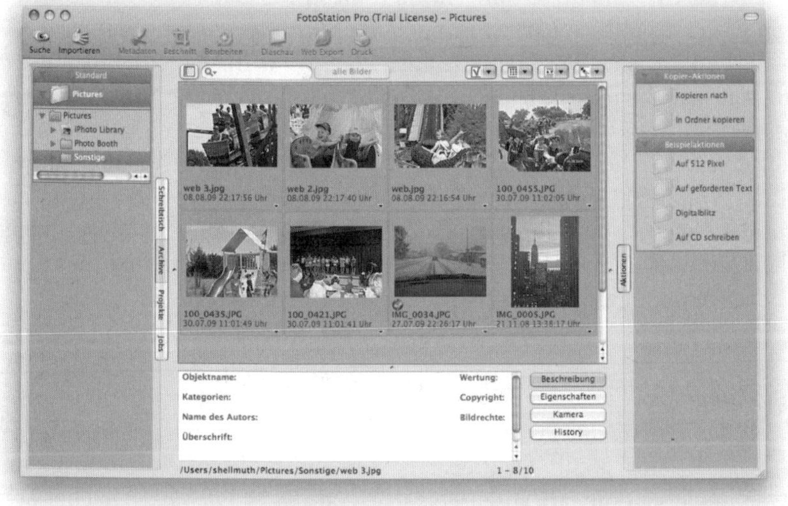

Einer der Vorteile von *Fotostation Pro* ist die Möglichkeit, **Archivstrukturen** zu erstellen, ohne die Struktur am Ursprungsverzeichnis zu verändern. In einer Netzwerkumgebung können somit die Fotos in einer Orderstruktur zur Verfügung gestellt werden, während sich die Benutzer von *Fotostation* Pro ihr persönliches Archiv erstellen.

Die Bildbearbeitungsfunktionen sind überschaubar, aber für die meisten Anforderungen ausreichend. Auch RAW-Daten können verarbeitet werden, wobei es keine Einstellungen der Bildwerte gibt wie zum Beispiel bei *Aperture* oder *Lightroom.* Hier wäre ein zusätzlicher RAW-Konverter notwendig. Dafür wird *Fotostation Pro* aber spielend mit einer großen Anzahl von digitalen Fotos fertig und ist dabei äußerst intuitiv. Außerdem zählt gerade auf dem Mac die Geschwindigkeit in der Bildansicht zu den vielen Pluspunkten von *Fotostation.*

Datenbanken und der Mac

Nun gehören Datenbank-Programme nicht unbedingt in jede Standard-Umgebung. Trotzdem wollen wir einen Blick auf die typischen Mac-Probanden werfen, da sie den Workflow im Arbeitsteam effizienter gestalten können. Nur um es wenigstens zu erwähnen: Auch für **SAP-Umgebungen** wird ein Java Client für Mac OS X angeboten!

Alle weiteren Standard-Lösungen, angefangen von Datenbankfunktionen in den Office-Applikationen von *Microsoft Office, OpenOffice, NeoOffice* oder spezielle Lösungen wie *Litlink* können ebenso für Ihr Unternehmen geeignet sein wie die reinen datenbankorientierten Programme *Bento* oder *FileMaker Pro.* Gerade letzteres Produkt ist das typische Mac-Pendant zu *Microsoft Access,* welches nativ unter Mac OS X nicht verfügbar ist und somit in einer Windows-Umgebung auf dem Mac laufen müsste. Allerdings kann aus der Not auch eine Tugend werden. *FileMaker Pro* kann in einigen Bereichen punkten und wird in vielen Tests innovativer, flexibler und funktionsreicher bewertet als Microsofts Datenbank-Platzhirsch *Access.*

FileMaker Pro

Es ist das Datenbank-Programm für den Mac schlechthin – *FileMaker Pro* von Claris. Auch wenn der Preis relativ hoch ist, so gibt es dennoch kaum etwas an dieser Software auszusetzen. Seit Jahren ist *FileMaker* Teil der Softwareumgebung vieler Macs. **Es ist für Datenbank-Amateure ebenso zu benutzen wie für professionelle Datenbank-Programmierer.** *FileMaker Pro* kann diverse Datenformate importieren und exportieren sowie interne Automatisierungen und AppleScript zur Funktionserweiterung einbinden.

FileMaker Pro kann als Einzelplatz-, Mehrplatz- oder Client-Server-System eingesetzt werden. Die Server-Software läuft theoretisch auch auf einem Standard Client-Computer. Dennoch wird empfohlen, redundante Servertechnologie einzusetzen, um Datenausfall zu vermeiden. Im Workgroup-Bereich genügt es, die erstellte Datenbank für den Mehrbenutzerbetrieb abzuspeichern. Sie kann dann im Netzwerk zum Beispiel auf einem FileServer-Volume zur Verfügung gestellt und dann von bis zu neun weiteren Benutzern mit einem *FileMaker Pro*-Client parallel benutzt werden.

Im Paketinhalt sind eine Reihe an fertigen **Komplettlösungen** verfügbar, die eine Neu- oder sogar Eigenentwicklung für viele Anforderungen unnötig machen. Weitere Templates können erworben werden.

FileMaker Pro ist im Vergleich zu *Microsoft Access* nicht nur die Alternative für Macs, sondern auch für Windows-Umgebungen, da es für beide Betriebssysteme entwickelt wird. Einige Vorteile sprechen dafür, auch diese

Möglichkeit in Betracht zu ziehen. So gibt sich *FileMaker Pro* in Sachen Datenbankgröße, *Drag & Drop*-Funktionalität, Server-Einsatz, Handhabung und Komplettlösungen **wesentlich flexibler und komfortabler, als** dies **mit** Access möglich ist.

Bento

Mit *Bento* hat Claris eine günstige Alternative zu ihrem professionellen System im Angebot. Es ist für die **persönliche Datenbankverwaltung** gedacht und äußerst vielseitig. In *Bento* sind eine Menge an Vorlagen für die Verwaltung von Informationen enthalten, weitere können von der Website von *FileMaker* geladen werden. Da es diese Applikation sogar für das iPhone und den iPod touch gibt, eröffnen sich interessante Möglichkeiten.

Base von OpenOffice

Seit Version 3 kann *OpenOffice* ohne Umstände auf Apples System installiert werden und bietet die gewohnte Office-Umgebung. Neben der vertrauten Menüanordnung ist die Datenbankintegration von *Base* ein weiterer Vorteil von *OpenOffice.* Es ersetzt zwar nicht komplett *Microsoft Access,* ist aber die am nächsten gelegene Datenbankapplikation für den Mac inklusive SQL-Abfragefunktionen.

Weitere Datenbank-Applikationen

Kexi, welches mit Hilfe von *Fink* – einem OpenSource-Projekt – als Package vorliegt, ist eine weitere Möglichkeit, Datenbanken auf dem Mac zu erstellen. Eine weitere Alternative mit überschaubarem Funktionsumfang ist *EagleData.* Dabei handelt es sich um Mailware und ist beschränkt auf einfachste Layoutmöglichkeiten.

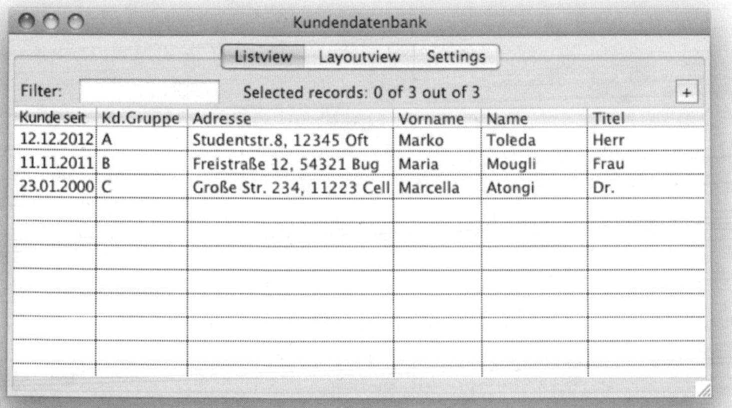

Etwas moderner kommt *XBase* für OS X daher. Erweiterte Layoutfunktionen, Integration von Scripten, Erstellung von Abfragen und Reports bieten bereits praktikable Einsatzmöglichkeiten.

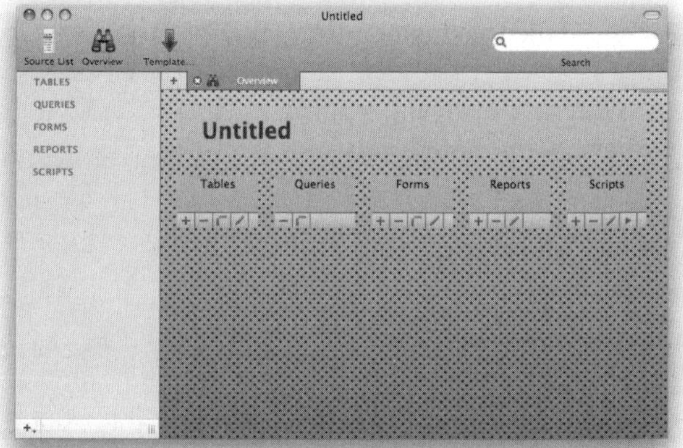

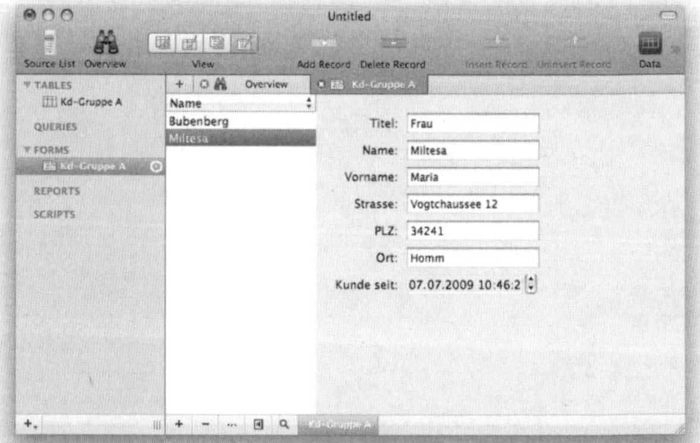

Sonstige Standard-Tools – für Support und mehr

Zum Standardarbeitsplatz gehören nicht nur das System und die Arbeitsprogramme, die unmittelbar und regelmäßig für die Leistungserbringung benutzt werden, sondern auch die kleinen Tools, die meist nicht offensichtlich dafür sorgen, dass Videos im Browser dargestellt oder sonstige Dokumente verarbeitet werden können. Es geht um Videotools und Browser Plug-Ins für Benutzer des Systems – sowie um Hilfsprogramme, die für Administratoren zur Standardausrüstung gehören sollten.

Leider ist es heutzutage unmöglich, permanent alle Interpreter-Programme für sämtliche aktuellen Formate auf aktuellem Stand zu halten. Neue Funktionen in verschiedenen Web-Tools zwingen selbst den Heimanwender dazu, neben den Sicherheitsgründen regelmäßig **Updates des Browsers** durchzuführen. Im Unternehmen ist dieser Umstand noch aufwendiger. Auf der einen Seite müssen interne Web-Applikationen kompatibel mit der eingesetzten Client-Infrastruktur bleiben, auf der anderen Seite sollen aber auch Internetseiten problemlos zu öffnen sein. Und da die Web-Entwickler kaum abwarten können, neue Effekte und Optimierungen in ihre Webseiten zu integrieren, hängt es wieder am Systembetreuer, Updates für Java & Co. durchzuführen.

Es gibt aber auch Tools, deren Anschaffung sich lohnen kann, um die Macs im Unternehmen zu warten oder den Funktionsumfang zu erweitern und so mehr Produktivität zu gewährleisten. Gerade in der Administration gibt es **nützliche Programme, die im Supportalltag helfen können, Probleme effektiv zu lösen.** Eine kleine Auswahl an geeigneten Programmen möchten wir auf den nächsten Seiten vorstellen – wohl wissend, dass wir nicht jede Anforderung und jede in Frage kommende Software berücksichtigen können.

Für den Mac gibt es eine ganze Reihe an Supporttools, die es sich lohnt, genauer anzuschauen. Für jede Anforderung stehen Applikationen und Tools bereit, die **innerhalb des Support-Alltags helfen können, Zeit zu sparen und effektiv zu arbeiten.** Eine Internetseite sollten Sie sich auf jeden Fall merken, da über diese Quelle sehr nützliche Updates und Softwaretools bezogen werden können. Es handelt sich um die Website `www.versiontracker.de`

Einfach in dem Suchfeld den gewünschten Suchbegriff eingeben, dann werden die verfügbaren Ergebnisse untereinander angezeigt. Der Klick auf den entsprechenden Softwarenamen öffnet alle verfügbaren Informationen darüber. Die Website des Herstellers, Softwarebeschreibung, Download-Link und mögliche Bewertungen von Benutzern stehen zur Verfügung. Der Klick direkt auf die Dateigröße verbindet mit dem Download-Link und lädt die Software sofort runter.

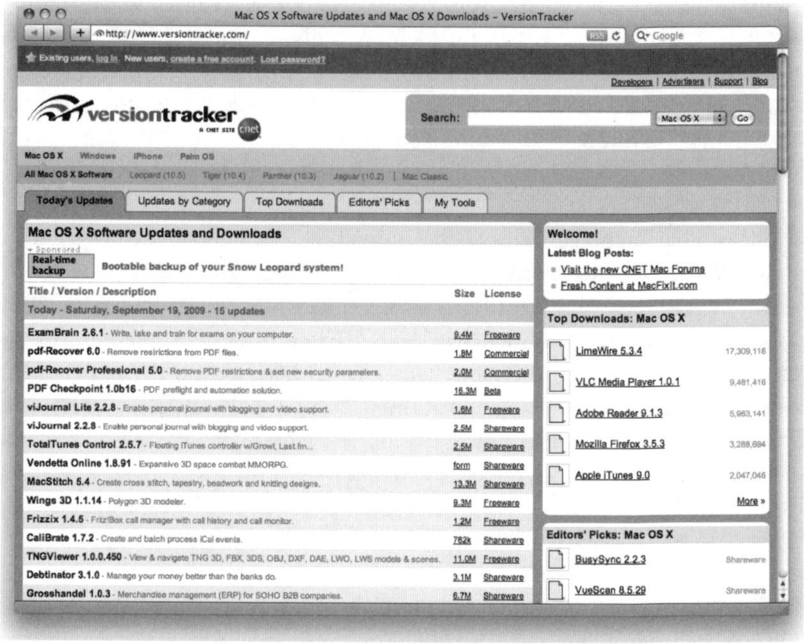

Unter den Mac-Administratoren haben sich im Laufe der Zeit einige Tools bewährt, die wir kurz nennen.

Toast Titanium

Der Mac kann von Hause aus **CDs und DVDs brennen.** Und auch wenn die Funktionen für den **Standardeinsatz** ausreichen, gibt es Anforderungen, die über diese Möglichkeiten hinausgehen beziehungsweise Bedienungsgründe, die für eine zusätzliche Software sprechen. Hierfür bieten sich Brennprogramme an, die auf dem Mac natürlich nicht in solch einer Streubreite vorhanden sind wie für die Windows-Plattform.

Dafür handelt es sich jedoch um äußerst professionelle Software, die auch keine größere Alternative benötigt. Neben den Free- und Shareware-Programmen wie *Burn, MacBurn, BurnAgain, LiquidCD* und anderen gibt es eine Software, die kaum Wünsche übrig lässt – sofern es sich um technische handelt. Denn bei *Toast Titanium* der Firma *roxio* handelt es sich um eine Bezahlsoftware, die komplett auf eigene Frameworks zur Ansteuerung der entsprechenden Peripheriegeräte zurückgreift. Somit sind auch Brennvorgänge via Bluray-Discs möglich. Der relativ hohe Preis kann sich daher für bestimmte Anforderungen auszahlen. Denn Funktionen rund um die Erstellung von Hybrid-Medien, Duplizieren von Datenträgern oder die Implementierung von einigen Zusatzapplikationen durch *Toast Titanium Pro,* gehen zum Teil weit über den Standardanspruch, welcher an ein Brennprogramm gestellt wird, hinaus.

Launch2Net

Die digital vernetzte Welt hat sich in heutiger Zeit als Standard etabliert und dafür gesorgt, dass jeder Computerbenutzer eigentlich erwartet, zu jeder Zeit und an jedem Ort daran teilnehmen zu können. Doch wie so oft sind wir noch weit vom Optimum entfernt, da es meist an den vielen Standards scheitert, die im Laufe der Zeit entwickelt wurden. Unterschiedliche WLAN-Standards oder fehlende Breitbandanschlüsse sind da nur die häufigsten Schwierigkeiten, auf die Anwender stoßen, wenn sie außerhalb der gewohnten Umgebung auf das Internet zugreifen wollen. Dann wird es teilweise schwer, die richtige Modemeinwahl oder das Handy zu konfigurieren, wenn schlicht die notwendigen Kenntnisse fehlen.

Die Firma *nova media Mobile Data Solutions GmbH* aus Berlin hat mit ihrem Produkt Launch2Net versucht, zumindest dem Anwender die Möglichkeit zu geben, den Konfigurationsaufwand zu minimieren, sollte die Interneteinwahl etwa ohne WLAN stattfinden müssen. Viele internationale Provider werden ebenso unterstützt, wie die **Mobilfunk-Protokolle *UMTS, HSDPA, GPRS* und *EDGE*.** Ein Handy oder ein etwaiges anderes Einwahlmodem genügt und *Launch2Net* übernimmt den Rest. Ist die Software einmal installiert, schließt man nur noch das Einwahlgerät an und lässt *Launch2Net* die Konfiguration für die Verbindung ins Internet herstellen.

Gerade für Firmen, die ihre Mitarbeiter in diverse Ecken dieser Welt schicken, in denen der Ausbau der **globalen Vernetzung** noch zu Wünschen übrig lässt, kann diese Software der Retter in der Not beziehungsweise eine **komfortable Alternative zu komplexen Konfigurationen** sein.

MainMenu

Bei MainMenu handelt es sich um ein empfehlenswertes Support-Tool, um einfach und effizient überflüssige Cache-Dateien zu entfernen und das System mit Standardmaßnahmen zu optimieren. Es wird von der Firma *Dare to be Creative Ltd.* in Österreich entwickelt und kann vor dem Kauf zunächst getestet werden. Nach Installation steht *MainMenu* in der Menüleiste zur Verfügung.

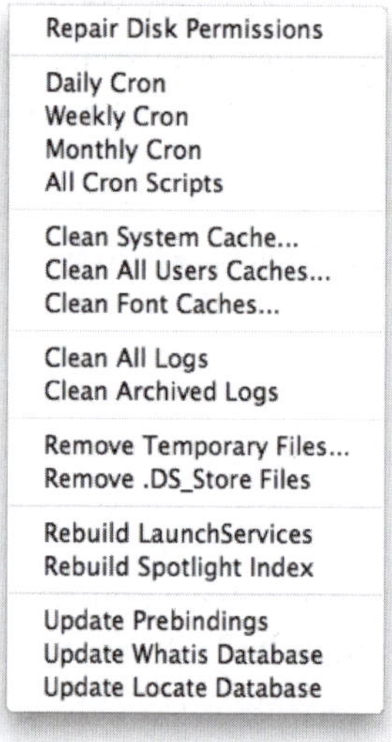

Neben verschiedenen Standardoperationen, die auch über einige Systemprogramme und -funktionen verfügbar sind, bietet dieses Tool auf sehr komfortable Weise auch Möglichkeiten, System- und User-Cache-Dateien zu entfernen, den Spotlight-Index zu erneuern oder die Font-Caches zu leeren.

Das Programm arbeitet mit der Growl-Notification zusammen, welches ermöglicht, interaktiv verschiedene Meldungen von Programmen an den Benutzer weiterzugeben.

Editoren

Für die Ansicht und Anpassung von reinen Textdateien, Quelltext oder HTML-Dokumenten, sollte in bestimmten Fällen eher ein professioneller Texteditor genutzt werden, da ein reguläres Textprogramm ganz gern auch ungewollte Zeichen setzen kann. Außerdem sind Dokumente im Binary-Format nicht mit Apples *TextEdit* oder *Word* kompatibel. An dieser Stelle setzen die Texteditoren an, die zum Teil mit beachtlichen Funktionen für die Bearbeitung der Inhalte ausgestattet sind.

BBEdit und *TextWrangler* haben wir bereits etwas früher in diesem Kapitel vorgestellt. Fahren wir deshalb fort mit weiteren Möglichkeiten.

Property List-Editor

Auch den *Property List*-Editor haben wir bereits erwähnt. Dieser ist das Tool der Wahl für das Bearbeiten von XML- und Binary-Dateien. Da die **Voreinstellungsdateien im Mac OS X** in diesen Formaten vorliegen, sollten Sie alle von Ihnen betreuten Clients mit dieser **Standardsoftware** ausstatten – Sie können ihn dann zum Beispiel gleich im Verzeichnis */Programme/Dienstprogramme/...* ablegen. Der Editor zeigt die typische **XML-Strukturierung** an – so lassen sich die verschiedenen Einträge und Variablen bearbeiten.

Screensharing und Remote Control

Je größer die betreute Clientlandschaft, desto umfangreicher und aufwändiger wird sicherlich auch deren Support. Fragen, Problemchen oder Anforderungen nach neuer Software gehören zum Tagesgeschäft. Sofern kein Screensharing zur Verfügung steht, bleibt einem nur der persönliche Gang zu jedem Arbeitsplatz, um sich im Zweifel einen eigenen Überblick am System des Anwenders zu verschaffen.

Für den Mac gibt es einige verbreitete Screensharing-Tools mit ganz unterschiedlichen Funktionen und Zusatzausstattungen. Im Verlaufe des Kapitels »Clientmanagement« gehen wir näher auf zwei dieser Tools ein, um deren Funktionsumfang genauer zu beschreiben. Daher wollen wir nachfolgend nur drei Tools erwähnen, mit denen Screensharing und Remote Control-Funktionen genutzt werden können.

ARD

Apple selbst integriert bereits in der Standardsystem-Ausstattung den Client für das Screensharing von *Apple Remote Desktop.*

ARD bietet neben der Möglichkeit, den **Bildschirminhalt eines entfernten Rechners zu sehen und zu steuern** noch weitere Möglichkeiten im Bereich Remote Control. Softwareverteilung und Inventarisierung gehören ebenfalls zum Funktionsumfang, der sich mit mindestens einem ARD-Admin nutzen lässt.

Da die Kosten im Vergleich zum Nutzen als äußerst fair zu bezeichnen sind, kann diese Software wirklich nur empfohlen werden. Im Kapitel »Clientmanagement« gehen wir etwas näher auf die Arbeit mit ARD ein.

Timbuktu und TeamViewer

Mit diesen beiden Softwaretools stehen dem Benutzer **reine Screensharing- und Screencontrol-Funktionen** zur Verfügung. Sofern konfiguriert, lassen

sich auch Dateien per *Drag & Drop* oder über die entsprechende Menüfunktion kopieren.

In *Timbuktu* lassen sich die unterschiedlichen Subnetzwerke in einer *IP-Zones*-Datei definieren, so dass die **Support-Übersichtlichkeit über die verschiedenen Netzwerksegmente gegeben** ist. Timbuktu gehörte einst zu *Netopia* und wurde von Motorola übernommen.

TeamViewer ist in der nicht kommerziellen Variante kostenlos und arbeitet generell über *Port 80*. Damit ist die Software eine äußerst komfortable Möglichkeit, **Computer außerhalb des Intranets** zu betreuen; weitere Port-Freigaben sind nicht notwendig. *TeamViewer* könnte als Standardsoftware auf den Clients installiert sein, so dass im Supportfall keine VPN-Verbindung ins interne Netzwerk bestehen muss.

Teleport

Teleport richtet sich an Administratoren, die einen oder mehrere Computer mit deren Bildschirmen in Sichtweite haben und diese ohne Umschalten oder Umstecken der Tastatur bedienen wollen. Durch eine definierte Tastaturkombination wird einfach der Mauspfeil aus dem eigenen in den zu administrierenden Monitorbereich bewegt. Der Clou dabei ist, dass auch Objekte mitgenommen und kopiert werden können.

Auf allen Geräten, die miteinander verbunden werden sollen, müssen die Einstellungen konfiguriert werden.

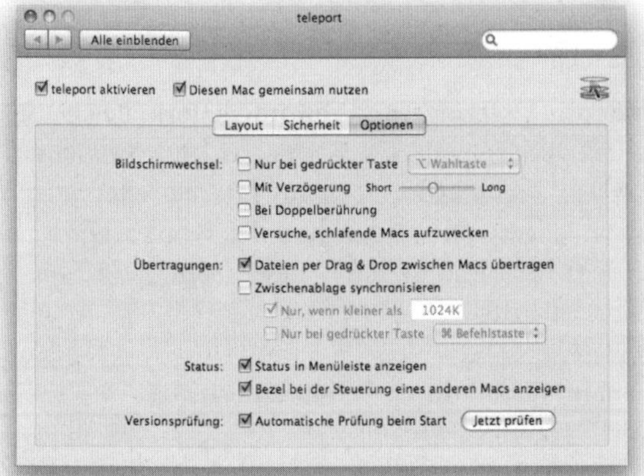
teleport
Alle einblenden
teleport aktivieren
Diesen Mac gemeinsam nutzen
Layout
Sicherheit
Optionen
Bildschirmwechsel:
Nur bei gedrückter Taste
⌥ Wahltaste
Mit Verzögerung
Short
Long
Bei Doppelberührung
Versuche, schlafende Macs aufzuwecken
Übertragungen:
Dateien per Drag & Drop zwischen Macs übertragen
Zwischenablage synchronisieren
Nur, wenn kleiner als
1024K
Nur bei gedrückter Taste
⌘ Befehlstaste
Status:
Status in Menüleiste anzeigen
Bezel bei der Steuerung eines anderen Macs anzeigen
Versionsprüfung:
Automatische Prüfung beim Start
Jetzt prüfen

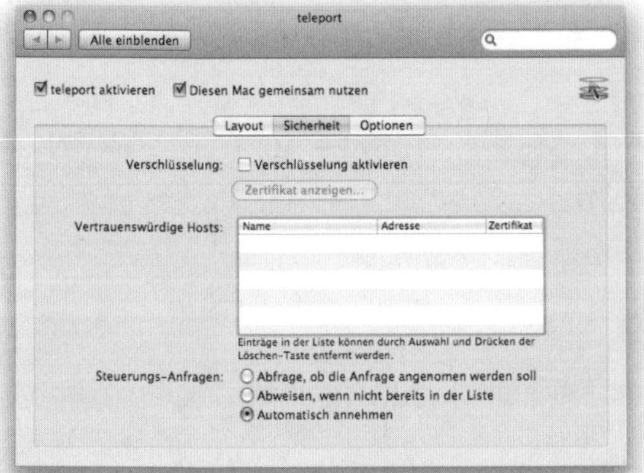
teleport
Alle einblenden
teleport aktivieren
Diesen Mac gemeinsam nutzen
Layout
Sicherheit
Optionen
Verschlüsselung:
Verschlüsselung aktivieren
Zertifikat anzeigen...
Vertrauenswürdige Hosts:
Name
Adresse
Zertifikat
Einträge in der Liste können durch Auswahl und Drücken der Löschen-Taste entfernt werden.
Steuerungs-Anfragen:
Abfrage, ob die Anfrage angenommen werden soll
Abweisen, wenn nicht bereits in der Liste
Automatisch annehmen

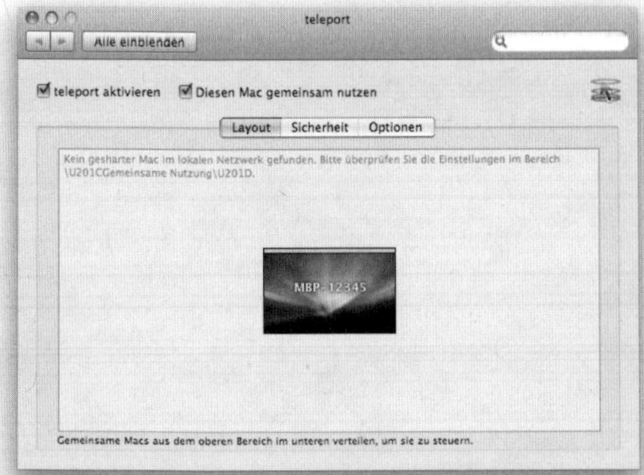
teleport
Alle einblenden
teleport aktivieren
Diesen Mac gemeinsam nutzen
Layout
Sicherheit
Optionen
Kein gesharter Mac im lokalen Netzwerk gefunden. Bitte überprüfen Sie die Einstellungen im Bereich \U201CGemeinsame Nutzung\U201D.
MBP-12345
Gemeinsame Macs aus dem oberen Bereich im unteren verteilen, um sie zu steuern.

Browser Plug-Ins und Systemeinstellungen

Perian

Ein Alleskönner im »Dschungel der **Multimediaformate**« heißt *Perian.* Nicht umsonst mit einem Schweizer Taschenmesser im Systemkontrollfeld versehen, wird man mit *Perian* kaum noch auf **Internetseiten oder Videodateien** treffen, die nicht abgespielt werden können. Apples *QuickTime* wird erst durch *Perian* so richtig leistungsfähig, indem der *QuickTime Player* für die Wiedergabe benutzt wird.

Folgende Formate werden durch Perian unterstützt:

AVI	FLV	MKV
MS-MPEG4 v1	MS-MPEG4 v2	DivX
3ivX	H.264	FLV1
FSV1	VP6	H263I
VP3	HuffYUV	FFVHuff
MPEG1 & MPEG2 Video	Fraps	Windows Media Audio v1
Windows Media Audio v2	Flash ADPCM	Xiph Vorbis (in Matroska)
MPEG Layer II Audio	AAC	AC3 Audio
H.264	MP1	TrueAudios

Folgende Details werden durch Perian installiert:

In den Systemeinstellungen im Pfad */Library/PreferencePanes/* die Datei ***Perian .prefPane***
sowie im Pfad */Library/QuickTime/* die *QuickTime*-Komponente ***Perian.component***

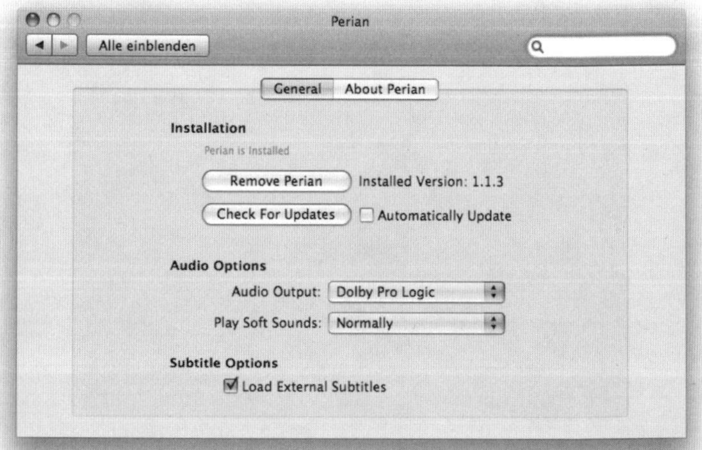

Das Systemkontrollfeld ist ziemlich überschaubar, was die Einstellungen betrifft. Dennoch gehört *Perian* unbedingt zum **Standard für Arbeitsplatzrechner**. Für die Clientverwaltung empfiehlt es sich, die Voreinstellungsdatei »org.perian.Perian.plist« auf die Rechner zu verteilen, um die Kontrolle über die Updates zu behalten.

Flip4Mac

Flip4Mac hat die nicht mehr weiter entwickelte Mac-Version vom **Windows Media Player** abgelöst. Darüber hinaus ist sie auch – im Gegensatz zum Vorgänger – in Apples *QuickTime* integriert, so dass Mediadaten einheitlich abgespielt werden können.

Das Programm wird per Installationspaket eingeladen und bietet die Unterstützung von vielen Multimedia-Video-Formaten. Wird das Programm geöffnet, startet automatisch Apples *QuickTime Player* und spielt die unterstützten Formate im *QuickTime*-Fenster.

Innerhalb der Installation werden folgende Erweiterungen für Browser- und *QuickTime*-Unterstützung installiert:

Das Internet-Browser Plug-In im Pfad */Library/Internet/Plug-Ins/*
Flip4Mac WMV Plugin.plugin
Flip4Mac WMV Plugin.webplugin

Das Systemkontrollfeld je nach Berechtigung im Pfad */Library/Preference Panes/* die Datei
Flip4Mac WMV.prefPane
oder eben im Pfad */Users/<Username>/Library/PreferencePanes/*

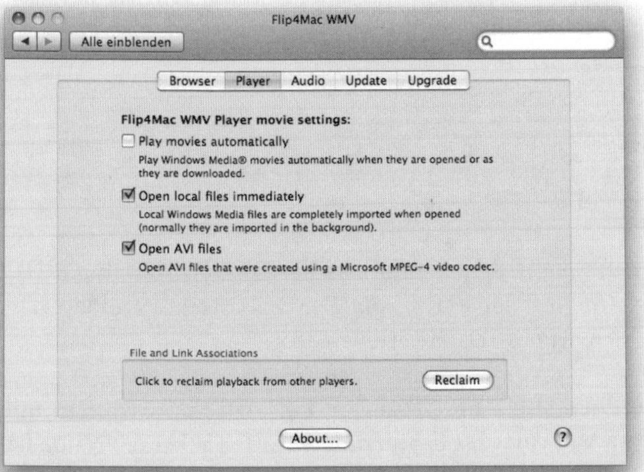

Die QuickTime-Komponenten finden Sie im Pfad */Library/QuickTime/*
Flip4Mac WMV Advanced.component
Flip4Mac WMV Export.component
Flip4Mac WMV Import.component

Durch einen Aufpreis erhält man eine erweiterte Version, mit der Sie auch Filme exportieren können. Als Standard-Erweiterung für die Macs im Unternehmen reicht die kostenlose Version aber vollkommen aus.

Videoplayer als Standard-Erweiterung

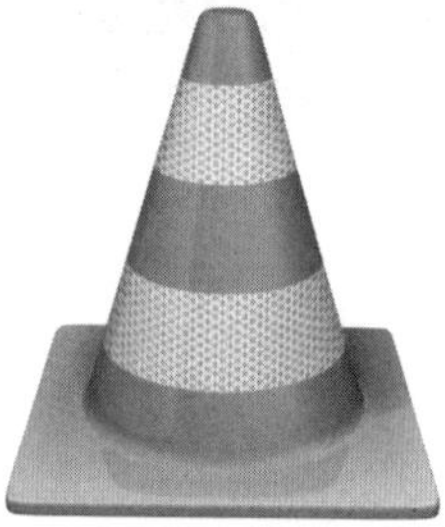

VLC media player

Da, wo *QuickTime* nur mit zusätzlichen Codecs ausgestattet erst die **Vielzahl von Audio- und Videofiles** verarbeiten kann, protzt der *VLC Player* von *VideoLAN* als vollwertiges Programm mit vielseitigen Funktionen.

Da es ihn für Windows und Mac OS X gibt, kann er als gemeinsame Standard-Applikation genutzt werden. Videostreams, DVDs und Video-CDs lassen sich ebenso öffnen wie Flash-Filme oder die meisten Real-Audiodaten.

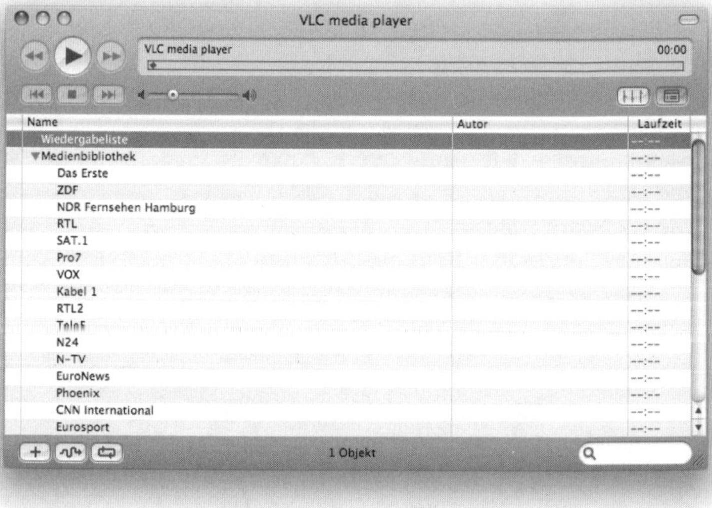

In Unternehmen, in denen aufgrund der **GEZ-Gebühren** auf IP-TV umgestellt wird, fungiert der *VLC media-Player* als **Streaming Player.** Die Senderliste lässt sich als *plist*-Datei verteilen.

Sollten noch ältere PPC-Macs im Einsatz sein, wird man mit einem aktuellen VLC Player bei Nutzung von IP TV keine Freude haben, da

es auf diesen Systemen Streaming-Aussetzer geben könnte. Hier sollte überlegt werden, ob alternativ zum Beispiel das Programm iMagneto eingesetzt werden kann. Diese Applikation basiert auf einem älteren VLC-Standard und läuft auf älteren Systemen problemlos.

Spotlight-Ergänzung

EasyFind: die Spotlight-Alternative

Gerade auf Netzwerkvolumen in Firmen kann die Suche mit *Spotlight* zum Hindernis werden, wenn nicht gerade ein Mac OS X-Server mit Spotlight-Server eingesetzt wird. Die indizierte Suche mit Spotlight ist standardmäßig für File-Server deaktiviert. Sie lässt sich auch nicht komfortabel durch die nachträgliche Aktivierung über `mdutil -i on` in Arbeitsgruppen nutzen.

Abhilfe schaffen Drittanbieter wie zum Beispiel *EasyFind*. Mit *EasyFind* wird die Suche durchgeführt, ohne dabei einen Index zu erstellen. Das Programm ist Freeware und kann auch kommerziell eingesetzt werden. Dem Vorteil der Suche auf Netzwerkvolumen steht allerdings die etwas langsamere Arbeitsgeschwindigkeit des Suchprozesses gegenüber.

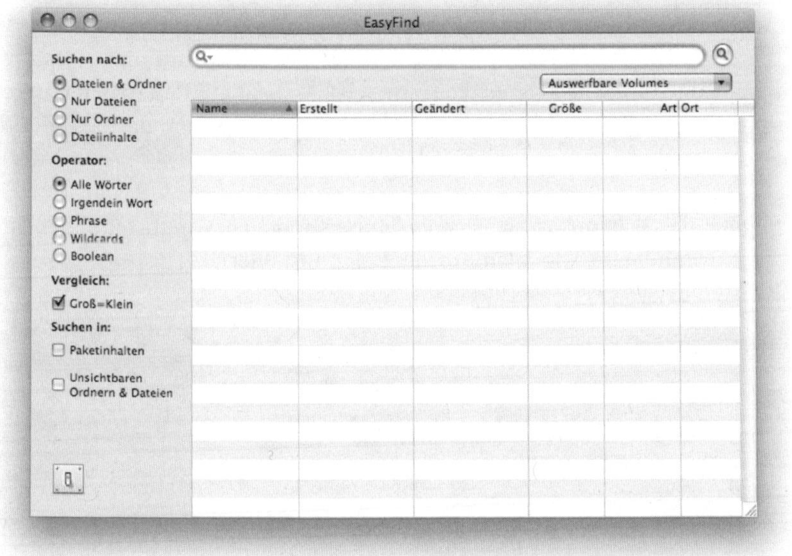

Ähnlich der Spotlight-Suche können bei *EasyFind* diverse Formate von der Suche ausgeschlossen beziehungsweise für die Suche berücksichtigt werden. Im Suchfenster kann mit boolschen Operanden, Wildcards und Suchbeschreibungen gearbeitet werden.

Diese Software ist klar zu empfehlen, wenn Serverfreigaben für die Dateiablage genutzt werden und durchsucht werden müssen. Dabei funktioniert auch die Inhaltssuche ohne Indexierung.

FTP-Tools

Bei FTP-Tools gibt es eine ganze Reihe an Produkten am Markt. Manchmal sind diese jedoch unkomfortabel zu bedienen oder aber technisch nicht in jeder Netzwerkumgebung einsetzbar. Ein entscheidender Aspekt dabei ist die **Kompatibilität mit dem Proxy**. Ist diese Komponente im Netzwerk vorhanden und das Surfen ausschließlich darüber möglich, wird ein Proxy-kompatibles FTP-Tool benötigt. Da aber nicht jedes Firmennetzwerk mit einem Proxy ausgestattet ist, möchten wir einige FTP-Programme vorstellen, die zum Teil als Freeware oder als kostenpflichtige Version am Markt für Mac OS X verfügbar sind.

Cyberduck

Einer der Nicht-Proxy-fähigen Vertreter in Sachen FTP-Programmen ist *Cyberduck.* In **Netzwerkumgebungen ohne Proxy-Anbindung** ist es eine günstige und einfache Möglichkeit, einen FTP-Client auf den Arbeitsplätzen zu installieren. Es handelt sich um ein kostenloses Produkt, das per Spende an den Entwickler unterstützt werden kann.

Lediglich das Programm selbst und die persönlichen Voreinstellungen mit der Favoritendatei im lokalen Profil werden installiert.

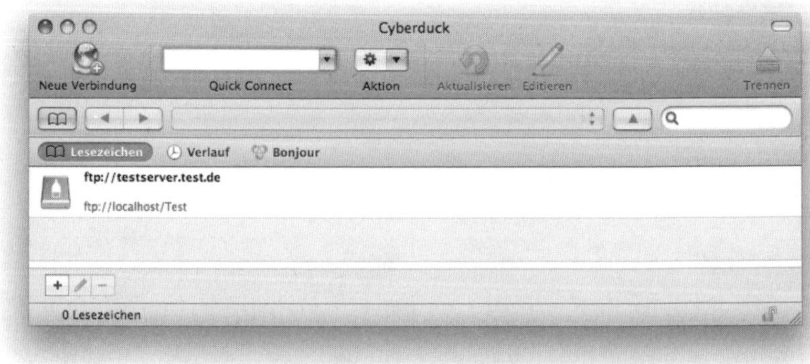

Neben den **standardisierten FTP-Funktionen** stehen etliche Einstellungsmöglichkeiten zur Verfügung – wie zum Beispiel eine Bandbreitenkontrolle.

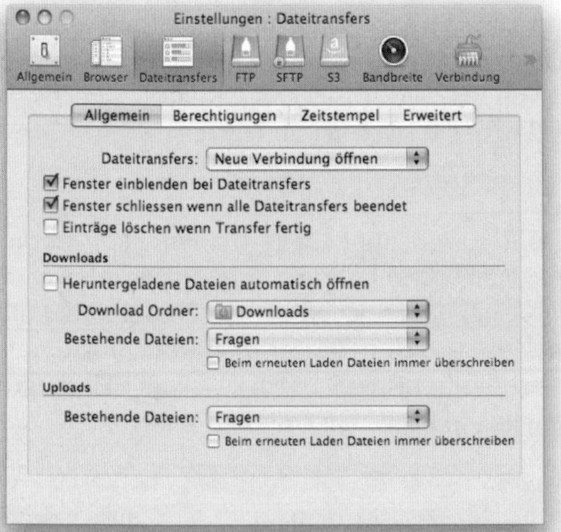

Firefox Add-on – FireFTP

Firefox gehört zu den beliebtesten Browsern unter Mac OS X, Windows und Linux. Die Erweiterbarkeit mit den so genannten Add-ons ist nicht nur für den Benutzer einfach und komfortabel, sondern auch für Entwickler lukrativ. Einer der empfehlenswerten Add-ons ist das Tool *FireFTP*, das die FTP-Grundfunktionalität von *Firefox* um einiges erweitert.

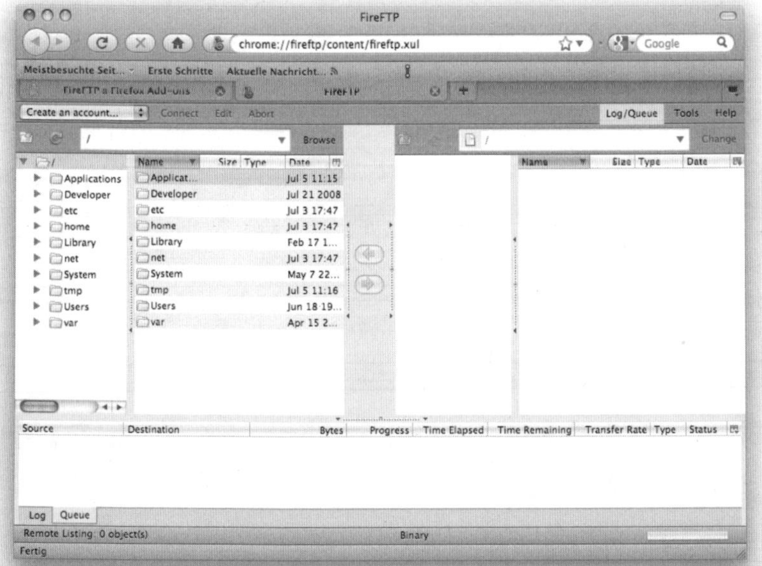

So sind auch FTP-Verbindungen über SSL und SSH möglich. *FireFTP* ist ebenfalls eine so genannte »Careware« (mit Bitte um Spende für einen guten

Zweck) und stellt damit eine äußerst komfortable Möglichkeit dar, auf den Firmen-Clients ein FTP-Tool bereitzustellen. Damit können Sie abgebrochene Downloads bei verfügbarer Verbindung weiterbearbeiten und Ordnerstrukturen von FTP-Servern angezeigen – auch werden *Drag & Drop*, vor allem aber die Proxy-Fähigkeit gewährleistet.

Weitere FTP-Tools

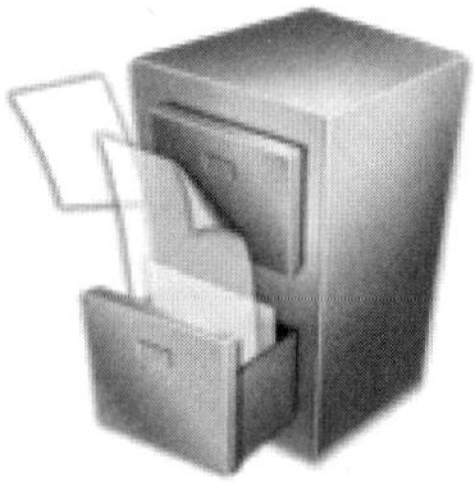

Diverse weitere Tools wie zum Beispiel *Transmit X*, *Interarchy* oder *FileZilla* bieten ähnliche Funktionen und sind zum Teil als Freeware verfügbar. Gerade *Interarchy*, eines der kostenpflichtigen Produkte, das mittlerweile von der Firma *nolobe* entwickelt und vertrieben wird, protzt mit erstaunlichem Funktionsumfang. Es ist nicht mehr ein einfaches FTP-Programm, sondern für die Übertragung von Daten mit diversen weiteren Systemen kompatibel.

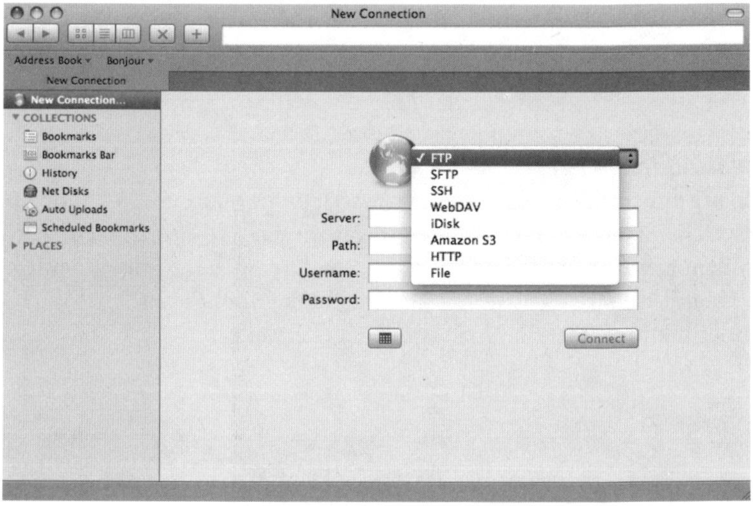

Clientmanagement mit Apple-Rechnern in heterogenen Netzwerken

4

- Standards für Ihr Unternehmen
- Client- und Systemmanagement
- Systemmanagement-Tools für den Mac
- Imaging
- »Green IT« und Apple
- Schriftverwaltung auf dem Mac
- Backup – gegen den Datenschwund
- Antivirensoftware auf dem Mac

Standards für Ihr Unternehmen

Vorteile von Regeln für den Support-Alltag

Die eingesetzte Clientinfrastruktur erfordert regelmäßigen Aufwand – dieser ist abhängig von der Größe des Unternehmens, von der Anzahl der Client-Systeme und von den technischen Anforderungen; auch die zur Verfügung stehenden IT-Ressourcen bestimmen, wie umfangreich der Umgang in der technischen Betreuung einem richtigen Management nahe kommt.

Auf der einen Seite spielen sicher die Systeme selbst eine große Rolle, die zum Einsatz kommen können – vom Verzeichnis- über das Softwareverteilungs- bis hin zum Asset Management-System. Auf der anderen Seite sind aber auch spezielle Technologien, Prozesse, Verfahren und andere Aspekte nicht zu vernachlässigen. So sollte zum Beispiel die Softwareausstattung innerhalb der Clientinfrastruktur einem Standard entsprechen, damit der Support einheitlich und effizient möglich ist. Dabei geht es auch um Komponenten, die sonst eher selten berücksichtigt werden wie Voreinstellungen und Standardverzeichnisse für den Workflow der Anwender.

Sie als Verantwortlicher sollten aber auch die Art und Weise, wie im Support mit anfallenden Störungs- und Unterstützungs-Anfragen umgegangen wird, reglementieren und strukturieren. Wie teilt man *First, Second* und *Third Level*-Support ein? Nimmt man überhaupt eine Trennung vor? Wie stimmen sich mehrere Supporter ab? Wie geht man mit Spezialisierungen um? Das sind alles Themen, die im Clientmanagement Berücksichtigung finden müssen – und das unabhängig der gewählten Plattform. Die Grundlage für den richtigen Umgang im Mac-Support sollten einheitliche Vorgehensweisen und Tools bilden, um eine möglichst hohe Effizienz und niedrige Fehlerquoten zu erreichen.

Auf den nächsten Seiten gehen wir näher auf die Themen Imaging, Schriftenmanagement, Softwareverteilung, Inventarisierung und einige weitere ein; so werden Sie den Umgang im Clientmanagement in Verbindung mit Mac-Clients sinnvoll umsetzen können.

Wir wollen mit einigen Grundsätzen für den Support beginnen, um dann mit Technologien und Systemen im Clientmanagement fortzufahren. Dabei bleiben wir bewusst auf Client-Ebene und schweifen nicht ab auf Verzeichnissysteme oder andere Netzwerkdienste, da deren Anbindung zu individuell ist, als dass sie an dieser Stelle Platz finden würde.

Der kleine Werkzeugkasten

IT-Administratoren kennen die kleinen Helfer im Support-Alltag, die einem stets bei der Hand und eigentlich nicht mehr wegzudenken sind. Gemeint sind Support- und Installations-DVDs, externe Festplatten, USB-Sticks, Kabel und Adapter sowie eine Handvoll Software für die Systempflege und Datenwiederherstellung. Das gilt natürlich auch für den Mac-Admin. Denn auch für Apple-Rechner gibt es diverse Tools und praktische Tricks, die in der technischen Betreuung von Nutzen sind. Und obwohl dem Mac in Sachen Plattformvergleich eine angenehme Support-Umgebung nachgesagt wird, kann man auch bei Mac OS X auf Probleme stoßen.

Wir wollen mit einigen Tipps für ein besseres Clientmanagement beitragen und die wesentlichen Hilfsmittel vorstellen. Dabei dienen unsere Hilfestellungen nicht nur den Administratoren, die bisher nicht oder nur kaum mit dem Mac in Berührung kamen, sondern vielleicht auch den alten Hasen, die nicht die Zeit finden, nach allen Informationen zu recherchieren.

Auf einige empfehlenswerte Software-Tools sind wir bereits eingegangen, nun folgen die Tipps für die Hardware und deren Umgang im Support-Alltag.

Hilfsmittel zum Mitnehmen

Angefangen hatte es irgendwann einmal mit Disketten. Daraus wurden später CDs und DVDs. Heute zählt zum **Standard-Equipment eines Systemadministrators und Supporters** in den meisten Fällen auch eine **externe Festplatte.** Für den Mac ist sie **als externe Startmöglichkeit und für Sicherheitskopien** nicht mehr wegzudenken, um vor dem eigentlichen Systemeingriff auf Nummer sicher zu gehen und im Problemfall auf wichtige Daten zurückgreifen zu können.

Aber auch bestimmte Kabel und Adapter sowie spezielles Werkzeug sollten im Repertoire eines IT-Admins enthalten sein. Wir möchten einige ausgewählte Empfehlungen geben, deren Anschaffung sich lohnen können.

Externe Festplatte

Wie zuvor angesprochen ist die Benutzung von externen Festplatten für den Support am Mac äußerst empfehlenswert und praktisch. Ein **System** darauf installiert – möglichst eines **für alle betreuten Macs** oder zumindest jeweils **eine Startpartition pro Gerätetyp** – und schon ist man jederzeit in der Lage, die Apple-Rechner im Supportfall unproblematisch mit einem **sauberen System zur Fehlersuche** zu starten.

Bei Apple bedeutet das, die Festplatte mit Hilfe eines USB- oder FireWire-Kabels am betroffenen Apple-Computer anzuschließen und nach dem Einschalten die Alt / ⌥-Taste so lange gedrückt zu lassen, bis der Bootmanager angezeigt wird.

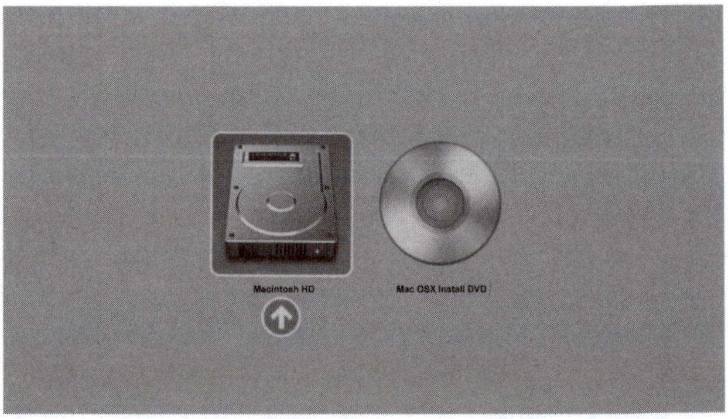

Der Computer sucht nach verfügbaren Systemquellen und stellt alle startfähigen mit Symbol und Name dar. Nach dem Bestätigen der Auswahl erhält man nach dem Systemstart den Zugriff auf die interne Festplatte des betroffenen Computers, sofern sie nicht so stark beschädigt ist, dass sie nicht mehr gemountet werden kann. In letzterem Fall kann man versuchen, den Defekt mit Hilfe des Festplatten-Dienstprogramms von der System-DVD oder einer externen, startfähigen Festplatte oder entsprechenden Disk-Repair-Tools zu beseitigen.

Sofern Sie Macs einsetzen wollen, die einen FireWire-Anschluss besitzen, empfehlen wir auch externe Festplatten mit eben diesem Anschluss. Sie sind etwas teurer, haben aber den Vorteil, dass Kopiervorgänge in der Regel eine höhere Übertragung auf dem Mac zulassen. So sind mit »FireWire 800« Datenbackups in kürzester Zeit erledigt.

S-ATA / USB-Adapter

Je tiefer Sie in die technische Betreuung der Macs einsteigen, desto mehr nähern Sie sich den technischen Anforderungen im Support. Wenn Festplatten streiken oder andere Komponenten einen Betrieb des Rechners behindern, erspart man sich im Zweifel viel Zeit, wenn die **Festplatte aus dem betroffenen Mac ausgebaut wird und ohne großen Aufwand an einem anderen Mac angeschlossen** werden kann. Hierfür benutzt man einen Adapter, der den *Serial ATA*-Anschluss der Festplatte mit dem USB-Anschluss eines zweiten Macs verbindet. Sollte eben der Anschluss einer externen Festplatte wie oben beschrieben aufgrund technischer Hindernisse nicht möglich sein, können Datensicherungen somit äußerst komfortabel erledigt werden.

Mac mini der Spachtel als Mac-Opener

Welche Absichten und Strategien Apple mit einigen seiner Innovationen verfolgt, wird wohl für viele ein Geheimnis bleiben. Zum einen gibt es iPhones und iPods, die nur von speziell geschultem Fachpersonal geöffnet und gewartet werden können – und auch nur dürfen. Im Falle des Akkuwechsels gäbe es bestimmt großes Interesse an anderen Lösungen.

Zum anderen zaubert Apple zum Beispiel mit dem Mac Pro nicht nur eine ansehnliche Power-Workstation, sondern sorgt auch noch dafür, dass selbst der Laie Festplatten und Speicher wechseln oder erweitern kann, ohne auch nur ansatzweise zum Werkzeug greifen zu müssen.

Leider gibt es auch Apple-Computer, die den Ingenieuren aus Cupertino in punkto technischem Support nicht so geglückt sind – allen hier voran der **Mac mini**, der zweifelsohne mit der geringen Gehäusegröße unwahrscheinlich attraktiv für Arbeitsplätze scheint. Das Öffnen dieser Box – dem einst der »Apple Cube« voranging – wird beim ersten Mal jedoch zum Gewaltakt mit unbekannten Ausgang. Als Werkzeug empfiehlt Apple japanische Spachtel, mit denen man zwischen der Gehäuseunterseite und den Seitenwänden versucht, beides voneinander zu trennen. In dem Moment, wo man eigentlich erwartet, dass entweder das Werkzeug oder aber das Gehäuse bricht, rutscht es auseinander. Das bedeutet, wenn Mac minis in der Anschaffung geplant sind, sollte das **Werkzeug zum Öffnen** nicht vergessen werden.

FireWire- und USB-Kabel

Auch wenn es selbstverständlich erscheint, sich solche Anschlusskabel zuzulegen, die den Betrieb von externen Festplatten ermöglichen, müssen wir dieses Support-Equipment dennoch erwähnen. Neben den verschiedenen Arten von USB-Kabeln, die für externe Peripheriegeräte notwendig sind, spielt wiederum der FireWire-Anschluss eine wichtige Rolle. Apple-Computer, die über einen FireWire-Anschluss verfügen (außer MacBook Air und eine Serie der MacBooks besitzen alle Apple-Computer diesen Anschluss), können dann im Target-Disk-Mode miteinander verbunden werden, um einen der beiden Rechner als externe Festplatte nutzen zu können. Deshalb sollten ein FireWire-Kabel 400 *(IEEE 1394a)* und ein FireWire-Kabel 800 *(IEEE 1394b)* zur Support-Standardausrüstung gehören.

Monitor-Adapter

Früher oder später kommt ein Mac-Anwender mit seinem MacBook Pro in die Situation, sein Gerät mit einem Beamer verbinden zu müssen. Macs sind aber bereits seit vielen Jahren nicht mehr mit einem VGA-Anschluss ausgestattet – die meisten Anwender würden ihn auch nicht mehr kennen. Entsprechende *DVI zu VGA*-Adapter oder *Mini-DisplayPort zu VGA*-Adapter müssen zusätzlich erworben werden. Diese Adapter werden nicht nur gern zum eigentlichen Event vergessen, sondern oft auch verloren. Aber auch im täglichen Support kann er zum Helfer werden, wenn das MacBook

Pro auf dem internen Display keine Bilder mehr anzeigt und über einen externen Monitor die Möglichkeit besteht, offene Dateien zu schließen und den Computer sauber runterzufahren.

Client- und Systemmanagement

Software verteilen und verwalten

Die permanenten Softwareinstallationen nehmen für viele IT-Fachleute noch immer einen großen Zeitanteil innerhalb der Client-Betreuung in Anspruch. Man ist eigentlich ständig damit beschäftigt, **Treiber, Programme und Systemupdates** auf den Computern zu installieren. Neben der klassischen Methode, Software einzeln auf den Rechnern zu verwalten, gibt es auch diverse automatisierte Verfahren, **Zeit und damit Geld zu sparen.**

Das schließt aber nicht aus, dass die manuelle Verwaltung der Softwareinstallationen bei überschaubarer Computeranzahl im Netzwerk und geringer Anzahl der Applikationen auf den Systemen möglicherweise immer noch günstiger ist. Wenn sich jedoch einer der Ausgangsvariablen verändert und vor allem ein flexibler Zeitintervall zwischen den Updates gefordert ist, wird die »Turnschuhmethode« schnell zum Zeitfresser. Vor allem, wenn Neuinstallationen von aufwendiger Software notwendig sind, verbringt der Supporter viel Zeit mit Warten. Ein Beispiel: Die Komplettinstallation allein auf einem Rechner mit der Software *Creative Suite* von Adobe erfordert inklusive aller aktuellen Updates bereits mehr als 30 Minuten – neben der Zeit also auch viel Geduld. Da greift manch einer schon mal auf ein fertiges Image zurück, mit dem er den Computer schnell konfigurieren kann. Aber spätestens bei den nächsten Updates entfällt der Zeitvorteil, da diese Installationen ähnlich viel Aufwand bereiten. Jetzt kommen noch mehrere Systeme dazu und schon werden zum Teil notwendige Updates verschoben, weil keine Zeit zur Verfügung steht.

Entweder nimmt man den Aufwand der zusätzlichen Arbeit bei manueller Installation in Kauf, ist ständig mit Neuerstellungen für Image-Aktualisierungen bei Programmupdates beschäftigt, oder aber setzt ein **Verteilungswerkzeug** ein, mit dem Installationen im Netzwerk einfacher und kosteneffizienter von der Hand gehen.

Zur Erläuterung: Gerade bei einer höheren Anzahl von Clients ist eine Verteilung von Software sinnvoll. Die Zeitinvestition und damit auch die Kosten können stark reduziert werden. Software automatisiert zu verteilen, ist dann auch ein nächster Schritt in Richtung Management.

Dabei ist es zunächst unerheblich, welches Tool oder welche Methode zur Anwendung kommen. Ein optimal konfiguriertes Script für die Verteilung von Software im Netzwerk kann einem bereits Zeitvorteile bringen, die dann für andere wichtige Arbeiten genutzt werden können. Allerdings ist die Erstellung von Scripten für die Softwareverteilung eine nicht triviale Aufgabe, die nicht nur Basiswissen im Unix-Bereich voraussetzt und selbst erfahrenen Administratoren Arbeit und Kopfzerbrechen bereitet. Bereits durch Verknüpfung von Installationszeit und anderen Parametern bei der Verteilung entsteht eine höhere Fehleranfälligkeit. Die fehlende grafische Benutzeroberfläche wird mit zunehmender Clientanzahl für Unübersichtlichkeit sorgen, Abfragen über bestehende Softwarekomponenten müssen integriert werden und eine sichere Kontrolle für erfolgreich ausgeführte Installationen ist nur mit hohem Aufwand realisierbar.

An dieser Stelle setzen professionelle Tools an, die einem die wichtigsten Funktionen im Umgang mit der Softwareverwaltung und -verteilung abnehmen. Jeder IT-Verantwortliche sollte seine Aufstellung der Supportkosten mit den Kosten für eine Investition in eine professionelle Systemmanagement-Software vergleichen. Dabei sollte der Vergleich den Funktionsumfang moderner Tools beinhalten, da auch in anderen Bereichen im Support-Alltag Aufwände entstehen, **die mit diesen Hilfsprogrammen effizienter von der Hand gehen und vor allem Freiraum für die eigentliche Arbeit** schaffen.

Installationspakete oder File-Struktur

Der bisherige Windows-Nutzer wird sie vielleicht suchen, aber das Betriebssystem von Apple besitzt – wie schon erwähnt – keine Registry. Außer einigen Voreinstellungen, die durch Austausch oder Änderungen zum Teil angepasst werden müssen, kann eine Software unter Umständen auch einfach nur durch Kopie auf einen Mac »installiert« werden.

Somit entstehen **zwei grundsätzliche Arten der Software-Installation** unter Mac OS X. Neben dem Ausführen von Installationsvorgängen, in denen **automatisierte Prozesse** ablaufen, die Dateien verschieben, Pfade erstellen und Scripte ausführen, besteht auch die Möglichkeit, ganze Programmstrukturen in einem Vorgang **an den korrekten Ort zu kopieren**. Während mit allen erhältlichen Softwaredistributions-Tools PKGs (Packages) auf die Clients übertragen und ausgeführt werden können, bietet *FileWave* mit ihrem Produkt zudem auch die Möglichkeit, ganze Filestrukturen zu verteilen und zu verwalten.

Beide Methoden der Verteilung haben ihre Vor- und Nachteile und eignen sich dementsprechend für verschiedene Anforderungen. Grundlagen für die Gegenüberstellung sollten **die Anforderungen in Ihrem Unternehmen** sein, die den Umgang mit Softwareinstallationen beschreiben. Diese Anforderungen werden von den zur Verfügung stehenden Ressourcen maßgeblich beeinflusst.

Wenn die Software einmal verteilt wurde, kommt die Verwaltung der Software ins Spiel. Nicht nur Lizenzen wollen verwaltet werden, sondern auch die Konfigurationen auf den Client-Systemen. Dabei kann es notwendig werden, Software oder einzelne Komponenten wieder von den Clients zu entfernen. Sowohl die Softwareverteilung als auch die Softwareverwaltung begleiten uns in den nächsten Abschnitten, da beides wichtige Komponenten im Clientmanagement darstellen.

Aber bevor wir uns näher mit Installationen und deren Methoden beschäftigen, gehen wir auf ein Thema ein, das meist nahtlos mit den anderen beiden verschmolzen ist. Das Gebiet der Inventarisierung spielt in Unternehmen eine wichtige Rolle und wird mit zunehmender Firmengröße auch immer komplexer.

Inventarisierung

Früher oder später gibt es in jedem Unternehmen die Aufgabe der Inventur. Was wurde angeschafft, welchen Wert hat es und wo sind notwendige Ausgaben erforderlich? Neben diesen grundsätzlichen Fragen, zu der eine Inventur nützliche Antworten liefern muss, gehören noch andere, für die IT-Verantwortlichen relevante Informationen: Dazu zählen unter anderem **Lizenz- und Versionsdaten** der angeschafften Software. Bei Software kann es schnell unübersichtlich werden, wenn keine detaillierte Auflistung existiert, die einem den Bestand mit Lizenzanzahl und Versionsnummer zeigt. Nun kann man sich mit einer ausgeklügelten Tabellenkalkulation weiter helfen und manuelle Listen pflegen. Leider haben alle manuell erstellten Übersichten gemeinsam, dass der Tatendrang nach anfänglicher Euphorie einschläft. Werden sie dann benötigt, ist zum Teil hoher Aufwand notwendig, um den aktuellen Stand zu erhalten.

Im Bereich der Computer-Hardware sind **exakte Informationen für den kompletten Lifecycle** von Vorteil, möchte man bei Etatplanungen das Optimum von Kosten und Nutzen erreichen. Dabei **unterscheiden sich AfA-Zeitraum und Einsatzzeitraum der Hardware in der Regel**. Wenn Unternehmen IT-Hardware über drei Jahre abschreiben, wird gerade in größeren Unternehmen nicht sofort neu investiert, obwohl die Abschreibungsdauer der Nutzdauer gleichen sollte.

Den genauen Zeitpunkt zu erwischen, an dem das Betreiben von alter Hardware unwirtschaftlich wird, ist für viele Unternehmen eine Herausforderung. Zinsberechnungen für gebundenes Kapital und geplante Nutzungsdauer spielen dabei natürlich eine große Rolle. Es kann sich innerhalb der

Überlegungen als effizient erweisen, Computer zum Beispiel ein bis zwei weitere Jahre einzusetzen. Allgemein ist jedoch davon auszugehen, dass spätestens **mit Erreichen der 5-Jahres-Marke** ein Computerherz ohne die eine oder andere Operation schnell zum **Kostenfaktor**, zumindest aber zum unbefriedigenden Arbeitsgerät werden kann. Festplatten erreichen dann ihre Lebensgrenze, Tastaturen von mobilen Geräten wollen nicht mehr reagieren und irgendwann ist der Computer nur noch ein »in die Jahre gekommener Zeitfresser«. Davon abgesehen geht der technologische Fortschritt weiter voran und setzt die Entscheidungspersonen zusätzlich unter Druck. Software-Hersteller passen ihre neuen Funktionen auf die neue Hardware an, die dann wiederum von den Anwendern eingefordert werden.

Aber bleiben wir bei der Verwaltung der eingesetzten Infrastruktur. Den Überblick zu behalten und auf Abruf aktuelle **Aufstellungen über den IT-Bestand** zu liefern, sind Aufgabe von **Asset Management-Tools.** Der Vorteil liegt klar auf der Hand, indem **Daten automatisch von den Clients gesammelt** werden und in einer Datenbank zur komfortablen Generierung von Listen zur Verfügung stehen. Wenn dieses Asset Management-System dann noch mit der Softwareverteilung verknüpft werden kann beziehungsweise beide Funktionen Teil eines Systems sind, werden die meisten Anforderungen an ein Clientmanagement erfüllt.

Eindeutig: Namenskonvention der Clients

Es empfiehlt sich, von Anfang an eine optimale Benutzer- und Gruppenstruktur anzulegen, um eine etwaige spätere Korrektur zu vermeiden. Die Benutzer stellen die eigentlichen Maschinen-Accounts dar. Sie sollten am besten mit der bei Ihnen im Unternehmen gültigen Namenskonvention eingerichtet werden.

Hostnamen sind eindeutig und sollten eine fest definierte Länge haben. Je nach Größe und Komplexität Ihres Unternehmens gibt es diverse Möglichkeiten, eine Namenskonvention der Client-Computer umzusetzen. Für die Unterscheidung in den Netzwerklisten, Directory-Systemen oder anderen Verwaltungstools bietet sich zunächst eine Unterscheidung der Plattform oder des Bereichs an, die über Buchstabenkürzel im Hostnamen vermerkt werden könnten.

Um den Namen möglichst kurz und dennoch eindeutig zu bestimmen, könnte dann die Anlagennummer oder die Seriennummer des Gerätes Verwendung finden. Letzteres wird dann unschön, wenn die Stellen verschiedener Hersteller auch unterschiedlich lang sind. Wichtig ist, dass es vermieden werden sollte, den Benutzernamen mit einzubeziehen. Im Asset Management beziehungsweise in der Bestandsverwal-

tung wird der Computer als eindeutiges Gerät verwaltet, das sich trotz eines Benutzerwechsels im Namen nicht ändern sollte.

Eine mögliche Gruppierung kann also nach Abteilungen oder Bereichen erfolgen. Für die flexible Verteilung der Software ist es empfehlenswert, die Einteilung nicht zu grob durchzuführen. Kritische Updates sind somit auch auf eine kleinere Anzahl Clients möglich. Die typischen Systemmanagement-Tools lassen dem Administrator jedoch große Freiheit in der Gestaltung der Struktur. Intelligente Gruppen oder individuelle Abfragen helfen, den Überblick zu halten.

Sinnvolle Funktionen im Clientmanagement

In jedem Unternehmen gibt es Unterschiede im Umgang mit dem Clientmanagement. Jedoch sind die Anforderungen, die an eine IT-Abteilung gestellt werden, im Allgemeinen die gleichen. Die **IT-Kosten müssen detailliert vorliegen und auswertbar sein.** Dazu zählen neben den Personalkosten vor allem diejenigen, die sich aufgrund der Client-Infrastruktur ergeben.

Die technische Ausstattung eines jeden Arbeitsplatzes inklusive der Software muss dabei aber ebenso berücksichtigt werden wie die notwendigen Supportmaßnahmen für die Betreuung. Bereits in den Vorkapiteln haben wir angeführt, dass diese Maßnahmen nicht selten im Fokus von IT-Einsparungen stehen – schließlich gehören diese Tätigkeiten erst einmal nicht zum »Kerngeschäft« und sind somit nicht direkt am Erlös beteiligt.

Bevor also Einsparungen am Kerngeschäft vorgenommen werden, versucht man alle anderen Geschäftsbereiche auszulagern. Um diese Kosten nun zu reduzieren, ohne die IT-Abteilung gleich outsourcen zu müssen, ist ein **sinnvoller Umgang mit der IT-Betreuung** erforderlich. Eine effiziente und optimale Personalbeschaffung und -planung sind dabei die eine Seite; die Tätigkeit im IT-Support technisch sowie kaufmännisch zu analysieren, die andere. Durch die Aufstellung der bisherigen Kosten und einer Übersicht möglicher Einsparungen kann aber auch der IT-Bereich seinen Sparanteil beitragen.

Mit den nachfolgenden Kriterien möchten wir Ihnen deshalb Anhaltspunkte liefern, wie Sie diese Aspekte bei einer geplanten Integration eines Clientmanagements berücksichtigen. Diese Details können maßgeblich dazu beitragen, in einem Unternehmen in den Bereichen Asset Management, Softwareverwaltung und Lizenzmanagement eine Lösung zu finden und hoffentlich letztendlich Kosten zu sparen.

Wichtige Anforderungen an Client- und Systemmanagement-Systeme

Die Kriterien sollten hierbei wie folgt aussehen:

- Kriterien / Filter zur Auswahl von Hard- und Software erstellen
- Softwareverteilung aufgrund dieser Kriterien
- Informationsgehalt der Auswertungen
- zeitgesteuerte Verteilung
- Kontrolle von verteilter Software
- Integration von Supportfunktionen
- Lizenzverwaltung der installierten Software
- aussagekräftige Log-Files für nachhaltigen Support

Kriterien / Filter zur Auswahl von Hard- und Software erstellen

Eine sinnvolle Funktion eines Clientmanagements sollte sein, entsprechende Filter zur Verfügung zu haben, die vordefinierte Hard- oder Softwarekriterien beinhalten und somit nur die Geräte anzeigen, die zur gewünschten Auswahl gehören. Mit dieser Funktion – auch als »Queries« bezeichnet – ist es möglich, eine schnelle und einfache Auswertung zu erzeugen, die zum Beispiel alle Geräte mit PPC-Prozessor, weniger als 1 GB RAM und Systemversion kleiner als 10.5 anzeigt.

Softwareverteilung aufgrund dieser Kriterien

Eine Auflistung ist nun schön und gut, sollte aber auch gleich dazu genutzt werden können, ein mögliches Update der gefilterten Geräte mit zum Beispiel Systemversion 10.5.7 durchzuführen.

Ein vorhandenes Update-Paket von Apple wird dazu einfach mit der Filter / »Query«-Gruppe verknüpft. Der Vorteil dabei ist, dass man nicht selbst wissen muss, wo genau die Rechner stehen. Eine einfache Zuweisung der Updates spart einen hohen Anteil an Supportkosten.

Informationsgehalt der Auswertungen

Da der Alltag eines IT-Betreuers immer wieder von neuen Anfragen über die eingesetzte Infrastruktur unterbrochen wird, ist der Informationsgehalt, den man über seine Clientlandschaft hat, enorm wichtig. Fragen über Computertyp, Seriennummer, Arbeitsspeicher, Festplattenplatz oder Systemversion sind dabei schon selbstverständlich. Kommen jedoch noch Anforderungen zu weiteren Informationen wie etwa Softwareversionen, Festplattenauslastung, aktivierte Energieeinstellungen oder angeschlossene Peripherie hinzu, ist man mit manueller Erfassung bereits stark beschäftigt.

Zusätzliche Informationen wie Anschaffungsdatum, Ort des Arbeitsplatzes und sonstige Informationen – auch Veränderungsdaten genannt – sollten nicht unbedingt zum eindeutigen Datensatz des Computers gehören, sondern in einer anderen Quelle vorgehalten werden. Eine logische Verknüpfung erspart dann manuelle Korrekturen an den Clients und inkonsistente Datensätze.

Zeitgesteuerte Verteilung

Wer kennt nicht das Problem, dass notwendige Updates warten müssen, da der Anwender direkt am zu aktualisierenden Mac einfach keine Zeit für eine Unterbrechung hat? Abstimmungen sind oft äußerst schwierig und behindern nicht nur den Arbeitsfluss des Anwenders.

Clientmanagement-Systeme bieten hierfür eine gute Möglichkeit – gerade für Installationen, die auch im Hintergrund ablaufen können. Der Benutzer des Rechners arbeitet weiter, während die zu installierende Software verteilt wird. Jedoch gibt es auch die Aktualisierungen und Installationen, die einen Neustart des Systems erfordern.

Die Lösung für planbare Unterbrechungen mit geringem Auswirkungscharakter ist eine zeitgesteuerte Verteilung. Hierbei ist es zum Teil möglich, notwendige Updates zu einer Zeit durchführen zu lassen, die den Anwender bei seiner Arbeit eben nicht unterbricht; möglich ist hierbei auch das kontrollierte Hochfahren des Rechners in der Nacht und das anschließende Runterfahren nach dem Updateprozess.

Kontrolle von verteilter Software

Wenn man eine größere Anzahl von Clients betreut, ist es wünschenswert, einen überschaubaren Überblick über die Infrastruktur zu erhalten. Gerade bei Installationen auf mehreren Computern ist es notwendig, auf einen Blick zu erkennen, ob es mit einem System Probleme gibt. So bieten die meisten Clientmanagement-Systeme Übersichten mit Statusmeldungen über die Installationen an, die genau anzeigen, in welcher Phase sich der Prozess gerade befindet. Gibt es Schwierigkeiten mit einem Client, muss nicht gewartet werden, bis sich ein genervter Anwender am nächsten Tag meldet.

Integration von Supportfunktionen

In diesen Punkt fallen sicherlich eine Menge von Funktionen, die es wert wären, genannt zu werden. Einer der wichtigsten ist zweifelsfrei die Integration der Bildschirmsteuerung eines Clientsystems. Ruft ein Anwender an und schildert ein Problem, wird der Sachverhalt nachvollziehbarer, wenn man einen Blick auf den Bildschirm werfen kann. Sind die Wege zu den

Rechnern der Anwender weit, bekommt das Argument für eine solche Funktion noch mehr Gewicht.

Heutzutage bieten alle Clientmanagementsysteme diese Bildschirmbenutzung. Prozessüberwachung, Ausschalten oder Neustart des Clientsystems wären weitere sinnvolle Supportfunktionen und ergänzen den Funktionsumfang. Selbstverständlich muss an diesen sensiblen Themen der Betriebsrat hinzugezogen werden, sofern vorhanden.

Lizenzverwaltung der installierten Software

Für eine solide Clientverwaltung gehört – wie oben angesprochen – auch die Verwaltung der Software mit ihren Lizenzen und Versionen. Softwarekosten sind in der Summe gesehen oft höher als die eingesetzte Hardware. Daher ist der genaue Überblick über den Bestand an Software umso wichtiger. Wenn es Bedarf an neuer Software gibt, kann bei fehlendem Überblick schnell auch einmal zuviel gekauft werden, obwohl es eventuell noch ausreichend Lizenzen gibt.

Allerdings darf gesagt werden, dass das Thema Lizenzverwaltung insgesamt eines der komplexeren Gebiete in der Clientverwaltung darstellt. Anschaffungskosten und Abschreibungszeitraum spielen im Lizenzmanagement eine wichtige Rolle. Bei der Verwaltung der Software auf Client-Ebene können diese Informationen meist jedoch nicht berücksichtigt werden, da sie den Rahmen sprengen würden. Eine Verknüpfung mit einem bestehenden Wirtschaftssystem kann hier eine nützliche Basis schaffen.

Aussagekräftige Log-Files für nachhaltigen Support

Da es auch vorkommen kann, dass ein Dienst nicht mehr das tut, was er soll – zum Beispiel, dass die Software nicht so installiert wurde, wie dies gewünscht war – bleibt der Einblick in ein Log-File oft der einzige Weg einer Fehlersuche. Hier sollen natürlich ausführliche Informationen zur Verfügung stehen, um eine lückenlose Analyse durchführen zu können. Wenn diese Log-Files dann noch offline an der Administratorkonsole zur Verfügung stehen, umso besser.

Im nächsten Abschnitt möchten wir das Clientmanagement mit Unterstützung von Beispielen für Systemmanagement-Software in Augenschein nehmen. Diese Tools bieten zum Teil unterschiedliche Funktionen, können aber alle – neben weiteren Produkten anderer Hersteller – einen Nutzen im Umgang mit Softwareinstallation und Inventarisierung bieten.

Systemmanagement-Tools für den Mac

Auf folgende Produkte, die ein Client- beziehungsweise Systemmanagement auf Macs ermöglichen, möchten wir näher eingehen:

- Apple Remote Desktop (ARD)
- FileWave und FileWave Inventory
- LANrev

An dieser Stelle möchten wir nochmals erwähnen, dass es noch einige weitere Produkte namhafter Hersteller gibt, mit denen Softwareverteilung und Inventarisierung auf dem Mac möglich sind. Einige Alternativen haben wir am Ende dieses Kapitels aufgeführt, da gerade im heterogenen Clientmanagement Alternativen zur Verfügung stehen, die bereits zum Teil in Windows-Umgebungen eingesetzt werden. Jedoch beschränken wir uns in der näheren Betrachtung auf die Produkte, die ihren Ursprung auf Apples Plattform haben und auch die Entwicklung hauptsächlich dem Apple-System widmen.

Diese Software-Tools gehen teilweise sehr weit, was in Sachen Clientmanagement möglich ist. Wir werden versuchen, einen angemessenen Überblick interessanter Informationen der Produkte aufzustellen, um den Fokus auf relevante Funktionen zu erweitern und Ideen zu liefern, um Mac-Clients in Ihrem Unternehmen optimal zu verwalten.

Diese Beispiele sollen Ihnen Anhaltspunkte an die Hand geben, um – bei der Überlegung für ein weiteres Vorgehen in Ihrem Unternehmen – so bereits mit einer Grundlage starten zu können.

Apple Remote Desktop / ARD

Mit *Remote Desktop* bietet Apple ein hauseigenes Clientmanagement-Tool an, welches sich durchaus für Firmen eignen kann. Es handelt sich hierbei um ein geschlossenes System mit Funktionen für die Installation von Software, die Inventarisierung der Clientdaten und die Integration einiger Remote-Funktionen, um auch den Support unterstützen zu können.

Mit dem zuletzt genannten Punkt bietet Apple damit mehr an als zum Beispiel das Produkt von FileWave. Jedoch zieht es beim Umfang der Funktionen im Rahmen des Clientmanagements den Kürzeren. Bereits die Funktionalität der Softwareverteilung ist auf das Notwendigste beschränkt, was natürlich je nach Strategie dennoch ausreichen kann. *ARD* nutzt die Verteilung von Installationspaketen – also Package-Installer und Meta-Package-Installer. Zusätzlich können auch Programme oder Dateien als Kopie auf den Client übertragen werden. Die Installationspakete können die von Apple selbst als Download zur Verfügung gestellten sein, oder aber neu mit Hilfe des Package

Makers generiert werden, der im Lieferumfang von *Apple Remote Desktop* beiliegt. Auch Apples Developer-Tools enthalten dieses Werkzeug.

Vorweg kann bereits gesagt werden, dass ARD **im professionellen Bereich die kostengünstigste Möglichkeit** darstellt, Software automatisiert über eine grafische Benutzeroberfläche zu verteilen und die Clients zu managen. Dass der Umgang nicht ganz der sonstigen intuitiven Gestaltung entspricht, fällt dabei ein wenig störend auf. Einige Grundkonfigurationen sind leider ebenso nicht unbedingt selbsterklärend.

Darüber hinaus ist die transparente und übergreifende Zugriffsstrategie innerhalb des Netzwerks, die Apple mit ARD verfolgt, nicht unumstritten. Die Verwendung der Spotlight-Suche über die Client-Computer und die Möglichkeit der Kopie von Client-Daten wird nicht in jedem Unternehmen Einverständnis finden. Die Einschränkungen über diese Funktionen müssen genau geprüft werden, um zu vermeiden, dass der Betriebsrat am Ende einen Riegel vorschiebt.

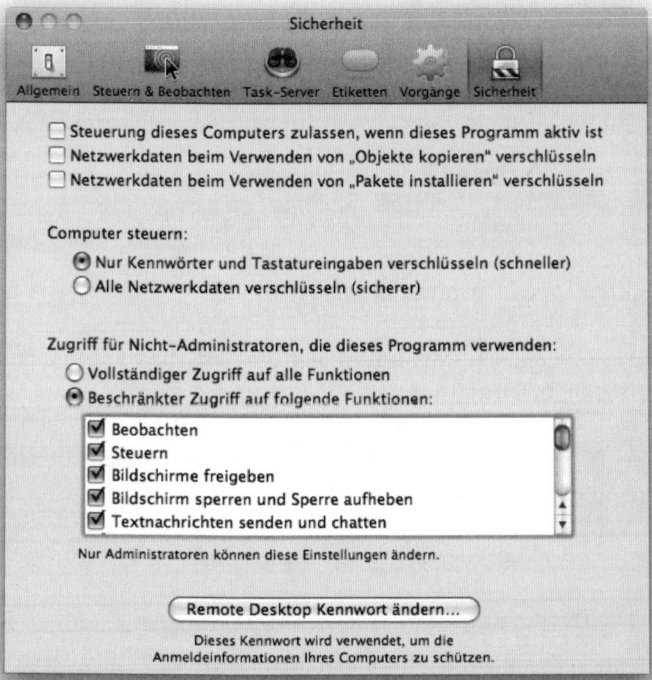

Näheres dazu erläutern wir im Abschnitt über die Client-Einstellungen.

ARD-Komponenten

ARD besteht aus dem Client, der in jedem Mac OS X-System integriert ist und der Administratorkonsole, die pro Administratorlizenz erworben wird. Sollen mehrere Supporter mit ARD arbeiten, müssen entsprechend viele Lizenzen dieser Konsole gekauft werden. Der Preis hält sich dabei durchaus in Grenzen.

Die Bildschirmsteuerung von ARD setzt auf die im Betriebssystem bereits integrierte Screensharing-Funktion auf, ist aber auch mit VNC kompatibel.

ARD Remote Desktop: die Administrator-Konsole

Auch wenn die Benutzung von ARD nicht an jeder Stelle sofort einleuchtet, wirkt die Gesamtoberfläche der Administratorkonsole sehr überschaubar.

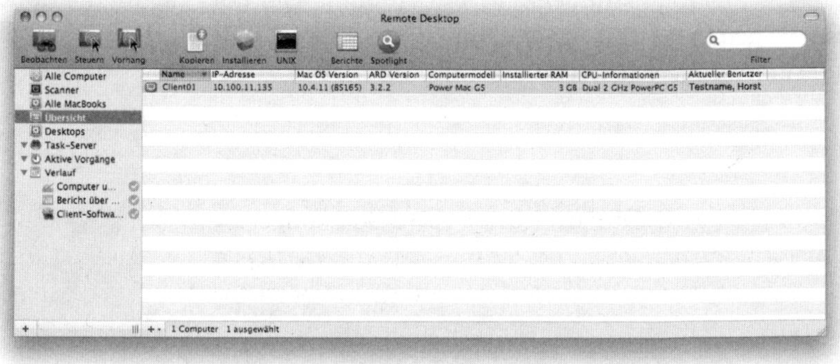

Das Hauptfenster teilt sich wie bei vielen ähnlichen Tools in zwei Bereiche:

- Der Auswahlbereich auf der linken Seite, in dem die verschiedenen Funktionsgruppen angewählt werden können, und

- der Ausgabebereich auf der rechten Seite, in dem die entsprechend verwalteten Clients angezeigt werden.

Die Spalten sind individuell konfigurierbar, wobei die Auswahl der Parameter begrenzt ist.

Bereits bei der Grundkonfiguration werden einige, später nützliche Funktionen abgefragt. So können Sie beispielsweise festlegen, dass Auswertungen im Intervall automatisch geladen werden und bereits zur Verfügung stehen, sobald Sie diese benötigen. Diese Berichtsammlungs-Funktion hat ihre Vorteile, da somit Performance-Einbußen und Wartezeiten aufgrund von hohem Datenvolumen vermieden werden.

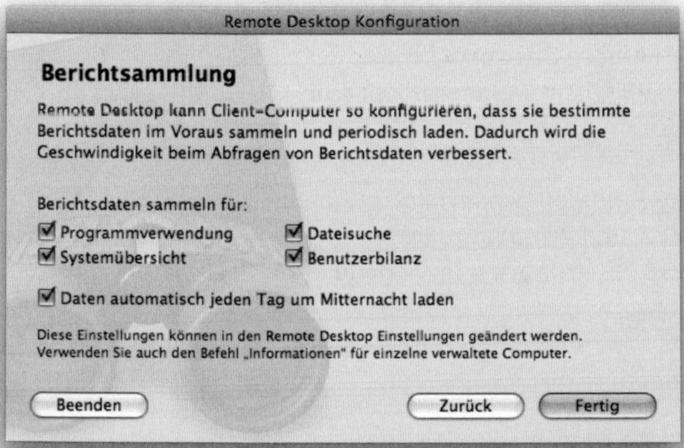

Jedes Systemmanagement-Programm sollte darauf vorbereitet sein, dass nicht immer alle Clients im Netzwerk zur Verfügung stehen. Die **Reihenfolge der verschiedenen Aufgaben**, um die Berichte diesbezüglich zu sammeln oder um die Software zu verteilen, übernimmt ein so genannter **Task-Server.** Als Task-Server kann der Administrator-Computer selbst, ein Client oder aber ein File-Server-Volume dienen. Leider kann nur ein Task-Server deklariert werden, so dass dieser nicht für die Standortverteilung geeignet ist. Dafür bietet ARD allerdings eine Bandbreitenkontrolle bei der Verteilung an.

Die Einbindung eines Clients als Task-Server macht natürlich nur dann Sinn, wenn dieser auch zu jeder Zeit angeschaltet ist – ansonsten würde ja auch der eigentliche Zweck verfehlt. Wir empfehlen daher ein im Netzwerk bereits vorhandenes FileServer-Volume, um die höchste Verfügbarkeit zu gewährleisten. Das hat auch Performance-Gründe, da der lokale Administrator keine reine zentrale Sammlungs- und Verteilungsaufgabe im Sinne eines FileServers übernehmen sollte.

ARD: der Remote Desktop Client

Apple hat den Client seit einiger Zeit schon als Komponente im Betriebssystem integriert.

Neben der Funktion *Screensharing* – die im Übrigen von Client zu Client funktioniert und keine Administratorkonsole voraussetzt – werden zudem alle weiteren Zugriffsarten im Systemkontrollfeld *Sharing/Freigaben* konfiguriert.

Äußerst wichtig sind dabei die gewählten Rechte für den Benutzer, der auf den Client zugreifen darf.

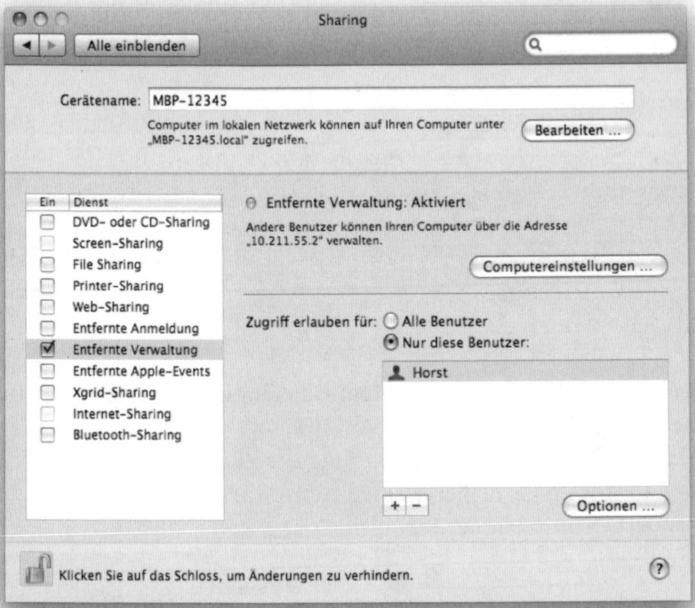

Hier empfehlen wir, einen einheitlichen lokalen Benutzer anzulegen, der nur für diese Aufgabe konfiguriert wird.

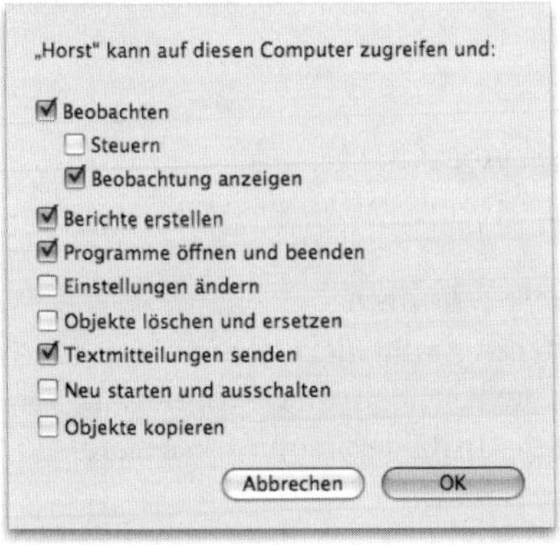

Aus Gründen des Datenschutzes sollte nicht nur in größeren Unternehmen vermieden werden, jedem Benutzer alle Rechte zu erteilen.

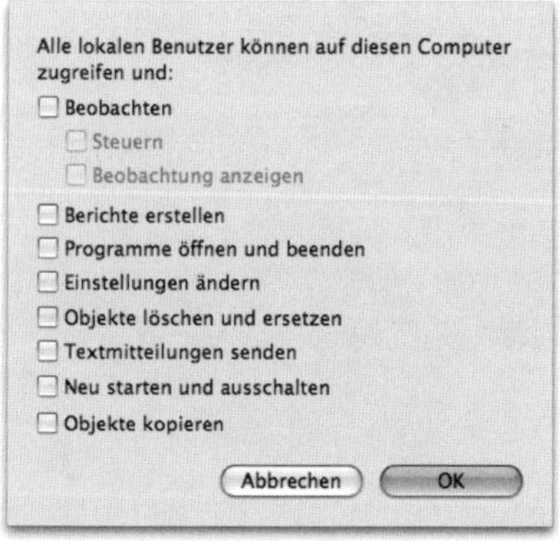

In den *Computereinstellungen* des Kontrollfeldes werden allgemeine Informationen eingetragen – sofern das von Ihnen gewünscht wird. Eine Empfehlung an dieser Stelle ist die Aktivierung der Zugriffs-Anzeige in der Menüleiste. Ein Anwender bemerkt einen Administrationszugriff dann durch das veränderte Symbol in der Menüleiste.

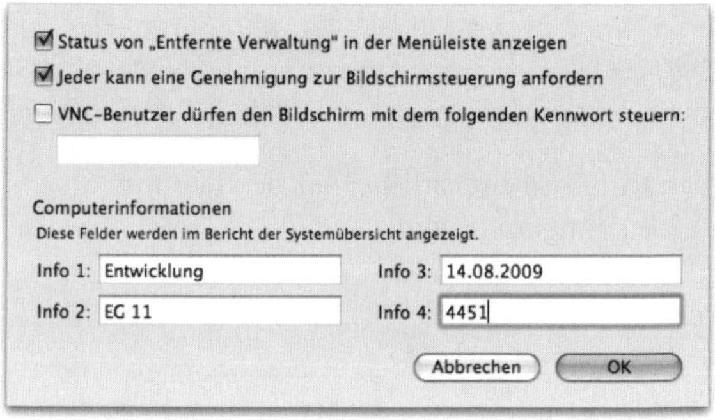

ARD: Software-Pakete schnüren

Bei der Softwareverteilung mit ARD können Sie entweder Installationspakete oder aber einzelne Dateien und Programme verteilen. Apple unterscheidet hier zwischen »Installieren« und »Kopieren«.

Im Falle der Benutzung von PKGs oder MPKGs nutzt man den Button *Installieren* im Fenster der Administratorkonsole. Hier werden ein oder mehrere bestehende Installationspakete eingebunden und deren Installationsoptionen konfiguriert. Unter anderem sind Anpassungen über einen notwendigen Neustart nach erfolgreicher Installation, oder aber über die Bandbreitennutzung möglich. Per *Drag & Drop* werden die gewünschten Pakete in den Fensterbereich »Pakete« gezogen.

Nach der Konfiguration für diesen Installationsvorgang kann er als Vorlage gesichert werden.

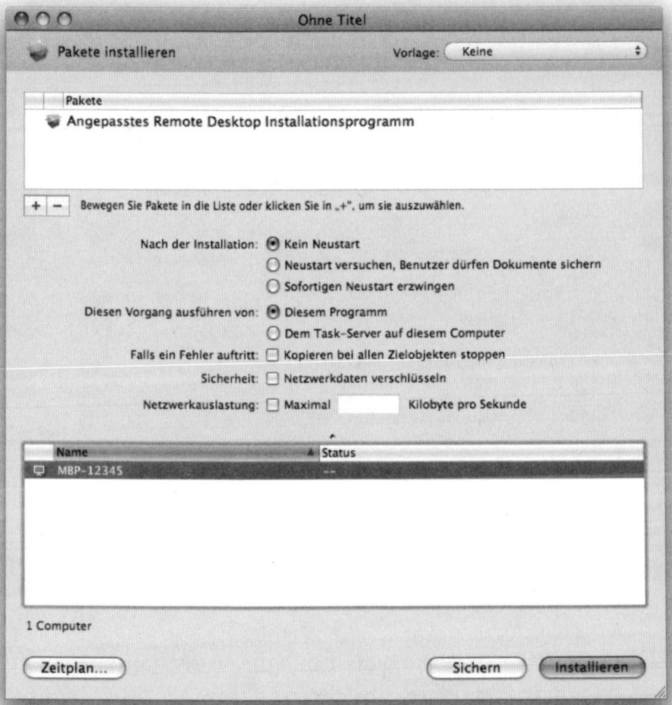

Wurde ein Auftrag zur Softwareverteilung erstellt und mit einem Client oder einer Gruppe durch *Drag & Drop* verbunden, wird dieser Prozess im Ordner »aktiver Vorgang« angezeigt.

Dateien und Programme können auch ohne Installation verteilt werden, sofern sie nicht auf komplexe Systembestandteile angewiesen sind. Der Knopf *Kopieren* ist für diese Aktion gedacht. Es öffnet sich ein ähnliches Fenster wie bei einer Paketzuweisung.

Hier können Sie einzelne Dateien und ganze Programme durch Ziehen in den oberen Fensterbereich in ein Softwareverteilungs-Paket »zusammenschnüren«.

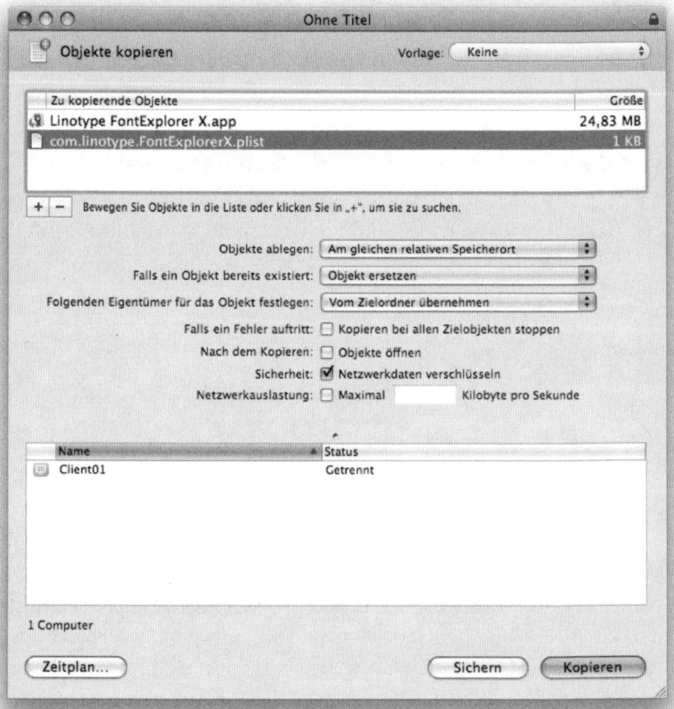

Wie auch bei der Paketzuweisung lässt sich die so entstandene Referenzverteilung als »Standard-Template« absichern.

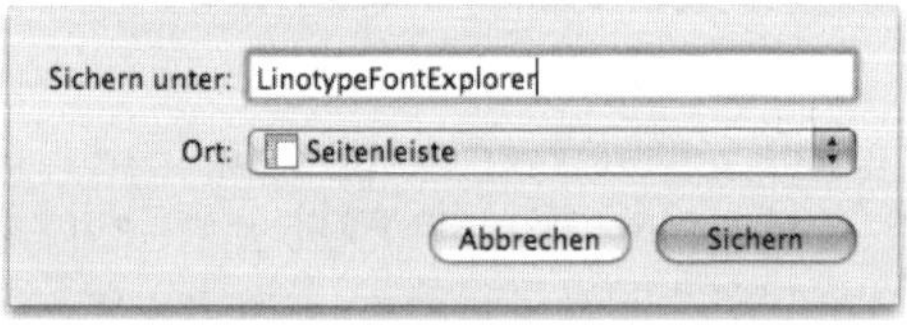

ARD: Funktionen im Clientmanagement

Um überhaupt Clients verwalten zu können, müssen Sie diese zunächst als Gruppe »einsammeln«. Apple nennt diese Funktion »Scanner«, mit dem sich über verschiedene Wege Clients im Netzwerk suchen lassen.

Durch die Einrichtung eines oder mehrerer Scanner wird eine dann neue Gruppe erstellt, in der durch Auswahl der Filtermethode nach entsprechenden Clients im Netzwerk gesucht wird.

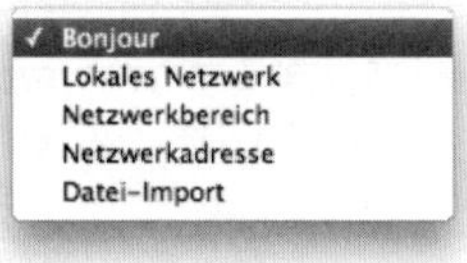

Mit den Funktionen von Remote Desktop können Sie Berichte erstellen und Auswertungen vornehmen. Für die Filterung nach bestimmten Vorgaben und Merkmalen eignet sich die Erstellung von so genannten »intelligenten Gruppen«. Ein oder mehrere Kriterien werden dabei in einem Auswahlfenster durch bestimmte frei wählbare Kriterien definiert.

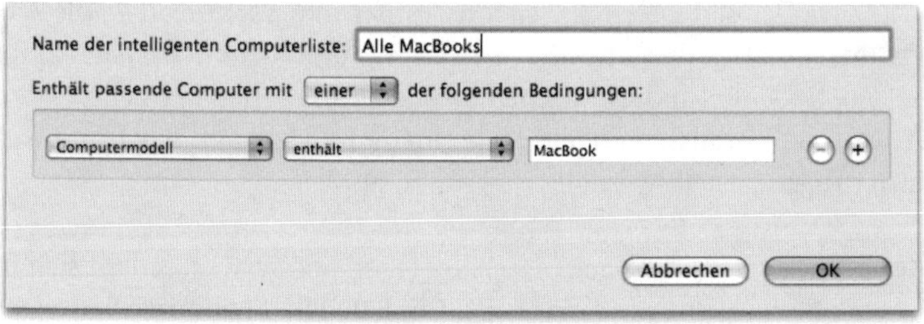

Leider stehen keine Referenzwerte zur Verfügung – so muss der Ersteller genau wissen, wie das Format oder die Syntax der Suchvariablen eingetragen werden sollte. Einfacher ist da schon die Generierung von Standardlisten; diese können Sie generieren, indem Sie die gewünschten Clients markieren und mit der Funktion *Neue Liste aus der Auswahl* ganz individuell zusammenstellen können.

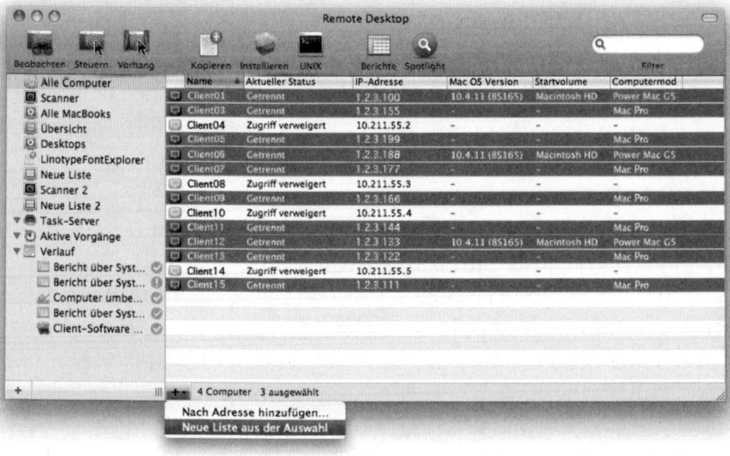

FileWave und FileWave Inventory

Die Firma *FileWave GmbH* begleitet uns in unserer Tätigkeit schon lange in Sachen Softwareverwaltung und Inventarisierung auf dem Mac. Mit dem Produkt FileWave lässt sich die Software auf den Clients verteilen und auch gut verwalten. Zusammen mit *FileWave Inventory* entsteht ein Clientmanagement-System, das die Funktionen des angestrebten Asset-Management mit einschließt.

Seit einigen Jahren bietet die Firma *FileWave GmbH* mit ihrem Tool auch die Integration von Windows-Clients an. Nunmehr können Sie Mac- und Windows-Clients im Netzwerk mit einem Tool verwalten, Software verteilen und mit FileWave Inventory die gewünschten Inventardaten sammeln.

FileWave hat sich seit vielen Jahren auf das Betriebssystem von Apple spezialisiert; nur mit den Funktionen für das Windows-Betriebssystem gibt es immer noch kleine Kinderkrankheiten. Hier muss genau betrachtet werden, unter welchen Voraussetzungen nach einem Tool gesucht wird und welche Anforderungen gestellt werden.

Bei der Softwareverteilung geht *FileWave* einen Sonderweg, indem sich nicht nur Installationspakete, sondern auch komplette File-Strukturen verteilen lassen, die dann auf dem Client aktiv werden. Damit wird aus der Verteilung eine Verwaltung, da sich diese File-Strukturen nicht nur einfach im Softwarepaket verändern lassen, sondern auch komplett wieder entzogen werden können.

Der Vorteil liegt darin, dass beim Entziehen dieser Dateistrukturen kein Deinstallationspaket erstellt werden muss, das möglicherweise in die sonstige Daten-Infrastruktur eingreifen könnte. Ein Nachteil ist die Komplexität, die beim Herstellen der Paketstruktur beachtet werden muss.

FileWave ist kompatibel mit den gängigsten Installationspaketen für die Apple-Plattform wie *.PKG* und *.MPKG* – es zeigt sich somit in der Art und Weise der Softwareverwaltung von Clients nach Belieben flexibel.

Als weitere Option von *FileWave* stehen die Templates für bestehende Software zur Verfügung, die Sie dann für die einfache Paketierung einsetzen können.

FileWave und FileWave Inventory: die Komponenten

Das Verwaltungssystem von FileWave ist modular aufgebaut und setzt sich aus den Komponenten *Server, Admin, Client, Booster* und *Inventory System* mit *Asset Trustee Inventory Database*, ein *PostOffice FileServer* und *Scanner* für den Client zusammen.

Die Komponenten können im Zweifel zusammen auf einem Computer installiert werden. Wir empfehlen nicht zuletzt aus Performance-Gründen, zumindest den Dienst des Servers und den des Boosters separat zu installieren.

FileWave Server

Der *FileWave Server* läuft theoretisch auf jedem Mac, sollte aber aufgrund der Auslastung auf Server-Hardware – zum Beispiel einem Apple Xserve – installiert werden. Der *FileWave Server* läuft als Dienst, der entweder über den *Status Monitor*, dem *Terminal* oder über den Admin gesteuert werden kann.

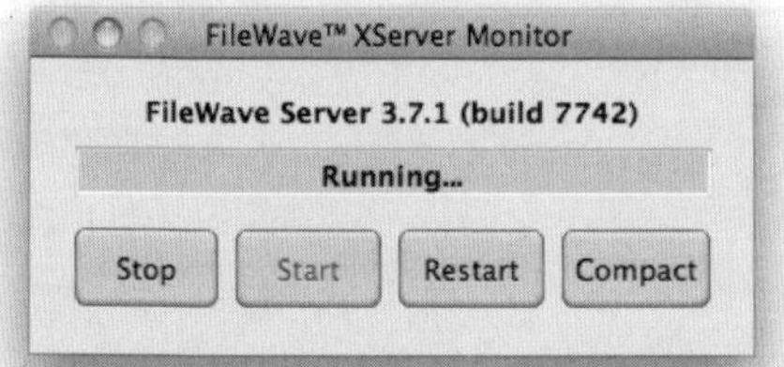

FileWave Admin

Mit dem *FileWave Admin* können Sie über eine Benutzeroberfläche die Software verwalten.

Diese besteht aus vier Fenstern, von denen drei der Clientverwaltung dienen.

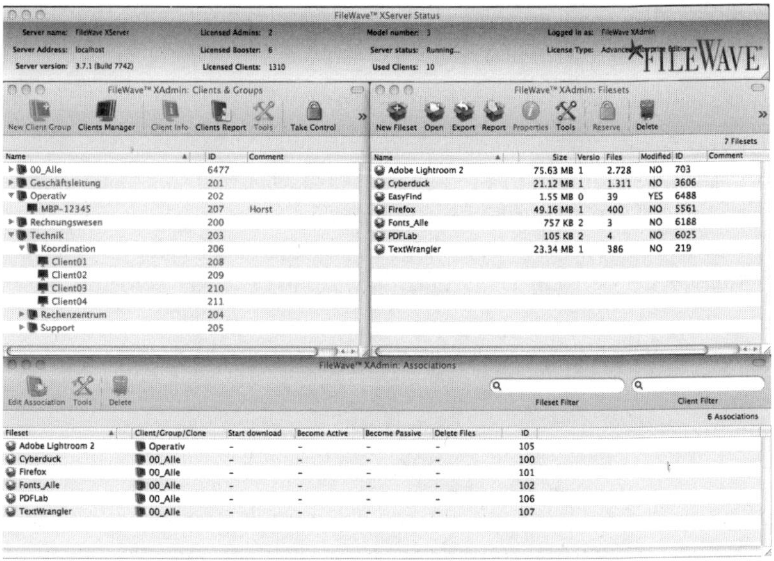

Das obere Fenster beinhaltet den Status des Servers, die Modell-Nummer und andere Informationen über das FileWave-System.

Der Bereich »Clients & Groups« beinhaltet die komplette Client- und Gruppenstruktur. Hier können Sie Wünsche flexibel konfigurieren; so lassen sich die Clients zum Beispiel nach Abteilungen gruppieren. Des Weiteren können Sie sich über den Button *Clients Report* eine Gesamtübersicht aller verwalteten Mac-Clients anzeigen lassen.

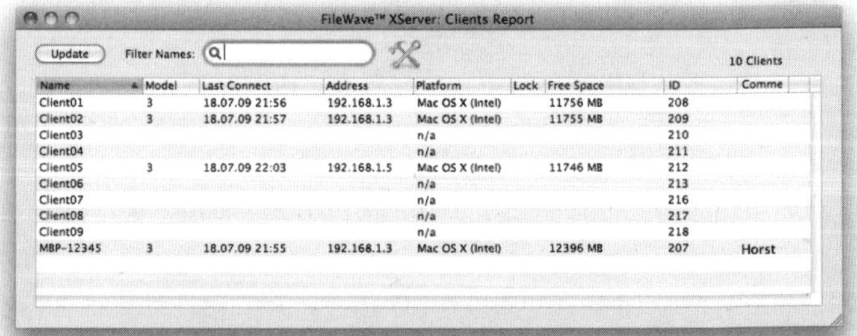

Im Bereich »FileSets« erhalten Sie die Übersicht aller vorhandenen Softwarepakete, die Sie verteilen können. Hier lassen sich neue Pakete erstellen, alte löschen – oder bestehende Pakte modifizieren.

Über den Button *Report* erhalten Sie die Übersicht über das ausgewählte Paket. Informationen über die Empfänger des Paketes und des Aktivierungszeitraums auf den Clients lassen sich ebenfalls hier ablesen.

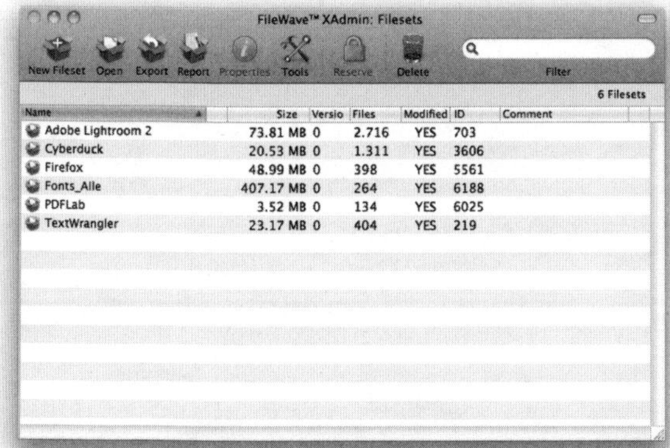

Auf der einen Seite haben wir nun die Clients und Gruppen, auf der anderen Seite die verteilbaren Softwarepakete – so fehlt uns nur noch eine Übersicht über die Verknüpfungen. Diese Funktion bietet der Bereich »Associations«: Werden Clients oder Gruppen mit einem Paket in Verbindung gebracht, so entsteht eine Verknüpfung, die Sie in diesem Fenster sehen und modifizieren können.

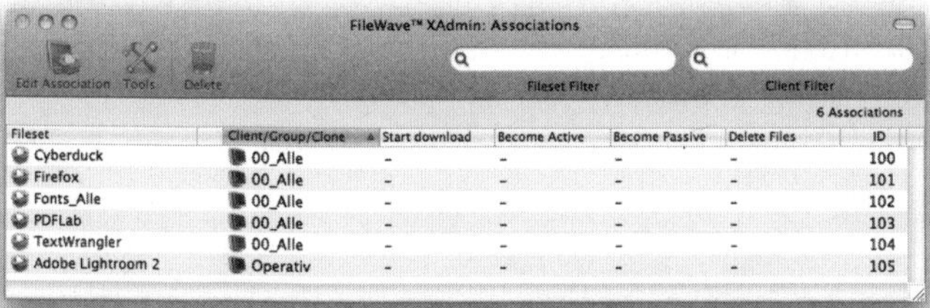

Ebenfalls zum *FileWave Admin* gehören die Programme *FileWave Client-Monitor* und *FileWave SuperPrefsXEditor.* Mit dem *FileWave Client-Monitor* können Sie die Clients konfigurieren – neben der eigenständigen Applikation ist er auch als Funktionsintegration im Admin selbst enthalten. Den *FileWave SuperPrefsXEditor* können Sie einsetzen, um – per Softwareverteilung – auch festgelegte Standards an einen oder mehrere Clients vorzugeben. Hierüber lässt sich demnach auch die Grundkonfiguration der FileWave-Clients nach Ihren Wünschen anpassen.

Gibt es zum Beispiel einen neuen Booster in einem Netzwerksegment, ist die einfache Zuordnung der betroffenen Clients über eine so genannte neue »Superpreference«-Datei möglich.

Die Clients und Gruppen verwalten Sie dann im *Client Manager*. Hier lassen sich auch Clones erstellen und nach weiteren Clients im Netzwerk suchen.

Je nach Lizenzierung können entsprechend viele Administratoren gleichzeitig am Server arbeiten. Die Zugriffssteuerung wird im Menüpunkt *FileWave Administrators* vorgenommen. Die Berechtigungen für die Administration am FileWave-System können Sie beliebig festlegen.

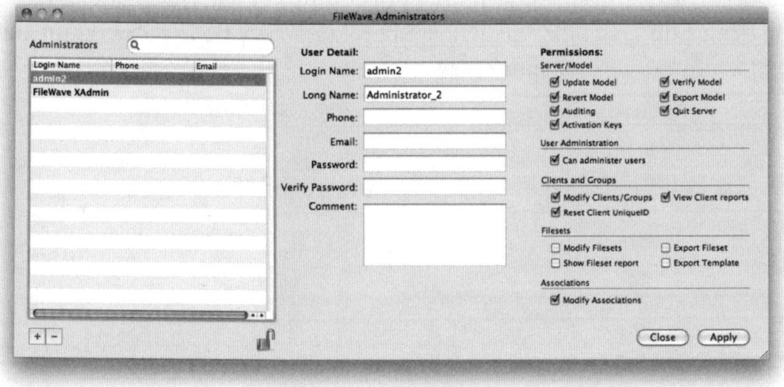

FileWave Client

Der *FileWave Client* läuft als Dienst auf dem verwalteten Rechner. Er sorgt dafür, dass beim Start des Systems der Kontakt mit dem Server hergestellt und ein aktuelles »User Manifest« geholt wird – in dieser Datei sind die neuen Aufträge für die Softwareverwaltung und Änderungen zur vorherigen Version enthalten. Konfigurieren lässt sich der Client am einfachsten mit dem *FileWave Client Monitor,* der im Umfang des Admins enthalten ist.

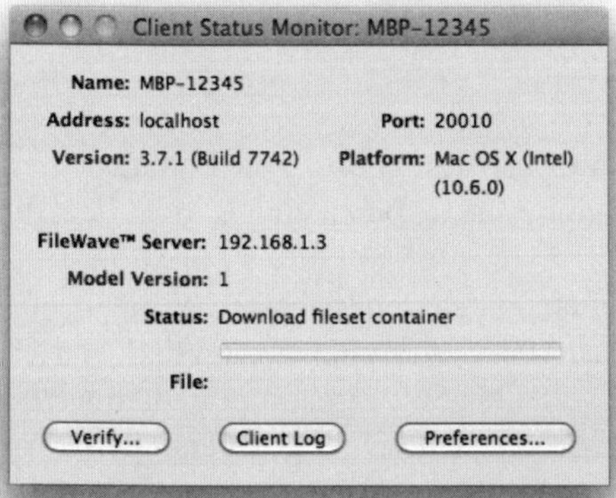

Mit den Einstellungen, die sich hinter dem Button *Preferences* befinden, können der Zeitintervall für den Server-Kontakt, etwaige Booster-Server und andere Konfigurationen festgelegt werden.

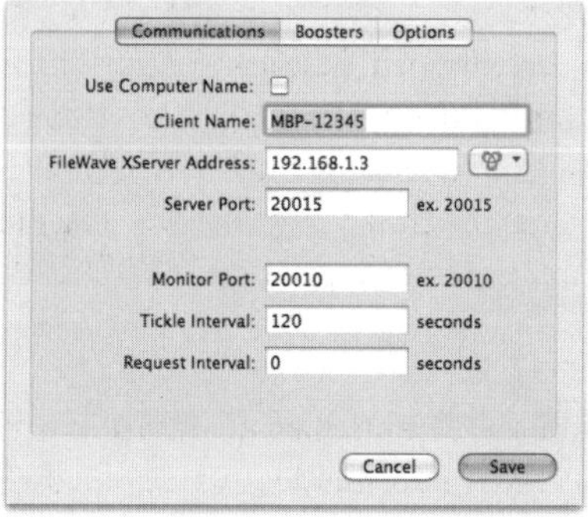

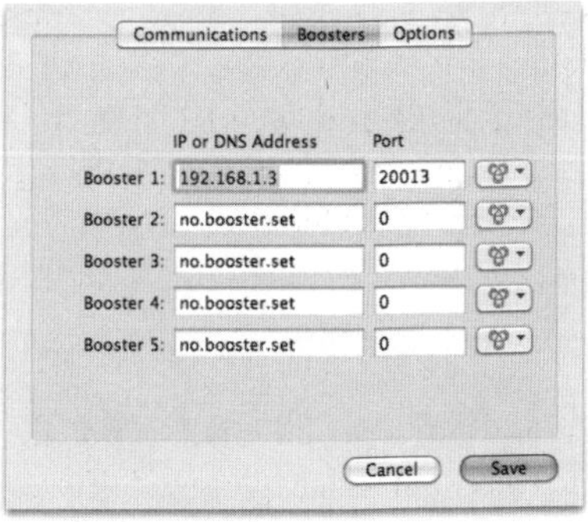

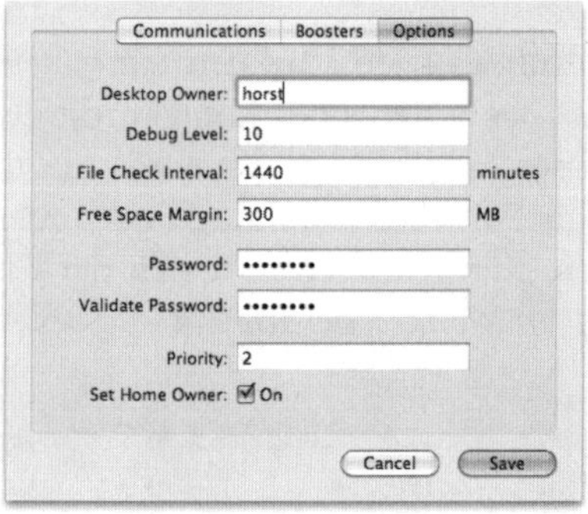

Ein wichtiges Supportinstrument bietet die Funktion *Verify:* Kommt es vor, dass eine Softwarekomponente beschädigt ist oder liegt diese nicht mehr im gewünschten Zustand vor, kann mit dieser Funktion die Überprüfungsroutine – die sonst generell nach dem nächsten Neustart oder spätestens nach Ablauf des konfigurierten Zeitraumes automatisch startet – manuell ausgeführt werden. Alle verteilten Softwarekomponenten werden mit den auf der Festplatte gefundenen verglichen und gegebenenfalls korrigiert.

Eine weitere wichtige Funktion ist das *Client Log.* Hier lässt sich ein detailliertes Protokoll der Verteilungsprozedur auf dem Client abrufen.

Der »FileWave Client Monitor« sollte als Dienstprogramm auf jedem Client zur Verfügung stehen, um direkt vor Ort in der Lage zu sein, alle notwendigen Informationen abzulesen.

FileWave Booster

Dem *FileWave Booster* geht die Idee voraus, eine gleichmäßige Softwareverteilung an mehreren Firmenstandorten vornehmen zu können. Damit nicht

jeder Client eine eigene Verbindung mit gleich hoher Datenübertragung zum Server öffnen muss, übernimmt der Booster den Verteildienst.

Die Funktionsweise ist relativ einfach. Der erste Client, der sich am Server meldet und erfährt, dass neue Software verteilt wird, bekommt seine Informationsdatei und wendet sich dann damit an den Booster. Der Booster schaut zunächst nach, ob die Pakete bereits vorhanden sind. Wenn dem so ist, bezieht der Client ein Paket nach dem anderen vom Booster. Hat der Booster diese Software noch nicht, kontaktiert er den Server und lädt die notwendigen Komponenten.

Während dieser Zeit bekommen alle weiteren Clients die Information, sich innerhalb eines definierten Zeitintervalls erneut zu melden. Somit wird gewährleistet, dass Softwarepakete nur einmal über die Leitung zum externen Standort übertragen werden müssen und der Server entlastet wird. Je nach Lizenz können entsprechend viele Booster eingesetzt werden.

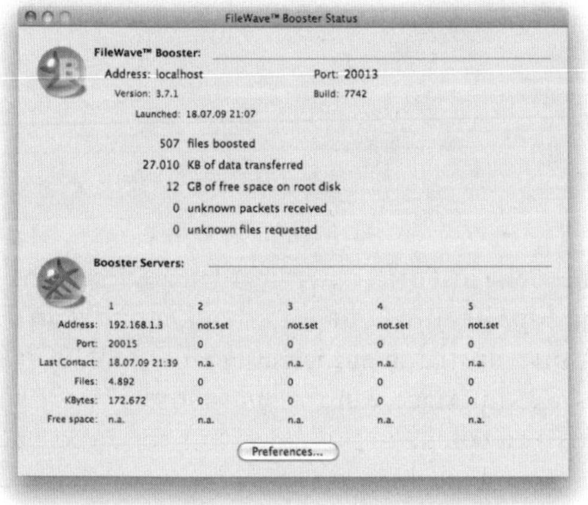

FileWave Inventory

Das Inventarisierungssystem mit Asset Management-Funktionen nennt sich *FileWave Inventory* (früher *Asset Inventory Trustee)* und lässt sich voll in eine vorhandene FileWave-Konfiguration integrieren und mit ihr kombinieren. Zu den Bestandteilen des Inventory-Systems gehören die Datenbank mit einem Web-User-Interface für die Abfragen, ein PostOffice-FileServer für das Sammeln der Clientdaten und natürlich der entsprechende Client, genannt Scanner. Der Server speichert alle von den Clients gesammelten Inventardaten in einer SQL-Datenbank, auf die per Web-Frontend und – sofern vorhanden – zu Teilen vom FileWave-Admin aus zugegriffen werden kann.

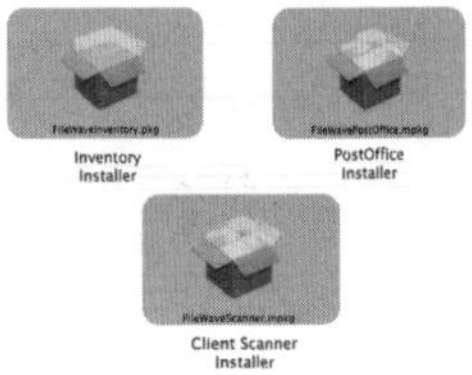

Der Scanner kann manuell oder über vorgegebene Voreinstellungen konfiguriert werden.

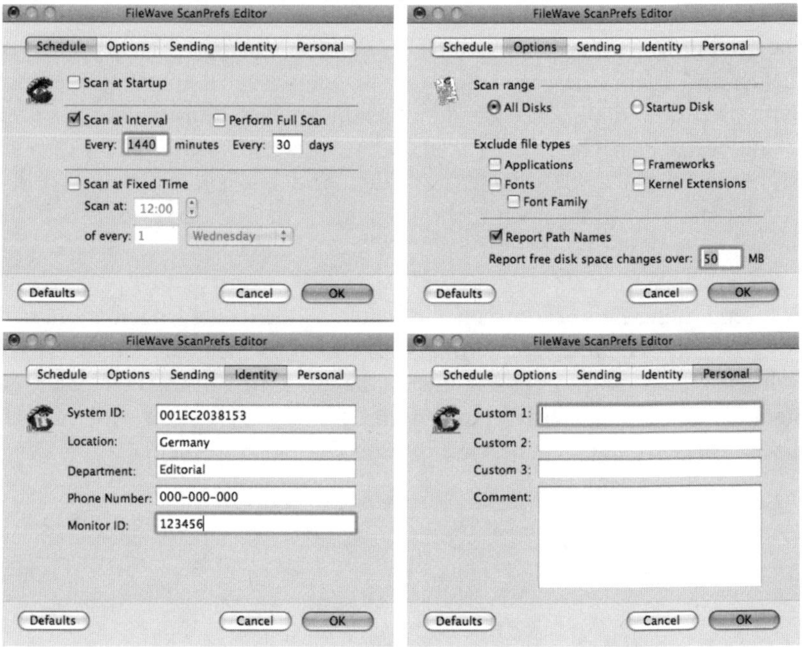

Sobald der Client gestartet wurde, erstellt er beim ersten Mal eine komplette Informationsübersicht in Form einer Textdatei. Diese wird dann zunächst lokal abgelegt und später zum konfigurierten Zeitpunkt an den Server übertragen. Danach wird nur noch ein Delta-Scan erstellt, um die Änderungen zu erfassen. Im Web-Interface von *Inventory Asset Trustee* können Sie dann per Filter Abfragen erstellen.

Auch im FileWave-Admin stehen einige Informationen zu den Clients zur Verfügung, die sich dann für die entsprechende Verteilung nutzen lassen.

Ansonsten sind diverse Filter- und Auswertungsmöglichkeiten integriert, mit deren Auswertungen variiert werden können.

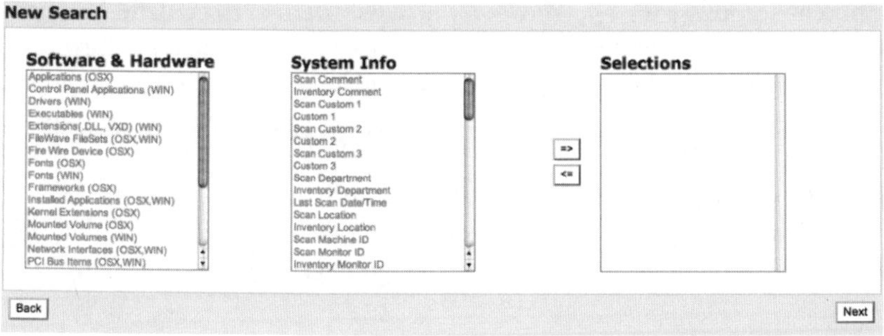

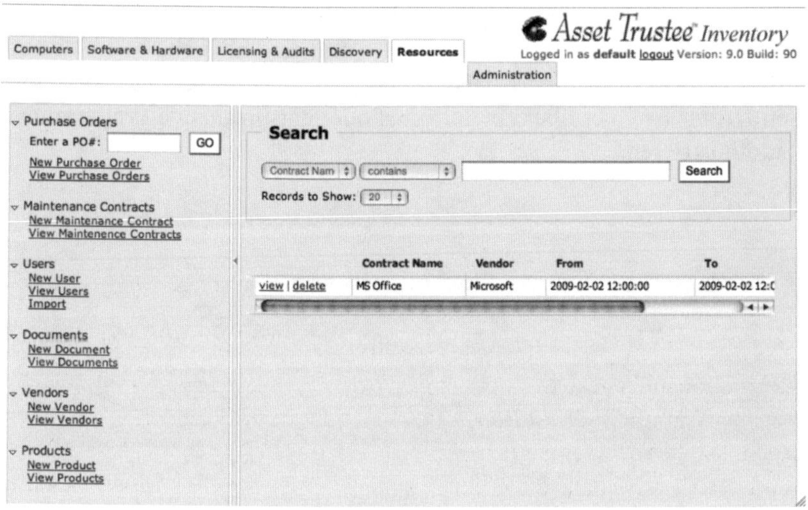

Das System bietet nicht nur die Möglichkeit, die Anzahl der verfügbaren **Software-Lizenzen zu kontrollieren**, sondern auch **regelmäßig und automatisch vordefinierte Reports über Hard- und Software** an gewünschte E-Mail-Adressen verschicken zu lassen.

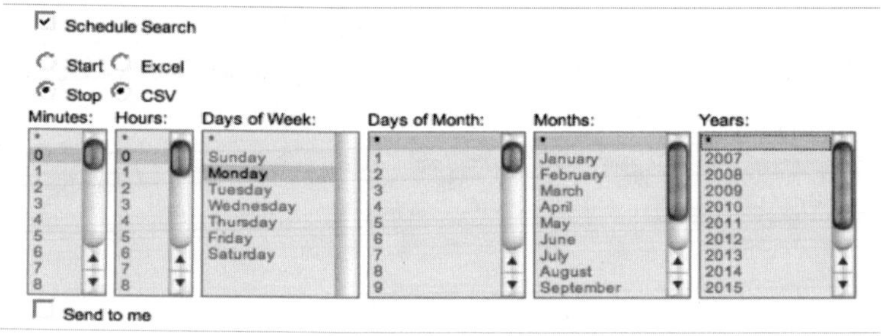

FileWave: Administration und Verwaltung

Nachdem der *FileWave-Server* installiert wurde, beginnt das Anlegen der Maschinen-Accounts. Im *FileWave Admin* stehen dazu verschiedene Möglichkeiten zur Verfügung: Entweder werden die Clients manuell, per Textlisten oder aber über die Verzeichnisfunktion *LDAP* im Netzwerk eingesammelt. Für diese Funktionen steht der *Client & Group*-Manager zur Verfügung.

Wenn der Admin die Client-Installation übernehmen soll, muss vorher auf den Client-Maschinen das SSH-Protokoll *(Systemeinstellungen | Sharing / Freigaben | Entfernte Anmeldung)* und ein gültiger Zugang aktiviert werden.

> *SSH* oder *Secure Shell*
> **Hierbei handelt es sich um eine – über ein unsicheres Netzwerk durch Authentifizierung hergestellte – sichere und verschlüsselte Verbindung zwischen zwei Computern. Über dieses Netzwerkprotokoll lässt sich ein entfernter Rechner über ein Terminal oder entsprechende Programme administrieren.**

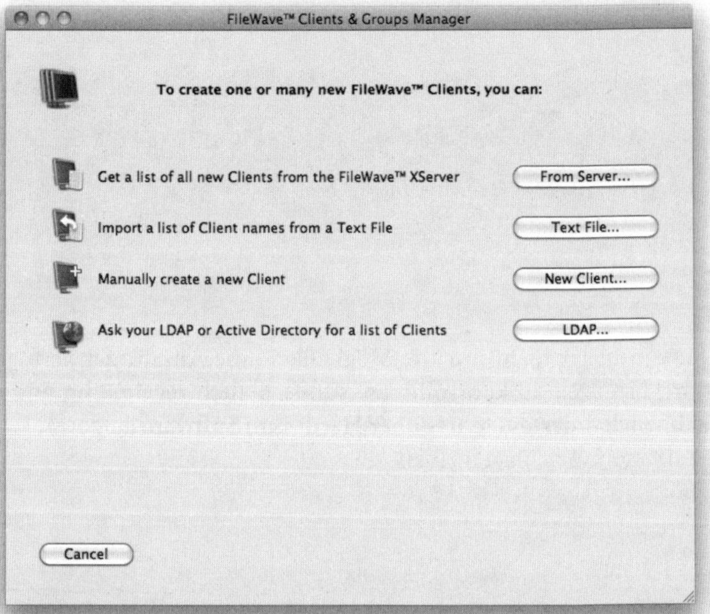

FileWave: Erstellung von Software-Paketen

Wie bereits angesprochen bietet *FileWave* neben der Verteilung von Installationspaketen auch die Möglichkeit, Dateistrukturen oder ganze Programme zu verteilen.

Im Fenster »Filesets« können Sie nach dem Klick auf *New Package* ein neues Softwarepaket erstellen.

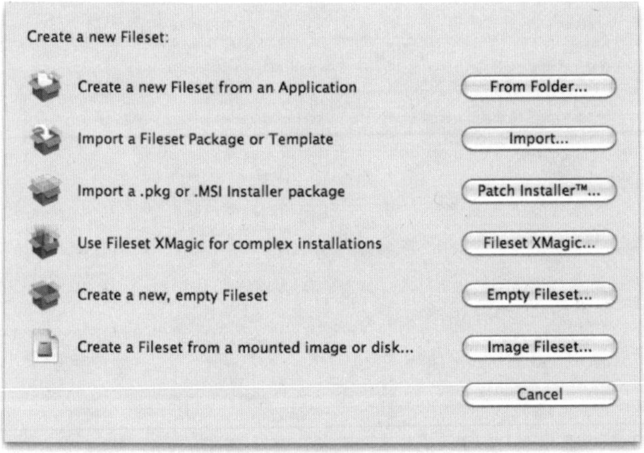

Nun bietet *FileWave* diverse Möglichkeiten zur Erstellung von Softwarepaketen. Unter anderem lassen sich so recht einfach aus dem Programme-Ordner Anwendungen zu einem Programmpaket schnüren, welches dann auf einen oder mehrere Computer verteilt werden kann.

Wenn man die Option *Empty Fileset ...* auswählt, ist nach dem Entfernen des Hakens für das Ausblenden der nicht benutzten Ordner sofort die Idee erkennbar, die *FileWave* mit ihrer Art Softwareverteilung verfolgt: Denn die angezeigte Verzeichnisstruktur bildet die Standardstruktur ab, die auf einem OS X zu finden ist. Einzelne Pfade sind beliebig modifizierbar. So können Sie Berechtigungen ändern und auch ganze Programme, Dateien oder Ordner in die Struktur per *Drag & Drop* hier hineinziehen.

Selbstverständlich können auch eigene, noch nicht bestehende Pfade erstellt werden.

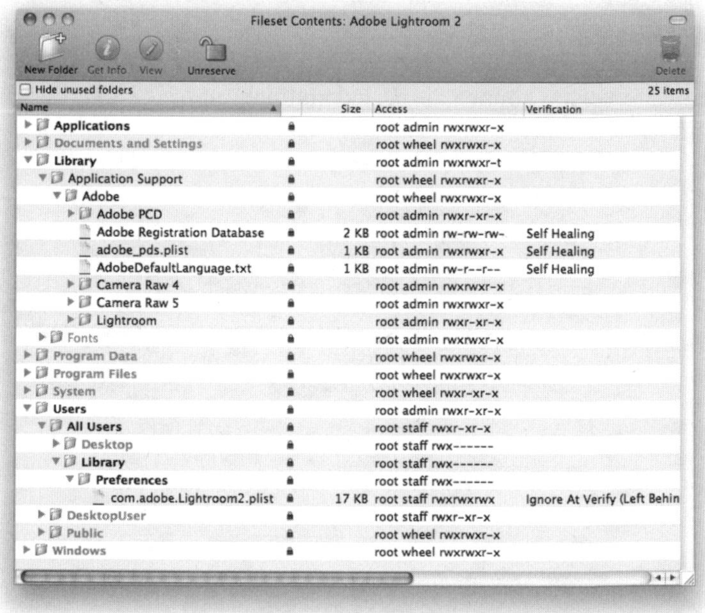

Auch bestehende Programmpakete können nun wie erwähnt modifiziert werden. Dazu steht der Button *FileInfo* zur Verfügung. Mit dieser Funktion können Sie alle wichtigen Parameter für Dateien und Ordner konfigurieren. Zugriffsberechtigungen lassen sich ebenso einstellen wie spezielle Unix-Flags. Dazu zählen *SetUID* oder *Sticky Bit*.

SetUID / Set User ID

Dieses Flag beschreibt spezielle Berechtigungseinstellungen für Programme und Ordner. Ist ein Programm mit diesem Flag versehen, startet es nicht unter der Berechtigung des ausführenden Benutzers, sondern mit der des Programm-Eigentümers.
Wird ein Verzeichnis mit diesem Attribut versehen, gehören die darin angelegten Objekte dem Verzeichniseigentümer und nicht dem Benutzer, der die Objekte angelegt hat.

Sticky Bit

Darunter ist ein Dateiattribut unter Unix zu verstehen. Es sorgt unter Apples Betriebssystem dafür, dass für ein Verzeichnis spezielle Berechtigungen gelten. Wird ein Verzeichnis, das für alle Benutzer lesend und schreibend berechtigt ist, mit dem Attribut »Sticky Bit« versehen, bleiben die von einem Benutzer angelegten Objekte für andere Benutzer vor dem Löschen und Umbenennen geschützt.

Ein für alle Benutzer offener Ordner mit der Berechtigung »drwxrwxrwx« bekommt mit dem Setzen des Sticky Bits am Ende anstelle des letzten Ausführungsattributes ein »t«, so dass die Zugriffseinstellungen dann so aussehen: »drwxrwxrwt«.

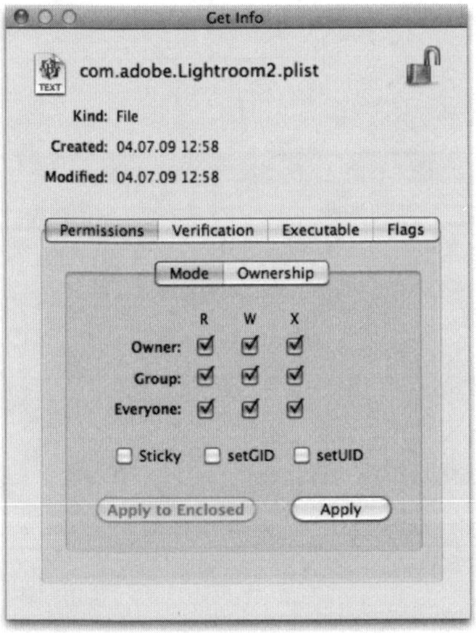

Darüber hinaus lassen sich noch andere Unix-Attribute setzen wie unter anderem *hidden*, damit Dateien im Finder nicht sichtbar werden, oder *execute* für das einmalige Ausführen von Shellscripten.

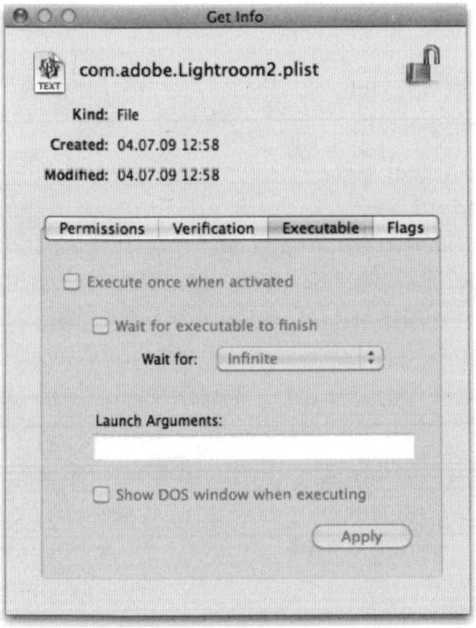

Ein interessantes und nützliches Feature für die Verwaltung von Software auf den Clients stellt der Umgang mit den Überprüfungsoptionen der verteilten Dateien dar. Sie können mit drei verschiedenen Richtlinien versehen werden.

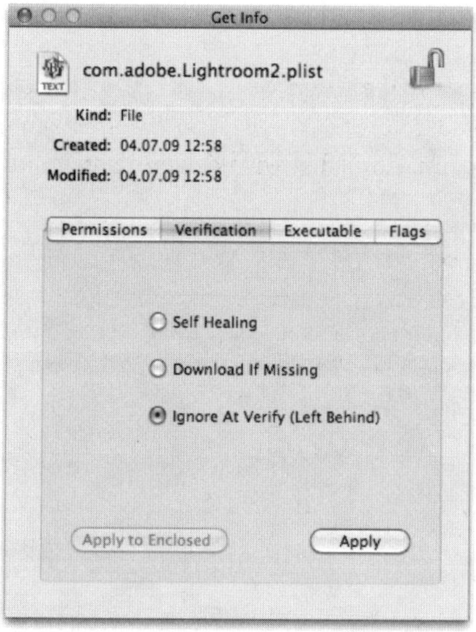

- **Self Healing**
  Die Option *Self Healing* bedeutet, dass verteilte Dateien bei jedem automatischen Check der verteilten Software auf Veränderung überprüft werden. Unterscheidet sich auch nur ein einziges Bit oder Attribut einer verteilten Datei vom originalen Verteilungszustand, wird die Ursprungsversion erneut vom Server geladen und lokal wiederhergestellt.

  Diese Funktion gewährleistet, dass eine höchstmögliche Kontrolle der Softwareverteilung besteht.

- **Download If Missing**
  Die Option *Download If Missing* lässt Änderungen an der verteilten Datei zu. Wenn sie jedoch bei der nächsten regulären Selbstüberprüfung im Verteilungspfad nicht mehr aufgefunden wird, folgt die Neuverteilung.

  Nützlich kann diese Funktion bei Voreinstellungen sein, die als Grundkonfiguration für jeden Benutzer gelten sollen. Jeder Benutzer kann eigene Einstellungen vornehmen, die nicht überschrieben werden. Sollte jedoch ein Benutzer eine mit diesem Attribut versehene Datei löschen oder verschieben, wird sie neu vom FileWave-Server oder Booster geladen.

- **Ignore At Verify**
  Die Option *Ignore At Verify* stellt die lockerste Verteilungsart dar. Dateien, die mit dieser Einstellung verbreitet werden, vergisst *FileWave*. Auch wenn der Benutzer diese Datei löscht, wird sie bei der nächsten Überprüfung

nicht mehr neu verteilt. Erst wenn der Client gelöscht wird und kein Zugriff mehr auf die lokale Konfigurationsdatei besteht, erhält er auch diese Daten neu.

Software mit XMagic paketieren

Über den Menüpunkt *FileSet XMagic…* lassen sich sehr einfach komplette Softwarepakete erstellen. Zunächst wird das entsprechende Volume gescannt.

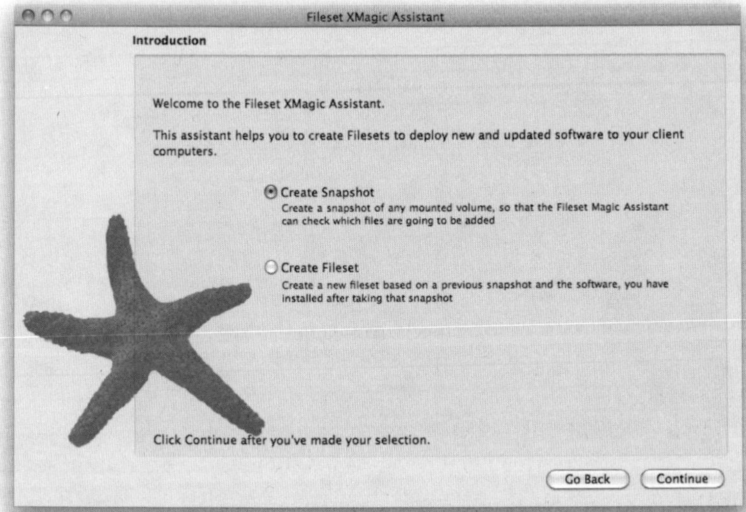

Der zu überprüfende Ort kann eingeschränkt werden, so dass zum Beispiel nur der Programme-Ordner auf Veränderungen untersucht wird.

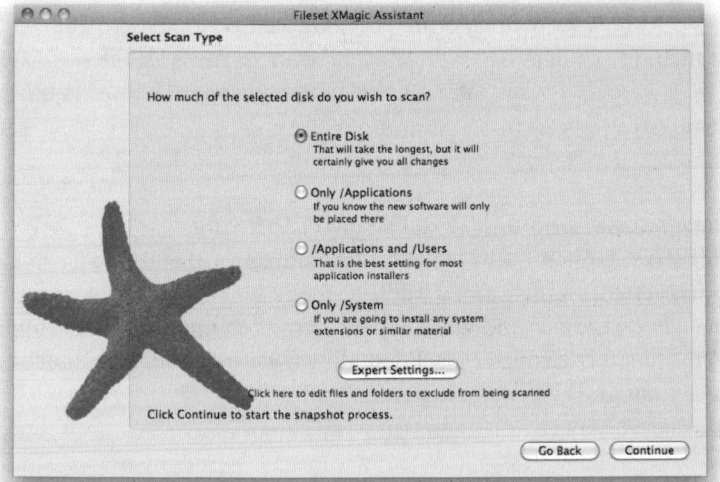

Nach dem Scan-Durchgang kann die Software installiert werden. Komplexe Programme sollten mehrmals gestartet werden. Es ist zudem hilfreich, wenn die Konfigurationen vor der Paketerstellung – sofern sie mit verteilt werden sollen – vorgenommen werden.

Ist die Neuinstallation und Konfiguration abgeschlossen, erfolgt der zweite Scandurchgang. Nun werden die Änderungen überprüft und schließlich in einem neuen Fenster angezeigt.

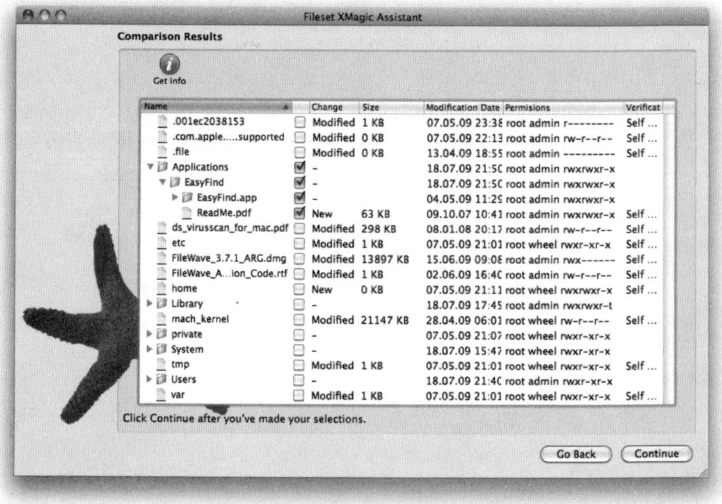

An dieser Stelle lassen sich nun die Komponenten an- und abwählen, die zum späteren Softwarepaket gehören sollen. Wurden alle Programmbestandteile ausgewählt, wird das Paket nach dem Klick auf *Continue* erstellt.

FileWave XMagic kann auch offline benutzt werden. In diesem Fall wird das Paket nicht gleich in den Server geladen, sondern muss als Fileset-Datei gespeichert werden. Dieses Fileset kann später mit dem Admin per *Drag & Drop* importiert werden.

FileWave: Zuweisung und Verteilung von Software

Mit *FileWave* kann auf sehr einfache Art Software auf einzelne Clients oder Gruppen verteilt werden. Dazu wählt man ein oder mehrere Pakete aus dem Fenster »Filesets« aus und zieht sie auf den Account oder die Gruppe im Fenster »Clients & Groups«. Nachdem die Zuweisung erfolgt ist, taucht diese Verknüpfung im Fenster »Associations« auf.

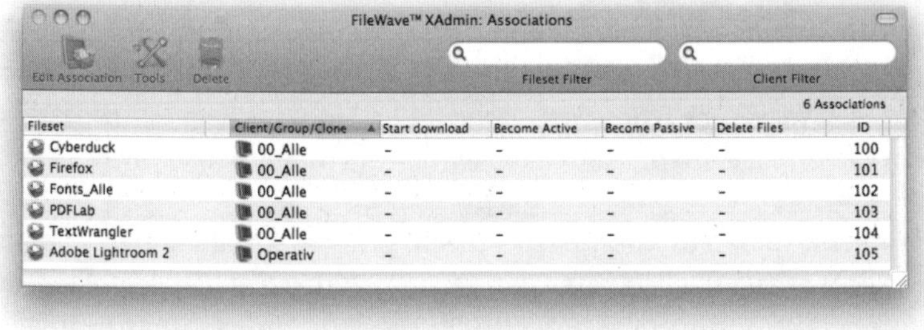

Damit die Softwarezuweisung aktiv wird und die betroffenen Clients anfangen, ihre Software zu laden, muss nur noch ein Modell-Update durchgeführt werden. Jeder Client erhält nach Ablauf seines Checkintervalls ein neues User-Manifest mit dem etwaigen Softwareauftrag beziehungsweise möglichen Änderungen in seiner Clientkonfiguration. Neben dieser Standardzuweisung können die Softwarepakete mit verschiedenen Aktivierungsvariablen verteilt und verwaltet werden.

Folgende Optionen stehen Ihnen dabei zur Verfügung:

- Activate
- Passive
- Delete
- Download

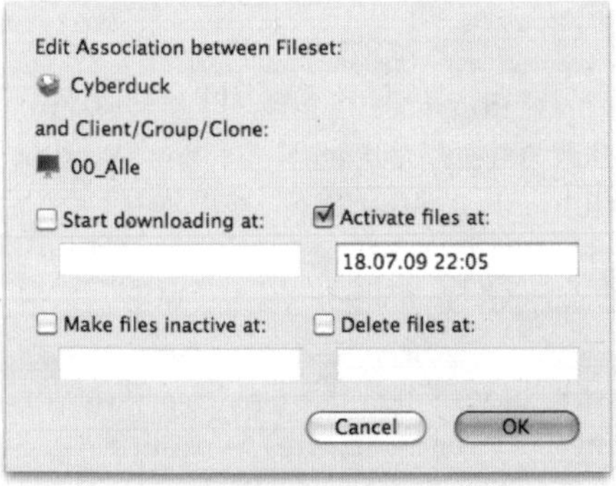

- **Activate**

  Mit der Option *Activate* wird festgelegt, zu welchem Zeitpunkt eine Software auf dem Client aktiv werden soll. Ist dieser Zeitpunkt in der Zukunft, verbleiben die dazugehörigen Dateien im FileWave-Verzeichnis und damit unsichtbar für den Anwender.

  Erst zum Aktivierungszeitpunkt wird das Paket an die korrekte Stelle auf der Festplatte verschoben beziehungsweise die Installation ausgeführt.

- **Passive**
  Werden Dateien mit dieser Option verteilt, werden sie zum definierten Zeitpunkt auf dem Client vom Installationspfad entzogen und in das unsichtbare FileWave-Verzeichnis verschoben. Die Software liegt dann passiv auf dem Client; sie kann nur durch die Option *Activate* erneut aktiviert werden.

  Man kann diese Funktion dazu nutzen, größere Installationen vorab auf die Rechner zu verteilen, ohne den genauen Aktivierungszeitpunkt zu kennen. Die Aktivierung der Software selbst ist dann äußerst zeitnah möglich, da sie ja dann bereits auf dem Client liegt.

- **Delete**
  Die einfachste Möglichkeit, zugewiesene Software von einem Client zu entziehen, stellt das Löschen der entsprechenden Verbindung / Association dar. Allerdings ist diese Option gerade bei Gruppenzuweisungen so nicht möglich, ohne die Software der gesamten Gruppe zu entziehen.

  Hierfür wird die Option *Delete* genutzt: Soll Software nur auf einzelnen Clients einer Gruppe entzogen oder zu einem definierten Zeitpunkt gelöscht werden, erstellt man zunächst eine Association zwischen Software und Client und setzt dann die Option auf *Delete*. In Verbindung mit der Option *Activate* ist ein zeitlich genauer Austausch von Paketen beziehungsweise Softwareupdates möglich.

- **Download**
  Mit dieser vierten Option ist ein indirektes Ressourcen-Controlling der Bandbreite möglich. Wenn beispielsweise ein Standort mit nur geringer Bandbreite angebunden ist, könnte es von Vorteil sein, große Softwarezuweisungen auf den Abend zu verlegen. Mit der Option *Download* gibt man an, wann ein Softwarepaket geladen werden soll.

  Zum Beispiel lässt sich das Paket der *Creative Suite* von Adobe (oder auch Einzelkomponenten dieser Software) – sofern sie sich nicht sowieso schon auf dem Booster befindet – mit *Download* zur Nachtzeit verteilen. Zu diesem Zweck kann der Booster selbst mit einem Client ausgestattet werden, der sich auch in dieser Verteilungsgruppe befindet. Erst zum definierten Zeitpunkt fängt FileWave an, die erforderlichen Komponenten vom Booster zu laden.

Die Art der Softwarezuweisung selbst ist ähnlich flexibel gestaltet wie die Strukturierung der Clients und Gruppen. Wie Sie gesehen haben, können von den Original-Accounts auch Clones erstellt werden.

Die Zuweisung einer oder mehrerer Softwarezuweisungen sind also auf folgende vier Arten möglich:

- Zuweisung **direkt** auf den Original-Account
- Zuweisung **direkt auf den Clone** des Original-Accounts
- Zuweisung **auf die Gruppe** des Original-Accounts
- Zuweisung **auf die Gruppe des Clones** vom Original-Account

Priorität der Zuweisung
In der beschriebenen Reihenfolge findet auch die Priorität der Verteilung statt. Das bedeutet, dass die erneute Zuweisung einer Software direkt auf einen Client mit der Option »Delete« Priorität genießt. Die Software wird dann nur auf diesem Client wieder gelöscht, so dass keine weitere Anpassung der Gruppe notwendig wird.

Der Status eines Clients kann über den Button *Client Info* im Admin geöffnet werden. In diesem Fenster sind die aktuellen zugewiesenen Pakete und deren Status zu sehen. Hierüber lässt sich auch der *Client Monitor* starten.

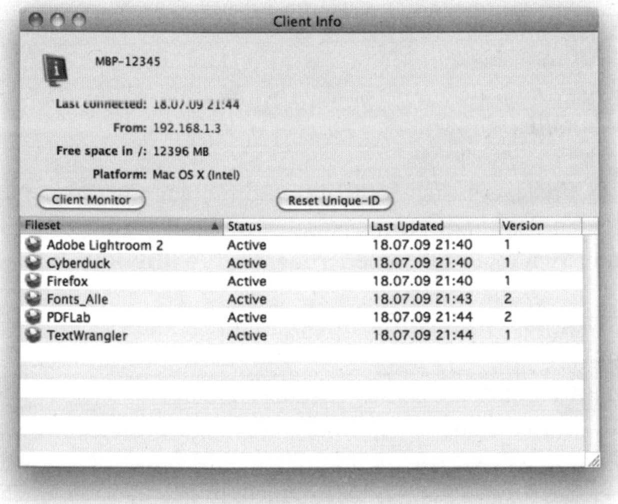

LANrev

LANrev vereint viele Funktionen des Clientmanagements und ist integrierbar in eine von *SCCM / System Center Configuration Manager* verwaltete Infrastruktur von Microsoft.

LANrev setzt – wie auch ARD – auf die Verteilung von Installations-Paketen, die zum Beispiel mit dem im Lieferumfang enthaltenen *InstallEase* erstellt werden können.

Zum Löschen von Dateien oder Ordnern greift man auf die Löschfunktionen in der Clientsystem-Verwaltung zurück; oder Sie erstellen entsprechende Pakete zum Deinstallieren.

Die Asset Management-Funktionalitäten sind durchaus üppig ausgestattet und bieten alle relevanten Informationen rund um den Client.

LANrev zeigt sogar die Seriennummer eines angeschlossenen Monitors an, wenn dieser über die entsprechende Funktion verfügt. Das ist insofern erstaunlich, da Apple selbst bisher keine entsprechenden Informationen im »hauseigenen« *System Profiler* anzeigt. Für die Verwaltung in heterogenen Client-Infrastrukturen kann *LANrev* auch aufgrund der Bearbeitung von Windows Registry-Einträgen interessant sein.

LANrev: Komponenten

LANrev besteht – wie auch das FileWave-System – aus verschiedenen Komponenten:

- *LANrev Agent*
- *LANrev Server*
- *LANrev Admin*
- *LANrev InstallEase*

Auch bei *LANrev* lassen sich Server und Admin auf einem Verwaltungssystem installieren. *InstallEase* oder ein anderes Paket-Erstellungs-Tool wird auf frisch installierten Macs zur Generierung von Installationspaketen genutzt.

LANrev Agent

Der *LANrev Agent* stellt die Client-Software auf den verwalteten Systemen dar und ist als Kontrollfeld in den Systemeinstellungen verfügbar (siehe nachfolgende Abbildung). Er sorgt je nach Konfiguration dafür, die gewünschten Informationen des lokalen Systems zu sammeln und an den Server zu liefern.

Der *Agent* kann entweder manuell mit Hilfe eines Installationsprogramms oder der Deployment-Funktion im *LANrev Admin* auf die Clients installiert werden. Im letzteren Fall ist die Aktivierung von SSH auf den Client-Computern notwendig.

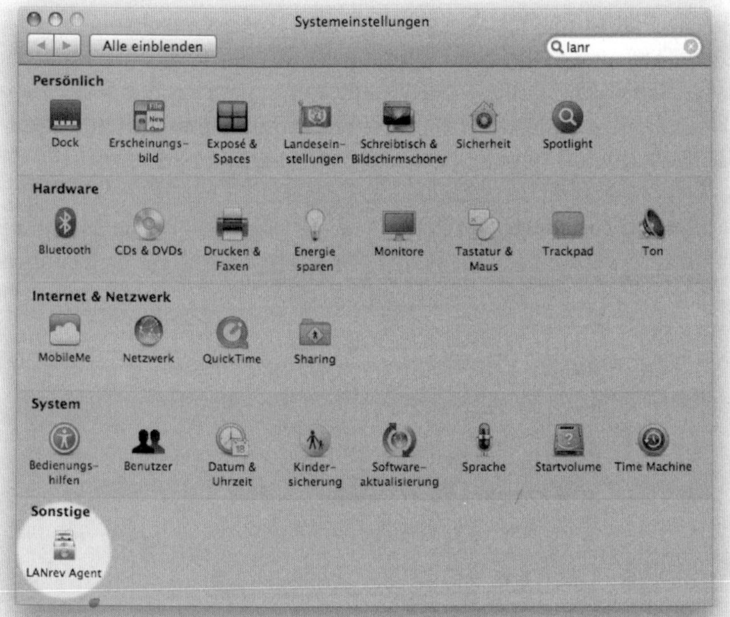

LANrev Server

Der *LANrev Server* besitzt keine eigene Oberfläche. Er wird komplett über die Admin-Benutzeroberfläche gesteuert und angesprochen. Der Server ist zuständig für das Einsammeln der Agent-Informationen und das Verteilen der Befehle, die durch den Admin erstellt wurden.

Es ist zudem möglich, für mehrere Netzwerksegmente weitere Server zu installieren. Anders als bei der Booster-Technologie von *FileWave*, setzt *LANrev* auf so genannte »Staging-Server«: In der Admin-Konsole können diese Staging-Server so konfiguriert werden, dass sie den Verteildienst der Paketzuweisung übernehmen. Es handelt sich bei diesen Verteilservern entweder um andere Clients oder um speziell dafür zur Verfügung stehende File-Server-Volumes.

LANrev Admin

Die Administrator-Konsole stellt die Schaltzentrale des Systems dar. Mit dem *LANrev Admin* findet die eigentliche Verwaltung innerhalb des Clientmanagements statt. So werden Inventarisierung, Softwareverteilung und Lizenzmanagement über den *LANrev Admin* gesteuert.

Existiert eine heterogene Clientinfrastruktur, muss für die Verwaltung der jeweiligen Plattform auch dieselbe Plattform für den Admin eingesetzt werden. Das bedeutet, dass sowohl ein Admin auf der Windows- als auch auf der Mac-Seite benötigt wird. Die Zuteilung von bestehenden Softwarepaketen kann dann auch plattformübergreifend vorgenommen werden. Auf folgende Segmente dieses Interfaces wollen wir näher eingehen:

- Der Bereich Inventarisierung:

- Der Bereich Softwareverteilung:

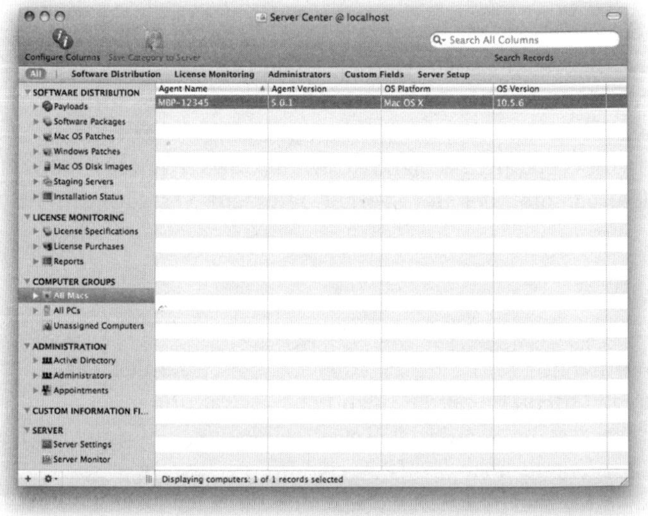

LANrev InstallEase

Mit *InstallEase*, das ja im Lieferumfang von *LANrev* enthalten ist, können per Snapshot-Verfahren Pakete erstellt werden. Wichtig ist es zu erwähnen, dass es nur auf Basis der installierten Apple Developer-Tools möglich ist, eben auch Apples PKGs zu erstellen. Diese müssen also separat auf dem jeweiligen Mac installiert werden.

Um möglichst flexibel und zeitnah Softwarepakete erstellen zu können, empfehlen wir die Konfiguration eines Dummy-Rechners mit drei Partitionen:

- Auf einer Partition wird das **Restore-System** installiert, mit dem im Wiederherstellungs-Fall gearbeitet wird.
- Auf einer weiteren Partition speichert man die Software, die für die **Paketierungsarbeit** benötigt wird. Dazu zählen das System-Image, die Paketierungssoftware und weitere Tools.
- Auf der dritten Partition installiert man das **System-Image** und startet davon, um Software auf diesem sauberen System installieren und sie paketieren zu können.

LANrev: Clientmanagement

Nach Installation des Servers und des *LANrev Admins* erscheint nach dem Öffnen des *LANrev Admins* der Bereich »Computer«. Da noch keine Konfiguration stattgefunden hat, befinden sich noch keine erfassten Geräte in der Liste. Die einfachste Möglichkeit, die Client-Systeme mit *LANrev* zu erfassen, besteht über das ja mittlerweile bekannte »Einsammeln« im Netzwerk. Über den Menüpunkt *Window* lässt sich das *Agent Deployment Center* aufrufen, mit dem alle verfügbaren Clients im Netzwerk gescannt werden können.

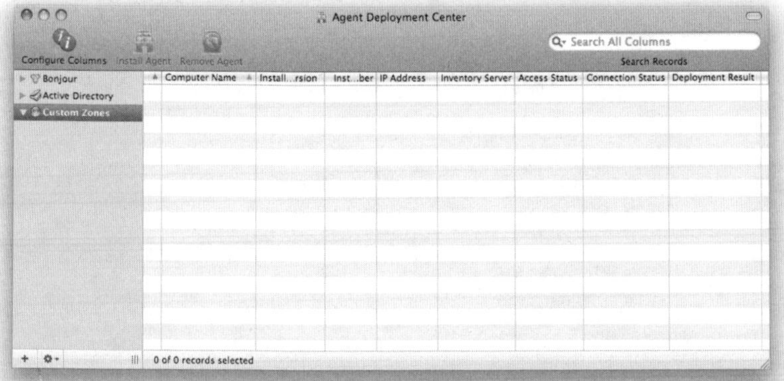

Über die Active Directory-Einbindung, die Suche über verschiedene IP-Zonen oder die Erfassung aller über Bonjour erreichbaren Computer können Clients in *LANrev* erfasst werden. Ist noch kein Agent auf dem Client vorhanden, kann dieser mit der Option *Install Agent* auf diesem Weg auch remote installiert werden. Voraussetzung für diese Remote-Installation auf Macs ist das aktive SSH-Protokoll auf den Client-Rechnern und ein entsprechend bekannter Account.

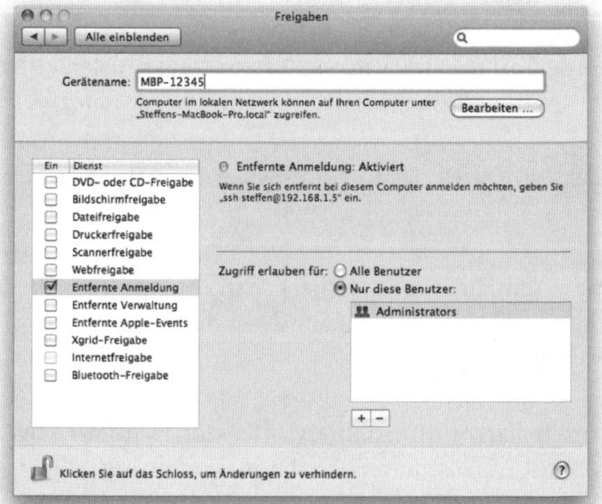

Mit der Funktion *New Custom Zone* können IP-Zonen erstellt werden, die in definierten Zeitintervallen automatisch nach neuen Clients suchen.

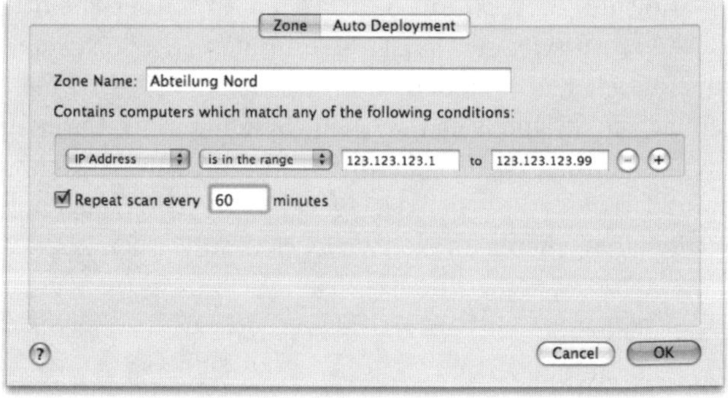

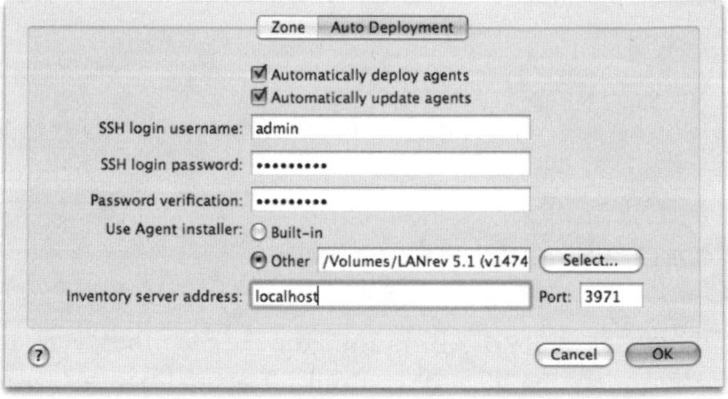

Wenn die Option *Auto Deployment* aktiviert wird, installiert der *LANrev Admin* über SSH die Clientsoftware auf die gefundenen Rechner. Ebenso kann über eine »Smartgroup« konfiguriert werden, welche spezifischen Geräte in *LANrev* inventarisiert werden sollen. Die Benutzung von Smartgroups im Verwaltungsbereich sorgt dann jederzeit für die Aufstellung aller gewünschten Geräte.

In jedem Verwaltungsfenster können sowohl einfache statische Gruppen oder aber so genannte »Smart Groups« konfiguriert werden.

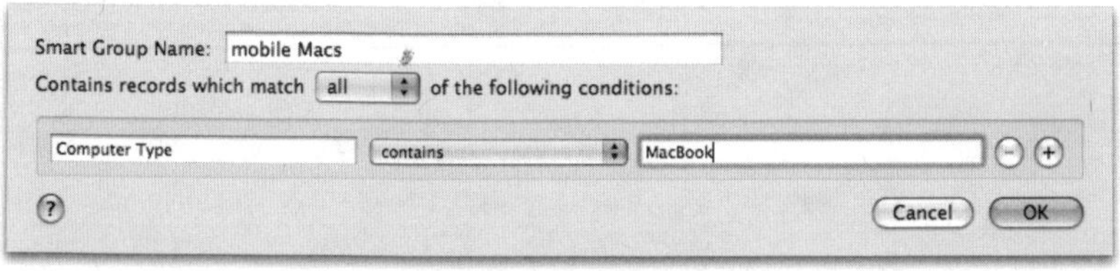

Für die entsprechenden Kriterien werden die *Information Items* benötigt. Dabei handelt es sich um eine bereits vorinstallierte große Anzahl von hard- und softwarespezifischen Merkmalen, nach denen die erfasste Clientübersicht gefiltert werden kann.

LANrev: Erstellung von Paketen mit InstallEase

Die Funktionsweise von *InstallEase* entspricht den anderen Paketierungsprogrammen am Markt. Es ist möglich, Dateien, Ordner oder Programme anzugeben, von denen ein Installationspaket erstellt werden soll. Zusätzlich kann ein bestehendes Installations-Paket dazu benutzt werden, einen Deinstaller zu erstellen.

Bei der automatischen Methode wird zuerst der Ort gewählt, der für die Installation relevant ist.

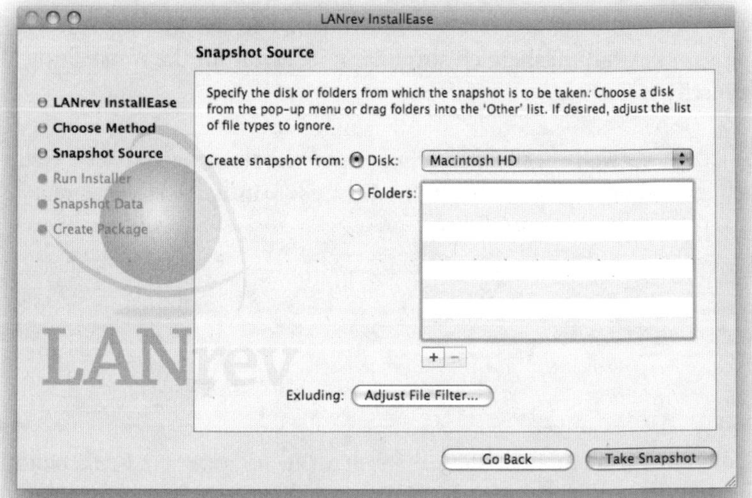

Für die Installation kann es von Vorteil sein, wenn bestimmte Orte vom Scanvorgang ausgenommen werden können. Diese Ausnahmeliste kann unter dem Button *Adjust File Filter…* aufgerufen und editiert werden.

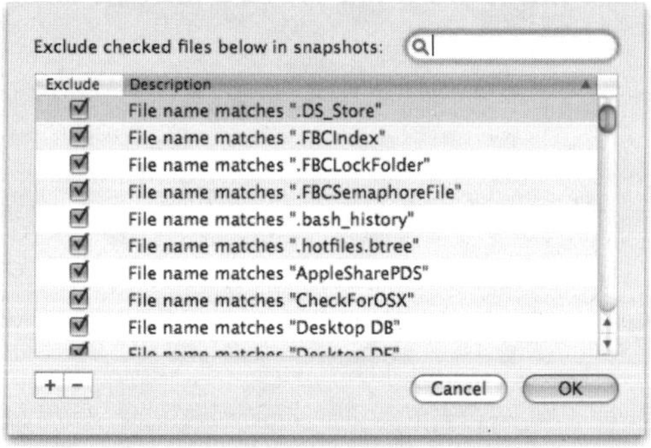

Wie auch bei anderen Paket-Erstellungsprogrammen empfiehlt es sich, außer der »LANrev InstallEase«-Applikation keine weitere Software geöffnet zu haben. Somit vermeiden Sie etwaige vom Snapshot erfasste Dateien und Ordner, die nicht zur Installation gehören.

Nach der Auswahl von *Take Snapshot* wird der gewählte Ort auf der Festplatte gescannt und festgehalten.

Von allen Verzeichnissen und deren Inhalten – außer den angegebenen Pfaden in der Ausnahmeliste – wird eine Kontrolldatei geschrieben, in der diese Zeitaufnahme enthalten ist.

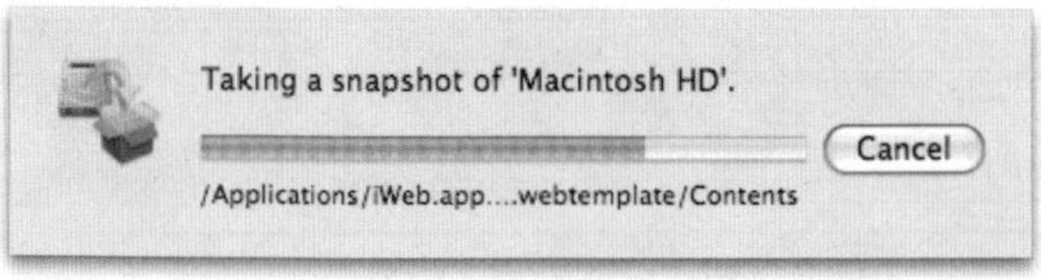

Sobald der Vorgang abgeschlossen ist, erscheint die Mitteilung, dass der Snapshot erstellt wurde und nun die Software installiert werden kann.

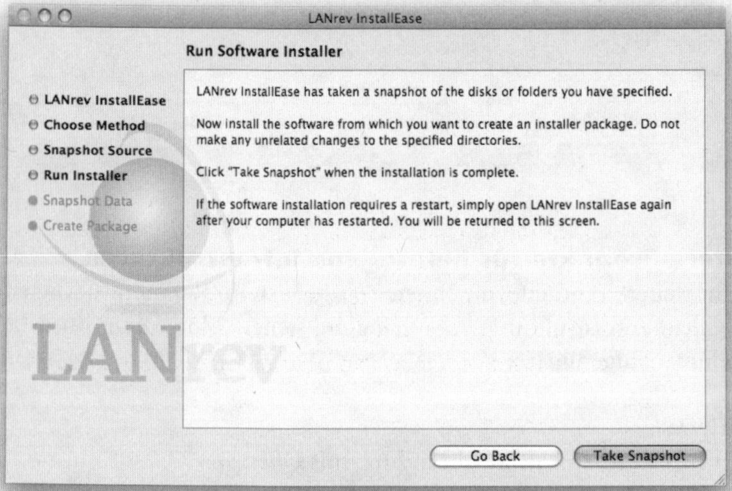

Jetzt beginnt die eigentliche Installation der Software, von der Sie ein Paket erstellen möchten. Auch hier gilt es, eine komplette Installation durchzuführen. Die Rechte sollten ebenso beachtet werden wie alle aktuellen Updates.

Einzelne Rechteänderungen können auch direkt im *InstallEase* durchgeführt werden, nachdem der letzte Snapshot-Scan durchgeführt wurde; der ist an der Stelle auch notwendig, wenn die Installation der Software komplett ist.

Nachdem *InstallEase* die Änderungen erfasst hat, werden diese im neuen Fenster dargestellt.

In diesem letzten Schritt findet nun die Überprüfung der Paketkomponenten statt, also welche Dateien und Ordner jetzt mit welcher Berechtigung in den Installer integriert werden sollen.

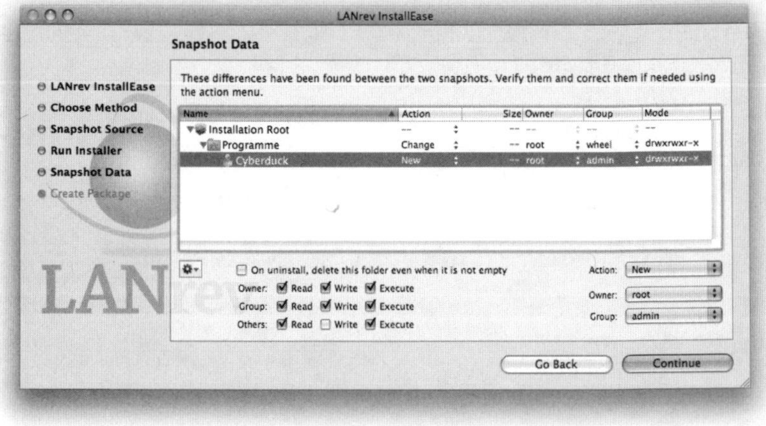

Weitere Produkte für heterogene Infrastrukturen

Es gibt weitere Produkte, die Ihnen gerade auch im Rahmen von heterogenen Client-Infrastrukturen zur Verfügung stehen. Einige von ihnen haben wir einmal aufgeführt:

- *LANDesk*
- *SCCM* von Microsoft in Verbindung mit *Quest* von *Quest Software*
- *Altiris*

Sollten Sie bereits eines der genannten Systeme in Ihrer Windows-Umgebung einsetzen, ist die Erfassung der Inventardaten auch von den Apple Clients im Netzwerk möglich. Auch die Softwareverteilung funktioniert über diese Systeme.

Man sollte jedoch vorab genau prüfen, welchen Funktionsumfang man einsetzen möchte. Nach bisherigen Erfahrungen steht nicht jede Funktion plattformübergreifend zur Verfügung.

Jedes Produkt – auch die näher erläuterten Software-Tools, die hauptsächlich im Apple-Bereich zu finden sind – spielen ihre Vorteile für die eine Plattform nicht unbedingt auch in gänzlicher Breite für die andere Plattform aus. Warum dies derzeit noch so ist, ist wohl dem Ursprung des jeweiligen Produktes geschuldet. Der Ansatz für gewisse Funktionen lässt sich zum Teil nur schwer für die jeweils andere Plattform umsetzen.

OCS inventory – die freie Alternative

Es lassen sich auch immer mehr Produkte am Markt finden, die als Open Source-Software bereitgestellt werden oder unter den GNU-Bestimmungen als freie Software gelten. So auch *OCS inventory*, das Möglichkeiten zur **Inventarisierung** und **Paketverteilung** bietet. Es besteht aus einem *OCS Inventory NG Agent* und einem Server.

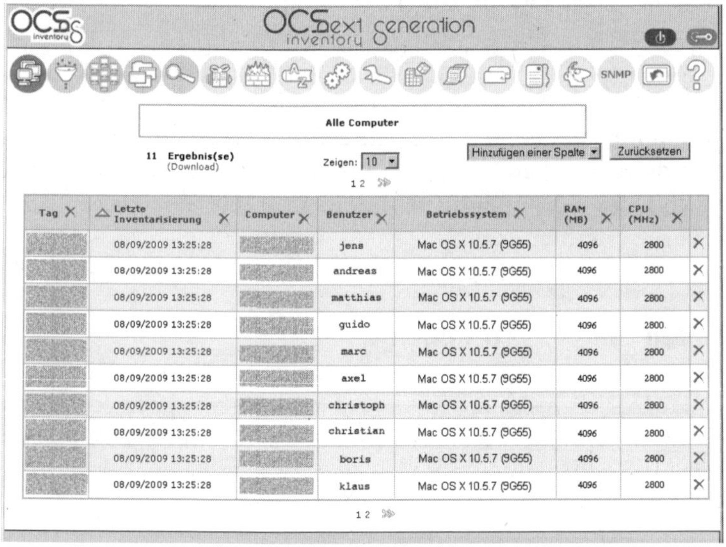

Web-basierend und für Windows, Linux und OS X lauffähig, kann dieses Tool mit ähnlichen Funktionen aufwarten wie bekanntere Inventarisierungsprogramme. So gut wie alle technischen Informationen werden dazu von den Clients an den Server übertragen, der diese in einer Datenbank speichert. Abfragen lassen sich über das Web-Interface über Filtermöglichkeiten erstellen.

Der Umfang für die Verteilung von Paketen ist unserer Meinung nach nicht ganz so übersichtlich wie das bei den zuvor angesprochenen Tools der Fall ist. Für eine nicht allzu große Clientlandschaft ist OCS dennoch eine **kostengünstige Alternative.**

Imaging

Jeder Systemadministrator kennt den Vorteil eines Systemimages, wenn Rechner aufgesetzt werden müssen und die Zeit dafür nur knapp bemessen ist. Es gibt verschiedene Möglichkeiten, den Mac zu starten und ein Image zu installieren. Da der **Mac-Client** im Durchschnitt **in nur ca. fünf Minuten mit einem Systemimage startbereit installiert** werden kann, ist diese Methode nicht nur als **Alternative zur Netboot- und Netinstall-Variante** zu sehen. Ein **Systemimage selbst ist schnell erstellt** und mit ein paar Handgriffen mit so gut wie allen gängigen aktuellen Modellen **kompatibel.** Nachträgliche Erweiterungen durch Voreinstellungen oder Scripte können den Workflow zur System-Wiederherstellung ergänzen.

Dabei bestimmen Sie, ob nun Software bereits als Basis in das Image mit eingebunden wird oder nicht. Es ist jedoch zu beachten, dass von vornherein die **zukünftige Verwaltung der Software beachtet** werden sollte, was zum Beispiel mit den zuvor angesprochenen Tools möglich ist.

Geht es hauptsächlich darum, Standardsoftware bereits vom ersten Start eines frisch aufgesetzten Rechners zur Verfügung zu stellen, kann die Einbindung bestimmter Komponenten einen Vorteil darstellen. Hierzu gehören Clientsoftware für Remote- und Softwareverteilungs-Tools; hierzu zählen aber auch Softwarekomponenten, für die sich keine wesentlichen Versions-Änderungen erwarten lassen.

Erstellen eines Systemimage

Für die Erstellung eines Systemimages können **verschiedene Hilfsmittel** benutzt werden. Neben *Carbon Copy Cloner* oder *SuperDuper* möchten wir uns auf die im System integrierte Lösung über das *Festplatten-Dienstprogramm* konzentrieren.

Image-Erstellung Schritt für Schritt

Für die Erstellung eines Systemimage, welches für zukünftige Clients oder einer Support-Festplatte benutzt werden soll, wird ein aktueller Mac mit einem installierten System und einer freien Festplattenpartition benötigt.

1. Nehmen Sie die System-DVD des zuletzt angeschafften beziehungsweise aktuellsten Macs in Ihrer Clientumgebung.

   Der Vorteil eines aktuellen Macs liegt in der verwendeten Systemversion. Meist integriert Apple alle notwendigen Gerätetreiber und Patches rückwärtskompatibel zu den bisherigen Macs. Somit lässt sich ein Image herstellen, das dann auch für alle anderen Clients benutzt werden kann.

2. Starten Sie den Mac mit der eingelegten System-DVD und gedrückter Taste *C*, damit er von der DVD aus startet und nicht von einer anderen möglicherweise vorhandenen Partition.

3. Folgen Sie dem Assistenten für die Systeminstallation und nehmen die notwendigen Konfigurationen vor:

Falls sich die Anzahl der Drucker im Unternehmen in Grenzen hält, sollte man sich zwecks nachträglicher Support-Übersichtlichkeit auf die Installation notwendiger Druckertreiber beschränken.

4. Nach erfolgreicher Systeminstallation startet der Computer automatisch vom installierten System.

5. Nun beginnt die Konfiguration des gewünschten Image:

   - Voreinstellungen konfigurieren (siehe den Abschnitt »Konfiguration« im Kapitel »Integration«)

   - notwendige Zusatzsoftware installieren (Standardprogramme, Treiber etc.)

   - bei Bedarf kann das User-Template für die zukünftigen Benutzer angepasst werden: */System/Library/User Template/...* (siehe auch Abschnitt »Supporthilfe« im Kapitel »Tipps & Tricks«)

   - an das Verzeichnis des Apple Hardware-Tests denken (siehe ebenso den Abschnitt »Supporthilfe«).

6. Nun folgt die Bereinigung, indem Caches und temporäre Dateien sowie Papierkorb-Objekte entfernt werden.

7. 

   Jetzt muss der Mac von einer anderen Systemquelle (z. B. dem vorherigen System) neu gestartet werden. Um die Startparameter nicht zu ändern, empfehlen wir den Neustart mit gedrückter ⌥-Taste. Der Mac zeigt dann den Bootmanager, so dass eine andere Systemquelle ausgewählt werden kann:

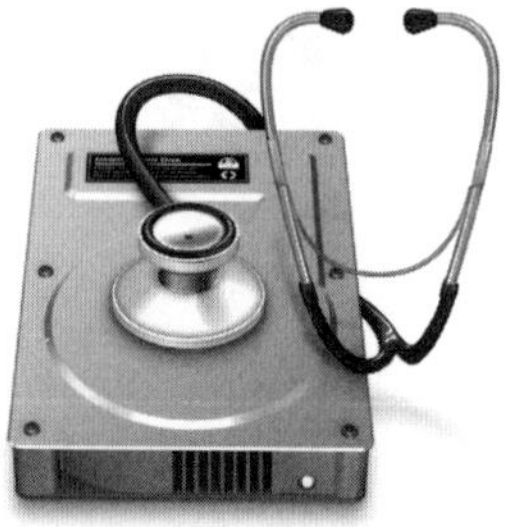

8. Öffnen Sie die Applikation *Festplatten-Dienstprogramm*, die sich in folgendem Verzeichnis befindet: */Macintosh HD/Programme/Dienstprogramme/*

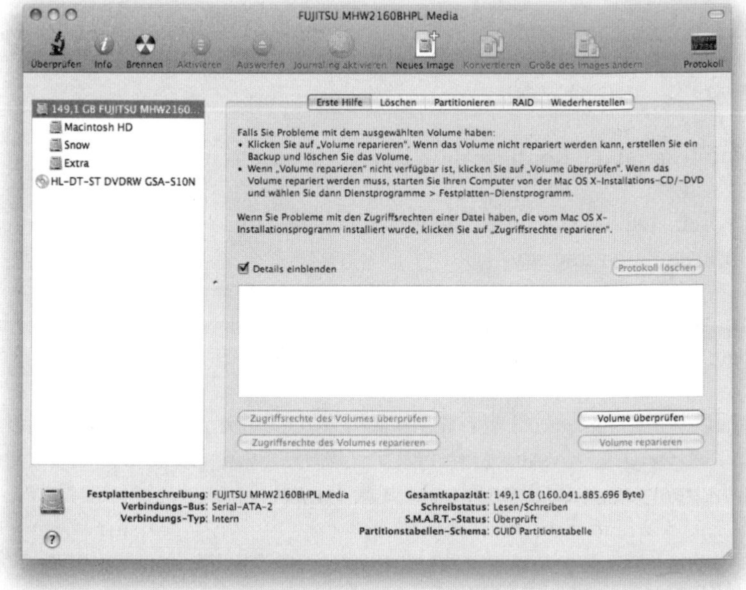

9. Wählen Sie dann den folgenden Menüpunkt aus: *Ablage* | *Neu* | *Image von Ordner …*

10. An dieser Stelle wird die Partition mit dem frischen Image ausgewählt:

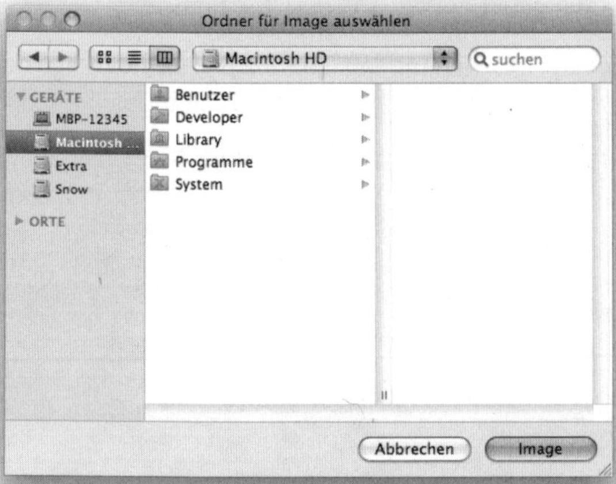

11. Jetzt fehlt noch der Ort, an dem das Image gesichert werden soll. Als Image-Format empfehlen wir zunächst die *Nur lesen*-Version. Die platzsparende Version »komprimiert« ist ebenfalls möglich. Der Name für das Image sollte eindeutig sein.

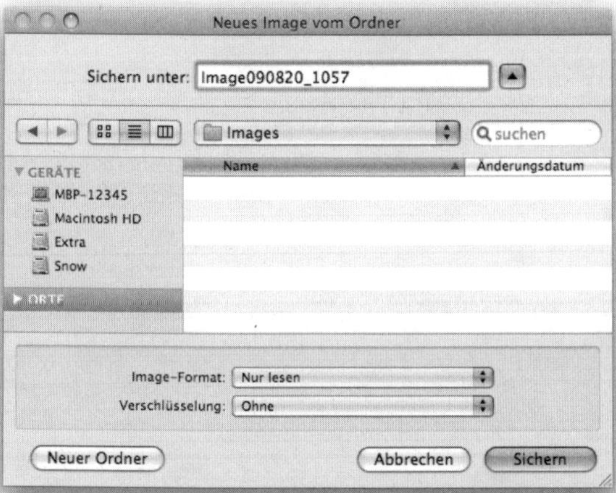

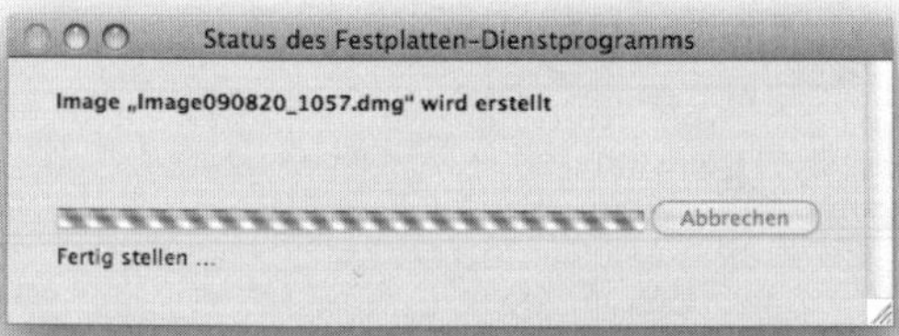

12. Das System-Image ist nun erstellt und sollte sicherheitshalber noch einmal für die Verwendung der Wiederherstellung überprüft werden. Dazu wählen Sie einfach den folgenden Menübefehl *Images | Image für das Wiederherstellen überprüfen …* und lassen Sie das erstellte Image scannen:

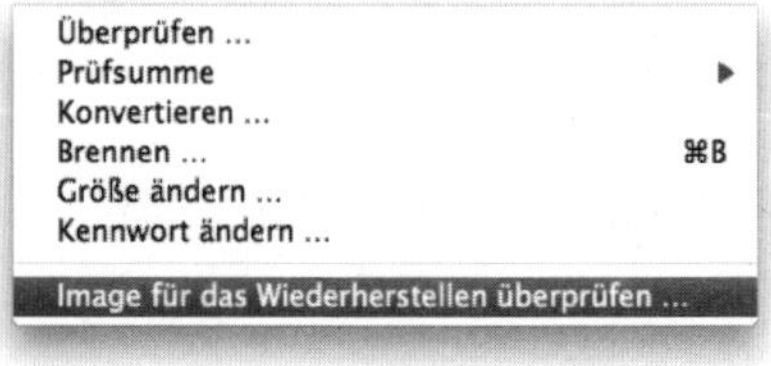

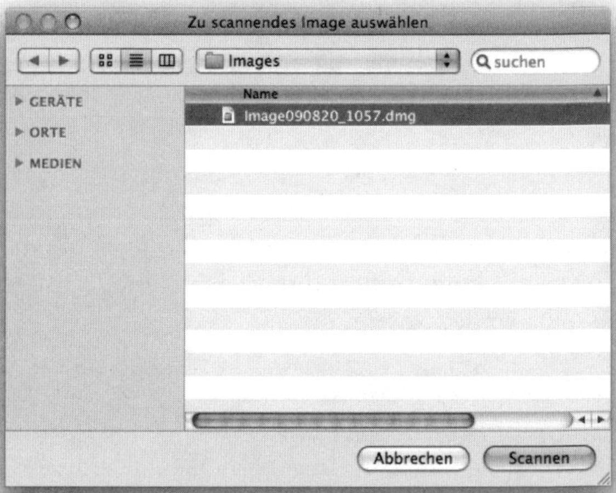

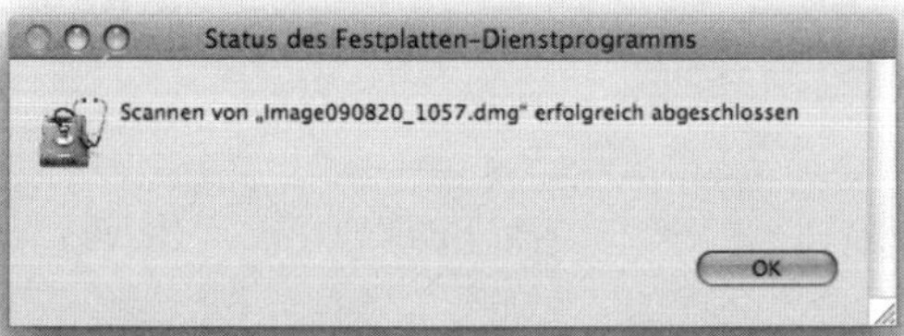

13. Nach erfolgreicher Überprüfung steht uns ein fertiges Systemimage zur Verfügung!

Installation mit Hilfe eines Images

Es gibt verschiedene Möglichkeiten, einen Apple-Rechner unabhängig vom eigenen System zu starten. Im Support-Fall eignet sich dafür im einfachsten Fall die Apple System-DVD.

Zudem bieten Apples *NetRestore* (zum Beispiel über Snow Leopard-Server) oder einige Systemmanagement-Tools die Installationsmöglichkeit »aus der Ferne«. Ohne diese Systeme geht es jedoch ähnlich einfach und schnell. Haben Sie einmal ein Systemimage erstellt, kann dieses unkompliziert für die Wiederherstellung benutzt werden.

Befinden sich jedoch noch wichtige Daten auf der wiederherzustellenden Festplatte, sollten diese natürlich zunächst auf ein externes Medium gesichert werden. Für die Wiederherstellung selbst kann entweder ein zweiter Mac über den *Target-Disk*-Mode (Verbindung über ein FireWire-Kabel, wobei einer der beiden mit der Taste *T* gestartet wird und dann als externe Festplatte dient), ein USB-Stick oder eine externe Festplatte genutzt werden. Letztere ist aufgrund der Schnelligkeit und ihrer Speichergröße sicherlich noch immer die beste Wahl. Je nachdem, welche Festplattenaufteilung Sie bei Ihren Clients wählen, besteht sogar die Möglichkeit, gänzlich ohne externe Hilfsmittel auszukommen.

Wenn Sie die interne Festplatte des Mac-Clients zu gleichen Teilen partitionieren und auf beiden Partitionen ein System inklusive eines Systemimages hinterlegen, ist der Support auch ohne externe Hilfsmittel möglich.
Das setzt jedoch voraus, dass diese Zweitpartition nicht anderweitig vom Anwender benutzt wird (z. B. schreibgeschützt ist) und genügend Speicherplatz zur Verfügung steht.

Wiederherstellung vom Image

Wenn eine Festplatte mit dem fertigen System-Image per USB oder FireWire angeschlossen wurde, startet man den zu installierenden Rechner mit gedrückter Alt/⌥-Taste, um über den Bootmanager ein anderes Startvolume zu wählen. Entweder bietet sich hier die Apple System-DVD an oder man nutzt eine bereits erstellte Support-Festplatte mit eigenem System.

Sobald das Alternativ-System angezeigt wird, erfolgt nach Bestätigung durch die Eingabe/ ↵-Taste der Startvorgang. Sobald das System gestartet wurde, öffnen Sie wieder das Programm *Festplatten-Dienstprogramm* und wählen die Partition an, die wiederhergestellt werden soll.

Sofern Sie nun die Festplatte des zu konfigurierenden Rechners partitionieren möchten, klicken Sie zunächst auf das übergeordnete Festplattensymbol in der linken Spalte. Dann wählen Sie aus dem eingeblendeten Menü den Punkt *Partitionieren* aus. Für die Wiederherstellung muss der rechte Punkt *Wiederherstellen* angeklickt werden, um Quelle und Ziel für den Vorgang anzugeben.

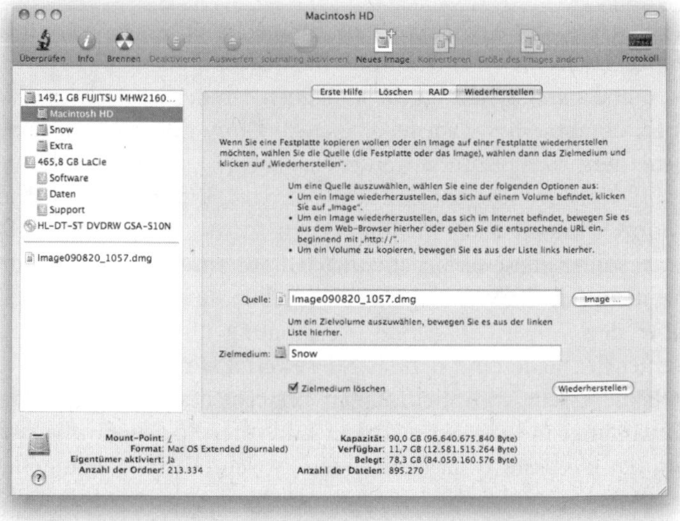

Das Image kann nun über die Schaltfläche oder per *Drag & Drop* gewählt werden. Das Gleiche gilt für das Zielverzeichnis, welches einfach in den Zielbereich gezogen werden kann. Wichtig ist der Punkt *Zielmedium löschen,* da nur somit eine saubere Wiederherstellung gewährleistet werden kann. Daher sollten wichtige Daten vor dem Installationsvorgang gesichert werden. Zuletzt klicken Sie noch auf *Wiederherstellen* und der Vorgang startet.

»Green IT« und Apple

A Greener Apple

Ein Begriff, der heutzutage mehr als nur Werbung für Hardware-Hersteller bedeutet: »Green IT«. Green IT beinhaltet viele Gesichtspunkte, die auch in den Bereich Clientmanagement fallen. So kann das Energiemanagement der Clientinfrastruktur für eine Senkung der Betriebskosten sorgen. In den meisten Unternehmen wird vom Benutzer eines Computers kaum darauf geachtet, ob nach Feierabend der Monitor nicht ausgeschaltet wurde und auf Standby läuft, der Rechner vielleicht beim Versuch des Herunterfahrens noch eine Meldung zeigt und somit angeschaltet bleibt, oder in den Pausen Ruhezustands-Funktionen ausgenutzt werden. Aber gerade bei einer Vielzahl von Rechnern im Netzwerk kann die Einsparung der Summe aller Stromverzehrer schnell relevant werden. Eine Messung der Geräte kann hier sinnvoll sein, um genaue Informationen zu erhalten. Apple hat in diesem Bereich viel getan, da der Druck von außen zunahm. Seitdem Apple immer wieder vorgeworfen wurde, nicht auf die Umwelt zu achten, wurde genau dieses Thema zu einem der wichtigen Entwicklungsthemen. Das Ergebnis sind **hohe Effizienzwerte bei den mobilen Geräten von Apple**, aber auch der **Mac mini**, der zu den **grünsten Computern auf dem Markt** gehört.

Allgemein lässt sich jedoch sagen, dass das Thema Energie sparen im Computerbereich noch in den Kinderschuhen steckt. Schwarze Webseiten wie Googles Pendant »Darkoogle« oder schwarze Hintergrundbilder auf den Monitorbildschirmen sind wiederum keine Lösung. Die Idee von einst bezog sich darauf, den Marktführer der Suchmaschinen Google von seinem weißen Layout auf die Farbe Schwarz wechseln zu lassen, da die Masse aller aufgerufenen Google-Seiten auf der Welt eine Einsparung von mehreren Millionen Dollar bringen sollte. Schließlich muss ein Bildschirm Strom aufwenden, um einen Pixel weiß zu färben. Liegt keine Spannung an, bleibt er dunkel.

Seit ein Computer-Arbeitsplatz nicht mehr mit CRT-Monitoren ausgestattet ist, wirken sie sich mehr auf den Anwender davor als auf wirkliche Energieeinsparungen aus. Entsprechende Tests wurden zum Beispiel von der *Cadmus Group Inc.* im Auftrag vom Wall Street Journal vorgenommen.

Eine bessere Idee sind sind allgemeine, plattformunabhängige und **vom Computer zunächst losgelöste Energiespartipps für die Mitarbeiter**, um zum Beispiel nicht jedes Dokument – und wenn doch, dann wenigstens beidseitig – auszudrucken oder auf die Speicherung nicht relevanter Daten ganz zu verzichten.

Mit dem Energiemanagement, welches Apple mit den Bordmitteln abdeckt, kann dann ein weiterer vernünftiger Beitrag für sinnvolle Energiesparmaßnahmen vorgenommen werden. Neben den Hardware- und Systemabstimmungen zählen dazu auch die Einstellungen, die der Benutzer selbst vornehmen kann. Dabei sollten innerhalb der Clientlandschaften sowohl die Einstellungen von Computer- und Monitor-Ruhezustand wie auch der Ruhezustand der Festplatten konfiguriert werden, um die Kosten für den Stromverbrauch zu minimieren. Neben den Energiesparmaßnahmen profitieren zum Teil auch andere Komponenten davon. Die Lebenszeit von Bildschirm und Festplatte können dabei mit verlängert werden.

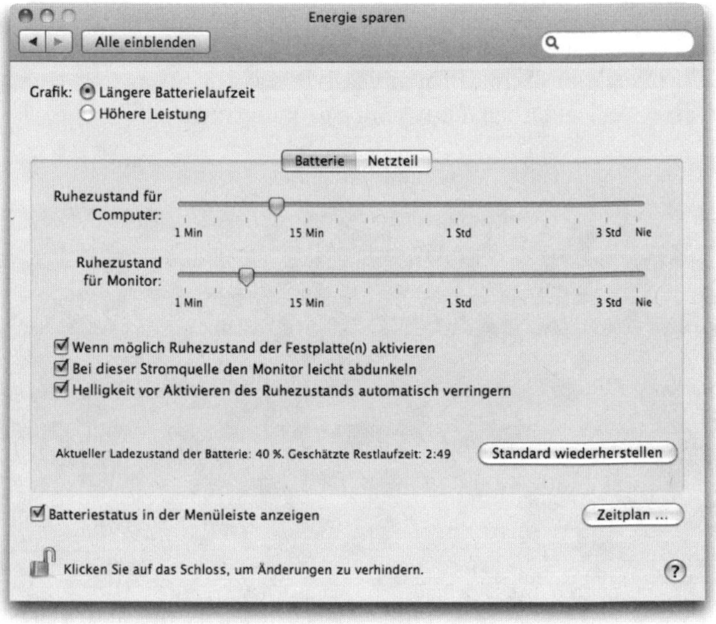

Energie sparen im Mac-Netzwerk

Auch ohne die Nutzung von komplexen Systemmanagement-Tools können Sie mit relativ einfachen Mitteln Konfigurationsvorgaben an die Mac-Clients verteilen. Die Einstellungen in der Abbildung sind ebenfalls – wie auch für andere Konfigurationen – in einer *Property List*-Datei gespeichert. Nach der Konfiguration eines Referenz-Macs können Sie die *plist*-Datei für die Verteilung verwenden. Natürlich lässt sie sich auch mit Hilfe eines Editors konfigurieren.

Die Einstellungsdatei liegt in folgendem Pfad: */Library /Preferences/System-Configuration/com.apple.PowerManagement.plist*

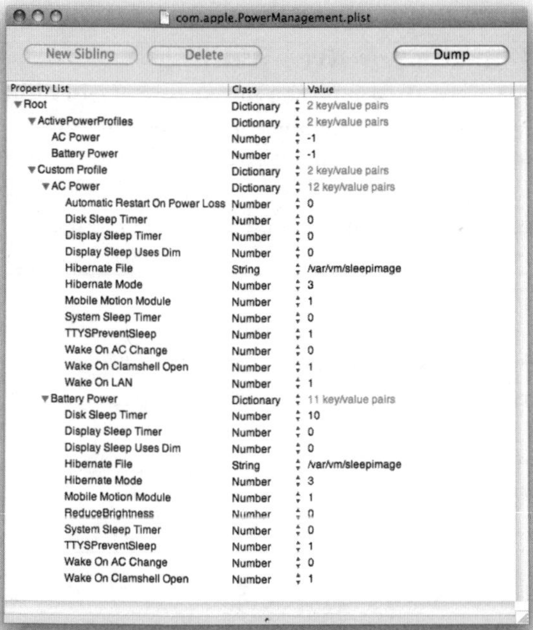

Nachdem die gewünschten Einstellungen vorgenommen wurden, können Sie diese Datei auf die Macs in Ihrem Netzwerk verteilen. Auf allen Apple-Clients sind spätestens nach dem nächsten Neustart dieselben Energiespareinstellungen aktiv.

Schriftverwaltung auf dem Mac

Für viele Anwender und Administratoren ist der Mac allein aufgrund des **guten Font-Managements** bereits führend im Layout-Bereich und daher kaum wegzudenken. So finden sich nur viele Applikationen, sondern auch etliche Schriften an diversen Orten im System wieder. Richtig benutzt, kann man die Vorteile in diesem Segment optimal umsetzen, so dass auch die Menge an Schriften kein Hindernis wird. Die verschiedenen Verzeichnisse, in denen der Mac normalerweise nach Schriften sucht, haben wir bereits im Abschnitt »Systemstruktur« des Kapitels »Grundlagen und Erstkonfiguration« aufgezeigt.

Nun geht es darum, sinnvoll mit Schriften auf dem System zu arbeiten. Dabei möchten wir auf die von OS X mitgelieferte Applikation *Schriftsammlung* eingehen und eine vorsichtige Bewertung vornehmen. Zudem werden wir einige Beispiele für Produkte anderer Hersteller aufzeigen, die zum Teil mit der einen oder anderen Funktion Vorteile bringen können.

Hilfsmittel für die Schriftverwaltung

Nicht für jede Anforderung ist eine zentrale Schriftverwaltung notwendig. Jedoch gibt es, neben der Ordnung auf den Arbeitsplätzen, noch weitere Gründe für eine **zentrale Kontrolle der Fonts auf den Clients.** Die Lizenzierung ist dabei nicht nur ein Stichwort, sondern ein entscheidender Punkt. Denn in der Regel benutzt der Layouter Schriften in eigener Kreativabsicht, ohne größere Rücksicht auf etwaige Lizenzbestimmungen zu nehmen.

Dabei sollten eher Chef vom Dienst / CvD und Administrator eine gewisse Kontrollmöglichkeit behalten, da oft erst während der Schlussproduktion die Anforderungen für notwendige Schriften ersichtlich werden. Für die einfache Schriftverwaltung eignet sich zum Teil die Funktionalität einer Softwareverteilung oder entsprechend bereitgestellte Verzeichnisse auf Netzwerk-Laufwerken.

Integriert: Apples Schriftsammlung

Für einen **überschaubaren Umfang an zusätzlichen Schriften,** mit denen Sie in Ihrer Arbeit konfrontiert werden, reicht mit Sicherheit das in OS X integrierte Programm *Schriftsammlung* aus. Mit *Schriftsammlung* lassen sich Schriften aktivieren, deaktivieren, überprüfen und bei entsprechender Berechtigung auch löschen. Es können Schriften zu Sammlungen zusammengefasst oder in einer neuen Bibliothek verwaltet werden.

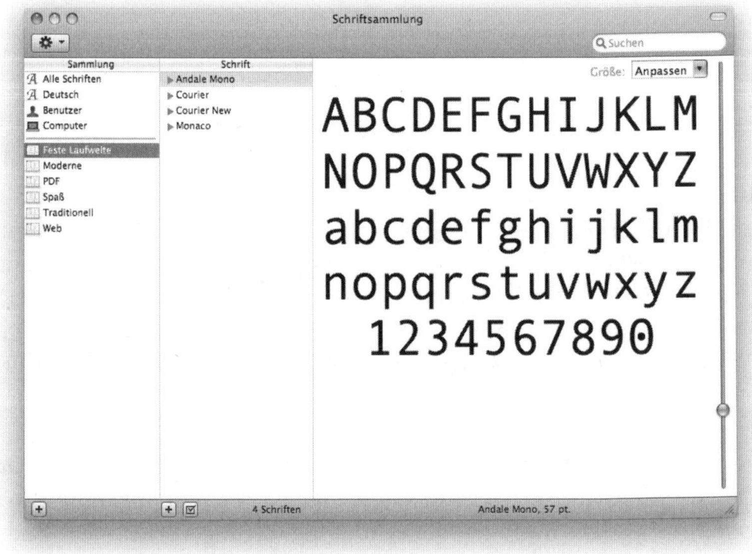

Mit der Tastenkombination ⌘-*I* oder über den Menüpunkt *Vorschau | Schriftinformationen einblenden* erhält man alle wichtigen Informationen zu der jeweiligen Schrift. Über Schriftart und Name der Schrift bis hin zu kompatiblen Sprachen und dem Schutz dieser Schrift sind alle relevanten Details abzulesen.

Courier

Courier, 18 pt.

PostScript-Name	Courier
Voller Name	Courier
Familie	Courier
Stil	Normal
Art	TrueType
Sprache	Afrikaans, Albanisch, Aserbaidschanisch, Baskisch, Dänisch, Deutsch, Englisch, Esperanto, Estnisch, Färöisch, Finnisch, Französisch, Galizisch, Grönländisch, Hawaiianisch, Indonesisch, Irisch, Isländisch, Italienisch, Katalanisch, Kornisch, Kroatisch, Kymrisch, Lettisch, Litauisch, Malaiisch, Maltesisch, Manx, Niederländisch, Norwegisch Bokmål, Norwegisch Nynorsk, Oromo, Polnisch, Portugiesisch, Rumänisch, Schwedisch, Slowakisch, Slowenisch, Somali, Spanisch, Suaheli, Tschechisch, Türkisch, Ungarisch, Vietnamesisch
Version	6.0d7e1
Ort	/System/Library/Fonts/Courier.dfont
Eindeutiger Name	Courier; 6.0d7e1; 2007-07-12
Copyright	Copyright © 1990-91 by Bitstream Inc. Copyright © 1990-2007 by Apple Inc. All rights reserved.
Aktiviert	Ja
Duplikat	Nein
Kopiergeschützt	Nein
Einbettbar	Ja

Da Apple von Hause aus keine Möglichkeit einer zentralen Schriftverwaltung im Netzwerk bietet, müssen die Anforderungen genau geprüft werden, um die Übersicht im Falle einer reichhaltigen und flexiblen Font-Benutzung zu behalten. Mit Hilfe einer Softwareverteilung können Fonts auf die Clients verteilt werden – jedoch sind diese entweder erst nach System- oder Applikationsneustart verfügbar. Der Benutzer ist dann davon abhängig, dass der Administrator entsprechend aktiv wird.

Sinnvoller ist demnach, Ordner auf Netzwerklaufwerken zur Verfügung zu stellen, die dann mit Hilfe von *Schriftsammlung* gruppiert lokal verwaltet werden können. Bei **größeren Clientumgebungen** und einer **Vielzahl an Schriften** empfehlen wir jedoch die Benutzung von **Schriftverwaltungssystemen** wie *Linotype FontExplorer X Pro, Extensis Universal Type Server, FontAgent Pro Server* oder ähnlichen Produkten.

Professionell: Linotype FontExplorer X Pro

Der *FontExplorer X Pro* ist eines der professionellsten Schriftverwaltungs-Tools für den Mac. Linotype selbst ist seit vielen Jahren einer der großen Schriftanbieter weltweit und mit dem FontExplorer perfekt für die Schriftverwaltung aufgestellt. Man kann zwischen der Einzelbetrieb-Version oder einem Client- / Server-Betrieb wählen.

Folgende Hauptfunktionen stehen dem Benutzer zur Verfügung:

- Schriftverwaltung über diverse Kriterien möglich
- Autoaktivierung einzelner Fonts oder Font-Gruppen für die meisten Programme
- Plugins für Adobe Creative Suite und QuarkXPress
- umfassende Font-Informationen inklusive Kerning-Informationen
- automatische Konflikterkennung und Konfliktbehebung
- Beseitigung der Font-Cache-Dateien, und das System- und User-weit
- integrierte Shop-Funktion mit Testmöglichkeit neuer Fonts
- integrierte Backup-Funktion aller relevanten FontExplorer-Einstellungen

Im Server-Betrieb kann der Administrator die Verwaltung der Fonts für die Anwender vorgeben; er kann ihnen jedoch auch den Freiraum lassen, verfügbare Fonts zu aktivieren oder zu deaktivieren. Zudem gibt es Plugins für diverse Layoutprogramme, um die notwendigen Schriften je nach Bedarf automatisch zu aktivieren. Und gerade bei der Lizenzkontrolle versucht Linotype mit Daten über Anzahl und Benutzung der Schriften eine Übersicht über die verfügbaren Schriften zu wahren. Allerdings werden Schriften bei Überbenutzung nicht deaktiviert.

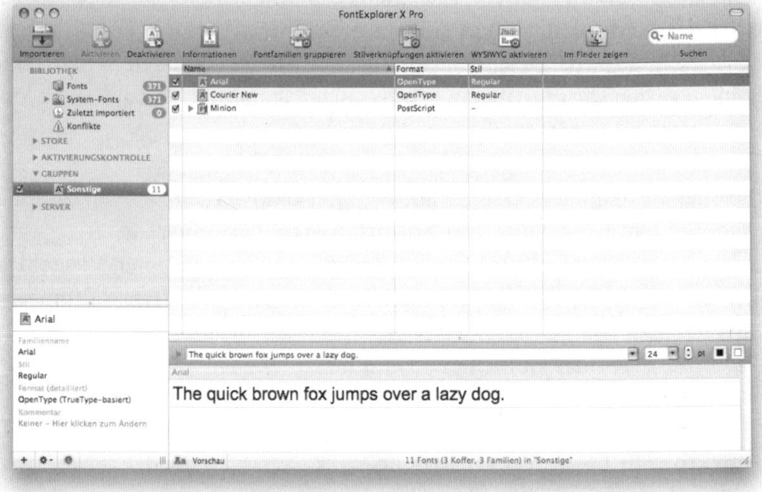

Sollte es mit den Schriftaktivierungen zu Problemen kommen, stehen neben den sonstigen Überprüfungsroutinen noch weitere Reparaturfunktionen zur Verfügung.

Die Einstellungen der Software sind üppig und an jede Umgebung anpassbar. Je nach Strukturierung der Clientlandschaft und Verwaltung der Softwarekomponenten sollten die relevanten Konfigurationen vorgenommen werden und als Standard auf die Clients verteilt werden.

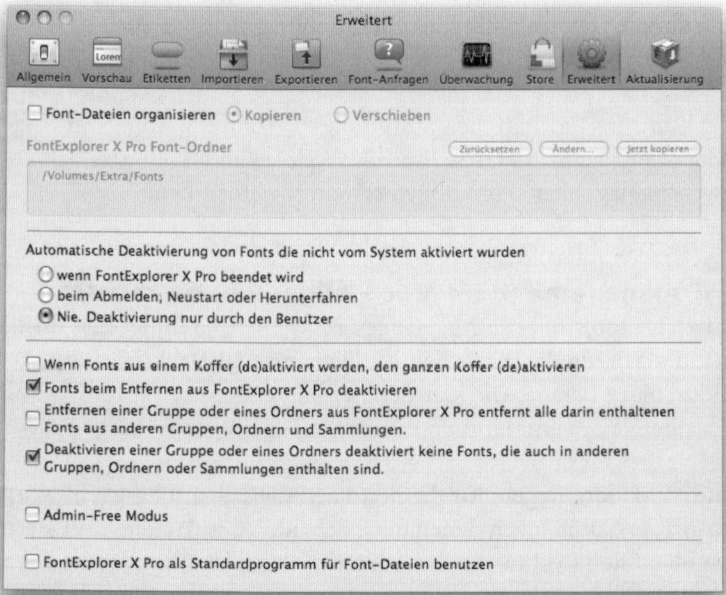

Bei größeren Umgebungen bietet Linotype eine **Serverlösung** an, die eine Verwaltung der Schriften inklusive oben angesprochener Lizenzkontrolle übernimmt. Gerade für die Administratoren, aber auch für die Benutzer wird es so übersichtlicher, die gekauften Fonts dann zur Verfügung zu stellen.

Ist ein solcher Server im Netzwerk verfügbar, taucht er in der linken Seite des *FontExplorer*-Fensters auf. Die Schriften lassen sich dann gruppieren und je nach konfigurierten Benutzern verwenden. Diese lassen sich entweder per Verzeichnissystem oder aber manuell konfigurieren. Werden neue Schriften hinzugefügt, erscheint eine Rückfrage vom Server, welche Lizenzanzahl erworben wurde. Wichtig ist auch die Möglichkeit, Schriften für die Offline-Benutzung zu verwenden.

Weitere Tools für das Schriftmanagement

Extensis meldet sich mit zwei Produkten im Bereich der Font-Verwaltung zu Wort. Dabei ist *Suitcase Fusion 2* für die lokale Verwaltung der Fonts gedacht und das Client-Server System *Universal Type Server 2* für das Management im Netzwerk. Hier unterscheidet man noch die Workgroup-Version *Universal Type Server 2 Lite* für kleinere Teams und die Lösung für größere Clientlandschaften *Universal Type Server 2 Professional.*

Extensis bietet dabei einen ähnlichen Funktionsumfang wie Linotypes *FontExplorer X Pro:* Lizenzkontrolle, Offline-Benutzung der Schriften und Plugins für diverse Layout-Tools sind ebenso inbegriffen wie auch viele weitere Funktionen.

Insider Software Inc. hat ebenfalls eine gute Fontverwaltung im Angebot. *FontAgent Pro* heißt hier das Produkt, welches mit Hilfe des Servers auf Netzwerkmanagement-Funktionen erweitert werden kann.

Schriftmanagement am Mac – allgemein betrachtet

Egal, welche Tools für den Mac eingesetzt werden, so bildet sich doch sehr schnell der **Vorzug der einfachen Aktivierung und Deaktivierung im Produktionsablauf** heraus. Die klar definierten Ablageorte für die Verwaltung und das stabile Systemmanagement sorgen für eine vernünftige Basis.

Wichtig sind **klare Regeln für die Benutzer**, die sich am besten an **vorgegebene Abläufe** halten, nach denen neue Schriften den Weg in das Unternehmen und auf den Rechner finden. Hilfreich dabei ist allemal, dass der Standardbenutzer keine Admin-Rechte besitzen sollte und bei lokaler Schriftverwaltung nur innerhalb seines Profils arbeitet. Weiterhin sollte beachtet werden, dass Schriften, die vom Netzwerkvolume geladen werden, offline nicht zur Verfügung stehen.

Wird ein Fontmanagement-Tool eingesetzt, sollten Sie darauf achten, dass das Programm *Schriftsammlung* von Apple vom Mac gelöscht wird. Somit kommt der Benutzer nicht in die Versuchung, mit zwei verschiedenen Programmen zu verwalten und letztlich Probleme im Font-Caching zu riskieren.

Backup – wider den Datenschwund

Kosten und Relevanz von Daten – eine Balance

Wie wichtig ein richtiges Backup sein kann, wird dem Betroffenen am schnellsten bewusst, wenn wichtige Daten verschwunden sind. Sei es durch falsche Bedienung am Rechner, bei Diebstahl oder Defekt der Hardware. Und so sehr die Gründe dafür meist trivial sind, bleibt der Schaden in der Regel derselbe. Die Daten sind teilweise oder komplett verschwunden. Gerade beim Thema Backup gehen die Annahmen für die Richtigkeit der Durchführung weit auseinander.

Während der normale Anwender eines Computers davon ausgeht, dass seine auf einem USB-Stick gesicherten Daten ein Backup darstellen, ist für den Datenverarbeitungs-Profi ein richtiges Backup in sich abgesichert und findet auf Bandlaufwerken statt, die tagesaktuelle Wiederherstellungsfunktionen bieten.

Selten wird über die **Gefahr des Datenverlustes** nachgedacht. Auf Nachfrage gibt jeder Computernutzer an, seine Daten wären ihm wichtig. Aktiv für die Sicherheit sorgen sich allerdings nur einige von Ihnen. Aber Sicherheit entsteht leider nicht von selbst und schon gar nicht mit Hilfe eines USB-Sticks, wobei die Kopie auf ein solches Gerät im Ernstfall auch einmal einer Rettung gleichkommen kann.

Ein **USB-Stick sollte als Austausch-Medium genutzt** werden, um Daten von A nach B zu transferieren. Einfach erstellte Kopien von Daten auf einem USB-Stick oder aber einer Festplatte können als einfache Sicherheitskopie gelten, nicht aber als professionelles Backup.

In größeren Unternehmen wird oft darauf hingewiesen, mit Dokumenten zu arbeiten, die auf dem Server liegen. Diese Server werden in der Regel in festen Intervallen auf Band gesichert und dann über einen längeren Zeitraum vorgehalten. Kommt es zu einem Ausfall des Netzwerkvolumes, kann zumindest ein älterer Stand der Dokumente wiederhergestellt werden. Diese Technik hat natürlich ihren Preis und ist für kleinere Unternehmen nicht immer wirtschaftlich. Bandsysteme oder Automatisierungsanlagen in Rechenzentren, Zellen oder Datenschutzräumen, eignen sich für Firmen mit einer Vielzahl an Servern, da Einzelmaßnahmen hier nicht mehr wirtschaftlich wären.

Aufgrund der immer weiter sinkenden Preise auf dem Datenspeicher-Markt finden auch immer öfter so genannte »Billig-Server« den Weg in die Unternehmen. Für weniger relevante Daten, die einem zeitlich geringeren Intervall genügen würden, können diese preisgünstigen Systeme mit Hilfe von Hard- oder Software-Raids genutzt werden, um eine Mindestsicherheit zu gewährleisten.

Backup / Datensicherung
Als Backup kann eigentlich nur eine Datensicherung bezeichnet werden, die auch als sicher in ihrer Aufbewahrung gilt. Dabei sind Ort, Medium und Aktualität der Daten von gleichwertiger Relevanz. Für die Gewährleistung der Wiederherstellung eines Backups sind Speicherkapazität und benutztes Medium zu beachten. Als Standard-Backupmedium gilt ein Bandlaufwerk, da es noch immer als stabiler bewertet werden kann als andere Medien.

Allgemein gilt, dass **jeder für seine Daten selbst verantwortlich** ist und für ausreichenden Schutz sorgen muss, um im Fall von Datenverlust auf Sicherheitskopien zurückgreifen zu können. Dass im Zweifel auch finanzielle Grenzen gesetzt sind, versteht sich von selbst. Die Verhältnismäßigkeit von Kosten und Relevanz der Daten kann nur von demjenigen beurteilt werden, der auch den Verlust zu verantworten hat.

Time Machine: Daten sichern auf einfache Art

Als Apple sein Vor-Betriebssystem Leopard vorstellte, war ein Highlight in aller Munde: *Time Machine* galt als eines der wichtigsten Features. Und tatsächlich, die Funktion einer automatisierten Sicherung aller Daten und deren einfacher Wiederherstellungsform gab es in dieser Art bisher in keinem anderen Betriebssystem. Auch die Wiederherstellungsfunktion in Windows hatte – zumindest was das Thema Komfortabilität angeht – deutlich das Nachsehen.

Unabhängig davon, ob *Time Machine* als professionelles Backupsystem verwendet werden kann, klingt die Idee des Zurückgehens in der Zeit, um Daten wiederherzustellen, sehr interessant. Allerdings kann bereits hier darauf verwiesen werden, dass dieses Programm **keine professionelle Backupstrategie** ersetzen kann. Für eine gewisse Sicherheit Ihrer Daten kann der richtige Einsatz jedoch dennoch sinnvoll sein.

Funktionen und Arbeitsweise von Time Machine

Grundsätzlich meldet sich *Time Machine* mit einer Meldung im Finder, sobald eine externe Festplatte angeschlossen wird.

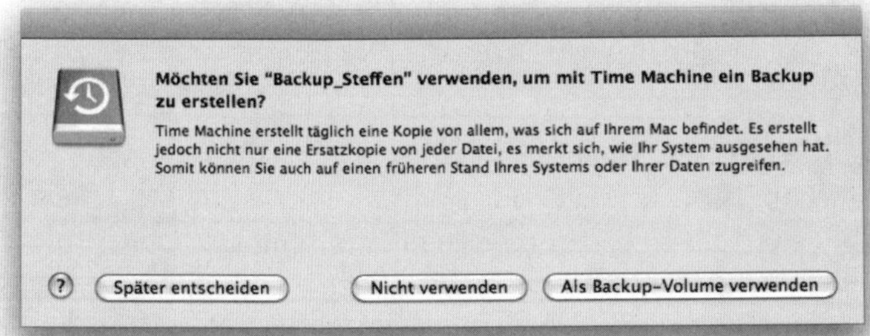

Der Klick auf *Als Backup-Volume verwenden* könnte einfacher nicht sein. Schon rennt der Kopiervorgang los und erstellt ein Abbild des gesamten Inhaltes Ihrer Festplatte. Dabei entsteht für jede weitere Kopie immer nur ein so genanntes »inkrementelles Delta«. Die Verzeichnisstruktur ist so aufgebaut, dass Sie im Finder beim Blick in die Ordner stets einen Gesamtüberblick bekommen. Realisiert wird dies durch die Nutzung von »Hard Links« – das bedeutet, dass der Blick in ein aktuelles Backupverzeichnis auf den ersten Blick wie ein vollständiges Backup aussieht, die Ansicht jedoch aus der Verknüpfung mit dem Ursprungsbackup besteht.

Time Machine bietet die Möglichkeit, die sonst kein anderes Backup-Tool in dieser Art bietet – nämlich die Recherche nach alten, bereits gelöschten oder geänderten Dateien. Dabei öffnet sich beim Öffnen des *Time Machine*-Programms eine Art Kosmos, in dem diverse Fenster des Finders hintereinander zu sehen sind. Je nachdem, wie lange Sie *Time Machine* bereits benutzen, besteht die Möglichkeit, in der Zeit zurückzugehen und auf einen Stand einer Datei zuzugreifen beziehungsweise diese wiederherzustellen, ohne eine eventuell aktuelle Datei zu überschreiben.

Das alles ist mitten im Betrieb möglich und erfordert lediglich das Anschließen des Backupmediums.

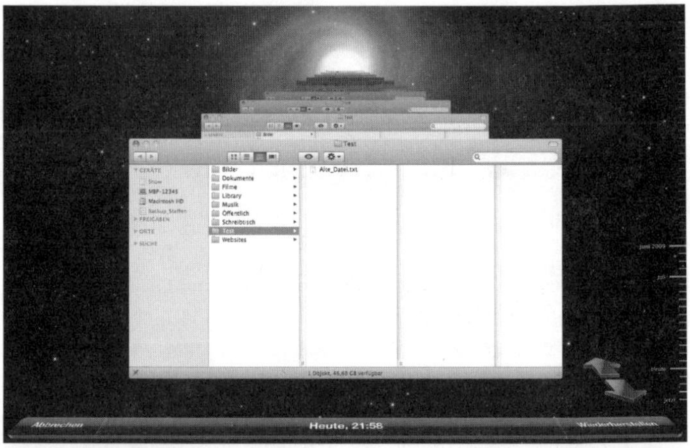

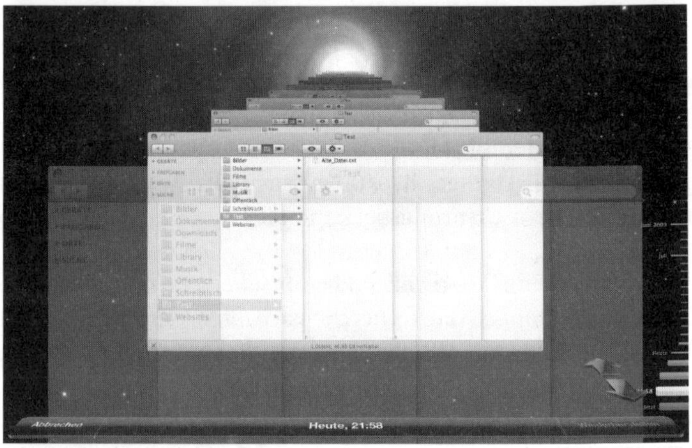

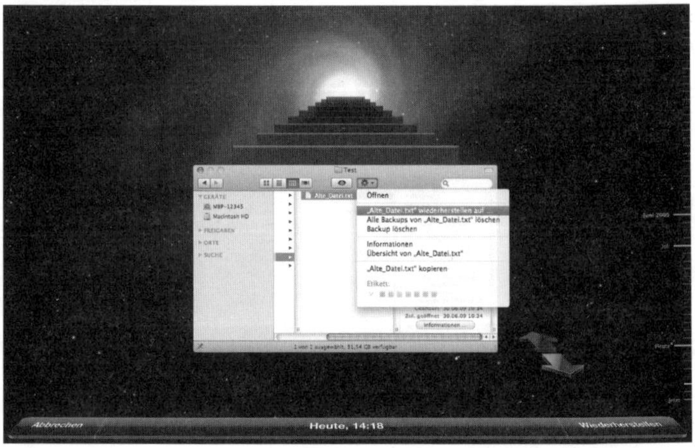

Neben der Benutzung von Apples Medium zum Netzwerk-Backup, *Time Capsule,* ist *Time Machine* für **externe Festplatten oder Partitionen** vorgesehen und kopiert einmal alle Dateien auf dieses Volume, sofern Sie selber keine Einschränkungen vorgeben. Diese Ausnahmen, die vom Backup-Vorgang ignoriert werden sollen, können im gleichnamigen Kontrollfeld *Time Machine* konfiguriert werden.

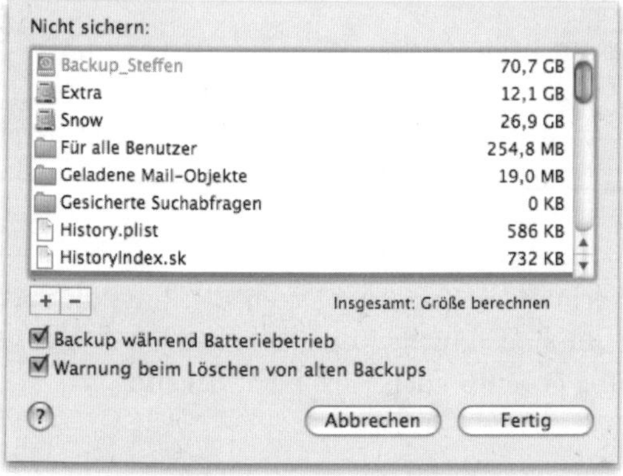

In den Optionen kann unter anderem konfiguriert werden, ob bei Mobilgeräten der automatische Backup-Vorgang auch ohne angeschlossene Stromquelle durchgeführt werden soll. Dieser kann auch mit einem Klick mit der rechten Maustaste (bzw. bei gleichzeitig gedrückter »ctrl«-Taste) und der Option »Backup erstellen« manuell gestartet werden. Sollte ein Backup unterbrochen werden – da sich das Gerät zum Beispiel aufgrund ungenügender Restspannung in den Ruhezustand begibt –, setzt Time Machine an dieser Stelle erneut an, um den Vorgang zu Ende zu führen.

Der Standardintervall des Sicherungsvorganges beläuft sich auf 60 Minuten und kann – außer der Zuhilfenahme von zusätzlicher Drittanbietersoftware – in einer Konfigurationsdatei geändert werden, die den Überwachungsdienst steuert. Dieser Dienst wird durch `launchd` gestartet. Die Voreinstellungsdatei befindet sich im Verzeichnis */System/Library/LaunchDaemons/* und heißt: ***com.apple.backupd-auto.plist***

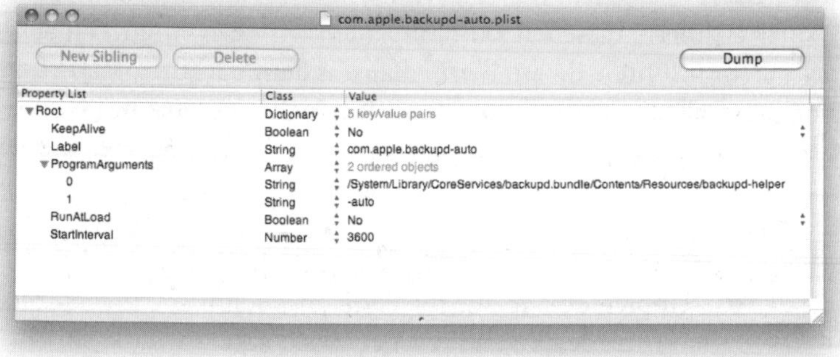

Der Wert für den Startintervall wird in Sekunden angegeben und kann modifiziert werden. Wird das Backup-Medium für eine längere Zeit nicht an den Mac angeschlossen, wartet der Vorgang so lange, bis erneut eine Verbindung besteht. *Time Machine* warnt in regelmäßigen Abständen vor nicht ausgeführten Sicherungsintervallen.

Time Machine und FileVault

Nutzt man die lokale Datenverschlüsselung *FileVault*, arbeitet *Time Machine* nicht mehr in der Art und Weise, wie es sonst der Fall wäre. Da durch *FileVault* ein verschlüsseltes Profil-Image geöffnet wird, gibt es lediglich jeweils ein Backup.

Zudem überschreibt diese Kopie der Daten allerdings die vorherigen Daten, so dass immer nur eine aktuelle Kopie entsteht. Ob es hier in Zukunft eine elegantere Lösung geben wird, ist uns nicht bekannt.

Time Machine als Backupsoftware im Unternehmen?

Eine im Betriebssystem integrierte Backup-Funktionalität schreibt also automatisch Kopien der Daten des Anwenders. Das Geniale daran: Der Anwender selbst muss nicht geschult werden, wie er selbst dafür sorgt, regelmäßig Sicherheitskopien zu erstellen.

Aber wie lässt sich *Time Machine* in einem Unternehmen clever einrichten? Dazu gibt es – neben der Herausgabe von externen Festplatten oder einem Netzwerkordner, in den die Anwender ihre Daten kopieren – tatsächlich eine mögliche Lösung. Wie bei allen Tätigkeiten innerhalb der IT sollte aber auch diese Umsetzung vernünftig geplant werden; so wird der Aufwand dafür – gerade bei möglicher Nutzung sonstiger Infrastruktur-Ressourcen – nicht unverhältnismäßig aufgebläht.

Sinnvolle Konfiguration in Time Machine

Bevor wir darauf eingehen, wie die technische Umsetzung für *Time Machine* auf Firmenrechnern aussehen kann, möchten wir gern einige Dateien und Verzeichnisse aufführen, die im Normalfall aus dem Backupvorgang herausgenommen werden können. Dabei handelt es sich nicht nur um Cache-Dateien oder temporäre Ordner, sondern um eine Auflistung von sinnvollen Ausnahmen, um den Speicherplatz zu schonen.

Da es auf einem Arbeitsplatzrechner keinen Sinn macht, das komplette System zu sichern, empfehlen wir nur folgende Verzeichnisse (am Beispiel des Benutzers »horst«) für das Backup zu berücksichtigen – diese sollten also **nicht** ausgenommen werden:

Folgende **Backupverzeichnisse** sind entscheidend:

/Benutzer/horst/Library/Application Support/FireFox
/Benutzer/horst/Library/Preferences
/Benutzer/horst/Library/Safari
/Benutzer/horst/Dokumente
(mit folgender Einschränkung: **Pfade mit Datenbanken** – wie z. B. die Entourage-Datenbank – sollten **ausgeschlossen** werden)
/Benutzer/horst/Schreibtisch

Es handelt sich um die relevanten Profildaten des Benutzers. Aber gerade hier wird die Schwäche von *Time Machine* sichtbar: Sobald der Arbeitsplatz im Mehrbenutzerbetrieb eingesetzt wird, ist eine rechtzeitige Anpassung der *Time Machine*-Konfiguration notwendig – ansonsten würde das neu erstellte Profil wieder komplett gesichert.

Erst nach dem Konfigurieren der Ausnahmen erhält man das gewünschte Ergebnis. Zudem verstecken sich auch innerhalb der gewünschten Pfade einige Unterordner, die unnötigen Balast verursachen. Dazu gehört zum Beispiel das Verzeichnis: *~/Library/Preferences/Macromedia/...*, in dem Adobe Verweise zu Webseiten protokolliert.

Gewusst wie: Umsetzung im Unternehmen

Das Thema mit der Datensicherheit auf den Arbeitsplatzsystemen wird in den Unternehmen sehr unterschiedlich gelebt. In vielen Bereichen wird die Verantwortung ganz klar auf den Anwender geschoben, der ja selbst darauf achten muss, dass er stets Sicherheitskopien seiner Daten erstellt. In anderen Firmen gilt die Devise: Wenn es wichtige Unternehmens- und Produktionsdaten gibt, gehören sie auf den Server.

Das Problem hierbei ist die Umsetzung, die oft an den Kapazitäten scheitert. Der Serverplatz reicht grundsätzlich nie für alle so genannten relevanten Daten. Denn im Zweifel kann der Anwender auch nicht immer einschätzen, welche dazu gehören. Das Pflegen dieser Datenhalden fällt dann schwer, Server platzen aus allen Nähten und ist sowieso das manuelle Kopieren auf den Server eher eine einmalige Angelegenheit – ein schwarzes Loch, das oft zuletzt benutzt wurde, kurz nachdem man eingewiesen wurde. Hier fehlt es einfach an Komfortabilität und einen eingeübten Automatismus für den Anwender.

Je nach Datenformat und -größe ist der Betrieb auf dem Server auch immer noch als nicht performant genug zu bewerten. Es gibt aber auch Unternehmen, die Directory-Systeme mit mobilen Profilen einsetzen und für eine Synchronisation bestimmter Profilinhalte sorgen. Aber dem Fehler des Anwenders kann dieses System auch nichts entgegensetzen. Wurden Dateien vom Anwender ungewollt gelöscht oder treten Defekte innerhalb der Datenstruktur auf, werden diese Fehler mit der nächsten Synchronisation auch auf das Netzwerkvolume gespiegelt.

Es sollte versucht werden, eine **gute Mischung** zu finden, um die Vorteile der verschiedenen Systeme miteinander zu verbinden. Dabei kann *Time Machine* in diesem Verbund – wie auch immer die Ausgangs-Grundlagen aussehen – eine gute Ergänzung darstellen. Richtig konfiguriert erhöhen Sie den Sicherheitsfaktor mit dieser Integration um einige Punkte.

Eine Möglichkeit, genau die angesprochenen Vorteile nutzen zu können, wollen wir in der nachfolgenden Grundkonfiguration beschreiben. Als Ergänzung dienen dann nützliche Hinweise zur Verteilung von Vorgaben und der Lösung für den Mehrbenutzerbetrieb, die wir im Kapitel »Tipps & Tricks« erläutern.

Zweigeteilt: Partition auf Arbeitsplatzrechnern

Unsere Aufgabenstellung lautet wie folgt:

- Die interne Festplatte sollte in mindestens zwei Partitionen geteilt werden, um eine Partition davon für *Time Machine* nutzen zu können. Dabei sollte der verfügbare Speicherplatz ausreichend gewählt werden, was sich in der heutigen Zeit unproblematisch realisieren lassen sollte.
  Bei Geräten mit der Option für mehrere interne Festplatten wird der Sicherheitsfaktor bei Einbau einer Zweit-Festplatte erhöht. Das bedeutet allerdings auch zusätzliche Kosten.

- Nachdem der Mac mit einem System installiert wurde, kann *Time Machine* konfiguriert werden (siehe »Backupverzeichnisse«). Die dafür vorgesehene Partition wird dann als Backup-Medium ausgewählt. Bei dieser Auswahl und Verwendung von Partitionen wird Mac OS X folgende Warnung anzeigen:

Achten Sie an dieser Stelle darauf, dass Datenbanken und sich ständig ändernde Dateien vom Backup ausgenommen werden sollten. Mail-Ordner und andere lokale Daten, die in diesen Bereich fallen, werden entweder vom jeweiligen Infrastruktur-System (Mailserver) vorgehalten und bedürfen keiner lokalen Sicherung; oder sie müssen mit anderen Methoden oder Scripten in eine Sicherung eingebunden werden.

Wie die Partition versteckt werden kann und wie man Standardkonfigurationen auf mehrere Macs im Netzwerk verteilt, zeigen wir im Kapitel »Tipps & Tricks«.

Schwächen von Time Machine

Es gibt leider auch einige Nachteile von *Time Machine*, die bei einer Erstkonfiguration beachtet werden müssen. Zu diesen Nachteilen gehört die bisher fehlende Möglichkeit, verschiedene Dateitypen vom Backup auszuschließen. Gerade bei Benutzung von Datenbankprogrammen – beziehungsweise Applikationen, die ihren Inhalt in eine einzige Datei absichern – wird stets die gesamte Datenbank oder Datei gesichert. Ein inkrementelles Backup von diesen Dateien ist schlicht nicht möglich. Zum Beispiel nutzt Microsoft Entourage diese Arbeitsweise, indem das E-Mail-Konto in einer Datenbankdatei gesichert wird. Diese Datei wird bei jeder Synchronisation verändert und würde somit bei jedem Backup-Intervall von *Time Machine* berücksichtigt werden. Das Backup-Medium wäre im Nu voll, nimmt man solche Pfade nicht vom Backup aus.

Eine Zeitsteuerung ist nur mit Hilfe des Startintervalls, jedoch nicht mit Hilfe von anderen Parametern möglich. Im Kontrollfeld fehlen Konfigurationseinstellungen, die derzeit leider nur mit Hilfe der *plist*-Dateien möglich sind.

Des Weiteren ist es mit *Time Machine* nicht möglich, Backups auch verschlüsselt zu erstellen. Der Zugriff auf das Backup ist zu jeder Zeit in vollem Umfang möglich. Professionelle Backuptools bieten diese Möglichkeit, um bei Entwendung der Backupmedien Datensicherheit gewährleisten zu können.

Ein Vorteil dieses Tools, nach Anschluss des entsprechenden Mediums Zugriff auf alle gesicherten Dateiveränderungen zu erhalten, lässt zudem den verfügbaren Speicherplatz schrumpfen, da die Daten in Originalgröße und somit unkomprimiert vorliegen. Ausreichender Speicherplatz auf dem externen Volume ist hier also Voraussetzung. Daher sollte zu Anfang genau geprüft werden, welche Daten und Verzeichnisse vom automatischen Backup ausgeschlossen werden sollen. Wenn das Medium voll ist, fängt *Time Machine* an, die ältesten Daten zu überschreiben.

Professionell: Backup-Lösung mit Retrospect

Ein alter Bekannter für die Erstellung von Backups in Macintosh-Netzwerken ist die Firma *Dantz* mit ihrem Produkt *Retrospect.* Es handelt sich dabei um ein gut strukturiertes System mit vielen nützlichen Funktionen rund um das Backupmanagement. So ist es möglich, Zeitpläne zu erstellen, mit denen verschiedene automatisch ablaufende Prozesse verwaltet werden. Verschlüsselungen der Backupdaten sind ebenso möglich wie die Komprimierung der kopierten Daten.

Retrospect eignet sich perfekt für die Backupstrategie in Netzwerken unterhalb von 50 Clients. Geht es um Netzwerke mit einer größeren Anzahl von Apple-Clients, sollte über eine andere Strategie nachgedacht werden, die sich über Directory-System oder Server-Infrastruktur realisieren lässt. Die Verwaltung der Datenbackups und deren Konfiguration könnte mit *Retrospect* in einer größeren Umgebung mitunter unübersichtlich werden.

Antivirensoftware auf dem Mac

Viele Macianer wiegen sich bei dem Thema Viren auf ihrem Mac in Sicherheit – diese Einstellung ist auch kein Grund zur Sorge, da derzeit nur ca. 0,3% der weltweit verbreiteten Viren für den Mac gedacht sind. Dennoch sollte immer eine gewisse Vorsicht gelten. Schließlich war es ein Apple-Computer, auf dem der erste jemals geschriebene Virus Verbreitung fand: 1982 brachte der sonstige Hobby-Spiele-Programmierer Richard Skrenta den *Elk Cloner*-Virus – ausschließlich gefährlich für Apple II-Computer – in Umlauf und konnte sich als damals 15 jähriger auch noch relativ einfach mit seiner Programmierung austoben. Sicherheitsvorkehrungen auf den PCs waren zu dieser Zeit so unbekannt wie der heutige wirkliche Grund von Apples Vorteil in Sachen Viren gegenüber dem Betriebssystem Windows. Ist es tatsächlich nur die im Vergleich zu Windows mangelnde Verbreitung von OS X oder hat es vielleicht doch einen technologischen Hintergrund?

Schadsoftware auf einen Computer zu mogeln, ist **in erster Linie durch Unachtsamkeit des Benutzers** möglich, nicht aufgrund von technischen Lücken. Auf dem Mac ist die Eingabe des Administratorkennwortes in der Regel notwendig, um Eingriffe in der Systemstruktur vorzunehmen. In der Regel muss der Anwender des Systems aktiv werden, bevor schädliche Software Änderungen in der Datenstruktur vornehmen kann.

Das bedeutet jedoch nicht, dass diese Software nicht auch gut getarnt daher kommen kann. So auch 2007, als sich der erste etwas ernst zu nehmendere Trojaner *OSX.RSPlug.A* als Video-Codec-Update tarnte und damalige Pornoseiten-Besucher unbemerkt auf Phishing-Seiten umlenkte, um nach Kennwörtern zu gieren.

Wer sich Software aus dem Internet lädt, kann wohl kaum vorhersehen, ob diese auch virenfrei auf den Rechner gelangt. Hier hilft nur ein Antivirenprogramm, welches die geladenen Objekte mit den aktuellen Virendefinitionen vergleicht und im Ernstfall Alarm schlägt. Ist ein solches nicht vorhanden, steigt auch das Sicherheitsrisiko auf dem Mac unnötig an.

Virensicher in Unternehmen

In Unternehmen steigt das Anforderungsniveau im Rahmen der Sicherheitsvorkehrungen nicht erst seit gestern. Selbst wenn der Mac – wenn überhaupt – lediglich als Viren-Wirt für die passive Virenverbreitung sorgt, sollte er **in heterogenen Netzwerken geschützt** werden. Die unbewusste Verbreitung von Viren und Trojanern mag im Zweifel straffrei ausgehen; dem Unternehmen jedoch kann ganz schnell großer Schaden entstehen, wenn nur ungenügender oder gar kein Schutz integriert ist.

Einige IT-Betreuer sind der Meinung, auf den Macs keine entsprechende Schutzsoftware installieren zu müssen, da sie mehr Schaden im System anrichtet als Nutzen erwartet werden dürfte. Sicherlich hängt es auch von der Unternehmensgröße ab: Je mehr Arbeitsplätze verwaltet werden müssen, desto größer ist die Gefahr, dass es zu **fahrlässigen Bedienungsfehlern in der Computernutzung** kommt und das **Sicherheitsrisiko** steigt. Niemand kann außerdem genau sagen, welche Sicherheitslücken oder welche Fake-Dienste über das Internet in Zukunft genutzt werden, um Schadsoftware zu verbreiten.

Nun gibt es bereits seit langem – auch schon vor der Version Mac OS X – Antivirenprogramme, die teilweise von Herstellern angeboten werden, die auch im Windows-Umfeld bekannt sind. Für den Unternehmensbereich eignen sich jedoch vor allem Produkte wie *Sophos* oder *VirusScan* von McAfee. Andere Anbieter haben zum Teil für den Mac nur Einzelplatzversionen im Angebot, welche in Firmen nur bedingt zu empfehlen sind, da kaum geeignete Preismodelle existieren. Aber auch die zentrale Updatestrategie sollte beachtet werden, sofern die Anzahl der Macs dafür relevant ist.

Und obwohl die Gesamtanzahl der Mac-Antivirentools bei weitem die derzeitige Anzahl aktiver gefährlicher Viren für Mac OS X übersteigt (hoffentlich noch lange), wollen wir kurz auf die drei führenden Hersteller von Antivirensoftware für den Mac eingehen, ohne in einen direkten Produktvergleich abzuschweifen.

Norton AntiVirus von Symantec

Die Firma Symantec war mit *Norton* und seinen Dienstprogrammen auch für den Mac lange Zeit eine feste Größe in Sachen Datenrettung und Festplattenüberprüfung. Nach einigen Veränderungen innerhalb der letzten Jahre hatte sich Symantec auch für OS X auf die Maßnahmen gegen Schadsoftware konzentriert. Mit *Norton AntiVirus* oder *Internet Security* stehen – neben der speziellen Version *Dual* für die Windows-Nutzung auf einem Mac – eher zwei Einzelplatzversionen zur Verfügung. Enterprise- oder Business-Lösungen gibt es offiziell nicht für den Mac. Auch die Multiplattform-Versionen von Symantec beinhalten zum Teil nur Linux als Client-Erweiterung.

Sophos

Sophos hat mit seinem Sortiment von Sicherheitssoftware für verschiedene Unternehmensanforderungen – vor allem *Sophos Anti-Virus* – auch auf der Mac-Plattform ein festes Standbein. Viele Unternehmen haben sich daher in den letzten Jahren für *Sophos Anti-Virus* entschieden.

Neben einigen Standardfunktionen wie die Erkennung aller bekannten Viren und Trojanern glänzt Sophos mit **guten heuristischen Suchoptionen zur Erkennung von noch unbekannten Viren.** Je nach Unternehmensgröße wählt man zwischen Einzelplatzversion oder komplettem Sicherheits-Softwarepaket. Zum Beispiel gibt es für Unternehmen mit größerer Anzahl von Arbeitsplätzen das Bundle *Sophos Endpoint Security and Data Protection.*

Eine weitere Komponente bei der Entscheidung für das richtige Produkt ist die Art der Plattformaufteilung. Handelt es sich ausschließlich um ein Mac-Netzwerk, setzt man einzig die Version *Sophos Anti-Virus* in Verbindung mit einem *Sophos Update-Manager* ein. Wird ein Softwareschutz von Sophos für ein gemischtes Netzwerk gesucht, greift man eher auf die *Enterprise*-Version mit entsprechender Konsole zurück, die dann jedoch unter einem Windows-Server betrieben wird.

Einer der Vorteile von *Sophos Anti-Virus* ist die **geringe Auswirkung des Hintergrundscans auf die Systemperformance.** Auch auf älteren, langsameren Macs ist kaum eine Performance-Beeinträchtigung durch Suchaktivität zu spüren.

Es gibt eine Reihe an Einstellungsmöglichkeiten im Systemkontrollfeld für Sophos, durch die nicht nur der Zeitplan und die Art der Virensuche konfiguriert wird, sondern auch die Optionen für den Updatezyklus eingestellt werden können. Hierfür kann entweder der Sophos-Update-Server oder ein im Netzwerk befindlicher FileServer dienen, der die aktuellen Virendefinitionen für die Clients bereit hält.

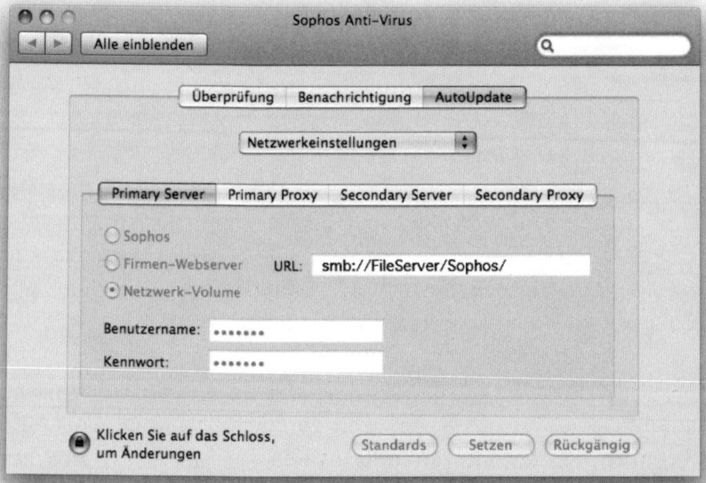

Der Vorteil eines Intranet-Dienstes liegt unter anderem im geringeren Datenaufkommen für das externe Netzwerk, da der Server nur einmal Kontakt mit dem Sophos-Server aufnimmt und dann alle Clients im Netzwerk bedient.

Der Status über die Aktivität ist außerdem in der Menüleiste zu sehen, sofern das Symbol über das Kontrollfeld eingeblendet wird. Steht der Updateserver nicht zur Verfügung, ist zudem ein rotes Warnzeichen im Symbol eingeblendet.

VirusScan von McAfee

McAfee ist bereits ein alter Bekannter im Bereich der Antivirensoftware und zählt nicht nur für die Mac-Plattform zu den führenden Herstellern. Und obwohl *McAfee* für OS X nur die Software *VirusScan* anbietet, ist auch dieses Produkt gut geeignet für Unternehmen, da sich der Client individuell konfigurieren und somit gut auf etwaige Infrastrukturen anpassen lässt.

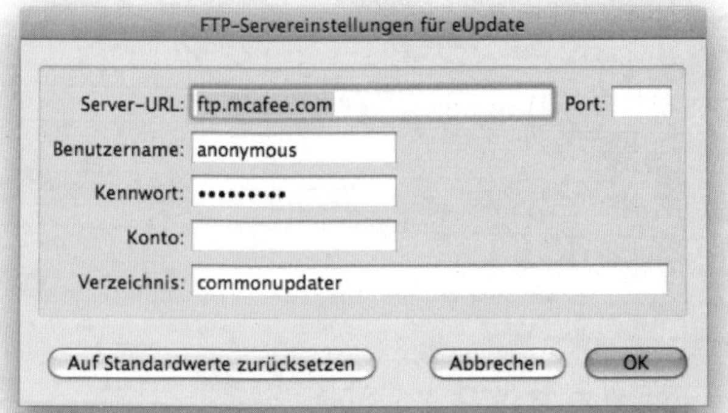

Die regelmäßige Aktualisierung der erkennbaren Viren kann zentral verwaltet werden und bietet gerade bei größeren Umgebungen die Möglichkeit, die Netzwerkbelastung zu reduzieren.

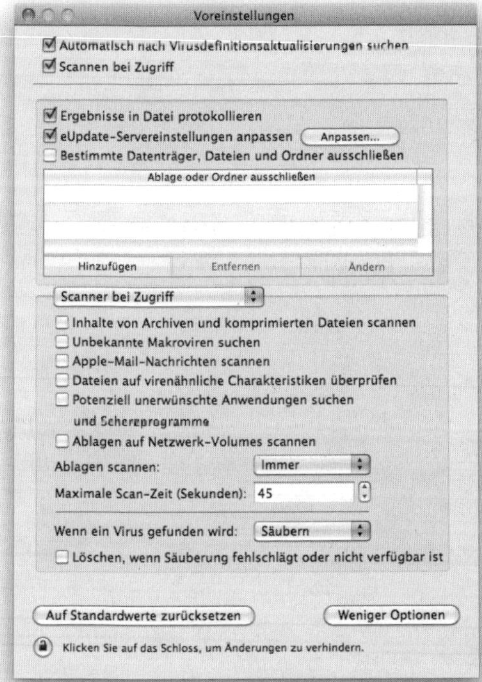

Auch McAfee bietet **Heuristik-Funktionen** und schützt mit **generischer Erkennung vor unentdeckter Schadsoftware.**

Neben diesen vorgestellten Lösungen zur Virenbekämpfung beschäftigen wir uns im folgenden Kapitel etwas umfassender mit dem Thema Datensicherheit auf dem Mac.

Aus der Praxis: Datensicherheit auf dem Mac

5

- Standards unter Mac OS X
- Allgemeine Schutzvorkehrungen
- Sicherheit im Netzwerk: Client und Administrator
- Sichere Datenverwaltung unter Mac OS X

Datensicherheit spielt sich immer auf verschiedenen Ebenen ab. Dabei geht es um technische Aspekte, aber auch um die Art und Weise im Umgang mit den Daten. Wenn ein System geschützt wird, aber das Passwort am Monitor klebt, kann man sich den technischen Aufwand gleichwohl sparen. Ebenso sind Sicherheitsmaßnahmen auf Verschlüsselungsbasis vermutlich übertrieben, wenn es sich um einen reinen Funktions-Computer handelt, auf dem keine sicherheitsrelevanten Informationen gesichert werden.

Die richtige Sicherheitsstrategie hängt von den Anforderungen ab und muss daher genau erfasst werden. Auch werden wir in diesem Thema nicht in eine allgemeine Betriebssystem-Beschreibung eintauchen; vielmehr beschränken wir uns mehr auf die relevanten Funktionen im Bereich der Datensicherheit auf dem Mac und geben Ihnen einige Tipps aus der Praxis.

Die Sicherheitsmaßnahmen wurden von Apple mit der Vorgängerversion Leopard bereits erheblich gegenüber dessen Vor-Versionen optimiert. Um zum Beispiel *root*-Aktionen ausführen zu lassen, sind erhebliche Barrieren im System etabliert worden, die es den Schadsoftware-Programmierern schwerer machen dürfte, Sicherheitslücken für größere Eingriffe nutzen zu können. Auch die Features *Sandboxing* und *Library Randomisation* sorgen schon ab Mac OS X 10.5 dafür, dass der Zugriff über die Applikationen in »eingesperrten« Umgebungen definiert und der Arbeitsspeicher nicht fest von Programmen adressierbar ist. Mit Einführung von Snow Leopard wurden weitere Sicherheitsmaßnahmen integriert, die sich auch auf die Benutzung des Standard-Anwenders beziehen.

Standards unter Mac OS X

Der hundertprozentige Schutz vor Datenmissbrauch kann auch im 21. Jahrhundert nicht gewährleistet werden. Es gibt zu viele Möglichkeiten, an Daten heranzukommen, die eigentlich verschlossen bleiben sollten. Wie schon erwähnt kann das sowohl technische als auch menschliche Gründe haben. Welche Sicherheitsanforderungen sinnvoll sind, kann dabei oft nicht für alle Mitarbeiter und Systeme pauschal definiert werden.

Die Frage nach dem Aufwand und den Kosten ist dabei ebenso wichtig wie die Begründung für die gewählte **Sicherheitsstufe.** Ist diese als sehr hoch zu bewerten, werden Konzepte für den sicheren lokalen Umgang mit den Daten, für die sichere Client-Serververbindung und für die Datensicherheit bei der eingesetzten Backuptechnologie benötigt. Ein zum Teil kostspieliges Unterfangen, bei dem in den meisten Fällen der **Mensch selbst die Schwachstelle** darstellt. Der Schutz ist immer nur so gut, wie sich auch an dessen Regeln gehalten wird. Zusatzsoftware kann dabei helfen, unkompliziert mit dem Thema lokale Sicherheit umzugehen. Welche Hilfsmittel für die Gewährleistung der lokalen Datensicherheit zu empfehlen sind, zeigen wir im späteren Verlauf dieses Kapitels.

Im Clientmanagement versucht man generell, **Einheitlichkeit zu wahren und Standards zu etablieren.** Gerade bei solch wichtigen Fragen, wie denen rund um die digitale Informationssicherung, sollten vorab standardisierte Einstellungen vereinbart werden. Mit diesen Maßnahmen kann zwar keine höchstmögliche Sicherheit gewährleistet werden, eine permanente Aktualisierung der Sicherheitsupdates von den Softwareherstellern ist allerdings ein Anfang, der als technische Grundlage für alle Clients dienen sollte. Apple nutzt bei ihrer Softwareaktualisierung eine Art digitale Signatur, so dass bereits eine sichere Kommunikation mit dem Update-Server gewährleistet wird. Eine Benutzerkonfiguration mit sicheren Passwörtern wird da schon schwieriger zu realisieren sein, da diese gern von Mitarbeitern bei der Urlaubsübergabe mitgegeben werden. Wenn also ein weitestgehender Schutz notwendig ist, dann muss der Anwender auch entsprechend eingewiesen werden. Auf einige Standard-Sicherheitsvorkehrungen im Rahmen der Clientverwaltung wollen wir wie folgt eingehen:

- Allgemeine Sicherheitsmaßnahmen für die Praxis
- Sicherheit beim Clientzugriff
- Sichere Datenverwaltung unter Mac OS X
- Sicherheitsstandards bei Internetnutzung

Allgemeine Schutzvorkehrungen

Freiheit vs. Sicherheit – der Balance-Akt

Apple versucht einen Balance-Akt zu vollziehen, der sich zwischen höchstmöglicher Sicherheit für Datenschutz und dem einfachen Umgang damit bewegt. Das merkt der Anwender im Grunde nur, da auf permanente Sicherheitswarnungen weitestgehend verzichtet wird und stattdessen **nur wirklich relevante Informationen eingeblendet** werden. Der Grund dafür sind Studien, nach denen ein Systembenutzer in der Regel von immer wiederkehrenden Systemmeldungen sensibilisiert wird und daher aus Routine bereits vorschnell und ohne größere Beachtung auf *Fortfahren* klickt. Wichtige Sicherheitshinweise werden somit stärker wahrgenommen und auch durchgelesen.

Um die technischen Grundlagen für eine sichere Clientlandschaft zu gewährleisten, sind zunächst **Benutzerpasswörter** und eine entsprechende Aufklärung der Anwender nötig. Zudem sollten einige allgemeine Richtlinien für alle Clients gelten, um nicht nur ein einheitliches Sicherheitsbewusstsein bei den Benutzern zu schaffen, sondern auch wenigstens für ein

Mindestmaß an Datenschutz zu sorgen. Individuell können auf einem Apple-Rechner dann – je nach Anforderung – auch weitere Sicherheitskonfigurationen durchgeführt werden.

Netzwerk-Basics im Daten-Handling

Zu den Standardmaßnahmen im digitalen Datenschutz auf Mac OS X sollten folgende Konfigurationen gehören:

- Anwender-Accounts nicht mit Administratorenrechten ausstatten
- jeden Account mit Passwort einrichten
- keine Standardkonvention für Passwörter der Anwender verwenden
- keine automatische Anmeldung einsetzen
- Passworteingabe nach Beendigung des Bildschirmschoners und Ruhezustand verlangen
- sicheres Passwort für den Account des System-Administrators
- Masterkennwort erstellen (für etwaige *FileVault*-Verschlüsselungen)
- Zugangspasswörter im Schlüsselbund des Profils sichern
- Softwareaktualisierung zentral verwalten
- sicheren virtuellen Speicher nutzen (Systemeinstellung *Sicherheit)*
- Softwarestandards nutzen
- keine Änderungen an den Systemrechten vornehmen

Nur wenn jedem Mitarbeiter klar ist, dass es nicht nur darauf ankommt, seine möglicherweise »nicht bewusst brisanten« Daten vor Fremdzugriff zu schützen, sondern auch Missbrauch zu vermeiden, erhält man die Chance für eine Durchsetzung von Sicherheitsregeln. Es werden heutzutage immer mehr Informationen über digitale Wege ausgetauscht. Werden sie ausgedruckt, entstehen bereits zwei Orte, an denen für eine sichere Verwahrung gesorgt werden muss.

Auf der einen Seite steht möglicherweise ein abgeschlossener Büroschrank oder eine Safe. Auf der anderen Seite steht oft nur ein Computer in unverschlossenem Raum, der einen leichten Zugriff ermöglicht. Kommt es dann zum Missbrauch des Computers, in dem er für illegale Aktionen genutzt wird, oder ziehen Unbefugte aus den Daten etwaigen Nutzen, ist es zu spät, über Vorkehrungen nachzudenken. Gerade aber erst dann wachen viele Menschen auf und realisieren die **potentielle Gefahr**. Dieses Phänomen ist dem Backup-Gedanken ähnlich, der den Betroffenen erst bewusst wird, wenn es zu Datenverlust gekommen ist.

Sicherheit im Netzwerk: Client und Administrator

Zwei Passworte für verschiedene Zwecke

Unter Mac OS X ist der zuerst angelegte Benutzeraccount ein Administrator. Bei jedem weiteren Account ist diese Option aus Sicherheitsgründen deaktiviert und muss bewusst konfiguriert werden. Der Administrator sollte mit einem **sicheren Passwort** versehen werden, welches am besten in bestimmten Abständen geändert wird. Die aktive Benutzung für den *root*-Account ist standardmäßig deaktiviert, um es Virenautoren zu erschweren, ihn für Systemeingriffe zu nutzen.

Da ein Anwender aus verschiedenen Gründen über keine Administratorenrechte verfügen sollte, wird bereits mit dieser Berücksichtigung für ein erhebliches Maß an Sicherheit gesorgt. Eine Installation von Software und Veränderungen an der Systemstruktur bleiben somit schon einmal aus. Der zusätzliche Administrator-Account kann für den Notfall im Support über Telefon helfen. Damit wird vermieden, dass ein möglicherweise übergreifendes Systempasswort verraten werden muss.

Um dem Anwender im Notfall über Telefon Hilfe leisten zu können, ihn jedoch vom Merken des Passwortes abzuhalten, empfiehlt sich wirklich ein langsames Buchstabieren. Somit wird vermieden, dass er sich vertippt und beim zweiten Versuch womöglich auf einem Zettel mitschreibt beziehungsweise versucht, sich das Passwort zu merken. Aber auch dieser »Zweitadmin« auf den Clients sollte in einigen Abständen ein neues Passwort erhalten.

Direkter Clientzugriff: Wertvolle Sicherheitsmaßnahmen (Intel-Macs ab 10.5.x)

Im Rahmen der Benutzung des Clients unterscheiden wir den Direktzugriff und den Fernzugriff. Sitzt eine Person vor einem Clientsystem, reichen für Standardinstallationen – egal unter welcher Plattform – einfache Mittel aus, um an die Datenstruktur zu gelangen. Externe Startmöglichkeiten oder Tastaturbefehle während des Systemstarts können dafür genutzt werden, die typischen Sicherheitsvorkehrungen zu umgehen. Für Mac OS X heißt das, dass mit Hilfe eines externen Startmediums auf die interne Festplatte und damit auf die Dateistruktur zugegriffen werden kann. Für diesen Fall hilft dann nur noch die **Verschlüsselung der Daten**.

Aber auch ohne externe Hilfsmittel kann ein potentieller Angreifer auf die Daten zugreifen. Während des Systemstarts steht der *Single User*-Mode zur Verfügung (siehe Kapitel »Tipps & Tricks«), nach dessen Benutzung das System als *root* angemeldet in der Eingabeaufforderung wartet. An dieser

Stelle kann auf alle Daten des Systems – sofern diese unverschlüsselt gesichert sind – zugegriffen werden.

Um wichtige Daten zu schützen, stehen verschiedene Möglichkeiten der lokalen Sicherung zur Verfügung (siehe nachfolgender Abschnitt). Jedoch kann der Mac bereits auch schon eine Ebene tiefer mit Hilfe eines Firmware-Kennwortes geschützt werden, ohne dessen Eingabe dann kein anderweitiger Systemstart genutzt werden kann. Während PPC-Macs noch die *Open Firmware* als Bootumgebung nutzten, kam mit Einführung der Intel-Prozessortechnologie im Apple-Computer auch der Umstieg auf das *EFI (Extensible Firmware Interface).* In beiden Technologien kann ein Passwort in der Firmware verankert werden. Doch Vorsicht! Dass die Standardsupport-Funktionen nicht zur Verfügung stehen, versteht sich von selbst. Doch ein vergessenes Firmware-Passwort kann schnell den ganzen Rechner lahm legen, obgleich es auch für das Vergessen dieses Passwortes eine Reset-Möglichkeit gibt (siehe dazu Kapitel »Tipps & Tricks«).

Falls ein Firmware-Passwort gesetzt werden soll, empfehlen wir eines, das sich vom Administratorkennwort unterscheidet. Sollte eines der beiden vergessen werden, kann man mit den Systemsupportmaßnahmen das jeweils andere zurücksetzen.

Aktivierung des Firmware-Kennwortes

So bestimmen Sie ein Passwort für die Firmware Ihres Macs:

- Legen Sie die OS X-System-DVD ein.
- Starten (beziehungsweise neustarten) Sie den Mac und drücken Sie dabei die Taste *C*.
- Nach erfolgtem Systemstart wählen Sie im Menü *Dienstprogramme* den Punkt *Firmware-Kennwort …* an.

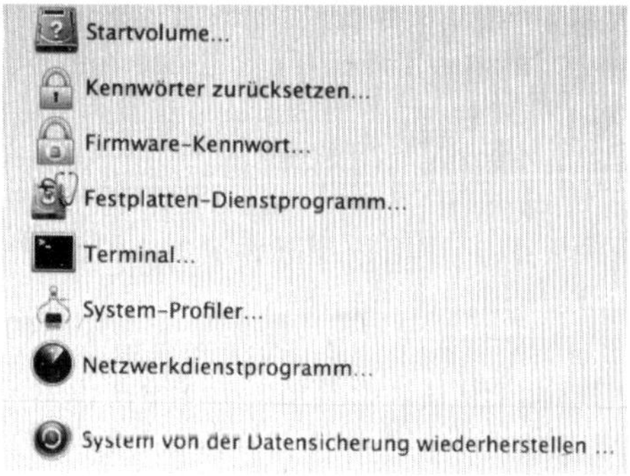

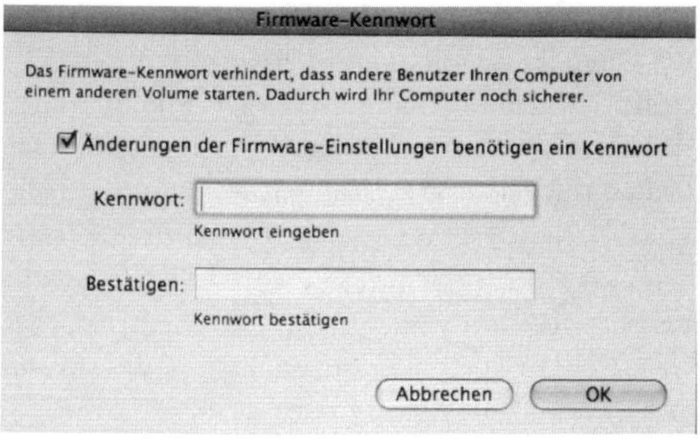

Nun gibt es eine Möglichkeit (ohne Einsendung zu Apple), ein »EFI«-Passwort zurückzusetzen, falls dieses vergessen wurde. Es sollte abgewogen werden, ob der Einsatz eines Firmware-Passwortes überhaupt sinnvoll ist – eine Garantie für diese Lösung gibt es nämlich nicht. Beim MacBook Air bleibt generell nur das Einschicken zu Apple, sollten sowohl Admin- als auch Firmware-Passwort weg sein.

Auch sollte beachtet werden, dass ein Benutzer mit Admin-Rechten am angemeldeten System mit Hilfe des Terminals und dem Befehl »nvram« jeder Zeit Änderungen am Kennwort vornehmen kann. Es liegt auch in nicht verschlüsselter Form im »EFI« vor, so dass es vom Admin im Hexadezimal-Format ausgelesen werden kann – sofern das System bereits gestartet wurde.

Deaktivierung des Firmware-Kennwortes

Um das Kennwort wieder untätig zu machen, geben Sie im Terminal mit Administratorrechten den folgenden Befehl ein:

```
sudo nvram security-mode="none"
```

Achten Sie darauf, dass in Ihrem Unternehmen alle Computer mit Hilfe eines Sicherungsseils (z.B. von Kensington) angeschlossen sind. Bei Mac Pros hilft dieser Schutz auch gegen das Entfernen der internen Komponenten.

Entfernter Clientzugriff: Richtlinien gegen den Datenmissbrauch

Die Einhaltung der allgemeinen Sicherheitsvorkehrungen wie oben beschrieben reichen allein nicht aus. Auch für den Datenverkehr müssen Richtlinien eingehalten werden, um das Risiko für Datenmissbrauch zu reduzieren. Einige vordefinierten Sicherheitseinstellungen bietet Apples Snow Leopard bereits von Hause aus. Die Authentifizierung der Kommunikation zwischen einem Mac-Client und einem etwaigen Open Directory-Server basiert auf dem Open Source-Standard *Kerberos (KDC),* welches im System integriert ist und so genannte *Single-Sign-On*-Möglichkeiten bietet. Die meisten der sicherheitsrelevanten Applikationen und Dienste innerhalb von Mac OS X arbeiten mit *Kerberos* zusammen – so zum Beispiel:

- *Safari*
- *Mail*
- *VPN client*
- *SSH*
- *AFP client*
- *SMB* und weitere

Mac OS X ist außerdem kompatibel mit den Sicherheitsvorkehrungen während der Active Directory-Kommunikation und dem *(NT LAN Manager) NTLMv2*-Standard.

Für einen einheitlichen Schutz vor unsicherem Systemeingriff von außen sollten vorab folgende Standardmaßnahmen dienen:

- Firewall im Unternehmen und ggf. für externe Umgebung konfigurieren
- auf FileSharing-Aktivität zwischen den Clients verzichten
- Remotezugriff ins Firmennetzwerk nur über SSL- oder Tunnelverbindungen

Ein Großteil der Datenkommunikation innerhalb von Firmennetzwerken wird mit digitalen Zertifikaten abgesichert. In Apples Betriebssystem sind alle sicherheitsrelevanten Applikationen kompatibel mit diesen Zertifikaten, die wie Verschlüsselungsverfahren mit öffentlichem und privatem Schlüssel arbeiten.

Der Internetbrowser *Safari* arbeitet bei sicheren Übertragungsanfragen selbständig mit dem *X.509*-Standard. Neben dem *Zertifikatassistent* sind folgende Applikationen in Snow Leopard Zertifikat-kompatibel:

- *Safari*
- *Mail*
- *FileVault*
- *Login Window*
- *Schlüsselbund*
- *Bildschirmschoner*
- *iChat*
- *Adressbuch* u. a.

Wenn ein Zertifikat empfangen wird, kann es für zukünftige Kommunikationen im Schlüsselbund gesichert werden. Im Schlüsselbund selbst – unter dem Punkt *Zertifikatsassistent* – können neue Zertifikate erstellt oder bestehende verwaltet werden.

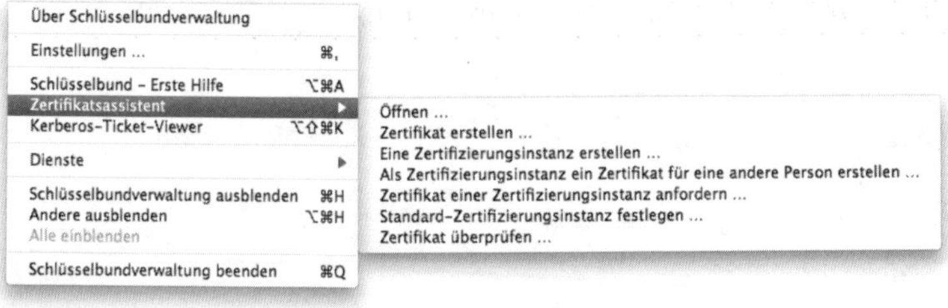

Sichere Datenverwaltung unter Mac OS X

Im Verlauf dieses Kapitels gehen wir noch etwas näher auf das Thema Datenverschlüsselung auf dem Mac ein. Dabei werfen wir einen Blick auf die typischen Hilfsmittel und Tools, die dafür am besten geeignet sind. Als Standardmaßnahmen für den lokalen Schutz der Dateien, können neben den sonstigen Richtlinien folgende Anhaltspunkte dienen:

- bei Nutzung von externen Datenträgern auf Datenverschlüsselung achten
- brisante lokale Daten verschlüsseln (siehe nachfolgend: »Sicherheits-Tools«)
- gesichertes Backup nutzen
- je nach Anforderung auf temporäre Zwischensicherungen von Applikationen verzichten (z.B. Microsoft Word etc.)
- notwendige Zugänge im Schlüsselbund speichern
- Passworteingabe nach Deaktivierung des Ruhezustandes oder Bildschirmschoners

Die Passwörter im Schlüsselbund werden mit dem *Triple Digital Encryption-Standard (3DES)* verschlüsselt. Dies besagt, dass auch ein in fremde Hände geratener Schlüsselbund die enthaltenen Passworteinträge so lange nicht preisgeben wird, bis das Schlüsselbund-Passwort selbst eingegeben wird. Zudem können Sie weitere Schlüsselbunde eintragen; ob diese dann für ein Profil freigegeben werden sollen, lässt sich individuell entscheiden. Ein zusätzlich erstellten Schlüsselbund kann zum Beispiel auf einem USB-Stick gesichert werden, so dass die Arbeit an einem anderen System mit entsprechenden Zugriffen gewährleistet ist. Zusätzlich zum Eintragen weiterer Schlüsselbunde können verschlüsselte Notizen eingegeben werden, die dem Benutzer als sichere Ablage für wichtige Informationen dienen können.

Einträge im Schlüsselbund sind von der Benutzung her immer gleich aufgebaut. Sobald ein Eintrag manuell oder per Applikation hinzugefügt wird, kann erst nach Eingabe des Anmeldepasswortes – beziehungsweise erst nach Eingabe des Passwortes für den zusätzlichen Schlüsselbund und etwaigem Eintrag – auf die gesicherten Informationen zugegriffen werden. Im Beispiel einer neuen sicheren Notiz sieht das Ganze wie folgt aus:

1. Im Schlüsselbund wählen Sie den Punkt *Sichere Notizen* an.

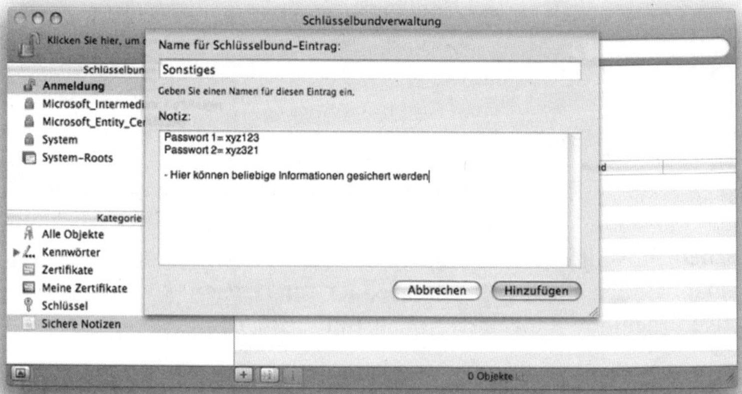

2. Nach den Eingaben und dem Hinzufügen taucht die Notiz in der Liste auf.

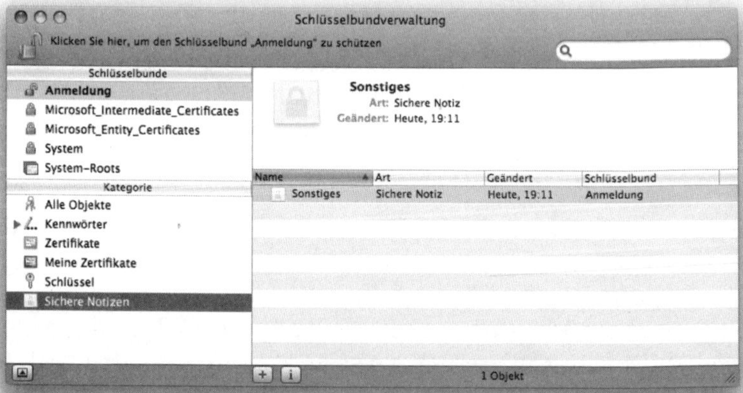

3. Wird die Notiz ausgewählt, bleibt der Inhalt zunächst verborgen.

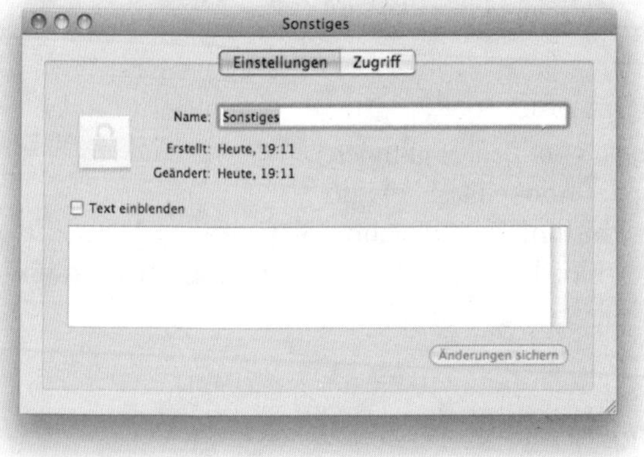

4. Nach Eingabe des Passwortes für den Eintrag erscheint der Inhalt.

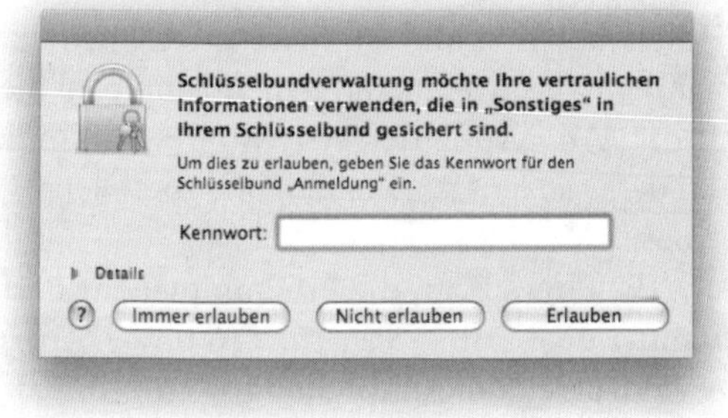

Einer unbefugten Person am Clientsystem bleibt zwar der Zugang zu den verschlüsselten Einträgen verborgen, er kann diese jedoch leider löschen! Daher empfiehlt es sich, wichtige Schlüsselbund-Einträge auf einem externen Medium zu sichern – schon allein aufgrund der Gefahr von lokalem Datenverlust.

Mit dem Mac sicher im Internet: Hilfreiche Standardfunktionen

Das Internet ist allgegenwärtig und für viele Menschen nicht mehr wegzudenken. Diese globale Vernetzung hat natürlich auch ihren Preis, der sich in immer schwerer zu realisierenden Datenschutzmaßnahmen wiederfindet.

Damit sich der Benutzer eines Macs sicher in der Online-Welt bewegen kann, wurden diverse Funktionen in Mac OS X etabliert, die wir kurz vorstellen möchten:

- Applikations-Firewall
- Privates Surfen bei Bedarf aktivieren
- Beachtung des Adobe Flash-Plugins
- Gefahr bei Phishing-E-Mails und Anhängen beachten
- Softwaredownloads werden von Apple markiert, bei Erstöffnung erscheint ein Hinweis

Application-Firewall

Innerhalb des Firmennetzwerkes wird mit Hilfe der Firewall für höchsten Schutz gegen Angreifer von außen gesorgt. Bewegt sich der Anwender mit seinem Client jedoch außerhalb dieser Brandschutzwände – indem er zum Beispiel in der Hotellobby sitzt und ein freies WLAN benutzt –, so ist er auf die Schutzmaßnahmen angewiesen, die sein System lokal bietet. Eine Möglichkeit dafür ist die Aktivierung der System-Firewall. Apple hat versucht, die Konfiguration dafür so einfach wie möglich zu halten.

Daher bezieht sich die Firewall auf die Programmebene und ist in den *Systemeinstellungen* unter dem Punkt *Sicherheit* zu finden. In den nachfolgenden Screenshots sind bereits die Einstellungen zu sehen, wie sie in Snow Leopard erscheinen. Die Funktionen sind identisch, auch wenn sie durch die Optionen zum Teil etwas anders beschrieben sind.

Im System ist auch weiterhin die »ipfw«-Firewall integriert, die auch vor Mac OS X existierte. Sie kann über das Terminal gesteuert werden (wie nachfolgend beschrieben).

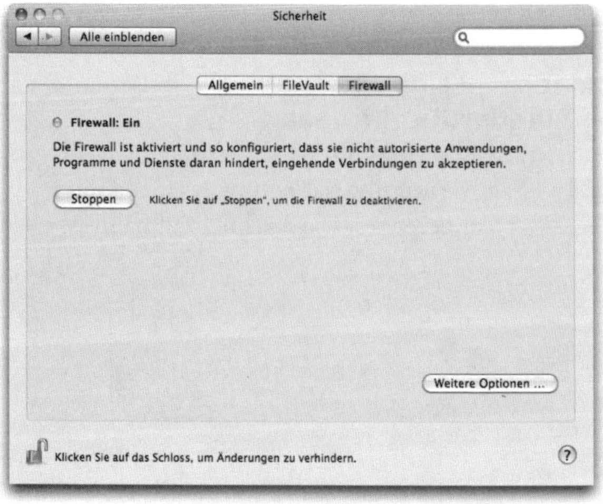

Unter dem Punkt *Weitere Optionen* lassen sich Ausnahmen deklarieren, bei denen Verbindungen generell erlaubt oder aber geblockt werden können.

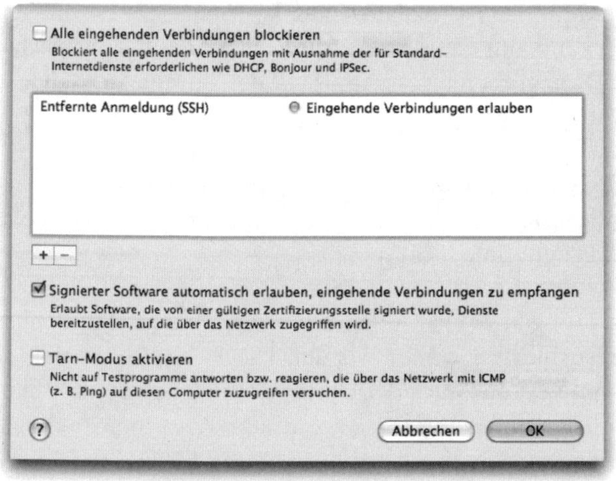

Einige fest definierte Dienste lassen sich jedoch trotz aktivierter Firewall nicht blockieren. Dazu gehören einige der Systemdienste, die vom System zertifiziert sind.

Alle Aktivitäten der Firewall werden protokolliert, sofern die Option aktiviert ist. Der Tarnmodus ist zum Beispiel bei offenen WLAN-Verbindungen zumindest im ersten Schritt ein Schutz vor Gelegenheitsangriffen.

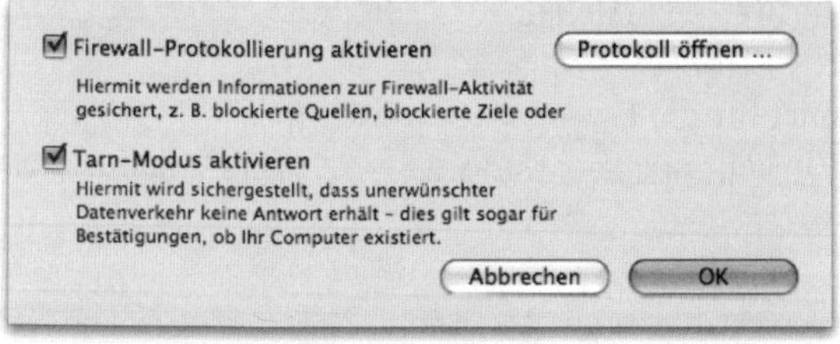

Sollte ein Dienst oder Programm – trotz aktivierter Firewall – Netzwerkverbindungen aktivieren wollen, wird dem Benutzer freigestellt, diese Verbindung dennoch zu erlauben.

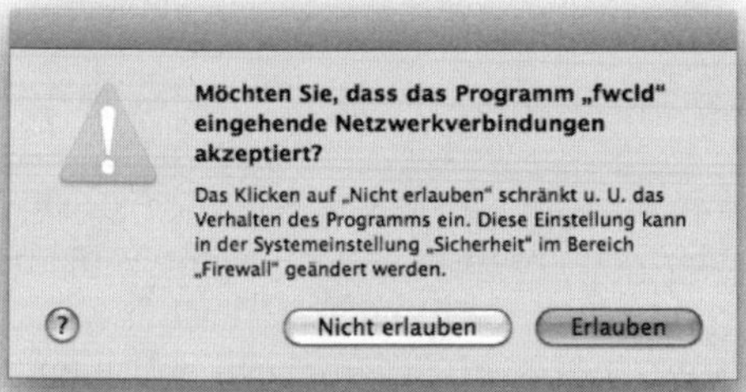

»ipfw« / IP-Firewall

Die Einstellungen über die Application-Firewall sind relativ überschaubar gestaltet und für den Normalanwender konzipiert. Da es zum Teil notwendig werden kann, nur einzelne Ports freizugeben, muss man sich anderweitig helfen. Dazu greift man bei Apple auf das Terminal und die *(ipfirewall)/ ipfw*-Technologie zurück.

Sobald Regeln über die »ipfw« / IP-Firewall erstellt werden, bearbeitet die Application-Firewall diese Netzwerkanfragen über die entsprechenden Programme nicht mehr.

Für dieses Tool gibt es eine Anleitung / *Man-Page* im Terminal, zu der alle Parameter ausführlich erklärt werden. Die Syntax reicht von einfach bis ziemlich komplex; und auch der Umfang kann bei dieser Konfigurationsart schnell zeitlich ausarten.

Die Firewall-Liste wird nach Regel- und Set-Nummern abgearbeitet. Der letzte gültige Regelwert hat dabei die *65535* und wird daher zum Schluss abgearbeitet. Die Sets reichen bis zum Wert *31.* Daher versteht es sich von selbst, dass sicherheitsrelevante und höherwertige Regeln am Anfang stehen sollten. Soll ein Wert hinzugefügt werden, benutzt man die Option *add.* Wer eine komplette Konfigurationsbeschreibung benötigt, wird entweder über die *Man-Page* im Terminal oder auf andere Lektüre zurückgreifen müssen. An dieser Stelle wollen wir die Möglichkeit der Konfiguration nur andeutungsweise vorstellen.

Hier ein Beispiel für die Konfiguration mit »ipfw«. So fragen Sie die aktuellen Firewall-Einstellungen ab: `sudo ipfw list` Diesen Eintrag können Sie wie folgt ergänzen:

```
sudo ipfw 00100 deny IP from 127.0.0.0/8 to any in
```

Zur Erklärung: Die Regel mit Nummer *00100* wird erstellt und besagt, dass jedes eingehende IP-Protokoll mit Ursprungs- oder Zieladresse aus dem kompletten Bereich IP-Bereich *127.x* geblockt werden soll.

Privates Surfen

Jeder kennt die Unmengen an Cache-Dateien und Cookies, die ein Internetbrowser im Laufe der Zeit ansammelt. Dafür gibt es bei heutigen Browsern in der Regel Funktionen, unerwünschten Ballast entweder innerhalb eines bestimmten Zeitraums automatisch entfernen zu lassen, oder ihn manuell zu löschen. Mit *Safari* unter Mac OS X steht dem Benutzer neben diesen Funktionen noch eine weitere Möglichkeit zur Verfügung, die zum Teil auch zum Bereich der lokalen Sicherheit gehört:

Die Verweise und Inhalte von Webseiten werden somit nicht in den üblichen Cache-Verzeichnissen abgespeichert.

Ein hundertprozentiger Schutz vor Offenlegung der besuchten Internetseiten bedeutet das Aktivieren dieser Funktion keineswegs. Im Terminal gibt es dennoch die Möglichkeit, einen Überblick über aufgerufene Seiten anzeigen zu lassen. Siehe dazu Kapitel »Im Terminal von A bis Z« den Befehl »dscacheutil«. Zudem speichert auch das Flash-Plug-In Informationen zum Webverlauf – siehe nachfolgende Information.

Adobe Flash-Plugin

Das Flash-Plugin von Adobe stellt einen weiteren Stolperstein dar, sollen besuchte Internetseiten am Client nicht nachvollzogen werden. Es speichert in der Standardinstallation alle besuchten Webseiten mit Flash-Inhalt in einem eigenen Verzeichnis. Dies tut es trotz möglicherweise aktivierter Option *Privates Surfen.*

Um nun auch diesen Inhalt zu beseitigen und / oder Änderungen an der Umgangsweise mit der Art der Protokollierung zu ändern, kann man den Flash-Manager auf der Internetseite von Macromedia (gehört zu Adobe) nutzen:

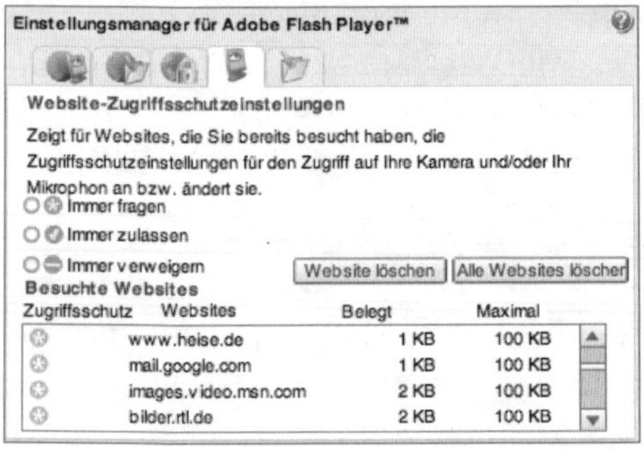

Das Verzeichnis mit den Daten kann jedoch auch selbst gelöscht werden. Der lokale Pfad für besuchte Flash-Seiten lautet wie folgt: *~/Library/Preferences/Macromedia/Flash\ Player/...*

In diesem Verzeichnis werden die Informationen zu den Seiten gespeichert. In den Unterordnern »#SharedObjects« und »macromedia.com« finden sich die Verweise, die gelöscht werden müssten.

Phishing und Software-Downloads

Hier ist das Unternehmen in der Pflicht, seine Mitarbeiter zu informieren, welche Gefahren beim unsachgemäßen Umgang im Internet entstehen können. Spamfilter und Firewall-Eintellungen können Schutz bieten, allerdings nicht vor gut gemachten E-Mail- oder Internet-Inhalten. Der Mitarbeiter kann bei fahrlässiger Benutzung Zugriff auf interne Firmendaten preisgeben, ohne sich dessen bewusst zu werden.

Ein Versuch, den Benutzer etwas stärker darauf hinzuweisen, dass er Daten aus dem Internet öffnet, hat Apple ebenfalls in Mac OS X integriert. Sämtliche Dateien, die über Mail, iChat oder Safari heruntergeladen werden, erhalten einen Metadaten-Eintrag mit Zeitstempel und Informationen zur Herkunft. Komprimierte Daten werden ebenfalls markiert, so dass alle enthaltenen Dateien beim Auspacken berücksichtigt werden.

Beim ersten Mal, sobald ein solches Objekt geöffnet wird, erscheint ein Herkunfts-Hinweis inklusive der Angabe von Datum und Zeit.

Aber auch *Safari* selbst wurde mittlerweile so optimiert, dass es versucht, Phishing-Webseiten selbst zu erkennen. Dabei arbeitet *Safari* schon ab Version 3.2 – ebenso wie *Firefox* – mit Googles Warndienst über die Google-Blacklist. Sollte eine Internetseite unter diese Kategorie fallen, erscheint bei Safari eine entsprechende Warnung:

Sicherheits-Tools für den lokalen Datenschutz

Mit diesem Abschnitt möchten wir uns einigen Hilfsmitteln widmen, die unter Snow Leopard für die Datenverschlüsselung geeignet sind. Darunter befinden sich zwei Produkte, die auch auf anderen Plattformen bekannt sein dürften.

PGP (Pretty Good Privacy) und *TrueCrypt* gibt es auch für den Mac; sie werden dort eingesetzt, wo hohe Anforderungen an die Datensicherheit gestellt werden. Aber auch mit Bordmitteln kann man bei Apple bereits weit kommen. Während wir auf den vorherigen Seiten kurz erläutert haben, welche Funktionen mit Schlüsselbund & Co. zum lokalen Sicherheitsgerüst gehören, gehen wir jetzt auf die Dateiverschlüsselung ein. *PGP* und *TrueCrypt* gehören zu den Verschlüsselungsformen, bei denen öffentlicher und privater Schlüssel gemeinsam für höchste Sicherheit genutzt werden. Nicht ganz soweit geht Apple mit der Möglichkeit, verschlüsselte Images zu erstellen und für dessen Entschlüsselung ein Passwort eingegeben werden muss. Dennoch kann ein Mac bereits in der Grundausstattung und mit der richtigen Benutzung im Rahmen des lokalen Datenschutzes als ziemlich sicher angesehen werden.

Bei aufwendigen Verschlüsselungsverfahren über verschiedene Software-Tools kann es bei unsachgemäßer Handhabung – aber auch durch technische Fehler – dazu kommen, dass Daten unbrauchbar werden.
Es empfiehlt sich daher, regelmäßige Backups zu erstellen (bei Beachtung gleicher Sicherheitsstandards), um Datenverlust zu vermeiden.

Lokale Verschlüsselung mit »DMG« / Disk Image

Die Erstellung von *Disk Images* auf dem Mac ist äußerst bequem. Einfach das *Festplatten-Dienstprogramm* öffnen, Art des neuen Image, Name, Größe sowie Speicherort eingeben. Mehr ist eigentlich nicht notwendig.

Die Art des Images ist jedoch dabei entscheidend. Während in der normalen täglichen Benutzung dieser Images mit *Nur-Lese-* oder *Lese- und Schreib-*Images gearbeitet wird, kann dieses Programm **auch für die Datenverschlüsselung** genutzt werden. Als Verschlüsselungsvariante stehen die beiden Standards *128-Bit-AES (Advanced Encryption Standard)* und *256-Bit-AES* zur Verfügung. Für Mitarbeiter mit erhöhtem Sicherheitsbedarf könnte die Benutzung von geschützten DMGs eine einfach umzusetzende Möglichkeit zur Datensicherheit bedeuten.

Egal, ob diese Images auf dem Rechner verbleiben, per Backupsystem gesichert oder auf einem USB-Stick vorgehalten werden – der Sicherheitsstandard ist dennoch relativ hoch.

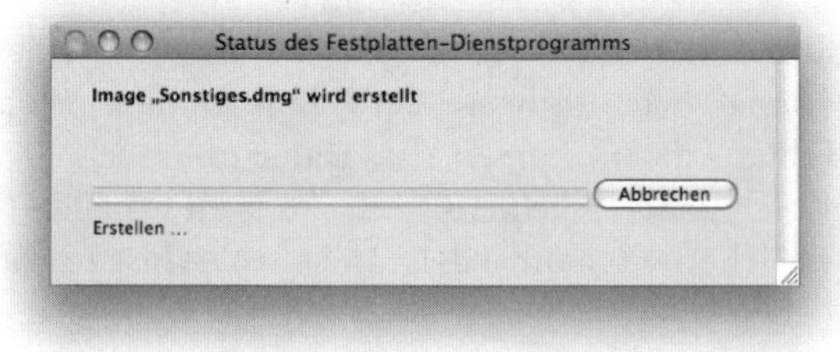

Sobald das Image erstellt wurde, fragt das Dienstprogramm nach einem Passwort, das sich – so empfehlen wir – von dem Anmeldepasswort natürlich unterscheiden sollte.

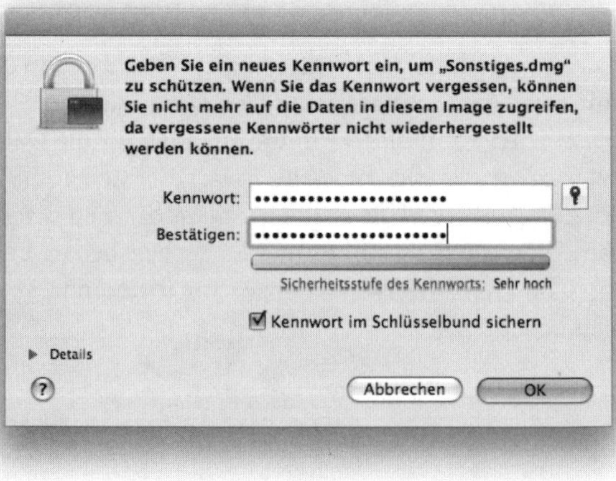

Ebenso ist zu entscheiden, ob das Speichern des Kennwortes im Schlüsselbund Sinn macht. Wenn der Computer mit einem allgemeinen Zugang versehen wurde, mit dem mehrere Kollegen arbeiten, darf natürlich dieser Haken eben nicht gesetzt werden.

Die Verschlüsselung mit DMGs stellt eine einfache, aber dennoch sichere Möglichkeit zum Schutz vor Datendiebstahl dar. Jedoch darf nicht vergessen werden, dass es sich um einen File-Container handelt, der bei Problemen mit der Verzeichnis- oder Festplattenstruktur dann auch defekt ist; das Ergebnis ist ein nicht mehr lesbares Image und somit verlorene Daten. Wird das Image nicht per *Time Machine* oder per anderer Methode gesichert, sind die Daten zwar sicher, aber auch weg.

FileVault

In einigen Abschnitten dieses Buches haben wir *FileVault* bereits angesprochen. Es handelt sich um eine im Betriebssystem integrierte Möglichkeit zur Verschlüsselung von lokalen Daten, ähnlich dem *Bit Locker* unter Windows 7 und Vista. Jedoch wird bei Mac OS X nur das jeweilige Benutzerprofil in einem verschlüsselten Sparse-Bundle mit einer *128-Bit-AES*-Verschlüsselung versehen.

Auch das Betriebssystem wird nicht durch *FileVault* gesichert, wobei Apple hier eine andere Strategie verfolgen mag. Das Benutzerprofil eines Mac OS X enthält alle Benutzerdaten und Einstellungen – das ist unter Windows zum Teil anders, da sich nicht alle Softwarehersteller an einen einheitlichen Umgang z. B. mit der Registry halten.

Die Einrichtung eines Benutzerprofils mit der *FileVault*-Verschlüsselung kann entweder bei Erstellung eines neuen Benutzers aktiviert werden:

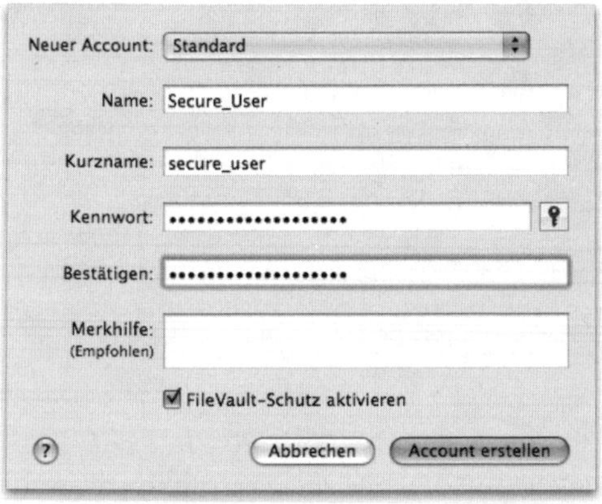

Aber auch nachträglich kann *FileVault* aktiviert werden, in dem die Systemeinstellung *Sicherheit* geöffnet und dort die Option *FileVault* ausgewählt wird:

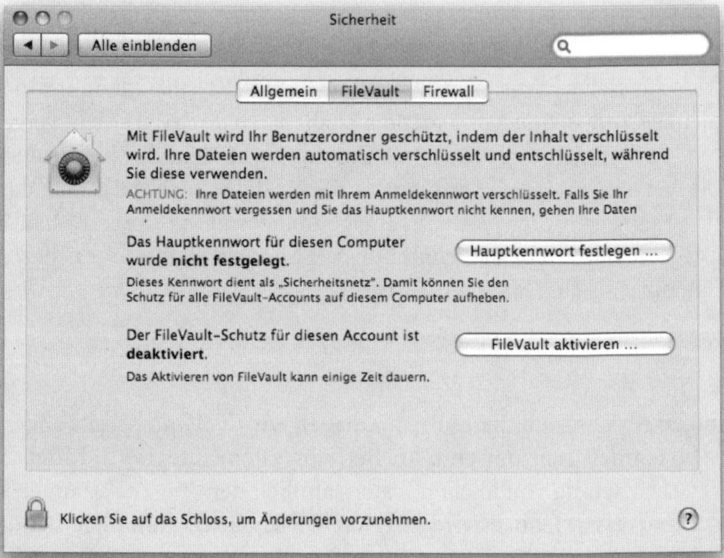

Jeder Benutzer kann für sein Profil »FileVault« aktivieren. Daher ist es ratsam, das Masterkennwort zu setzen, um bei vergessenem User-Account die Möglichkeit des Zurücksetzens zu haben.
Sollte sich jedoch der Anwender auch später nicht an sein ursprüngliches Kennwort erinnern, bleibt spätestens dann auch sein alter Schlüsselbund unerreichbar.

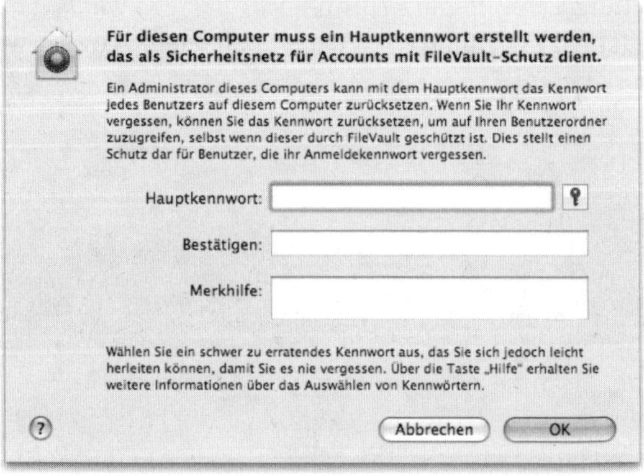

Wird ein Profilverzeichnis nachträglich verschlüsselt, steht die Option zur Verfügung, die ursprünglich gespeicherten Daten sicher zu löschen. Das macht natürlich Sinn, da sie sonst mit relativ einfachen Mitteln wiederherstellungsfähig auf der Festplatte verbleiben würden, bis die entsprechenden Segmente überschrieben wären.

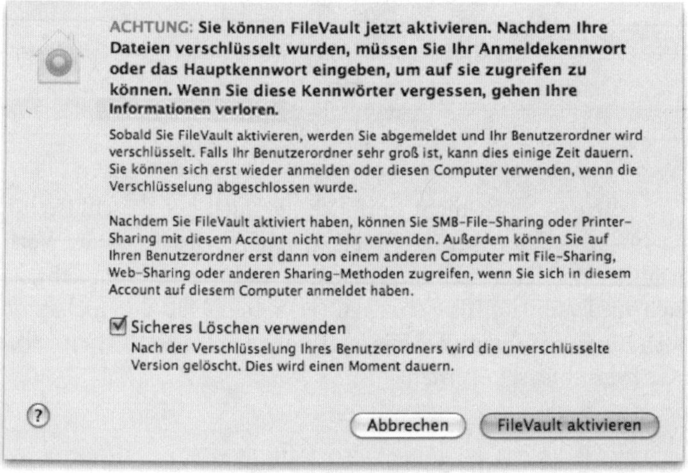

Sobald das Passwort eingegeben wurde, wird das Sparse-Bundle erstellt, alle Daten werden hineingeschrieben und – sofern aktiviert – sicher auf den restlichen Bereichen der Festplatte entfernt.

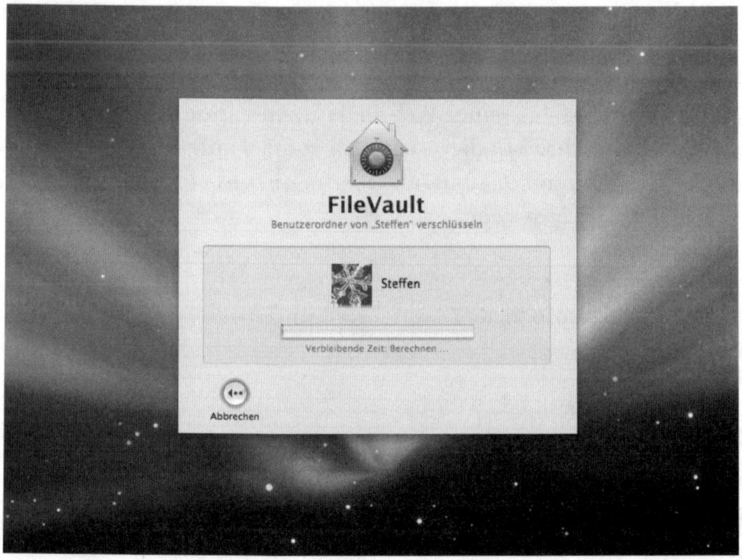

Sollte Time Machine aktiviert sein, verändert sich die Funktion des Backupvorgangs und die des Umgangs mit der Wiederherstellung. FileVault-geschützte Benutzerprofile werden immer dann gesichert, wenn der Benutzer abgemeldet ist. Das bedeutet auch, dass eine Wiederherstellung einer einzigen Datei somit nicht möglich ist; es kann nur der vorherige Gesamtstand wiederhergestellt werden.

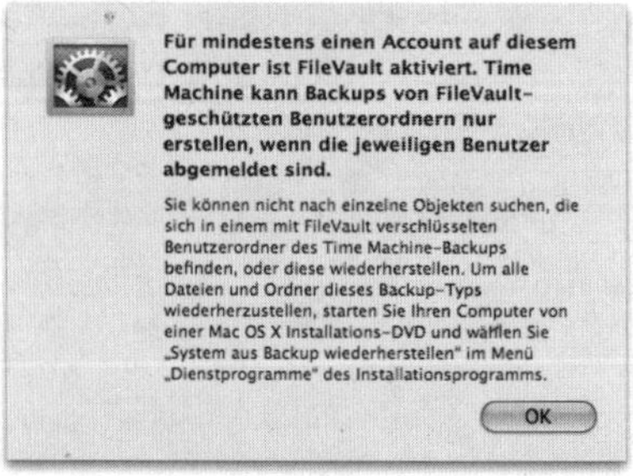

Diese Vorgehensweise ist nicht unüblich, da auch bei Verschlüsselung von anderen Images oder Daten komplett gesichert wird. Dass der Vorteil der komfortablen Wiederherstellung von *Time Machine* verloren geht, ist beim Anspruch auf Datenzugriffs-Schutz zu verkraften. Falls dies nicht zum Konzept passt, muss einzeln mit DMGs oder mit anderen Tools (siehe *TrueCrypt* oder *PGP)* verschlüsselt werden.

Time Machine: Verschlüsselung mit DMGs

Sobald wenn *FileVault* aktiviert ist, ist es eine möglicherweise günstigere Alternative zu *Time Machine,* die gewünschten Festplatteninhalte in ein verschlüsseltes Disk Image zu sichern. Apple hat diese Funktion von Hause aus leider bisher unterbunden, da außer mit *TimeCapsule* nur *HFS+*-Volumes berücksichtigt werden.

Andreas Hein hat auf seiner Website eine Anleitung verfasst, in der er einen Weg beschreibt, dies dennoch zum Laufen zu bekommen:
`www.h-ein.de/howtos-und-anleitungen/verschluesselte - backups-mit-time-machine.html`

In Firmen werden Backups eher in einer sicheren Umgebung vorgehalten; so ist die hier angesprochene Lösung wohl für Einzelplatz-Systeme gedacht.

TrueCrypt und PGP

Mit *TrueCrypt* steht eine Open Source-Lösung zur »On the Fly« – also automatischen und praktisch ohne Zeitverlust verlaufenden Daten-Verschlüsselung – als Alternative zu teuren Produkten zum Download zur Verfügung. Durch den offenen Code und die plattformübergreifende Programmierung ist die Funktionsweise auch auf unterschiedlichen Betriebssystemen gleich. Wer jedoch noch keine Erfahrungen mit solchen Programmen gemacht hat, sollte sich zunächst in die Anleitung einlesen, bevor Daten verschlüsselt werden. Die Benutzung ist nicht trivial und für Anwender kaum durchschaubar. Hierfür ist eigentlich der Platzhirsch der Verschlüsselungsprogramme *PGP* besser geeignet. Die verschiedenen Module zur Applikations- oder Datenverschlüsselung sind relativ intuitiv und verständlich.

Hilfreiche Hinweise im Mac-Clientmanagement

6

- **Arbeit im Terminal**
- **Systemsupport – Erfahrungen aus der Praxis**
- **Troubleshooting – aus dem Alltag eines Admins**
- **Datenrettung auf dem Mac**

Admin-Support im Terminal

Wie auch in den anderen Kapiteln zuvor möchten wir anmerken, dass wir mit diesem Buch kein reines Fachbuch und an dieser Stelle auch keine vollständige Script-Lehre vermitteln wollen. Vielmehr geht es hier um Erfahrungen aus der Praxis, die hiermit wir gern teilen: So helfen wir Ihnen mit zahlreichen Hinweisen, um den Mac gut im Netzwerk zu integrieren.

Mit der nachfolgenden Lektüre bieten wir Ihnen einen Einstieg in die Arbeit und den Support der Mac-Clientlandschaft – indem wir beschreiben, mit welch erstaunlich geringen Mitteln ein gesundes Clientmanagement aufgesetzt werden kann und wie dabei der grundlegende Aufbau der Systemstruktur aussehen sollte.

In den nächsten Abschnitten gehen wir auf Möglichkeiten des Supports im Terminal ein und bringen Praxis-Beispiele für eine effiziente Nutzung.

Dateien editieren

Einige der hart gesottenen Systemadministratoren fühlen sich im Terminal erst so richtig wohl, da es den direkten Kontakt mit dem Betriebssystem gewährleistet. Mit Befehlen werden Funktionen ausgeführt, die ein gewünschtes Ergebnis präzise herbeiführen – können. Der Vorteil dieser direkten Arbeitsweise hat den Nachteil, dass bei Systemeingriffen auch immer eine entsprechende Administrator-Authentifizierung notwendig ist und ein falscher Schritt in die Befehls- oder Parameter-Kiste im schlimmsten Fall nicht mehr rückgängig zu machen ist.

Dennoch sind einige Handgriffe – sofern irgendwann zur Routine geworden – oft der schnellere Weg, um Informationen für die Supporttätigkeit zu erhalten beziehungsweise manchmal die einzige Möglichkeit, administrativ im System einzugreifen.

Im Terminal ist es häufig notwendig, Script- oder Voreinstellungsdateien zu öffnen, um ihren Inhalt eventuell zu korrigieren. Für diese Aufgaben stehen viele Wege und Möglichkeiten zur Verfügung, von denen wir einige vorstellen möchten.

pico

Einer der meist genutzten Editoren im Terminal. Mit *pico* können Shellscripte, Textdateien oder andere Konfigurationsdateien angezeigt und editiert werden. Dazu erfolgt hinter dem Befehl *pico* der Dateipfad.

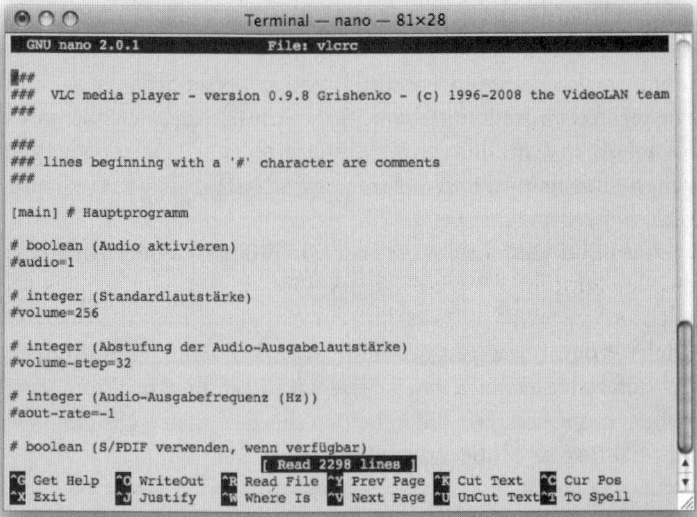

Unten am Rand des Terminalfensters sind Kurzbefehle angegeben, die mit Hilfe der *ctrl*-Taste und dem Buchstaben angewählt werden. Mit den Cursor-Tasten bewegt man sich innerhalb des Editors. Beim Verlassen wird man gefragt, ob die Änderungen abgespeichert werden sollen. An dieser Stelle gibt man entweder *y* für *Yes* oder *n* für *No* ein.

vim und emacs

Etwas komplexer und zunächst ungewohnt, was die Steuerung betrifft, sind die Terminal Text-Editoren *vim* und *emacs*. *Vim* ist abwärtskompatibel zum früheren Standard *vi* und wohl der komplexeste Editor unter Unix.

Administratoren, die häufig große Textdateien editieren müssen, schwören auf *vim*, da mit der richtigen Benutzung eine höhere Produktivität möglich ist. *Vim* enthält verschiedene Modi, zwischen denen man hin und her schalten kann. Sind die hauptsächlichen Befehle und Steuerungskommandos erst einmal gelernt, kann man sich mit beiden Editoren äußerst schnell innerhalb der Dateien bewegen.

Property List-Dokumente – »plist«

Um die auf dem Mac an vielen Orten vorkommenden Konfigurations-, also *plist*-Dateien im Finder editieren zu können, würde ein reiner Text-Editor genügen. Jedoch befinden sich seit der Version 10.4.x diese Dateien im Binary-Format, das im normalen Text-Editor – wie etwa dem systemeigenen *TextEdit* – nicht bearbeitet werden kann. Ein vernünftiger XML-Editor ist hier die einzige Wahl in der GUI. Wie in früheren Kapiteln bereits empfohlen, eignet sich dafür der *Property List-Editor*, *TextWrangler* oder *plist-Buddy*.

Nun gibt es notwendige Automatisierungen durch Shellscripte, mit denen zum Beispiel Voreinstellungen von Programmen verändert werden sollen. Ist man schon mal im Terminal unterwegs, gehen benutzerübergreifende Tätigkeiten schneller von der Hand, wenn auch für die Anpassung von XML-Dateien entsprechende Befehle genutzt werden. Mit *defaults* und der jeweiligen Option *read* oder *write* lassen sich Einträge oder Änderungen in vorhandenen XML-Dateien vornehmen.

Da viele Programme gerade beim Beenden einige Änderungen an ihren Preference-Dateien vornehmen und temporäre Daten zurückschreiben, empfehlen wir die Arbeit an diesen Dateien erst dann, wenn die Applikation selbst beendet ist.

»defaults read« und »defaults write«

In *plist*-Dateien sind die Einstellungen in gruppierter Form gesichert. So genannte Parents und Childs fassen die verfügbaren Voreinstellungen zusammen. Für das Lesen und Erfassen einzelner Einträge in *Property List*-Dokumenten wird der Befehl *defaults read* benutzt. Verschiedene Parameter ermöglichen die Weiterverarbeitung mit den erfassten Ergebnissen.

Die Besonderheit beim Ausführen dieses Befehls besteht in der Eingabe des Dateinamens ohne die Endung *.plist*. Es wird lediglich der Pfad und der Dateiname angegeben, jedoch nicht die Endung (siehe Beispiel) – wobei es sich trotzdem um eine im XML-Format vorliegende Datei handeln muss, welche die Endung *.plist* besitzt.

Einige Softwarehersteller schreiben ihre Voreinstellungen in HTML-Form und benutzen statt der Endung ».plist« eine eigene Kennzeichnung. Sofern es sich dabei dennoch um das HTML-Format handelt, kann man am Anfang der Shellscript-Abarbeitung die Endung der zu editierenden Datei – noch vor Benutzung des Befehls »defaults« – durch ».plist« ersetzen. Haben Sie die Konfigurationen vorgenommen, stellen Sie dann die ursprüngliche Datei-Endung einfach wieder her.

Um dies besser zu verstehen, folgt nun ein Praxis-Beispiel: Wir wollen auf allen Arbeitsplätzen per Script das Programm *TextEdit* in das Dock legen lassen. Wichtig ist hierbei, vorher mit dem Befehl *defaults read* zu prüfen, ob das Programm eventuell bereits dort verzeichnet ist.

In der Syntax sieht das dann wie folgt aus:

```
defaults read com.apple.dock persistent-apps |
grep 'TexteEdit' 2>&>1 /dev/null

RES=$
```

Erläuterung der Syntax
In der Datei »com.apple.dock.plist« wird zunächst gesucht, ob es bereits ein Objekt mit Namen »TextEdit« gibt. Wenn das Objekt bereits existiert, dann wird das Ergebnis »$« die Variable 1 sein.

```
if [ $RES -eq 1 ]; then
   defaults write ~/Library/Preferences/
   com.apple.dock persistent-apps -arry-add
   '<dict><key>tile-data</key><dict><key>file-data</
   key><dict><key>_CFURLString</key><string>/
   Applications/TextEdit.app/</string><key>_
   CFURLStringType</key><integer>0</integer></
   dict><key>file-label</key><string>TextEdit</
   string><key>file-type</ key><integer>20</integer></
   dict><key>tile-type</ key><string>file-tile</
   string></dict>'
   fi

killall -HUP Dock
```

Die Syntax erläutern wir ebenfalls:
Falls das Ergebnis »$« den Wert »ungleich 1« besitzt, dann schreibe in die Dock-Voreinstellungsdatei des aktiven lokalen Benutzerprofils dort im Bereich »persistent-apps« die Verknüpfung von der Applikation »TextEdit.app« als Name »TextEdit« an die Stelle 20 (von links). Am Ende wird das Dock neugestartet.

Die eingegebenen Befehle sind außer den bewussten Leerstellen hintereinander einzugeben.

Problembehebung im Terminal

Systemadministratoren »tummeln« sich im Supportfall gern im Terminal, da zum Beispiel die Berechtigungsanzeige nur in dieser Umgebung genau erkennbar und veränderbar ist. Neben der Konfiguration von Berechtigungen können eine ganze Reihe von Supportmaßnahmen über das Terminal genutzt werden.

Auch hier wollen wir einige Tipps geben, die Tätigkeiten in der Fehlerbehebung erleichtern können.

Unsichtbare Objekte plötzlich sichtbar

»/bin«, »/private«, »/usr« und weitere im Finder sichtbar machen

In Apples Betriebssystem gibt es ganze Verzeichnishierarchien, die Sie im Finder nicht ohne Weiteres zu sehen bekommen. Dazu gehören die Ordner »/private«, »/tmp«,» /usr« und einige andere, die vom System bewusst unsichtbar gesetzt werden.

In den OS X-Versionen noch vor 10.4.x gab es für die Kontrolle dieser Darstellungsoption die Datei ».hidden«. In dieser Datei waren alle Objekte enthalten, die im Finder unsichtbar bleiben sollen. Und bereits seit Version 10.4.x geht Apple damit anders um: Die Verzeichnisse und Dateien erhalten ein bestimmtes Attribut, das dann für den gewünschten Effekt sorgt. Auch durch die Installation von Systemsoftware werden diese Datei- und Ordnerattribute mit Hilfe von Scripten gesetzt. Allerdings kann es vorkommen, dass sich Fehler einschleichen und die entsprechenden Flags fehlen; oder es werden die Objekte durch bestimmte Aktionen an der Verzeichnisstruktur – zum Beispiel dem Kopieren ganzer Festplatteninhalte – sichtbar. Plötzlich tauchen dann Ordner in der Hauptebene auf, die zuvor nur im Terminal zu sehen waren.

Neben Tools wie *Onyx* oder *Tinkertool*, die mit vielfältigen Administrationshelfern ausgestattet sind, eignet sich auch die Vorgehensweise, die selbst von Apple empfohlen wird.

1. Der Computer muss mit einem System ab 10.4.6 gestartet werden.

2. Legen Sie eine Betriebssystem DVD von Apple ein. Es empfiehlt sich, die Version zu benutzen, mit der Sie den Computer gestartet haben (Tiger mit Tiger-DVD, Leopard mit Leopard-DVD und Snow Leopard mit Snow Leopard-DVD)

3. Öffnen Sie das Terminal.

4. Wechseln Sie nun zum Verzeichnis der Installations-DVD:
   cd/Volumes/*<Name-der-DVD>*

5. Wechseln Sie nun in folgenden Ordner auf der DVD:
   cd System/Installation/Packages/OSInstall.mpkg/Contents/Resources/

und geben dort folgenden Befehl ein:

```
sudo ./SetHidden / hidden_MacOS9
```

6. Zum Schluss führen Sie noch einen Neustart durch; dann sollten alle vorher versehentlich im Finder sichtbaren Verzeichnisse wieder unsichtbar erscheinen.

Englische Ordnernamen im Finder

Die Sprachenunterstützung mit dem Betriebssystem von Apple setzt in Sachen internationale Anpassung Maßstäbe. Die Umgebung kann individuell konfiguriert werden, so dass ein einfaches Umschalten der Sprachen in der grafischen Benutzeroberfläche möglich ist.

Was Sie jedoch – sobald Sie sich im Terminal bewegen – sofort feststellen werden, sind die englischen Ordnernamen. Ebenso wie die Befehle basiert der komplette Unix-Unterbau auf der englischen Sprache, der jederzeit die Administration – trotz unterschiedlich konfigurierter Benutzeroberfläche – im Terminal ermöglicht. Der Unterschied zwischen den Ordnernamen in Finder und Terminal mag am Anfang etwas verwirren, wird aber nach einiger Zeit in Gewohnheit übergehen.

Nachfolgend haben wir die üblichen Verzeichnisse aufgelistet, die normalerweise in der grafischen Benutzeroberfläche in Landessprache dargestellt werden sollten. Das Tilde-Zeichen ~ gibt dabei den Pfad zum aktiven Benutzerprofil an.

Typische übersetzte Verzeichnisse mit deutschem Namen

Pfad im Unix	Ordnername im Finder (Sprache: Deutsch)
/Users/	*/Benutzer/*
/Users/Shared/	*/Benutzer/Für alle Benutzer/*
~/Desktop/	*~/Schreibtisch/*
~/Documents/	*~/Dokumente/*
~/Pictures/	*~/Bilder/*
~/Movies/	*~/Filme/*
~/Music/	*~/Musik/*
~/Public/	*~/Öffentlich/*
~/Sites/	*~/Websites/*
/Applications/	*/Programme/*
/Applications/ Utilities/	*/Programme/ Dienstprogramme/*

Nun kann es vorkommen, dass die Übersetzung nicht mehr korrekt funktioniert. Einzelne Ordner werden dann auch im Finder in Englisch angezeigt. Wenn dies nicht unbedingt so nach Wunsch konfiguriert wurde, kann es daran liegen, dass eine bestimmte Datei in diesem Ordner fehlt. Ursache ist meist, dass der Ordner nachträglich angelegt wurde – oder es wurde beim Kopieren schlicht nicht aufgepasst. Ein nicht korrekt ausgeführter Kopiervorgang zwischen verschiedenen Volumes kann ebenfalls dazu führen, dass die folgende Datei in diesem Verzeichnis fehlt: ».localized«

Sie liegt in jedem Ordner, der vom Betriebssystem übersetzt werden soll. Sollte es nun einmal vorkommen, dass ein Ordner nicht mehr in Deutsch im Finder gezeigt wird, gehen Sie einfach wie folgt vor:

1. Öffnen Sie das Terminal.

2. Wechseln Sie im Terminal in das Verzeichnis, deren Übersetzung nicht mehr stimmt.

3. Geben Sie folgenden Befehl ein:

   ```
   touch .localized
   ```

4. Nun muss sich der Finder noch neu aufbauen. Dazu geben Sie folgenden Befehl unter Berücksichtigung der Groß- und Kleinschreibung ein:

   ```
   killall Finder
   ```

Der Finder wird nun neu gestartet und der betroffene Ordner sollte wieder in deutscher (oder entsprechend der Systemkonfiguration eingestellten) Sprache erscheinen.

Terminal-Befehle unter anderem Benutzer nicht verfügbar

Die Arbeit im Terminal erstreckt sich oft benutzerübergreifend. Man meldet sich mit anderem Login an, sei es, um Berechtigungen von Dateien und Ordnern nicht ändern zu müssen und Umgebungen mit korrektem Benutzer zu bearbeiten oder schlicht um Tests durchzuführen. Jeder Benutzer greift dabei auf eigene Umgebungsvariablen des Terminals zurück, die mit `xterm` angepasst werden können. Manchmal ist das zwingend notwendig, damit überhaupt die übliche Befehlsumgebung zur Verfügung steht.

Sollte folgende Fehlermeldung erscheinen, nachdem Sie vermutlich mit anderem Login angemeldet sind und einen Befehl im Terminal benutzen möchten:

```
error opening terminal: network
```

Dann reicht in der Regel ein simpler Befehl aus, um den gewohnten Befehlsumfang in der aktiven Terminalumgebung wieder nutzen zu können:

```
TERM=xterm
```

Die Eingabe der Parameter – in diesem Fall »TERM« – ist generell case sensitive, d.h. es wird bewusst nach Groß- und Kleinbuchstaben unterschieden.

IP-Probleme: DHCP Lease erneuern

In den Systemeinstellungen unter dem Punkt *Netzwerk* kann – bei automatisch bezogener IP-Adresse von einem DHCP-Server – der DHCP-Lease erneuert werden, damit der Client die nächste verfügbare IP-Adresse erhält. Wenn der Client ein Problem mit dieser Adressenvergabe, der Namensauflösung über den DNS oder mit anderen Netzwerkprotokollen hat, hilft dieser Weg meist nicht mehr. Ein Neustart könnte das Problem sicher beseitigen, jedoch geht es auch eleganter. Um die Einstellungen für die lokale IP-Konfiguration zurückzusetzen und alle Informationen über den DHCP-Server erneut anzufragen, geben Sie mit Administratorberechtigung einfach folgende Befehlszeile in das Terminal ein:

```
sudo ipconfig set en0 DHCP
```

Datei- und Ordnerattribute im Terminal

Dateien und Verzeichnisse können im Unix verschiedene Attribute besitzen, so genannte »Flags«. Unabhängig davon, welche von diesen Flags im Finder erkennbar sind, wirken Sie sich zum Teil nur bedingt auf die Ausführung oder Benutzung aus.

Es kann jedoch von Vorteil sein, zumindest die Möglichkeiten zu kennen, um im Bedarfsfall nachschlagen zu können.

Unsichtbar: »Hidden« und »NoHidden«

Mit `hidden` oder `nohidden` in Verbindung mit dem Befehl `chflags` werden Objekte für den Finder unsichtbar. Sie sind dann – ohne spezielle Konfigurationen oder Zusatztools – nur im Terminal sichtbar.

Um eine Datei im Finder zu »verstecken«, gibt man lediglich folgende Befehlskette ein:

```
chflags hidden testdatei
```

Mit der Option `nohidden` kehrt man das Flag wieder um und die Datei wird im Finder wieder sichtbar.

Set User Bit oder Setuid

Dateien oder Programme werden durch das Flag *user*-bit immer mit den Rechten des Objekt-Eigentümers ausgeführt und nicht durch die des Ausführenden. Analog dazu gibt es auch das *set group*-bit, was sich entsprechend auf das Gruppenrecht auswirkt. Um dieses Flag zu setzen, arbeitet man mit dem Befehl `chmod`.

Beim folgenden Beispiel wird ein bestehendes Script mit dem *user*-Bit versehen:

```
chmod u+s /Users/horst/Documents/test.sh
```

Sticky Bit

Die Unix-Berechtigungsstruktur sieht normalerweise vor, dass Benutzer mit Lese- und Schreibberechtigung alle in einem Ordner gesicherten Objekte verändern oder löschen können, auch wenn sie von anderen Benutzern angelegt wurden. Es gibt jedoch Anwendungsmöglichkeiten in der Berechtigungsstruktur, die eine Vererbung von Rechten notwendig machen, so dass erstellte Dokumente zwar gelesen, aber nicht verändert oder gelöscht werden dürfen.

Bereits einige Ordner der Systemstruktur haben diese speziellen Berechtigungsvorgaben – so zum Beispiel der Ordner »Für alle Benutzer« bzw. »Shared«. Er ist mit dem *Sticky Bit* versehen, das für eine Vererbung des Ordnerrechtes sorgt. Dabei wird festlegt, dass jeder Benutzer die enthaltenen Objekte lesen darf, jedoch nur der Eigentümer das Recht zum Ändern oder Löschen besitzt. Dieses *Sticky Bit* ist also ein Attribut, welches einem Verzeichnis angehängt werden kann und ohne zusätzliche Hilfsmittel nur im Terminal sichtbar wird. Geben Sie zum Beispiel, ausgehend vom Verzeichnis */Users/…*, den List-Befehl *ls -l*, so erscheint der Ordner »Shared« mit der Berechtigungskennzeichnung *t* anstelle des letzten Ausführungszeichens *drwxrwxrwt*

Im Terminal wird dieses Attribut mit dem Befehl *chmod* verändert. Vor die jeweilige Zugriffsberechtigung wird eine *1* gesetzt, so dass ein entsprechender Ordner bei Lese-, Ausführungs- und Schreibberechtigung für jeden Benutzer mit 1777 konfiguriert wird.

Für einen Ordner, der allen Benutzern als Austauschordner dienen soll, jedoch nur dem Eigentümer erlaubt, seine eigenen Objekte zu löschen, gehen Sie wie folgt vor:

1. Öffnen Sie das Terminal.

2. Erstellen Sie den zu konfigurierenden Ordner (Beispiel: Testordner) beziehungsweise wechseln Sie in das Verzeichnis.

3. Geben Sie den Befehl `chmod -R 1755 Testordner/` wie folgt ein:

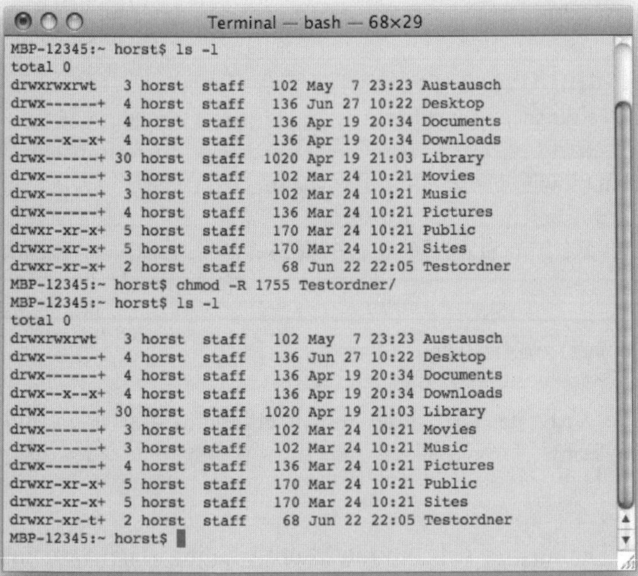

Geschützt: »ouchg« und »nouchg«

Dateien können im Finder geschützt werden, was sich auf jegliche Veränderungen des Namens und des Speicherortes beschränkt. Problematisch wird dieses Flag immer dann, wenn automatische Synchronisations-Vorgänge konfiguriert sind, zum Beispiel über ein Open Directory und die Benutzung mobiler Accounts.

Wird ein bereits synchronisiertes geschütztes Objekt im Quellverzeichnis gelöscht, kann der Synchronisationsvorgang nicht mehr abgeschlossen werden, da er kein Recht zum Entfernen besitzt. Handelt es sich dabei noch um mehrere Dokumente, ist das manuelle Überprüfen und Ändern mühsam. Hier kann im Terminal nachgeholfen werden, indem man das Flag rekursiv in der Verzeichnisstruktur entfernt.

Um das *Unveränderlich*-Flag zu entfernen, kann `chflags` entweder direkt oder mit `find` benutzt werden. Arbeitet man mit `find`, lässt man über das Ergebnis `chflags` mit `-exec` ausführen.

Für ein Beispiel, in dem bei allen Dokumenten des Ordners »Test« auf dem Schreibtisch das Geschützt-Flag entfernt werden soll, sieht das dann wie folgt aus:

```
chflags -R nouchg ~/Desktop/Test
```

Dieses Flag kann nur vom Eigentümer oder von »root« entfernt werden. Mit der Option »ouchg« lässt sich das Flag wiederum setzen.

System- und Userdienste

Damit die Fehlersuche schneller geht und Sie nicht bei jedem hängenden Prozess das Internet beziehungsweise die Manual-Page im Terminal durchforsten müssen, haben wir einmal einige der wichtigsten Dienste von Mac OS X und ihre Funktionsbeschreibung aufgelistet. Im weiteren Verlauf zeigen wir, wie relativ schnell eigene Startdienste erstellt und eingebunden werden können.

Wichtige Systemdienste

ATSServer

Der *ATSServer* ist der Dienst des Schriftservers für das Laden und Deaktivieren von Fonts.

autofsd

Bei *autofsd* handelt es sich um die Multithreading Datei-Systemebene für eine automatische Aktivierung von Netzwerkvolumes, die auf standardmäßige Automounter-Maps basieren.

bash

Bei der *bash* handelt es sich um eine Unix-Shell (Bourne again Shell).

blued

Der *blued* ist ein Systemdaemon, der die Bluetooth-Verbindung systemweit kontrolliert.

configd

configd stellt hauptsächlich Informationen vom Computer und deren angeschlossenen Geräten für die Netzwerk-Kommunikation zur Verfügung. Die systemspezifischen Parameter können mit *scutil* verwaltet werden.

coreaudiod

Core Audio ist die Systemsteuerung für alle Audioanforderungen. Auch wenn dieser Prozess einmal hängen sollte, kann die normale Audiowiedergabe weiter funktionieren. Es gibt Fälle, in denen sich der Prozess *coreaudiod* in Verbindung mit externen Audiocontrollern und Midi-Programmen aufhängt.

coreservicesd

coreservicesd managt den Zugriff auf die Datenträger. Bei Dienstzugriffen von *Time Machine* oder *Spotlight* kann der Prozess schon mal in die Höhe gehen.

cron
Trotz des *launchd* gibt es noch immer den *cron*, der nach der entsprechenden Konfiguration *(crontab)* zeitplanmäßig Dienste startet. Drittanbietersoftware unterstützt er bei der Konfiguration.

cupsd
CUPS bedeutet *Common Unix Printing System*. Der *cupsd* steuert das Drucksystem und setzt als Schnittstelle zwischen Unix und Druckertreiber auf das Internet Printing Protokoll auf. Standardmäßig greift er dabei auf die Voreinstellungsdatei im Pfad */private/etc/cups/cupsd.conf* zurück, sofern keine anderen Konfigurationen vorgenommen wurden. Nähere Konfigurationstipps im Abschnitt »Druckerhilfen« und im Kapitel »Clientmanagement«.

DirectoryService
DirectoryService kümmert sich um die Verbindung zu Directory-Systemen. Eingetragene Directory-Server, User und Gruppen werden für die Kommunikation entsprechend verwaltet und organisiert. Besteht gerade keine aktive Verbindung, bleibt dieser Prozess bei 0% stehen.

Dock
Wie der Name erahnen lässt, handelt es sich bei diesem Dienst um den Systemprozess für das Dock. Sollte es Probleme mit der Darstellung geben, kann dieser Prozess gestoppt werden.

dynamic_pager
Der Dienst *dynamic_pager* steuert die Swap-Auslagerungen vom System-Kernel und verwaltet somit den virtuellen Speicher.

Finder
Der Prozess-Finder ist der Hauptprozess, der die Anzeige der Objekte in der grafischen Oberfläche bereitstellt. Die Anordnungen der Symbole auf dem Schreibtisch und die geöffneten Fenster werden nach diesem Prozess-Neustart behalten. Lediglich die Verteilung der Finderfenster über verschiedene Spaces gehen verloren.

fseventsd
Relativ früh im Systemstart wird *fseventsd* gestartet. Es meldet Systeminformationen rund um das File-System.

hdiejectd
hdiejectd stellt die Auswurf-Funktion über die Tastatur zur Verfügung.

kextd
Der *kextd (Kernel Extension Daemon)* ist verantwortlich für das Laden und Beenden von Kernel-Erweiterungen.

KernelEventAgent

Dieser Prozess meldet Systemhinweise über den File-System-Status. Meldungen über »Festplatte voll« bis hin zu »Verbindung zum Server...« werden über den *KernelEventAgent* gesteuert.

launchd

Der *launchd* ist der Systemprozess, der für das Starten und Stoppen von Systemdiensten verantwortlich zeichnet und ist damit einer der wichtigsten Hauptbestandteile von Darwin. Er überwacht und kontrolliert alle Launch- und Systemdaemons. *Launchd* wird am Anfang des Systemstarts als »Vaterprozess« geladen.

loginwindow

loginwindow ist ein Benutzerprozess, der die Anmeldung am System gewährleistet. Unter anderem steuert er einige Prozesse nach der Anmeldung wie Dock, Finder etc. und ermöglicht die Neustart-, Abmelde- und Ausschaltfunktionen.

mds und **mdworker**

Beides sind Spotlightprozesse und für die Indizierung der Daten verantwortlich.

natd

Internet Sharing ist gestartet und der Mac arbeitet als Router.

ntpd

Network Time Protocol Daemon – er ist für die Synchronisation der Systemzeit verantwortlich.

pboard

Dabei handelt es sich um den Service für die Zwischenablage.

securityd

Das ist der Systemdienst für Authentifizierungs-Anfragen und Verschlüsselungsoperationen. Außerdem wird der Zugriff auf den Schlüsselbund von *securityd* kontrolliert.

socketfilterfw

Dieser Dienst kümmert sich um die Applikations-Firewall.

SyncServer

Dieser Prozess steuert hauptsächlich die Synchronisation, die per *iSync* konfiguriert ist. Zum Zeitpunkt der Synchronisation selbst werden weitere Dienste gestartet.

syslogd
Sämtliche Systemprozesse werden durch *syslogd* in verschiedene Log-Dateien geschrieben.

Systemstarter
Auch der *Systemstarter* ist eine Funktion zum Starten und Beenden von Systemdiensten.

SystemUIServer
Bei dem Systemprozess *SystemUIServer* handelt es sich um einen relativ aktiven Dienst. Er ist nicht nur bei Aktivierung und Deaktivierung von externen Laufwerken präsent, sondern kontrolliert auch die richtigen Einträge der Apple-Menüleiste.

update
Dieser Dienst synchronisiert die Festplatten mit dem File-System-Cache, um Datenverlust zu minimieren.

usbmuxd
iPhone-Benutzer dürften diesen Prozess dann beobachten können, wenn ihr Gerät synchronisiert.

UserEventAgent
Dieser Prozess steuert diverse Kommunikationen mit angeschlossenen Peripheriegeräten.

WindowServer
Wie der Name schon vermuten lässt, ist dieser Prozess für die Fenster innerhalb der GUI verantwortlich. Er gehört zu den Prozessen, die sich auch mal aufhängen können und dann die Prozessorauslastung in die Höhe treiben. Verantwortlich ist selten der Finder für sich, sondern vielmehr in den meisten Fällen einer der Internet Browser in Verbindung mit Werbefenstern, die zum Beispiel Java Applets integriert haben.

Erstellen und Managen von Startdiensten

Unter Mac OS X gibt es verschiedene Möglichkeiten, Programme, Dienste oder andere Verlinkungen beim Rechnerstart ausführen zu lassen. Die einfachste Art, oft benutzte Programme oder Verknüpfungen direkt nach der Anmeldung am System automatisch starten zu lassen, ist die Benutzung der Startobjekte in der Systemeinstellung *Benutzer*.

Diese Funktion kommt dem Autostart unter Windows gleich.

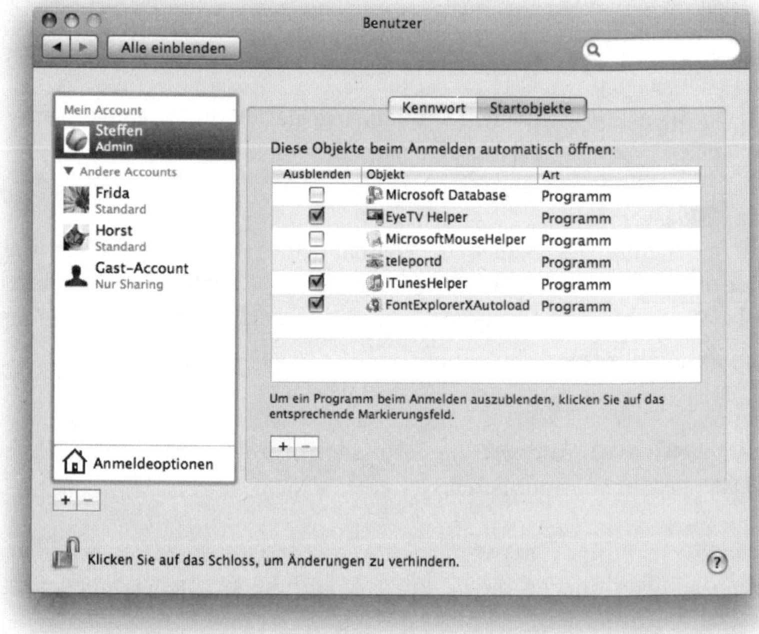

Was jedoch für den Standardanwender des Systems durchaus ausreicht, bietet für den Systemadministrator nicht alle notwendigen Funktionen. Für die Verwaltung von Multi-User-Arbeitsplätzen oder die Verteilung von Standard-Startfunktionen innerhalb des Clientmanagements muss man auf die Funktionalität der Startdienste und Startscripte zurückgreifen. Ein zum Beispiel mit Automator erstelltes AppleScript-Programm oder ein auf Systemebene arbeitendes Shellscript soll in diesem Fall eventuell für jeden am System angemeldeten Benutzer aktiv werden oder aber mit Admin-Berechtigung laufen. Die Einbindung solcher Scripte in den Start- oder Anmeldeprozess des Systems lässt sich am besten mit dem Hilfstool *Lingon* realisieren, da es auf einer grafischen Oberfläche beruht und somit einfacher zu bedienen ist als das Systemtool `launchctl`.

Leider hat der Programmierer Peter Borg auf seiner Website veröffentlicht, er werde in Zukunft keine Updates mehr anbieten. Da es dennoch zum freien Download zur Verfügung steht und noch immer die beste Lösung für diesen Bereich darstellt, möchten wir es kurz vorstellen.

Lingon: Der Dienste-Konfigurator

Mit *Lingon* lassen sich auf sehr einfache Art und Weise Konfigurationsdateien erstellen, mit denen Scripte oder Befehle vom `launchd` während verschiedener Startphasen des Systems geladen und ausgeführt werden.

Nach dem Start der Software werden auf der linken Seite zunächst alle bereits aktiven Dienste in den verschiedenen Systemhierarchien angezeigt.

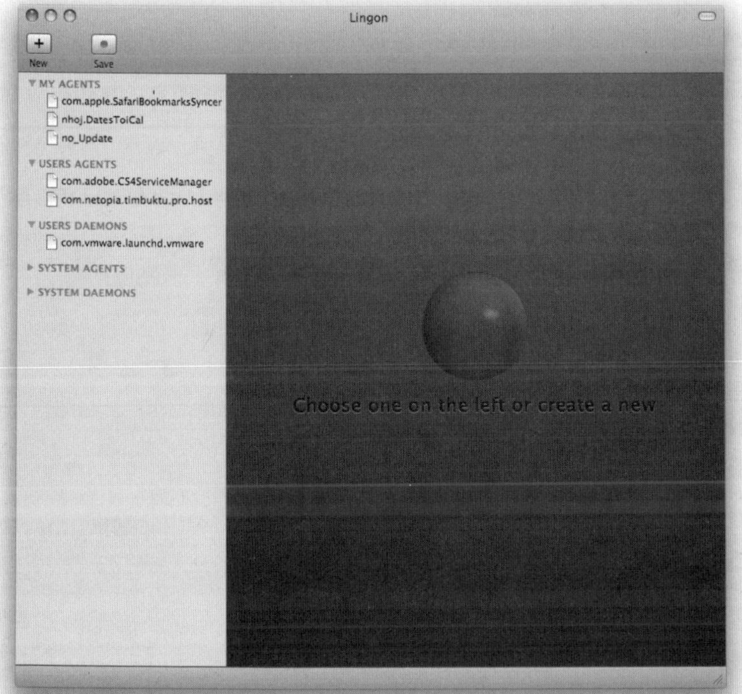

Für die Erstellung eines neuen Startdienstes muss zunächst überlegt werden, welche Aufgabe er haben soll. Handelt es sich um einen Prozess, der nur beim Einloggen eines (meines) Benutzers oder für jeden gestartet werden soll? Oder ist es eine Funktion, die systemweit bereits vor dem Login ausgeführt werden soll?

Als Beispiel erstellen wir zunächst ein kleines Script, welches die Berechtigungen des Startvolumes korrigiert, um es dann bei jedem Systemstart von `launchd` ausführen zu lassen – unabhängig davon, ob es überhaupt sinnvoll ist, dies bei jedem Start ausführen lassen zu müssen.

Sehen wir uns dazu folgendes Script-Beispiel an:

1. Öffnen Sie das Terminal.

2. Am besten speichern wir nun das Script in ein Verzeichnis, in welches der Anwender normalerweise nicht unterwegs ist. Dazu erstellen wir uns einen Ordner:

```
cd /private/var/
sudo mkdir Scripte
```

3. Erstellen eines Dokuments mit Namen »permissions_repair.sh«

```
sudo touch permissions_repair.sh
```

4. Um noch die Rechte vernünftig zu setzen, muss Folgendes eingegeben werden:

```
sudo chmod 755 permissions_repair.sh
```

   (sollte der Eigentümer nicht *root* sein, muss dies ebenfalls korrigiert werden)

5. Nun öffnen wir die Datei zum Beispiel mit *pico* …

```
sudo pico permissions_repair.sh
```

   … und geben die gewünschten Befehle für unsere Berechtigungsüberprüfung ein:

```
#!/bin/bash
sudo diskutil repairPermissions /
```

6. Zum Schluss beenden wir *pico* mit *ctrl* + *x* und mit y die Datei speichern.

Unser kleines Script kann nun per *Lingon* in einen Startprozess eingebunden werden, so dass bei jedem Systemstart die Berechtigungen korrigiert werden.

1. Wir starten *Lingon* …

2. … und klicken auf + *(New):*

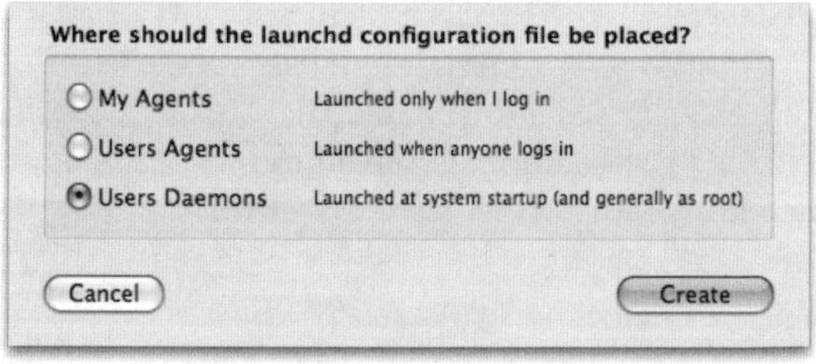

3. Nun wählen Sie bitte den *User Daemon* an und nehmen die notwendigen Eingaben vor, wobei der Name frei gewählt werden kann:

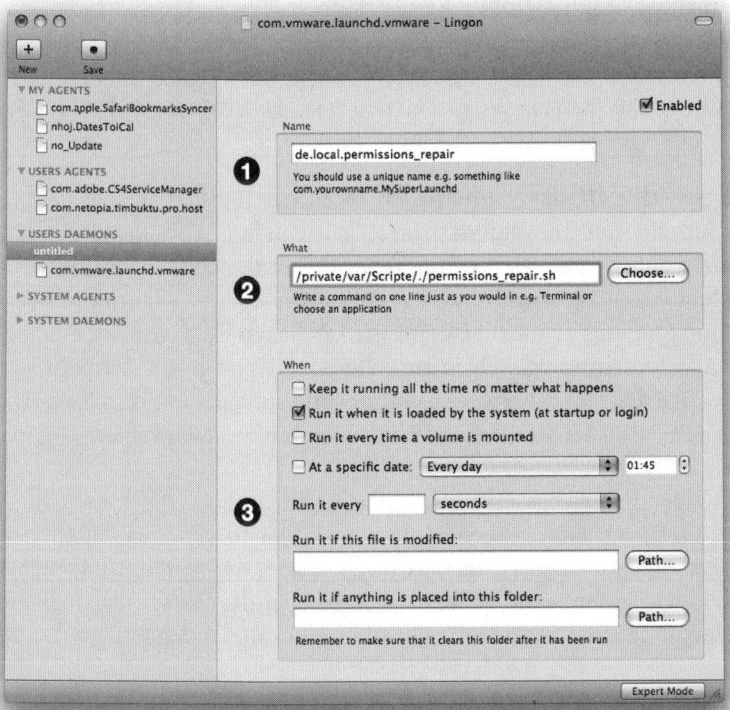

4. Mit *Save* wird diese Konfigurationsdatei gespeichert und ab sofort bei jedem Systemstart ausgeführt.

Managen von Systemdiensten über »launchctl«

Das systeminterne Tool zum Verwalten und Kontrollieren von *launchd*-Diensten heißt *launchctl*. Es kann mit diversen Parametern gesteuert werden; so nutzt man *launchctl* zum Beispiel zum Laden oder Stoppen von Diensten.

Wird der Befehl ohne zusätzliche Parameter eingegeben, befindet man sich im Interface von *launchctl*. Geben Sie nun den Befehl *list* ein, werden alle aktiven Dienste vom *launchd* angezeigt.

Soll eine selbst erstellte Konfigurationsdatei vom *launchd* geladen werden – und das ohne Durchführung eines Neustarts – sieht die Syntax wie folgt aus:

```
sudo launchctl load /Library/LaunchDaemons/
      <name_der_Konfigurationsdatei.plist>
```

Auf der *man*-Page von *launchctl* sind die verschiedenen Funktionen und Operanden zu finden. Auch im Internet gibt es eine Reihe an Beschreibungen, wie mit diesem Werkzeug sinnvoll umgegangen werden kann.

Systemsupport – Erfahrungen aus der Praxis

Wie Sie die Überraschungen in Schach halten

Der Support von Computern bringt eigentlich fast jeden Tag Überraschungen, obwohl es sich meist nur um neue Abwandlungen von bekannten Fehlern handelt. Manchmal braucht man schlicht eine Weile, um mit der *Trial & Error*-Methode ans Ziel zu kommen. Und auch wenn wir mit den folgenden Abschnitten einige allgemeine Support-Tipps geben können, werden sich einige der möglicherweise zukünftigen Probleme nur durch zusätzliche Recherche im Internet oder anderen Fachbüchern lösen lassen.

Nachfolgend zunächst einige Grundlagen für die Fehlerbehebung am Mac. Diese Optionen können helfen, wenn der Mac nicht mehr das tut, was er soll. Anfangen wollen wir mit dem Systemstart der Apple-Computer. Welche Phasen laufen wann ab und wie lässt sich das Wissen darüber für die Überprüfung eines nicht mehr korrekt funktionierenden Systems nutzen.

Startvorgang bei Intel-Macs

Wenn ein Mac mit Intel-Prozessor gestartet wird, setzt sich der Startvorgang aus mehreren Phasen zusammen – angefangen vom Einschalten bis hin zur Anmeldung. Den Anfang macht das *BootROM (EFI / Extensible Firmware Interface)* als erste wichtige Komponente. In ihm sind die Startparameter für die entsprechende Hardware enthalten.

Ist die Firmware defekt, ist auch kein Starten möglich. Apple bietet hierzu die Möglichkeit, die Firmware wiederherzustellen. Näheres dazu im Abschnitt »Standardfehlersuche«.

Direkt nach dem Einschalten laufen folgende Start-Prozesse ab:

1. ***BootROM*** wird initialisiert, die RAM-Prüfung wird gestartet (schwarzer Bildschirm)

2. ***BootROM-POST*** – *Power On Self Test* (sofern erfolgreich, hören Sie den Startton)

Fehler in dieser Phase bedeuten entweder ein Problem mit dem RAM oder der Firmware. Diese Fehler werden entweder durch unterschiedliche Blinkintervalle der Ruhezustands-LED oder durch verschiedene Fehlertöne angezeigt.

3. ***BootROM-EFI*** sucht nach startfähigem System und lädt die Systemkomponente »boot.efi« (grauer Bildschirm).

Fehler in dieser Phase bedeuten, dass kein startfähiges System gefunden wurde.

4. **Kernel** und **Kernelerweiterungen** werden von der »boot.efi« geladen (dunkler Apfel auf grauem Hintergrund, rotierendes Zahnrad).
5. Der `launchd` startet die Systemerweiterungen – also die *Daemons* (blauer Bildschirm, bis 10.5.x mit Statusbalken).
6. Die Systemkomponente »Login Window« zeigt das Anmeldefenster und ermöglicht die Benutzeranmeldung.

Sicherer Systemstart – als Erstmaßnahme

Mit dem sicheren Systemstart werden einige Vorgänge beim Start aktiviert, andere deaktiviert, um das System nur mit den wichtigsten Erweiterungen zu starten.

Um den sicheren Systemstart durchzuführen, wird gleich nach dem Einschalten die Umschalt-/ ⇧-Taste gedrückt gehalten – und das am besten so lange, wie das System startet. Dabei laufen folgende Prozesse ab:

- Das System führt eine Überprüfung der Verzeichnisstruktur durch.
- Alle Font-Caches werden gelöscht.
- Nur die wichtigsten Systemerweiterungen werden geladen.
- Alle zusätzlichen Schriften (außer die Systemschriften) werden deaktiviert.
- Alle Start- und Anmeldeobjekte werden deaktiviert.
- Ab Mac OS 10.5.6 wird der Cache für den Dynamic Loader gelöscht.

Wurde der Mac mit dem sicheren Modus gestartet, stehen viele der üblichen Funktionen nicht zur Verfügung. Die Filmwiedergabe über das CD/DVD-Laufwerk funktioniert ebenso wenig wie die Beschleunigung der Grafikkarte. Dies ist eines der ersten Supportmaßnahmen, wenn es Probleme mit dem System gibt.

Verbose-Mode – ausführlich dokumentiert starten

Im *Verbose-Mode* wird grundsätzlich ein normaler Systemstart vorgenommen, wobei alle Systemvorgänge mit ausführlichem Protokoll angezeigt werden. Alle Bootvorgänge werden mit entsprechender Meldung vermerkt, so dass es bei Fehlern mit bestimmten Systemkomponenten möglich ist, den Übeltäter zu überführen.

Um diesen Systemstart mit ausführlichem Protokoll durchzuführen, halten Sie nach dem Einschalten die Tastenkombination ⌘+V gedrückt.

Single User-Mode – mit Eingriffsmöglichkeit

Wenn Systemprobleme auftreten und keine externe Startmöglichkeit zur Verfügung steht sowie der sichere Systemstart nicht ausreicht, um ein Problem beim Starten des Systems zu beheben, kann der *Single User*-Mode helfen, da mit ihm der Eingriff auf die File- und Systemstruktur während des Systemstarts möglich ist.

Das System bootet in diesem Fall nicht komplett durch, startet keine Erweiterungen für die Benutzeroberfläche und bleibt am Ende des reinen Systemstarts in der Befehlsebene stehen. Die wichtigsten Systemkomponenten wurden bis zu dieser Stelle geladen, so dass man sich in der Regel normal im Terminal bewegen kann.

Um den normalen Systemstart fortzusetzen und die Benutzeroberfläche laden zu lassen, gibt man als Befehl *reboot* ein. Kurz darauf wechselt die Befehlsdarstellung wieder in die gewohnte blaue Oberfläche.

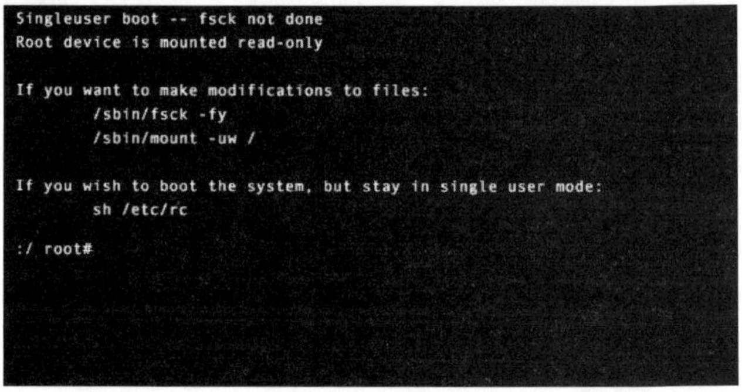

PRAM und NVRAM – kleiner Fehlerausschluss

Im Parameter-RAM und Nonvolatile RAM werden einige Umgebungseinstellungen gespeichert, die aufgrund eines Problems mit der Stromversorgung oder durch einen Absturz fehlerhaft zurückbleiben können. Durch das Zurücksetzen dieser Inhalte müssen diese Einstellungen – wie zum Beispiel Lautstärke, einzelne Maus- und Videoeinstellungen sowie in einigen Fällen auch die Datums- und Zeiteinstellungen – neu konfiguriert werden; jedoch hält sich dieser Aufwand in Grenzen.

Falls Sie ein RAID benutzen, könnte es nach einem PRAM-Reset sein, dass der Mac zunächst nicht mehr starten möchte. Hilfreich kann die Tastenkombination ⌥+⌘+⇧+← sein, da hiermit das Standard-Startlaufwerk umgangen wird und ein anderes verfügbares gewählt wird.

Um bei Intel-Macs einen NVRAM- und PRAM-Reset durchzuführen, drücken Sie nach dem Einschalten folgende Tastenkombination so lange, bis der Mac einmal durchstartet: ⌘+⌥+*P*+*R*

Noch immer hält sich das Gerücht, man würde durch ein gleich mindestens dreimaliges Durchstarten beim PRAM-Reset einen »ausführlichen« Reset durchführen. Weder durch persönliche Erfahrungen vieler Jahre im Apple Support noch von Apple selbst wurde diese These jemals bestätigt. Alle Probleme, die durch ein fehlerhaftes PRAM ausgelöst wurden, waren nach einem einmaligen Reset beseitigt. War dies nicht der Fall, half auch kein dreimaliges Löschen des PRAMs.

SMC / System Management Controller – »mehr Strom, bitte!«

Der SMC übernimmt in einem Intel-Mac die Kontrolle und Überwachung der Energie-Eigenschaften. Ob nun Akkus nicht mehr geladen werden oder der Lüfter auf Hochtouren läuft – all das kann am falschen Eintrag im SMC liegen. Wird eines der Symptome festgestellt, die auf falsche Energiemanagement-Funktionen zurückzuführen sind, kann das Zurücksetzen des SMC durchaus helfen.

Das Zurücksetzen des SMC birgt auch Risiken. Daher sollte es kein Erste-Hilfe-Griff werden, um allen Standardfehlern zu begegnen.

Beim Zurücksetzen des SMC wird gleichzeitig auch das NVRAM zurückgesetzt. Da der SMC bei den unterschiedlichen Apple-Geräten auch auf verschiedene Art und Weise zurückgesetzt wird, sollte hier die Website des Apple-Support aufgerufen werden: `http://support.apple.com/kb/HT1894?viewlocale=de_DE`

NVRAM / Firmware-Passwort vergessen (Intel-Macs ab OS X 10.5.x)

Das Firmware-Kennwort zählt zu den Low-Level-Sicherheitsmaßnahmen und bietet Schutz gegen Personen, die einen unbefugten Direktzugriff am Computersystem versuchen. Natürlich ist für den potentiellen Datendieb schlecht, wenn er das Passwort nicht weiß, da er in diesem Fall kaum Möglichkeiten hat, im *Single User*-Mode oder von einer anderen Systemquelle aus zu starten.

Jedoch ist es auch unvorteilhaft für den Systemadministrator, wenn ihm das notwendige Firmware-Passwort nicht mehr einfällt. Hier bleibt nur noch eine Möglichkeit für das Zurücksetzen des Passwortes, bevor das Gerät zu Apple eingeschickt werden muss.

Reset des Firmware-Passworts

- Schalten Sie den Mac aus.

- Ändern Sie die RAM-Belegung, so dass der Mac eine physikalisch veränderte Speicherbelegung feststellt. Als Beispiel: Sind zwei 1 GB-RAM-Module verbaut, reicht es, eines der Module zu entfernen.

- Nun bitte den Mac einschalten und einen Parameter-RAM-Reset durchführen: Also nach dem Einschalten nachfolgende Tastenkombination so lange gedrückt halten, bis der Startton mindestens ein zweites Mal ertönt:

⌘+⌥+P+R

- Ab jetzt kann wieder mit Hilfe einer DVD oder eines anderen Startvolumes gestartet werden.

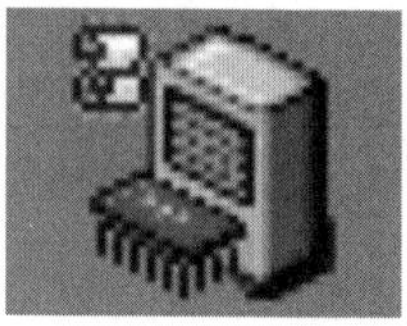

Auch ohne die Mac OS X-DVD die Apple-Hardware testen

Die Macs können durch Überprüfungsroutinen nach Hardwarefehlern suchen – hierzu dient als Idealversion eine kompatible Software-Version für den *Apple Hardware Test (AHT)* auf DVD. Allerdings ist sie nicht immer notwendig. Denn seit der Einführung des MacBook Airs und damit allen Apple-Computern ab *Early 2008* ist das auch ohne diesen Datenträger möglich. Anscheinend wurde diese Lösung konfiguriert, da das MacBook Air eben von Anfang an kein integriertes Wechsel-Laufwerk hatte. Einzige Voraussetzung für alle Apple-Computer ist ein nicht modifiziertes Startlaufwerk beziehungsweise das folgende unsichtbare Verzeichnis: */System /Library/CoreServices/./ diagnostics/...*

Innerhalb dieses Verzeichnisses liegen – je nach Geräte-Aktualität – für alle verfügbare Apple-Hardware die entsprechenden Test-Versionen. Um in diesen Modus zu starten und den *Apple Hardware Test* auszuführen, muss man beim Systemstart die Taste *D* gedrückt halten. Der »boot.efi« wird dann statt des Standard-System Kernels das System mit einer kompatiblen *AHT*-Version starten.

Für den Support von Mac-Clients ist es empfehlenswert, das oben genannte Verzeichnis eines aktuellen Systems im Support-Image zu integrieren. Nicht nur für den Administrator ist es eine schnelle Möglichkeit, vor Ort auf defekte Hardware zu prüfen. Auch bei mobilen Anwendern ist eine genauere Lokalisierung oder zumindest ein Ausschluss von Ursachen möglich – und das gerade dann, wenn per Telefon Support geleistet werden muss. (An dieser Stelle ein Dank an Thomas Endfellner von der Firma *OSXPlain*, der den Autor auf diesen Tipp brachte.)

Für einen problemlosen Test aller Komponenten sollte darauf geachtet werden, dass vor dem »Apple Hardware Test« alle externen Geräte vom Computer getrennt werden.

Standardfehlersuche

System startet nicht – schwarzer Bildschirm

An dieser Stelle hat der Selbsttest vom BootROM-Post anscheinend Probleme aufgedeckt, die dazu führen, dass der Kernel nicht gestartet werden kann. Die Wiederherstellung der Firmware kann in dieser Situation oft der letzte Retter in der Not sein. Eine ausführliche Anleitung bietet Apple:
`http://support.apple.com/kb/HT2213?viewlocale=de_DE`

So wollen wir uns hier mit einer kurzen Anleitung begnügen, wobei vorab ein *NVRAM/PRAM*-Reset durchgeführt werden sollte, da dieser in Einzelfällen bereits helfen kann:

NVRAM/PRAM Reset

- Apples Website aufrufen und in den Downloads nach »Firmware Restoration« suchen und ...
- ... anhand der Gerätetypen die korrekte Firmware-Version heraussuchen und downloaden.
- Daraufhin brennen Sie mit Hilfe des geladenen Images eine *Firmware Restoration*-CD.
- Starten Sie den betroffenen Mac mit gedrückt gehaltener Einschalttaste und legen Sie die CD ein.

System startet nicht – grauer Bildschirm

Wenn der Mac eingeschaltet wird und der Startvorgang nicht über den grauen Bildschirm hinausgeht, gibt es anscheinend Systemprobleme. Die Ursache können defekte Systemkomponenten sein.

Folgende Lösungen sind möglich (stichpunktartig und nach Priorität geordnet):

- Sicherer Systemstart.
- Start mit externem System und Reparatur der Rechte.
- Start mit externem System und Volume überprüfen.

System startet nicht – blauer Bildschirm

In den meisten Fällen sind für diesen Fehler zwei Ursachen heranzuziehen. Zum einen kann es an fehlerhaften Treibern und Systemerweiterungen von Drittanbietern liegen. Zum anderen kann es auch Probleme mit dem *Dynamic Loader* geben. Das *LoginWindow* kann nicht gestartet werden und die Anmeldung ist nicht möglich.

Gehen Sie diese Lösungs-Möglichkeiten (nach Priorität) durch:

- Sicherer Systemstart.
- Entfernen von zusätzlicher Peripherie (Drucker, Scanner, Netzwerk etc.).
- Start mit externem System und Reparatur der Rechte.
- Start mit externem System und Volume überprüfen.
- Start mit externem System und Installation des letzten oder eines aktuellen Combo-Updates.
- Start mit externem System und Aktualisierung des Systems mit der Option *Archivieren.*

Programm startet nicht

Wenn ein Anwender Probleme mit dem Starten eines Programms hat, sollte zunächst ein erster Blick auf das ausgeführte Symbol geworfen werden. Einige Benutzer ziehen das eigentliche Programm aus dem Ordner »Programme« auf den Schreibtisch. Da davon auszugehen ist, dass er über keine Administratorenrechte verfügt, entsteht eine Kopie der Applikation. Bei einigen Programmen kann es zu Problemen kommen, wenn die Applikation ohne die anderen dazugehörigen Komponenten gestartet wird. Zum Beispiel wird das Programm *Photoshop* nicht alle Funktionen zur Verfügung stellen können, wenn es aus dem Ordnerpaket herausgelöst geöffnet wird, da einige wichtige Programmbibliotheken noch im Ursprungsordner liegen und somit fehlen.

Ein weiteres Phänomen kann auftreten, wenn nach Beendigung eines Programms ein abrupter Ruhezustand eintritt (z. B. Akku leer) oder das Programm kurz vor Eintritt in den Computerruhezustand aufgrund eines Fehlers beim Schreiben der Ressourcen nicht ganz beendet wurde. In diesem Fall hüpft das Icon des Programms im Dock auf und ab, ohne dass der Programmstart erfolgt. Hier hilft nur das Abmelden des Benutzer beziehungsweise ein Neustart, da der Prozess der Applikation nicht mehr gestartet ist, im Speicher jedoch noch Bereiche mit unvollständigen Ressourcen belegt sind.

Des Weiteren können auch nachfolgend genannte Tipps für Abstürze in Programmen helfen wie das Beseitigen der Voreinstellungsdatei des entsprechenden Programms.

Programmabsturz – in einer Applikation

Sollte eine Applikation regelmäßig oder gleich beim Startversuch abstürzen, sind oftmals lediglich die Voreinstellungen defekt. Wenn der Blick in den Systembericht oder die Protokolldatei keinen Aufschluss gibt, arbeitet man sich ein wenig mit *Trial & Error* zum Ziel. Dabei sind folgende Lösungen möglich:

- Neustart des Systems
- Öffnen des Programms unter anderem Benutzer
- Cache-Dateien des Programms löschen
- Entfernen der spezifischen Voreinstellungsdatei (Endung *.plist* im Verzeichnis */Library/Preferences/...* in der Hauptebene oder im lokalen Benutzerprofil)
- Entfernen der programmspezifischen Komponenten im Pfad */Library /Application Support/...* möglicherweise auch im Benutzerprofil

Programmabsturz – in allen Applikationen

Wenn der Mac generell mit allen Programmen auf Kriegsfuß steht und keine offensichtliche Störung vorliegt, dann kommen in der Regel nur drei Hauptkategorien als Ursache in Frage. Ein fehlerhaftes Benutzerprofil, fehlerhafte Systemerweiterungen oder defekte Hardware. Gehen Sie hier am besten einmal wie folgt vor:

- Arbeit unter anderem Benutzer.
- Arbeit unter einem Administrator.
- Entfernen von zusätzlicher Peripherie (Drucker, Scanner, Netzwerk etc.).
- Start mit externem System und Korrektur der Rechte.
- Start mit externem System und Volume überprüfen.
- Sicherer Systemstart.
- Arbeitsspeicher prüfen (bei mehreren Modulen auf eines reduzieren).

Absturz – Einfrieren der Oberfläche

Bleibt das System unvermittelt und mitten im Betrieb stehen, so dass selbst die Uhrzeit in der Menüleiste nicht mehr weiterläuft, kann man in der Regel von defekter Hardware ausgehen. Selten sind Softwareprobleme die Ursache dieses Komplettabsturzes. Ein Test mit anderem Benutzer ist es natürlich allemal wert und sollte vor allen anderen Überprüfungsoptionen unternommen werden.

Folgende Möglichkeiten der Fehlersuche sind zu empfehlen, bevor vermutlich ein größerer Hardwaredefekt in Erwägung gezogen werden muss:

- Arbeiten Sie unter einem anderen Benutzer.
- Entfernen Sie zusätzliche Peripherie (Drucker, Scanner, Netzwerk etc.).
- Prüfen Sie den Arbeitsspeicher (bei mehreren Modulen auf eines reduzieren).

Probleme mit Ruhezustand und plötzlichem Ausschalten

Es gibt Fälle, in denen sich zum Beispiel ein MacBook Pro plötzlich ausschaltet beziehungsweise von allein in den Ruhezustand geht. In diesem Fall sind Softwareprobleme in der Regel auszuschließen. Wenn per Zeitvorgabe in den Systemeinstellungen von *Energie sparen* ein Ausschalt- oder Ruhezustand-Zeitpunkt definiert wurde, wird dieser Prozess vor seiner Aktivierung angekündigt. Geschieht dieser Vorgang also plötzlich und von allein, sind leider meist Probleme an der Hardware zu befürchten.

Folgende Lösungen sind möglich (nach Priorität):

- Darauf achten, dass bei Benutzung eines MacBook Pro-Gerätes kein Magnetschmuck verwendet wird (das ist durchaus ernst gemeint, da der Verschluss mit anschließendem Ruhezustand ausgelöst werden kann).
- *Apple Hardware Test* durchführen (mit der Original Wiederherstellungs-DVD).
- *SMC*-Reset durchführen.
- Arbeitsspeicher prüfen (bei mehreren Modulen auf eines reduzieren).

MacPro klickt beim Einschaltversuch

Sollte ein MacPro einmal nicht mehr starten wollen und nur noch Klickgeräusche von sich geben, kann man davon ausgehen, dass es am Netzteil liegt. Das Stromkabel rausziehen und mindestens 30 Minuten warten könnte in diesem Fall helfen. Sollte der Mac danach noch immer nicht starten, wird das Netzteil höchstwahrscheinlich defekt sein und müsste ausgetauscht werden.

Dennoch sollte man vor diesem Schritt prüfen, ob es auch an möglicherweise zusätzlich eingebauten Karten liegen kann.

Troubleshooting – aus dem Alltag eines Admins

Probleme mit der Schriftverwaltung

Jedes Programm, das mit Schriften arbeitet, speichert den letzten Stand der aktivierten Schriften in einer Cache-Datei – meist im Ordner des Programms selbst oder in dem Pfad der Voreinstellungen. Beim nächsten Start wird lediglich überprüft, ob es Änderungen an aktiven und deaktivierten Fonts gibt. Solange diese Cache-Datei nicht beschädigt ist, wird sie bei Bedarf aktualisiert.

Durch häufige Änderungen durch Schriftinstallationen – oder andere Gründe rund um das Schriftenmanagement auf einem Client – können diese Cache-Dateien vereinzelt beschädigt sein. Sie manuell zu suchen, ist recht mühselig und kostet unnötig Zeit. Auch der sichere Systemstart ist für das lediglichе Löschen der Cache-Dateien etwas übertrieben. Daher empfehlen wir hier die Benutzung von Hilfsprogrammen, die einem diese Arbeit abnehmen.

Welches Tool Sie dafür nutzen, ist Ihnen selbst überlassen. Dabei stehen Ihnen Supportprogramme wie der *Linotype FontExplorer* und andere zur Verfügung.

Probleme mit Schriften in Adobe-Applikationen

Der oben aufgeführte Lösungsansatz dürfte die meisten Schriftprobleme beseitigen, die nicht nur durch falsche Handhabung und Installation oder durch defekte Schriften entstanden sind. Doch gibt es noch eine weitere mögliche Fehlerquelle. Im Umgang mit Adobe-Programmen kann es ab und zu vorkommen, dass nicht alle Schriftschnitte zur Verfügung stehen. Beobachtet wird dieses Problem hauptsächlich bei PostScript-Fonts. Und obwohl sämtliche Schnitte und Schriften im globalen oder User-eigenen Schriftordner liegen und möglicherweise in anderen Programmen aktiv genutzt werden können, sind einzelne von ihnen manchmal nicht in Adobe-Applikationen verfügbar.

Wenn die zu aktivierenden Schriften ausschließlich für Applikationen von Adobe zur Verfügung stehen sollen, reicht die Installation der relevanten Schriften in folgendem Verzeichnis: »/Library/Application Support/Adobe/Fonts/...«

Sollen darüber hinaus auch andere Programme auf diese Fonts zugreifen, sollten Sie diese im Verzeichnis »/Library/Fonts/...« in einem Unterordner installieren, von dem dann ein Alias in den oben genannten Font-Ordner von Adobe erstellt wird.

Dieser Trick gewährleistet die vollständige Aktivität aller entsprechend platzierten Schriften in allen Adobe-Programmen. Beim Start eines Adobe-Programms wird der hauseigene Font-Ordner mit Priorität geladen.

Probleme mit Schriften in Microsoft-Applikationen

Gerade in Media-Agenturen und Verlagshäusern werden viele unterschiedliche Schriften eingesetzt. In einigen kreativen Bereichen wird das Schriftportfolio täglich um mehrere Schriften und Schriftschnitte verändert. Ob nun mit Hilfe von Fontmanagement-Tools oder durch manuelle Installation im Font-Ordner, es erfolgt eine permanente Aktualisierung der Font-Caches in allen relevanten Programm- und Systempfaden.

Nun steht nicht immer eine zentrale Fontverwaltung mit Hilfe eines Schriften-Servers – wie dem *Linotype FontExplorer Pro Server* – zur Verfügung. Sollte die Verteilung von Schriften dennoch zentral vorgenommen werden, so kann es zu Fehlermeldungen gerade in den Microsoft-Applikationen *Word, Excel* und *PowerPoint* kommen.

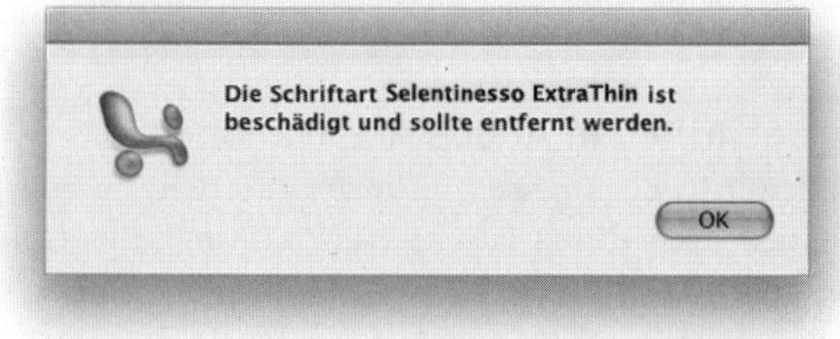

Sobald Schriften manuell in den dafür vorgesehenen Schriftenordner kopiert werden, registriert das System sofort die Änderung und aktiviert sie für alle Programme. Jene Applikationen, die währenddessen geöffnet sind, müssen meist einmal neu gestartet werden. Probleme bleiben in diesem Fall meist aus.

In Einzelfällen unterscheidet sich allerdings diese Aktivierung der Schriften, wenn sie mit einer Softwareverteilung auf die Clients verteilt wurden. Sind während der Verteilung auch noch Microsoft-Programme aktiv, können Probleme mit vereinzelten Font-Caches auftauchen.

Neustarts bringen hier recht wenig, da das Problem in den systemeigenen Font-Caches liegt. Hier gibt es – zusätzlich zur bekannten Wunderwaffe »Font-Caches löschen« in den Schrift- und Systemmanagement-Tools – weitere Tipps, die sich speziell im Fall der Microsoft-Programme bewährt haben.

Testen Sie hierfür diese möglichen Schritte einmal aus:

1. Alle Schriften aus dem Ordner */Library/Fonts/...* in einen Ordner auf dem Schreibtisch kopieren.

2. Den Inhalt im Font-Ordner */Library/Fonts/...* löschen.

3. Den Inhalt der Kopie vom Ordner auf dem Schreibtisch wieder zurück in den Font-Ordner in der Library kopieren.

4. Folgende Datei löschen: »**Office Font Cache** (xx)« Die Datei befindet sich im Verzeichnis: */Benutzer/<aktiver Benutzer>/Library/Preferences/Microsoft/* mit anschließendem Neustart des Systems.

Druckerhilfen – Installation & Troubleshooting

Konfiguration und Wartung über den Internet-Browser

Die Vorgehensweise einer manuellen Druckeranbindung ist erdenklich einfach. Man öffnet die *Systemeinstellungen*, wählt das Kontrollfeld *Drucken & Faxen* an und fügt einen Drucker hinzu, sofern man über Administratorenrechte verfügt. Auch die Installation des möglicherweise notwendigen Druckertreibers erfolgt im Regelfall innerhalb von Sekunden oder wenigen Minuten.

Sofern aber ein Druckauftrag nicht ausgeführt wird, Prioritäten festgelegt werden sollen oder eine einfache Druckerverwaltung innerhalb der grafischen Benutzeroberfläche von Mac OS X gesucht wird, steht dem lokalen Benutzer ein Interface über den Internet-Browser zur Verfügung. Unter folgender IP-Adresse und dem entsprechendem Port *127.0.0.1:631* wird die CUPS-Verwaltung aufgerufen, die bereits in den Grundfunktionen ausreichend Möglichkeiten bietet, Druckaufträge zu verwalten.

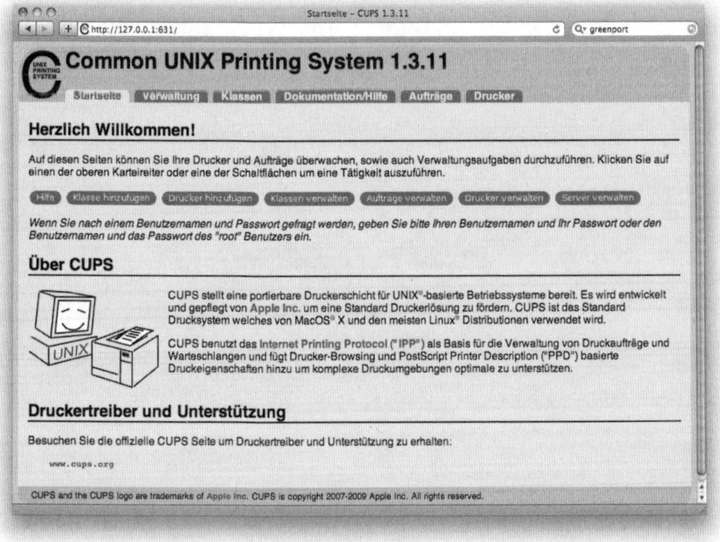

Druckersymbol bleibt im Dock hängen

Beim Drucken unter OS X wird für den verwendeten Drucker das Drucksymbol der Warteschlange im Dock angezeigt. Je nach Druckerart und Hersteller wechselt die Darstellung bei eingehenden Druckaufträgen.

Sollte ein defekter Druckjob alle weiteren Aufträge blockieren, kann er einfach aus der Liste gelöscht werden.

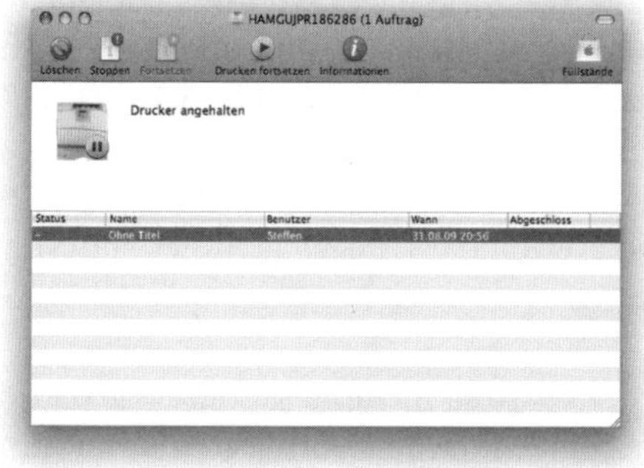

Ab und zu kommt es vor, dass das Druckersymbol auch nach dem Ausdruck im Dock verbleibt. Man kann es sicher auch dazu nutzen, per *Drag & Drop* Dokumente auszudrucken. Da ein verbleibendes Druckersymbol im Dock jedoch die meisten Anwender nervt oder irritiert, sollten Sie dann per Klick mit der rechten Maustaste das Kontextmenü aufrufen und den Punkt *Automatisch beenden* anwählen. Ab sofort wird das Symbol nach Erledigung des Druckjobs wieder verschwinden.

Drucksystem zurücksetzen (ab OS X 10.5.x)

Falls Druckprobleme auftreten und ein Neustart keine Lösung herbeiführt, kann das Zurücksetzen des Drucksystems die letzte einfache Möglichkeit sein, den Fehler zu beheben. Dabei werden alle eventuell bestehenden Druckaufträge und die konfigurierten Drucker gelöscht. Nach dem Zurücksetzen müssen die benutzten Drucker neu eingerichtet werden.

Das Drucksystem wird wie folgt zurückgesetzt:

1. Öffnen Sie die *Systemeinstellungen* und wählen Sie dort das Kontrollfeld *Drucken & Faxen* aus.

2. Mit der rechten Maustaste klickt man nun in die Druckerliste und bestätigt die Auswahl *Drucksystem zurücksetzen…*

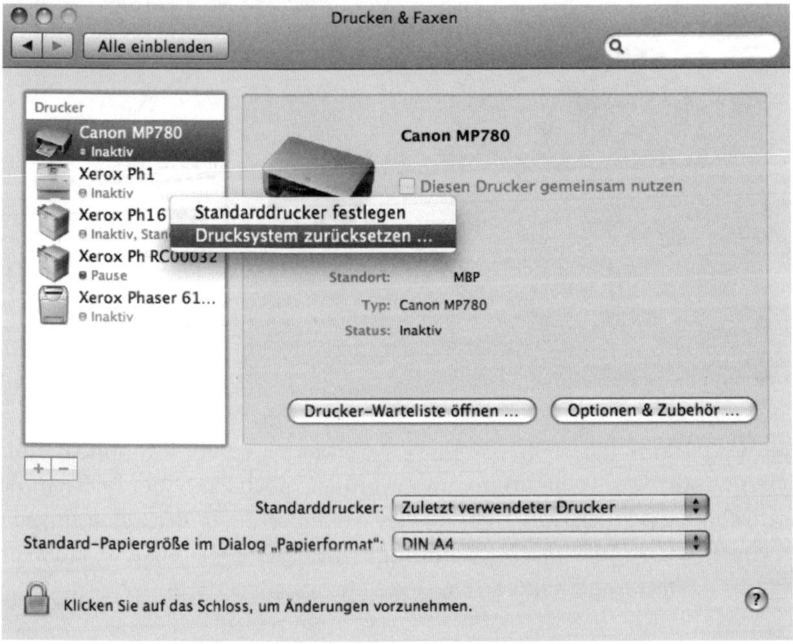

3. Als Nächstes erscheint die Warnung, nach deren Bestätigung das Administratorkennwort benötigt wird.

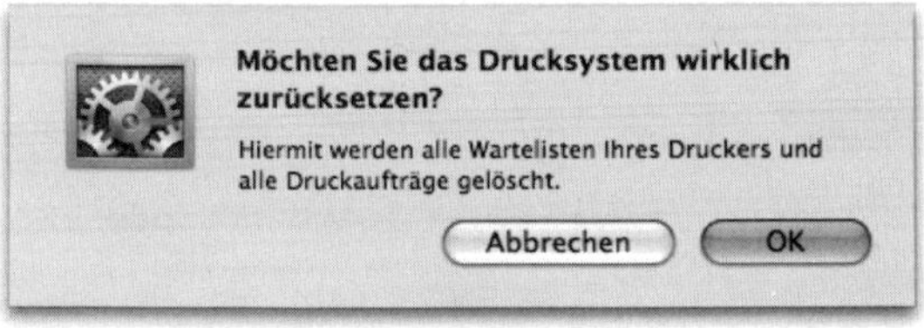

Weitere Tricks und Tipps »mit System«

Widgets ohne Dashboard nutzen

Widgets können dem Anwender einen komfortablen Nutzen bringen, da mit einfacher Tastenkombination eine **große Anzahl nützlicher Helfer** erscheinen. Die Suche im Internet, das Öffnen des Taschenrechners oder Tools für die Umrechnung von Maßeinheiten. Diese und weitere Handgriffe des täglichen digitalen Lebens können mit *Dashboard* komfortabel vereint werden, so dass auf einen Blick alle wichtigen Hilfsprogramme nutzbar sind. Für den Administrator stehen eine Reihe an Widget-Tools zur Verfügung, die zum Beispiel die Netzwerk-, CPU- oder Festplattenauslastung anzeigen oder andere Analyseinformationen bereitstellen.

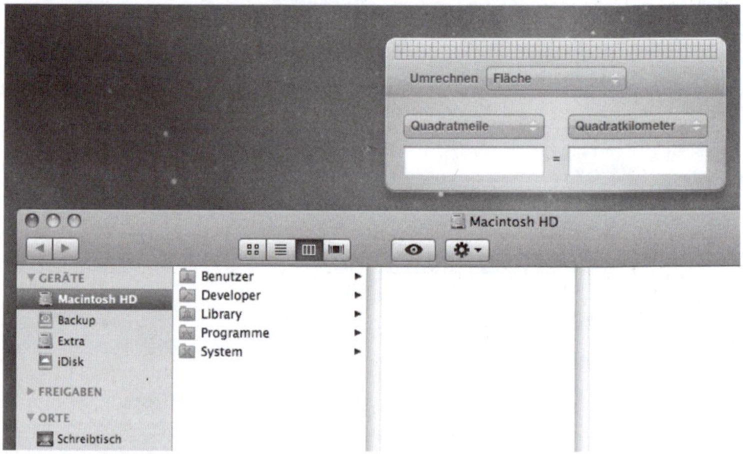

Wenn der Wunsch besteht, das eine oder andere Widget auch ohne die Aktivierung von *Dashboard* immer im Zugriff zu haben kann hier im Terminal nachgeholfen werden. Mit einer kleinen Veränderung in der Steuerungsdatei von *Dashboard* lässt sich ein Eintrag setzen, der es ermöglicht, ein Widget aus *Dashboard* herauszulösen. Folgende Schritte sind notwendig:

1. Öffnen Sie das Terminal.

2. Wechseln Sie in das Verzeichnis »Preferences« in der Library des angemeldeten Benutzers: *cd ~/Library/Preferences/*

3. Geben Sie folgenden Befehl ein:

   ```
   defaults write com.apple.dashboard devmode YES
   ```

4. Für die sofortige Aktivierung muss noch das Dock neugestartet werden (Achten Sie auf die Groß- und Kleinschreibung):

   ```
   killall Dock
   ```

Ab sofort können Sie in *Dashboard* ein Widget, welches Sie auch außerhalb von *Dashboard* nutzen möchten, anklicken und festhalten. Durch das erneute Drücken der Taste *F12* (MacBook-Familie *fn* + *F12*) zum Beenden von *Dashboard* ziehen Sie das Widget in die normale Finder-Umgebung – das Widget wird nun permanent im Vordergrund angezeigt.

Möchten Sie das eine Widget wieder deaktivieren, gehen Sie einfach rückwärts vor, indem Sie es erneut anklicken und festhalten. Gleichzeitig muss nun wieder *F12* für *Dashboard* gedrückt werden, um das Widget erneut in *Dashboard* zu verankern. Natürlich lassen sich gleich mehrere Widgets herauslösen.

Mit Bedacht: User-Templates modifizieren

Sobald ein neuer Benutzer über die Systemeinstellung *Benutzer* angelegt und konfiguriert wird, treten vom System vordefinierte Einstellungen in Kraft. So wird ein neuer Benutzer immer mit Standardeinstellungen eingerichtet, die nachträglich von ihm oder dem Systemadministrator verändert werden können.

Da es mitunter Gründe gibt, die bereits Standards bei der Erstellung des Profils erfordern, wollen wir eine Möglichkeit aufzeigen, wie schon die Voreinstellungen der Standardbenutzer modifiziert werden können.

Im folgenden Verzeichnis werden die Templates und Voreinstellungen für die Erstellung des Standardbenutzers gesichert */System/Library/User Template/...* In diesem Verzeichnis befinden sich – neben der Ordnerstruktur, die zu einem frisch eingerichteten Benutzer gehört – noch weitere Voreinstellungen, die erweitert und verändert werden können. Allerdings sollte man mit diesen Konfigurationen behutsam umgehen. Sie sind nicht umsonst dem System vorbehalten und sollten nur aus gutem Grund verändert werden.

Ein einfaches Beispiel verdeutlicht, über welchen Weg Parameter für ein neues Benutzerprofil vordefiniert werden können. In dem oben genannten Verzeichnis existieren für die unterschiedlichen Sprachen auch die jeweiligen Profil-Templates. Um nun zum Beispiel das Standard-Dock zu verändern und mit verschiedenen vordefinierten Programmsymbolen zu versehen, muss zunächst die Berechtigung verändert werden, so dass sie für das Verzeichnis lesend berechtigt werden. Dann verändert man die Berechtigungen der Unterordner ebenfalls so weit, bis man im Preference-Ordner des Standardbenutzer-Templates angekommen ist. Hier wird einfach die gewünschte Voreinstellungsdatei – in diesem Fall von einem Referenzssystem – hineingesichert.

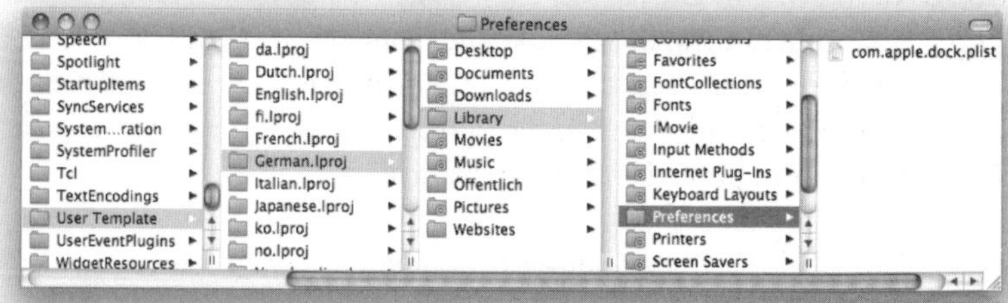

Wird nun ein neuer Account über das Systemkontrollfeld *Benutzer* konfiguriert, besitzt er bereits ab der ersten Anmeldung das gewünschte modifizierte Dock. Somit müssen die Änderungen nicht über das Open Directoy-System oder mit Hilfe eines Scripts nachträglich vorgenommen werden.

Nach Abschluss der Veränderung des Templates muss darauf geachtet werden, dass die Berechtigung wieder korrigiert wird. Im Terminal geht das relativ einfach, indem alle Verzeichnisse erneut mit Berechtigung 700 (rwx------) und dem Eigentümer »root« versehen werden.

»Und täglich grüßt ...«: Der Mac und die Beamer

Nicht nur bei Windows-basierten Laptops gibt es dann und wann Schwierigkeiten mit der Präsentation, wenn wieder einmal der Beamer streikt und das Bild vom Computer nicht anzeigen will. Auch bei einem MacBook Pro kann dieser Umstand eintreten – gerade dann, wenn eigentlich keine Zeit mehr zur Verfügung steht. Die Kabel sitzen fest, ein Neustart wurde bereits durchgeführt und die *Source*-Taste vom Beamer schon etliche Male zum Suchen des Signals betätigt. Der Grund dafür ist oft der falschen Auflösung geschuldet. Der Beamer ist dann entweder zu alt oder aber »zu eigen«, um flexible Auflösungen zuzulassen.

Zunächst sollte überprüft werden, ob die Einstellung einer geringeren Auflösung – zum Beispiel der Standardauflösung mit 1024 x 768 – ausreicht. Da der Mac merkt, dass ein Monitorkabel angeschlossen ist, zeigt er in den Systemeinstellungen auch die Optionen für den externen Monitor. Hierfür sollte dann die Einstellung erfolgen:

1. Öffnen Sie die Systemeinstellungen.

2. Wählen Sie dort *Monitore* aus und ...

3. bestimmen dort eine alternative Auflösung.

Sollte sich auch über diesen Weg kein Erfolg einstellen, sollte überprüft werden, ob die Synchronisation beider Monitore eventuell Schuld daran ist. Auf der MacBook Pro-Tastatur ist die Taste *F7* doppelt belegt. Um nun per Tastaturbefehl die Synchronisation beider Monitore ein- beziehungsweise auszuschalten, drückt man die Kombination *fn+F7.*

Optional kann auch der Weg über die Systemeinstellungen gewählt werden, um dort die Option *Bildschirme synchronisieren* entsprechend auszuwählen. Sofern das Monitorsymbol in der Menüleiste zur Verfügung steht, ist dieser Weg natürlich der kürzeste.

Öffnen mit entsprechendem Programm

Immer wenn Dateien doppelt angeklickt werden, ist meist schon vor dem Öffnen aufgrund des Symbols klar, welches Programm ausgewählt wird. Indem die Datei markiert und die Tastenkombination ⌘+*I* angewählt wird, erhält man neben den Informationen zu dieser Datei auch die Möglichkeit, es mit einem anderen Programm öffnen zu lassen.

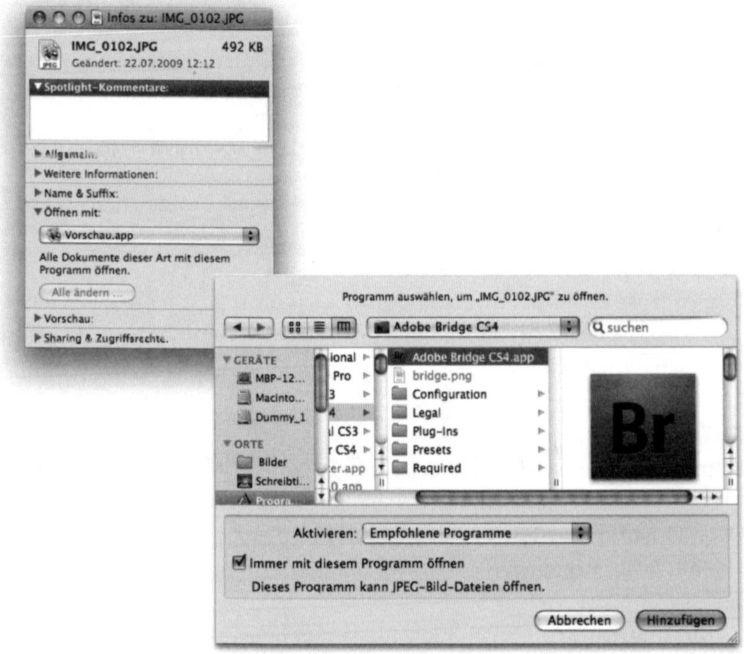

Kommt es zu Problemen beim Start von Dateien oder zeigt die Liste von möglichen Programmen alte Einträge oder sogar einige mehrfach, so ist womöglich eine Neuindizierung der *LaunchServices*-Library notwendig. Mit folgendem Befehl im Terminal kann sie neu erstellt werden:

```
/System/Library/Frameworks/CoreServices.framework/
Versions/A/Frameworks/LaunchServices.framework/Versions/A/
Support/lsregister -kill -r -domain local -domain system
-domain user
```

Interessant ist auch das Kontrollfeld *RCDefaultApp.prefPane,* welches zum Beispiel über `www.versiontracker.com` geladen werden kann. Hiermit ist es möglich, einfach über die GUI Einträge und Verweise zu steuern.

Terminalbefehle merken – Befehlshistorie

Für jeden Benutzer, der sich im Terminal anmeldet, werden die zuletzt ausgeführten Befehle gesichert. So wird es mit Hilfe der Cursor/↑↓-Tasten möglich, oft benutzte Terminalbefehle schnell erneut oder modifiziert auszuführen.

Die zuletzt ausgeführten Befehle werden in einer Datei in jedem Benutzerprofil gesichert; diese ist hier zu finden **/Users/Name/.bash_history**

Beispiel für eine ».bash_history«

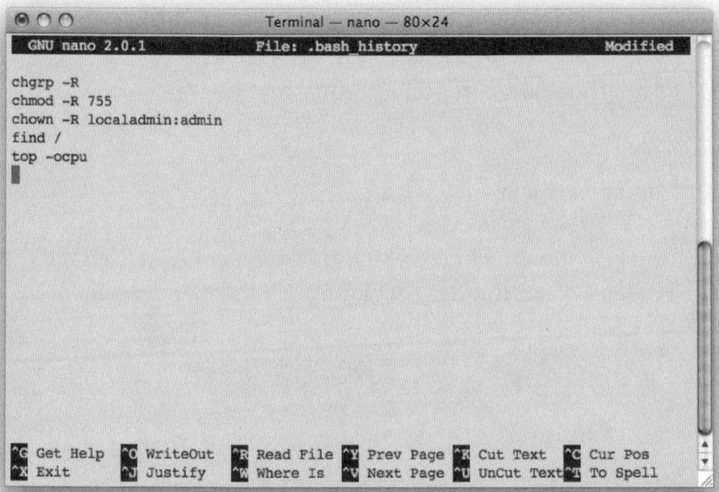

Bei der Verwaltung mehrerer Macs und der Benutzung des Terminals im Supportfall kann man diese History-Datei anpassen. Ferner lässt sich diese auch im Image, aber auch per Softwareverteilung oder per Script auf den Computern zur Verfügung stellen. Der Vorteil liegt dann darin, dass man die oft benutzten Befehle nicht permanent per Hand eingeben muss, sondern nur noch mit den Cursor-Tasten anwählt und somit Zeit gewinnt.

Natürlich werden alle neuen Einträge hinzugefügt. Daher ist diese Anpassung nur dann sinnvoll, wenn sie schreibgeschützt oder per Automatisierung überwacht wird, damit sie spätestens beim nächsten Login wieder wie gewünscht zur Verfügung steht. Ansonsten kann sie bei einer Erstkonfiguration per Image helfen, Zeit für notwendige Eingaben zu sparen.

Clever suchen mit Spotlight

Suchkriterien sparen Zeit

Bei Benutzung des Kurzbefehls ⌘+*F* erscheint bekanntermaßen die Finder-Suche. In dem Fenster kann die Suche über diverse Details konfiguriert und erweitert werden.

Nun ist die Standardsuche ohne die Eingabe von komplexen boolschen Attributen nicht besonders vielschichtig beziehungsweise ist die permanente Eingabe der Kriterien müßig. Auch möchte man nicht ständig irgendwelche intelligenten Ordner erstellen und auf Vorrat halten. Dafür gibt es eine Lösung, die, einmal konfiguriert, stets die komplette und gewünschte Suchbasis bietet.

Um die Standardsuche im Finder-Fenster zu optimieren und diese immer mit den Kriterien öffnen zu lassen, die einem wichtig erscheinen, können Sie die entsprechende Vorgabendatei für die Kriterien modifizieren.

Da diese Änderung per Editor sehr kryptisch wäre, empfehlen wir folgende Lösung:

1. Zum Finder wechseln.

2. ⌘+*F* drücken, um die Finder-Suche zu aktivieren. Es erscheint das Standard-Finder-Fenster mit der Suchleiste:

3. Nun erweitern Sie die Suchkriterien, so wie Sie dies als Standard definieren wollen. Ein Beispiel wäre:

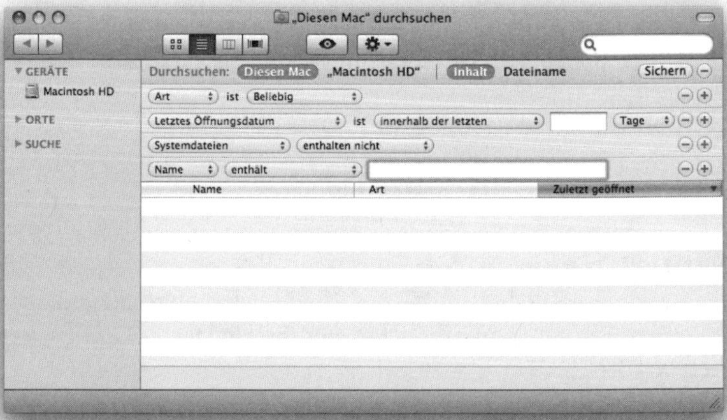

4. Die Sucheinstellungen müssen nun gesichert werden. Dazu klicken Sie auf *Sichern* oben rechts im Finder-Fenster. Es erscheint die Abfrage für den Speicherort, wobei der Name zunächst frei gewählt werden kann.

Die Suchabfrage muss auch nicht in die Seitenleiste:

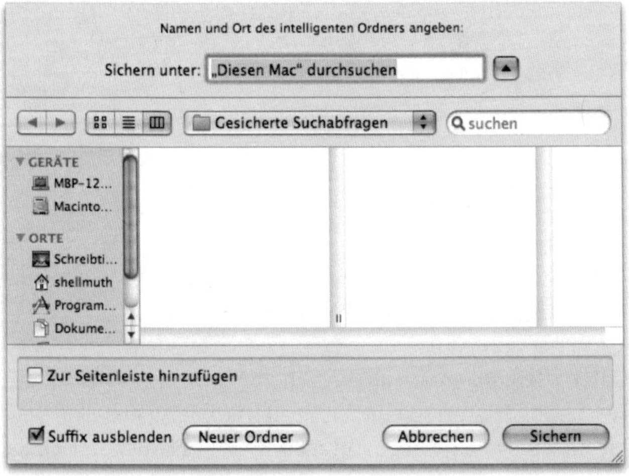

5. Den gerade erstellten intelligenten Ordner schließen Sie nun und öffnen dann folgendes Verzeichnis: */System/Library/CoreServices/Finder*

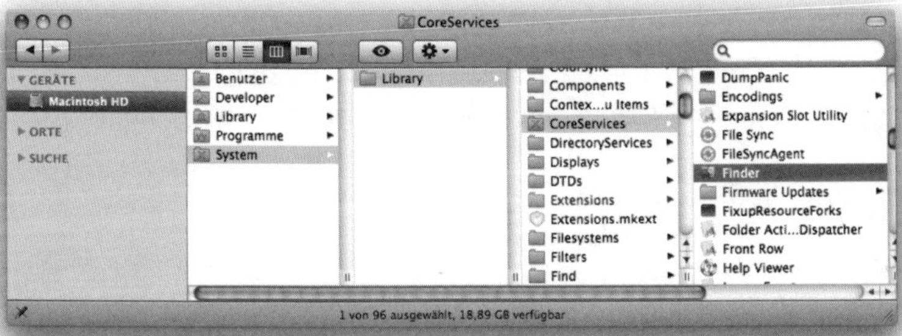

6. Mit rechter Maustaste (oder gedrückter *ctrl*-Taste) auf das Objekt *Finder* klicken.

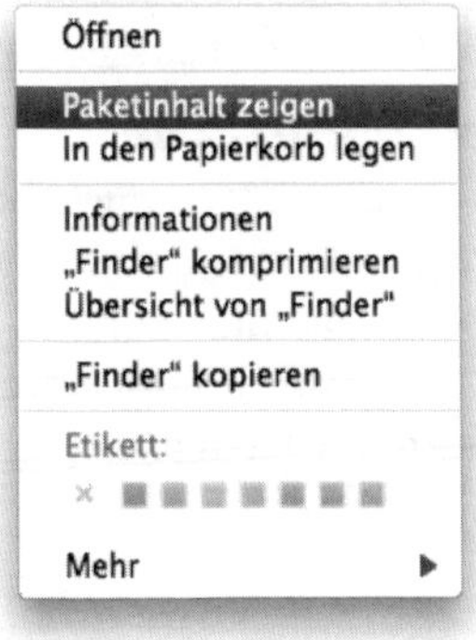

7. Öffnen Sie folgendes Verzeichnis:

8. Die Datei »default_smart.plist« ziehen Sie nun per *Drag & Drop* an einen anderen Ort, um so eine Sicherheitskopie zu erstellen. Jetzt benennen wir unsere erstellte Suchabfrage mit dem Namen der Original-Vorgabendatei um in »default_smart.plist«.

9. Diese neu erstellte Vorgabendatei speichern wir in den geöffneten Paketinhalt.

10. Der Finder muss jetzt neu gestartet werden, um die Änderungen zu aktivieren. Folgende Wege stehen neben dem Systemneustart zur Verfügung:

    - Klicken Sie mit gedrückter Tastenkombination ctrl+⌥ auf das Findersymbol im Dock.
    - Geben Sie den folgenden Befehl im Terminal ein: `killall Finder`
    - Drücken Sie Tastenkombination ⌘+⌥+esc um den Dialog für *Programme sofort beenden* zu erhalten. Dann wählen Sie den Finder aus und klicken auf den Button *Neu starten.*

Probleme mit der Spotlight-Suche

Es kann vorkommen, dass Dateien mit *Spotlight* nicht gefunden werden, obwohl sie sich eindeutig auf der Festplatte befinden. Wenn zudem beachtet wurde, dass sich die Standardsuche nicht auf das Systemverzeichnis bezieht und auch die Berechtigungen stimmen, kann eine Neuindexierung veranlasst werden, da in diesem Fall vermutlich ein Defekt am Spotlight-Index vorliegt.

Folgende Möglichkeiten können helfen, den Index wieder neu aufzubauen oder auch andere Probleme mit *Spotlight* zu beseitigen.

1. Geben Sie folgenden Befehl im Terminal ein:

   ```
   mdutil -E
   ```

   Dieser Befehl löscht den lokalen Spotlight-Index und legt ihn neu an.

2. Öffnen Sie die Systemeinstellung *Spotlight* und dort die Option *Privatsphäre.*

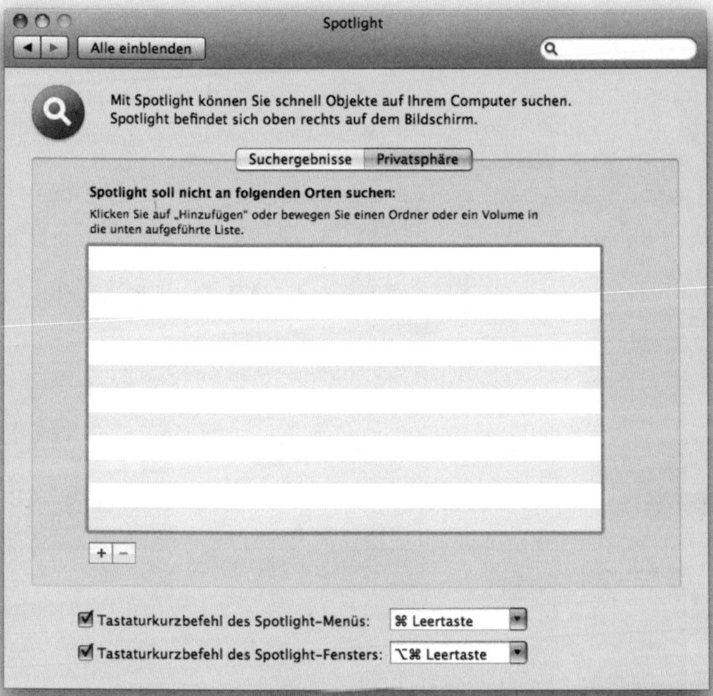

3. Klicken Sie auf das + Symbol unten links und fügen Sie das Volume hinzu, welches nicht mehr korrekt durchsucht werden kann.

4. Schließen Sie die Systemeinstellung, um sie dann erneut zu öffnen.

5. Nun markieren Sie das Volume in der Liste und entfernen es per Klick auf das Minus-Symbol.

6. Schließen Sie die Systemeinstellung.

Systempflege unter Mac OS X

Im Betriebssystem Mac OS X sorgen »Dämonen« dafür, dass regelmäßig Aufgaben zur System- und Dateipflege erledigt werden. Der Ursprung kommt – wie der Unix-Unterbau selbst – aus dem Server-Bereich. Dort sollte von Anfang an eine regelmäßige und automatische Pflege der Sytemstruktur stattfinden, um sich von unnötigem Ballast zu trennen und einen reibungslosen Betrieb zu gewährleisten. Da Server im Allgemeinen im 24 Stunden-Betrieb arbeiten, gibt es eigentlich fast immer auch definierte Zeiten, in denen kaum Arbeit verrichtet werden muss. So wurden diese Dienste zu Zeiten ausgeführt, in denen die Last relativ gering war.

Nun wird der Mac hauptsächlich als Arbeitsplatzrechner eingesetzt, der meist dann ausgeschaltet oder in den Ruhezustand versetzt wird, sobald man ihn nicht benötigt. Daher werden nicht ausgeführte Pflegejobs dann erledigt, sobald das Betriebssystem wieder läuft. Aber keine Angst, die Last dieser Tätigkeiten wird der Anwender nicht bemerken, da sich auch der Umfang in Grenzen hält und heutige Computer die Last auf mehrere Prozessorkerne verteilen.

Die Jobs werden unter OS X durch folgende XML-Dateien ausgeführt:

/System/Library/LaunchDaemons/com.apple.periodic-daily.plist
/System/Library/LaunchDaemons/com.apple.periodic-weekly.plist
/System/Library/LaunchDaemons/com.apple.periodic-monthly.plist

Wie unschwer zu erkennen, unterscheiden sich die ausführenden XML-Dateien im Namen nach den Zeiträumen, in denen sie ausgeführt werden sollen. Täglich, wöchentlich und monatlich starten diese OS X-Aufräumdienste dann jeweils.

Versteckte Cache-Verzeichnisse

In Mac OS X gibt es Ordner für Auslagerungsdateien – also Cache-Verzeichnisse und Pfade, in denen Daten zur temporären Benutzung gesichert werden – wie Sand am Meer. In jedem Library-Verzeichnis existiert ein Ordner mit Namen »Caches«, in dem sich allerhand Files befinden, die entweder von Systemdiensten oder aber von installierter Software gesichert werden.

Läuft eine Software nicht mehr rund und sind die Probleme nicht lokalisierbar, können dann unter anderem auch diese relevanten Cache-Inhalte gelöscht werden.

Tief im System, im für den Finder unsichtbaren Verzeichnis */private/var/folders/...* werden zudem Auslagerungsdateien geschrieben, die je nach Programm nicht nur zur Fehleranalyse, sondern auch auf der Suche nach Platzverschwendern gelöscht werden können. Zum Beispiel sichert iMovie temporäre Dateien in diesen Ordner, die nach Projektfertigstellung nicht mehr gebraucht und daher gelöscht werden könnten.

Sie können sich den Aufwand sparen, indem Sie z. B. mit Scripten auf Jagd nach den Speicherfressern gehen. Greifen Sie einfach auf das Programm *MainMenu* (beschrieben im Kapitel über die Softwareauswahl) zurück: In bestimmten Abständen ist mit dieser kleinen Applikation eine Systemwartung möglich, ohne unnötig viel Zeit zu verlieren. Auch *Onyx* und *Tinker Tools* sind als Supportprogramme zu gebrauchen.

Defragmentierung: Nicht auf dem Mac!

Eine oft gestellte Frage: Wer benötigt heutzutage noch Defragmentierungs-Tools? Die Antwort darauf ist kurz – auf dem Mac braucht sie keiner! Zumindest in den meisten Fällen. Die Erklärung ist da schon etwas umfangreicher, da ein komplexes Funktionsgerüst von OS X dazu führt, dass die von vielen Mac-Administratoren auch heute noch fälschlicherweise als notwendig angesehene Defragmentierung unnötig wird.

> *Fragmentierung*
> **Das ständige Speichern und Löschen von Daten auf einem Datenträger sorgt dafür, dass normalerweise Lücken in der Datenträgernutzung auftreten. Dies führt dazu, dass Dateien dann in verschiedenen Fragmenten an unterschiedlichen Orten des Datenträgers liegen. Diese müssen dann einzeln geladen und als zusammenhängende Datei verwendet werden, was bereits das Adressieren der einzelnen Fragmente durch den Datenträger-Lesekopf Zeit kostet. Das Ergebnis wäre dabei ein immer langsamer werdendes Betriebssystem, was regelmäßig defragmentiert werden müsste.**

Seit Einführung des Dateisystems *HFS* + schon mit OS X 10.2 treten beim Speichern der Daten viele Mechanismen in Kraft, die eine Fragmentierung weitestgehend vermeiden. Zum einen speichern die meisten Programme ihre Arbeitsdateien nach dem Ändern komplett neu ab, so dass die Datei zusammenhängend bleibt. Zum anderen werden jene aktuellsten 5.000 Dateien, die kleiner als 10 MB sind, automatisch in einen schnellen Bereich der Festplatte geschrieben (nur auf dem Bootvolume); so wird die Performance beschleunigt. Dieser Vorgang wird auch als *Hot-File-Adaptive-Clustering* bezeichnet.

Der Nachteil eines Defragmentierungs-Tools liegt auf der Hand. Kommt es während des Optimierungsvorgangs zu einem Systemausfall, werden möglicherweise unvollständig bewegte Daten unbrauchbar, da der Zusammenhang verloren geht.

Kein Datenverlust: Tipps im Umgang mit Time Machine

Im Kapitel »Clientmanagement« sind wir bereits ausführlich auf die Funktionsweise von *Time Machine* eingegangen. Nun wollen wir noch einige Support-Tipps geben, die mit der Arbeit von und mit *Time Machine* helfen können.

Nachfolgende Lösung richtet sich speziell an Unternehmen, die eine einfache Möglichkeit suchen, Datenverlust aufgrund von **Anwenderfehlern** zu reduzieren. Gerade im Clientmanagement mit mehreren Macs kann der Einsatz von *Time Machine* einen möglichen Aufwand für die Datenwiederherstellung vermeiden.

Wir wollen jedoch zunächst mit einem Tipp starten, der für diejenigen Unternehmen sinnvoll sein kann, die *Time Machine* nicht oder noch nicht nutzen wollen.

Time Machine: Keine Nachfrage mehr bei Festplattenanschluss

Um die lästige Nachfrage von *Time Machine* zu unterbinden, ob die soeben angeschlossene Festplatte als Backup-Medium benutzt werden soll, geben Sie einfach folgende Befehlskette im Terminal ein:

```
sudo defaults write /Library/Preferences/com.apple.
TimeMachine DoNotOfferNewDisksForBackup -bool YES
```

Mit diesem neuen Eintrag in die Voreinstellungsdatei von *Time Machine* kommt es nach einem Neustart und bei Anschluss einer externen Festplatte nicht mehr zur Frage, ob sie eben für *Time Machine* genutzt werden soll. Diese Voreinstellungsdatei kann durchaus auf alle entsprechenden Clients verteilt beziehungsweise im Systemimage integriert werden.

Aufheben lässt sich diese Ignorierung von angeschlossenen Festplatten mit dem gleichen Befehl, jedoch mit dem boolschen Wert `NO` für nein.

Clevere Time Machine – im eigenen Zeitintervall

Für den Mehrbenutzerbetrieb oder dem Managen von mehreren Clients in Sachen Datensicherheit bietet es sich auch hier wieder an, einige Standards zu etablieren. Sobald die Grundlagen für das Backup eingerichtet wurden und eine Partition zur Verfügung steht, nehmen wir für eine clevere Backup-Funktion einige Standardkonfigurationen in der »StdExclusions.plist« vor. Diese Datei kann dann entweder bereits im System-Image oder aber in der Softwareverteilung integriert werden und befindet sich in der Systemstruktur an folgender Stelle: */System/Library/CoreServices/backupd.bundle/-Contents/Resources/**StdExclusions.plist***

Sofern Sie diese Konfigurationsdatei mit einem Editor bearbeiten wollen, empfiehlt es sich aufgrund der Berechtigungseinschränkung, eine Kopie auf den Schreibtisch zu legen.

Nach dem Öffnen sind bereits auf den ersten Blick verschiedene Pfadangaben zu sehen, die bestimmte Standardausnahmen deklarieren, die von vornherein nicht vom Backupvorgang berücksichtigt werden sollen. Im unteren Bereich der Datei erscheint der Oberpunkt ***UserPathsExcluded***

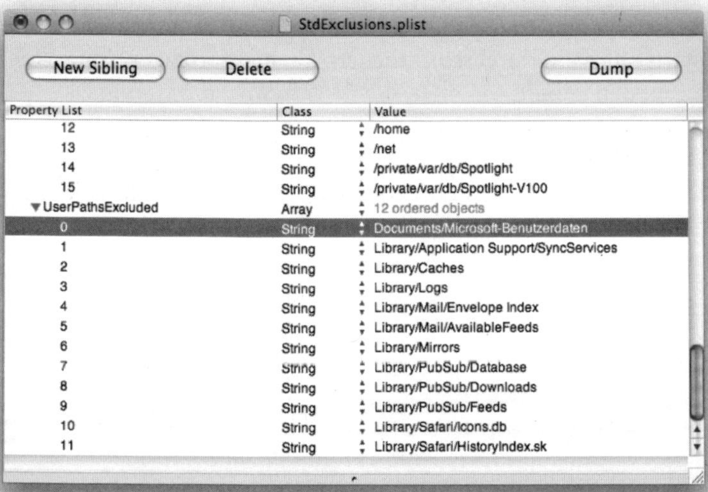

Die an dieser Stelle neu erstellten Unterpunkte wirken sich auf das Profil jedes angemeldeten Benutzers aus. So können hier – wie in der Abbildung am Beispiel des Ordners »Microsoft-Benutzerdaten« zu sehen – komplette Verzeichnisse vom Backupvorgang ausgeschlossen werden. Zudem lassen sich sogar einzelne Dateien ausschließen. Das macht natürlich nur bei Dateien Sinn, die auch in jedem Benutzerprofil an gleicher Stelle liegen, denselben Namen tragen und aufgrund ihrer Größe nicht ständig neu gesichert werden sollen. Ein Beispiel wäre – um beim Beispiel von Entourage zu bleiben – die Datei *Da-*

tenbank im zuvor genannten Verzeichnis. Somit würden die Dateien für Regeln und Signaturen weiterhin beim Backup berücksichtigt.

Nun fehlen uns noch die Vorgaben für die Regelmäßigkeit des Backups. Da wir trotz steigender Festplattengrößen auch heute noch permanent über **zu wenig Speicherplatz** klagen, sollte man das Backup **im Durchschnitt nicht öfter als zweimal am Tag** ausführen lassen. Zwar werden alte Backups überschrieben, so dass wenigstens eine gewisse Aktualität im Wiederherstellungsfall gewährleistet wird. Dennoch wird mit steigendem Datenanteil der Backupvorgang nicht nur länger, sondern die Anzahl der möglichen Backupschritte zurück in die Vergangenheit auch kürzer.

Wir haben es im Kapitel »Clientmanagement« erwähnt: Bei der Konfigurationsdatei für den Backup-Rhythmus handelt es sich um einen *Launch Daemon*, der in Form der Property List »com.apple.backupd-auto.plist« in folgendem Verzeichnis liegt: */System/Library/LaunchDaemons/*

Der Zeitintervall ist in Sekunden angegeben und sollte auf einen Tag gerechnet dafür sorgen, dass zwei Backupvorgänge ausgeführt werden können. In unserem Beispiel haben wir sieben Stunden, oder besser 25.200 Sekunden gewählt, da ein nicht ausgeführtes Backup beim nächsten Login automatisch startet und ein durchschnittlicher Arbeitstag inklusive Pause mehr als sieben Stunden dauert.

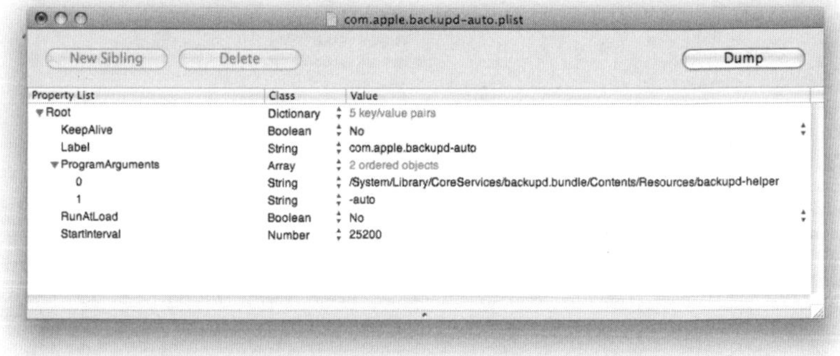

Time Machine-Partition: »Was ich nicht weiss, ...«

Mit einem Zusatz wollen wir die Konfiguration von *Time Machine* auf Arbeitsplatzrechnern abschließen. Wenn es sich bei den Macs um Einzelplatzsysteme handelt, ist das Verstecken der Backup-Partition nicht unbedingt relevant. Das ändert sich jedoch, wenn mehrere Personen an diesem Rechner arbeiten. Je nach Struktur hat jeder Mitarbeiter einen eigenen Login und ist somit auch darauf bedacht, seine Daten vor Missbrauch oder fahrlässigem Umgang zu schützen. Wir sollten also dafür sorgen, dass auch das Backup nicht für fremde oder unbefugte Personen zugänglich ist und die Partition zumindest sichtbar schützen, da selbst erstellte Ordner im Profilverzeichnis – wie bereits erläutert – standardmäßig für jeden verfügbar sind.

Sofern *FileVault* aktiviert ist, wird das verschlüsselte Image auf das Backup-Medium geschrieben. An dieser Stelle muss also kein weiterer Zugriffs-Schutz eingerichtet werden. *Time Machine*-Backups in verschlüsselten Images sind auch noch nicht vorgesehen, obwohl es Anleitungen im Internet gibt, wie man es dennoch hinbekommt.

Für den Normalfall – da die Profilberechtigungen beibehalten werden –, ist es daher die einfachste Lösung, die Partition erst gar nicht auf dem Finder anzuzeigen, auch wenn man in der Fensterleiste unter Geräte dennoch Zugriff darauf hat. Mit dem Attribut `hidden` und dem Befehl `chflags` ist dies schnell umgesetzt:

1. Öffnen Sie das Terminal.
2. Wechseln Sie in das Verzeichnis »Volume«: *cd/Volume/*

3. Geben Sie folgenden Befehl ein (ggf. mit *root*-Berechtigung):

   ```
   chflags hidden <Backup>
   ```
   (<Backup> steht für den Namen der jeweiligen Backup-Partition)

4. Die Änderung im Finder ist erst nach Neustart des Finders aktiv:

   ```
   killall Finder
   ```

Selbstverständlich kann auch der Mac anstelle des Finders neu gestartet werden. Achten Sie bei dem Befehl `killall` auf die Groß-/Kleinschreibung des dahinter stehenden Programms oder Dienstes.

Fehlerbehebung bei Time Machine

Time Machine bleibt beim Backupvorgang hängen

Es kann »dann und wann« vorkommen, dass *Time Machine* hängen bleibt; oder es scheint zumindest, als würde der Dienst hängen. In diesem Fall erscheint vielleicht noch das Fenster mit dem Kopiervorgang oder dem Vorbereiten des Backups. Das Backup selbst wird jedoch nicht geschrieben.

Da es sich um einen Dämon handelt, der beim Systemstart mitgestartet wird, kann er über die Aktivitätsanzeige oder im Terminal gestoppt werden. Der Name dieses Dämons lautet backupd

Nachdem der Dienst beendet wurde, wird er erst zum nächstgeplanten Zeitpunkt wieder aktiviert.

Jedoch sollte im »system.log« in der Konsole schon nachgeschaut werden, welche Fehlermeldungen für den Prozess backupd zu finden sind. Dazu können Sie einfach das Programm *Konsole* im Ordner »Dienstprogramme« öffnen. Falls die linke Spalte mit den Protokollverweisen nicht gezeigt wird, muss noch der Punkt *Protokollliste einblenden* angeklickt werden. Unter dem Punkt *Protokolldateien* erscheint das »system.log«. Wenn Sie jetzt im Suchfenster den Namen des Dienstes – in unserem Fall also backupd – eingeben, wird das Logfile entsprechend gefiltert. In den meisten Fällen lässt sich so schnell klären, warum der Kopiervorgang gestoppt wurde.

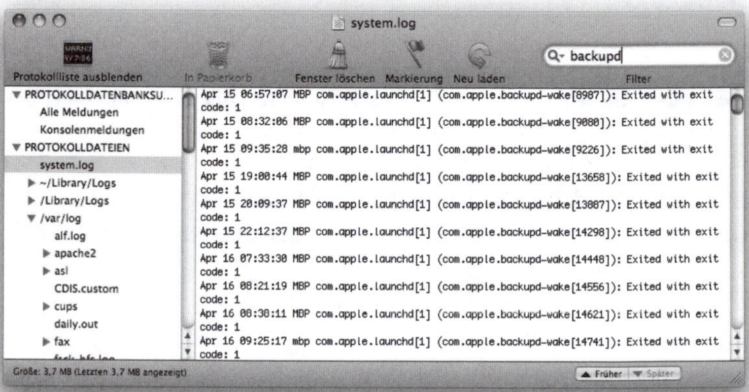

Generell sollte auch darauf geachtet werden, dass das Backup-Medium selbst und die Berechtigungen nicht verändert werden. *Time Machine* überprüft die im Backup-Verzeichnis erstellten Verzeichnisse und stoppt mit einer Fehlermeldung, sollten die Berechtigungen nicht mehr stimmen.

Datenrettung auf dem Mac

Defekte Festplatten, unachtsame Anwender, Fehler beim Support und von den Anwendungen selbst können Ursache für Datenverlust von Computern sein. Wenn eine solche Situation entsteht, ist der betroffene Anwender in der Regel ziemlich hilflos und gestresst. Das, was er eigentlich hätte im Vorfeld beachten müssen – nämlich Backups der wichtigsten Daten zu erstellen – wird zur Nebensache. Die Schuld wird allein auf die Technik und manchmal auch auf den Supporter geschoben. Leider hilft einem das in diesem Augenblick nicht weiter.

Die Hoffnung liegt gänzlich bei dem Systemadministrator, der mit »heilenden Zauberhänden« alle verschwundenen Daten wiederherstellen soll. Schnell ist vergessen, wie es dazu kam.

Datenbackup ist gut und schön, zumindest wenn man auch daran gedacht hat, aktuelle Sicherungen durchzuführen oder – wie in diesem Buch angeführt – mit Bordmitteln stets aktuelle Kopien der Daten zu erstellen. Aber auch wenn Ihr Anwender Sicherheitskopien erstellt hat, können dennoch ungünstige Umstände dazu führen, dass gerade die aktuellen Daten nach einem Problem mit dem Datenträger fehlen.

Die Gründe, die zu einem Datenverlust führen können, sind natürlich auf allen Systemen die Gleichen. Defekte Sektoren fallen meist erst auf, wenn auf sie zugegriffen werden soll. Von Software, die den Datenteil auf defekten Festplatten so weit verschiebt, dass man keine Notiz von kaputten Sektoren nimmt, ist generell abzuraten. Festplatten gehören mittlerweile zu den günstigeren Komponenten am EDV-System, die aber anscheinend nur bezüglich ihrer Größe vom technischen Fortschritt profitieren können. Alle wichtigen Dokumente liegen auf diesem Datenträger, der jeder Zeit aus einem der angesprochenen Ursachen zum Datengrab werden kann.

Technische Probleme – der rettende Gang zum Profi

Vom ersten Moment an – also sobald es Hinweise gibt, dass die Festplatte ihren Dienst nicht mehr so tut, wie man es erwartet – sollte man sie überprüfen und gegebenenfalls austauschen. Wenn sie sich überhaupt nicht mehr regt, sieht die Welt schon anders aus. Solange man die Festplatte noch hören kann, existiert eine Chance, die Daten zu retten. Ist jedoch die Elektronik defekt und hat man nicht »zufällig eine Festplatte mit identischen Bauteilen« bei der Hand, ist auch ein Platinentausch leider nicht in Erwägung zu ziehen.

Für den Fall, dass nichts mehr geht, die Daten jedoch für äußerst wichtig angesehen werden, bleibt wohl nur noch der Weg zum Profi. *Ibas, Convar, Kroll Ontrack* oder *Headcrash* sind einige der führenden Unternehmen für die professionelle Datenwiederherstellung.

Festplatten oder sonstige Datenträger werden in speziell vorbereiteten, luftreinen Daten-Schutzräumen soweit wie nötig geöffnet und Bit für Bit überprüft. Dass so eine Wiederherstellung ihren Preis hat, ist selbstredend. Aber wenn kein Backup der Daten vorhanden ist, ist dies in wichtigen Fällen oftmals die letzte Chance.

Aus der Praxis: Datenrettung per Selbsthilfe

Für den Selbstversuch, um verlorene Daten unter Mac OS X wiederherzustellen, gelten natürlich die gleichen Empfehlungen wie für alle anderen Betriebssysteme auch. Das Produkt der Wahl sollte nicht nur **aktuell**, sondern auch **speziell für den gewünschten Einsatz definiert** sein. Mit einer älteren Version kann schnell ein noch größerer Schaden entstehen, bei dem womöglich nicht einmal mehr einer der soeben genannten Profis helfen kann.

Hersteller von Datenrettungs-Software für den Mac gibt es einige; sie verfolgen dabei unterschiedliche Strategien. Dabei bieten fast alle Hersteller von diesen Software-Tools auch startfähige DVDs oder CDs an, mit denen der Wiederherstellungsversuch mit einem Mac gestartet werden kann.

Einfache Bordmittel sollten aber zunächst immer den Anfang darstellen. Mit System-DVD oder einer anderen externen Startmöglichkeit gestartet, ist zur Überprüfung der Datenstruktur der erste Schritt das *Festplatten-Dienstprogramm.* Aber auch hier gilt: Je stärker der Datenträger nach dem Vorfall benutzt wird, desto geringer die Wahrscheinlichkeit einer erfolgreichen Datenrettung.

Auch in diesem Abschnitt möchten wir einige Tipps geben, welche Tools für die Beseitigung von logischen Fehlern in der Datenstruktur oder zum Wiederherstellen von Daten auf defekten Datenträgern für den Mac zu empfehlen sind. Die ausgewählten Produkte beruhen auf persönlichen Erfahrungen, die natürlich bei unterschiedlichen Anforderungen zu abweichenden Ergebnissen führen können.

Tools für die Datenrettung

Data Rescue II

Data Rescue II von *Prosoft engineering* gehört zu den im Mac-Bereich führenden Tools für die Datenwiederherstellung. Ob die Daten nun durch den Anwender gelöscht wurden oder ob sie durch einen Hardwaredefekt nicht mehr lesbar sind – *Data Rescue II* macht sich an die Arbeit.

Die Software bietet verschiedene Suchmethoden und erkennt alle Datenformate auf dem Mac. Werden Daten gefunden, können sie einzeln oder zusammen markiert und wiederhergestellt werden – jedoch immer als Originalpfad.

Es gibt andere und funktionsreichere Tools in diesem Bereich, jedoch hat *Data Rescue II* noch immer einen guten Stand, da die Suchmethoden auch in schwierigen Fällen Erfolg haben.

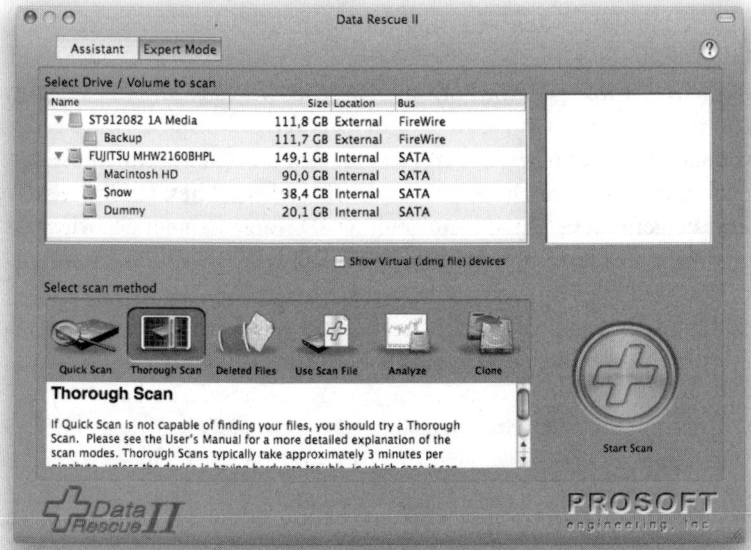

R-Studio

Einen sehr großen Funktionsumfang bietet die Recovery-Software *R-Studio.* Gefundene Dokumente können mit der integrierten Vorschau vor der Wiederherstellung angezeigt und sogar von mittlerweile veränderten Partitionen wiederhergestellt werden.

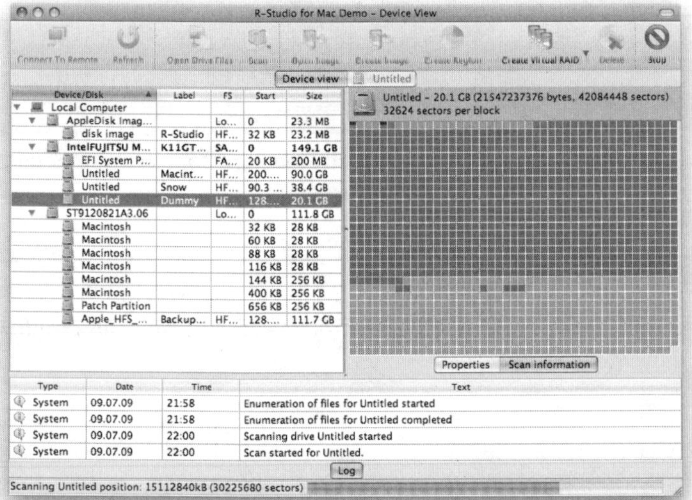

Auch *R-Studio* sucht auf einem defekten Datenträger weiter und lässt sich von defekten Sektoren nicht davon abbringen. Ein Wermutstropfen ist die zum Teil etwas umständliche Bedienung. Diese trübt aber nicht das professionelle Ergebnis auf den verschiedenen Festplattenformaten, die *R-Studio* lesen kann.

DiskWarrior

DiskWarrior ist weniger eine Software zur Wiederherstellung von verlorenen Daten, sondern eher für die Reparatur von Verzeichnisproblemen gedacht. Dass daran auch verlorene Daten hängen können, erklärt sich von selbst. In der Art und Weise, wie *DiskWarrior* arbeitet, geht es einen besonderen Weg, indem die gefundene Verzeichnisstruktur als Kopie neu erstellt wird. Diese Kopie wird dann für die Suche und Bearbeitung der Ergebnisse benutzt.

Die Oberfläche von *DiskWarrior* ist intuitiv gestaltet, wobei es aber nicht den Funktionsumfang bietet wie zum Beispiel *R-Studio.*

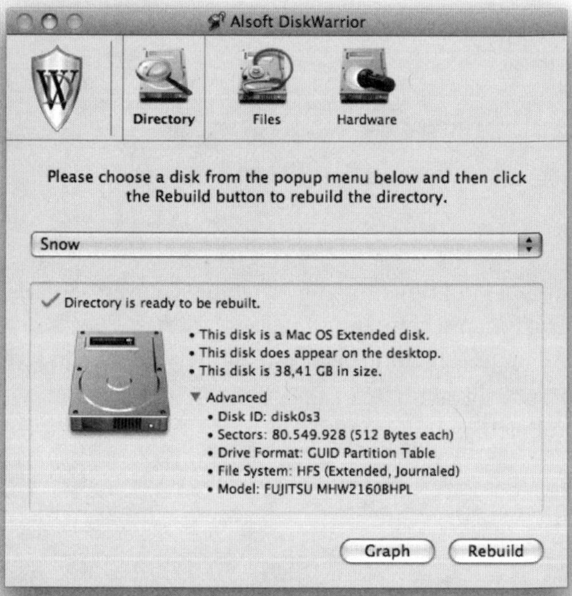

FileSalvage

FileSalvage gehört ebenfalls zu den effektiven Datenrettern. Die Liste der bekannten Datenformate ist lang, die Bedienung der Software einfach und das Ergebnis im Suchen von verlorenen Daten beeindruckend.

Auch *FileSalvage* hat eine Vorschaufunktion – was jedoch auch schnell nervig werden kann, da bei jedem Klick auf eine zu öffnende Datei eben dieses Preview-Programm gestartet wird.

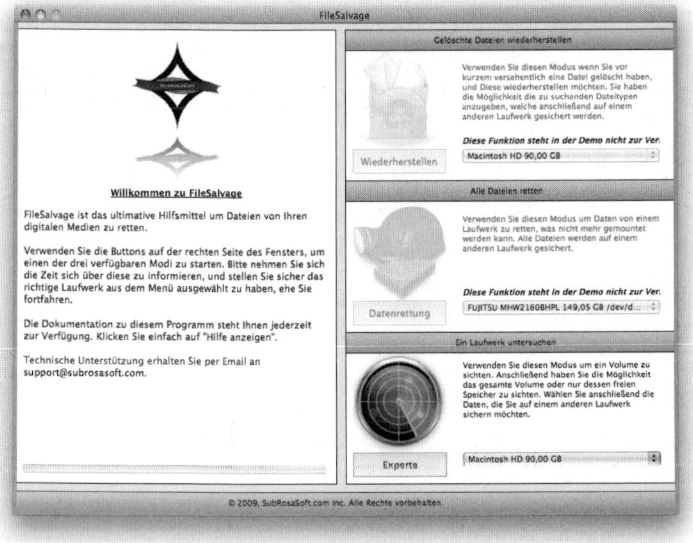

Soweit soll unser Rundum-Blick hierzu genügen. Im kommenden Kapitel beschäftigen wir uns damit, wie das Terminal »tickt« und wie Sie dies mit den richtigen Befehlen im Griff haben.

Beispielhaft: Im Terminal von A bis Z

7

- **Grundlagen und Befehle im Terminal**
- **Gut zu wissen bei der Befehlseingabe**

Grundlagen und Befehle im Terminal

Nützliche Befehle und Werkzeuge im Terminal sind für jeden Administrator das *A & O*. Auf den kommenden Seiten geben wir hierzu einen hilfreichen Überblick und »garnieren« ihn mit einigen Beispielen aus der Praxis. So bekommen Sie als künftiger Mac & Windows-Administrator eine noch bessere Orientierung innerhalb des Betriebssystems und steigen noch besser in die Befehlsebene im Terminal ein.

Jedes Terminal-Programm und jeder Befehl – von denen es mehrere hundert gibt – lässt sich mit Parametern oder Optionen steuern und konfigurieren. Generell können Sie sich im Terminal zu den Befehlen und Umgebungstools jeweils die Anleitung anzeigen lassen, deren Erläuterungen wesentlich ausführlicher sind. Dafür geben sie vor dem Befehl einfach `man` für »Manual« ein:

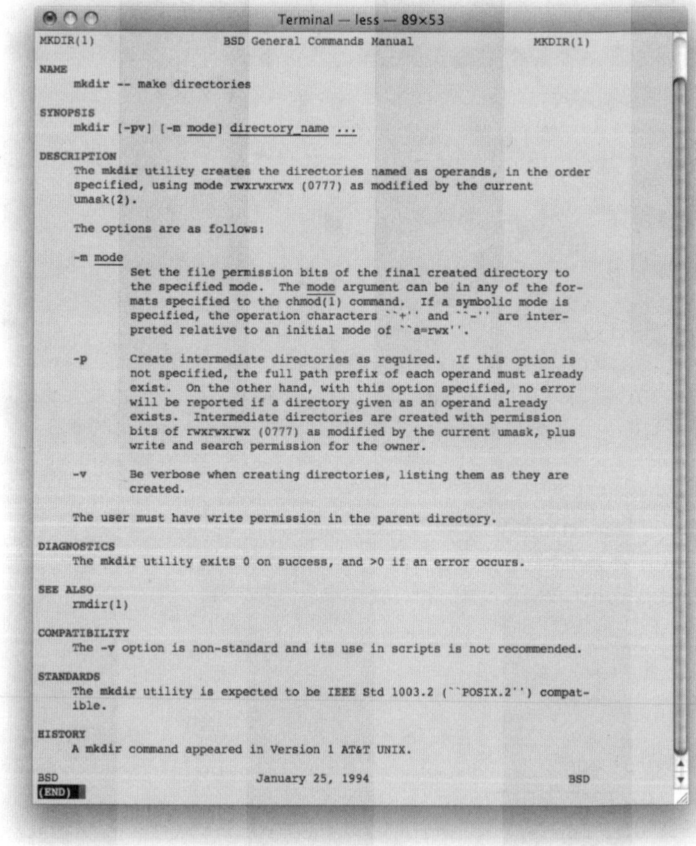

```
Terminal — less — 89×53
MKDIR(1)                  BSD General Commands Manual                  MKDIR(1)

NAME
     mkdir -- make directories

SYNOPSIS
     mkdir [-pv] [-m mode] directory_name ...

DESCRIPTION
     The mkdir utility creates the directories named as operands, in the order
     specified, using mode rwxrwxrwx (0777) as modified by the current
     umask(2).

     The options are as follows:

     -m mode
             Set the file permission bits of the final created directory to
             the specified mode.  The mode argument can be in any of the for-
             mats specified to the chmod(1) command.  If a symbolic mode is
             specified, the operation characters ``+'' and ``-'' are inter-
             preted relative to an initial mode of ``a=rwx''.

     -p      Create intermediate directories as required.  If this option is
             not specified, the full path prefix of each operand must already
             exist.  On the other hand, with this option specified, no error
             will be reported if a directory given as an operand already
             exists.  Intermediate directories are created with permission
             bits of rwxrwxrwx (0777) as modified by the current umask, plus
             write and search permission for the owner.

     -v      Be verbose when creating directories, listing them as they are
             created.

     The user must have write permission in the parent directory.

DIAGNOSTICS
     The mkdir utility exits 0 on success, and >0 if an error occurs.

SEE ALSO
     rmdir(1)

COMPATIBILITY
     The -v option is non-standard and its use in scripts is not recommended.

STANDARDS
     The mkdir utility is expected to be IEEE Std 1003.2 (``POSIX.2'') compat-
     ible.

HISTORY
     A mkdir command appeared in Version 1 AT&T UNIX.

BSD                            January 25, 1994                            BSD
(END)
```

Einige der Befehle sind *Shell-Builtin*-Befehle (einsehbar bei `man builtin`). Die zugehörige inhaltliche Unterstützung kann mit der *help*-Page durch Angabe von `help <Befehl>` aufgerufen werden.

Dieses Kapitel rundet das Buch insgesamt ab – dabei sollen die folgenden Seiten durchaus als Nachschlagewerk für den täglichen Gebrauch dienen.

Gut zu wissen bei der Befehlseingabe

Wie bereits beschrieben, gibt es mehrere hundert Befehls-Möglichkeiten. Einige Zeichen und Optionen werden Ihnen aber immer wieder begegnen – daher geben wir Ihnen hier vorab ein »Grundgerüst«, das Ihnen auch die nachfolgende Lektüre erleichtert.

	nützliche Zeichen und Optionen im Rahmen der Befehlseingabe
-R	führt einen Befehl **rekursiv** für alle enthaltenen Ordnerobjekte aus
-f	bedeutet **force**, Fehler im Ablauf werden nicht gezeigt bzw. kritisches Nachfragen bleibt aus
-v	führt einen Befehl im **Verbose**-Mode aus und zeigt jeden Arbeitsschritt
~	gibt in der **Pfadangabe** das Heimprofil des eingeloggten Benutzers an
/	das Zeichen für den **Anfang** ausgehend vom *root*-Verzeichnis
*	zur **Ergänzung** von Buchstaben oder ganzen Objektnamen
;	mit dem Semikolon lassen sich **Einzelbefehle trennen**
|	**Pipe** wird zur Übergabe des letzten Ergebnis zum nächsten Befehl genutzt

A

alias

Mit diesem Befehl können komplexe Befehle, die häufiger verwendet werden, bis zum nächsten Logout beziehungsweise bis zum Schließen des Terminalfensters mit einem kürzeren Alias-Befehl belegt werden.

Praxis-Beispiel

`alias ll='ls -AlhFT'`

der eigentliche Befehl in Hochkomma kann nun mit der verkürzten Eingabe von `ll` ausgeführt werden

B

bzip2, bzcat oder bzmore (bzgrep/bunzip2)

Mit `bzip2` und `bunzip2` stehen Funktionen zur verlustfreien Komprimierung in Blockweise beziehungsweise zur Dekomprimierung von Dateien zur Verfügung (zum Beispiel effektiv bei Textdateien). Es wurde von Julian Seward entwickelt.

`Bzcat` ist ein Tool zum (seitenweisen) Lesen (Durchsuchen / Erzeugen / Dekomprimieren) von `bz2`-komprimierten Dateien, z. B. diversen Log-Dateien in Mac OS X.

Praxis-Beispiele

`bzip2 Testdatei.doc`

die Datei *Testdatei* wird mit `bzip2` komprimiert

`bunzip2 Testdatei.doc.bz2`

die zuvor komprimierte Datei wird dekomprimiert

C

cat

Für die einfache Ausgabe von Textinhalten – ohne einen Editor öffnen zu müssen – kann `cat` verwendet werden. Mit `cat` können Inhalte von Textdateien auf dem Bildschirm oder beispielsweise in andere Ausgabedateien ausgegeben werden.

cd – change directory

Mit `cd` wechseln Sie zwischen den Verzeichnissen. Folgende Beispiele können nur einen kleinen Einblick geben, wobei Sie unter anderem folgende Parameter nutzen können:

Praxis-Beispiele

`cd /`

zur *root*-Ebene wechseln

`cd ~/Desktop/`

wechselt zum Ordner »Schreibtisch« des eingeloggten Benutzers

`cd ..`

eine Ebene zurück wechseln

`cd /Users/horst/`

wechselt in das Verzeichnis »horst« im Benutzerordner

chflags – change flags

Mit `chflags` können Sie unter anderem File-Attribute wie `hidden` (unsichtbar in der GUI) oder `ouchg` (geschützt vor Änderungen) setzen. Mit dem Zusatz `no` wird die Wirkung aufgehoben. Und wie bei den meisten anderen

Befehlen führt die Option `-R` den Befehl rekursiv über den gesamten Verzeichnisinhalt aus.

Praxis-Beispiele

`chflags hidden testdatei.txt`
testdatei.txt wird im Finder unsichtbar

`chflags nohidden testdatei.txt`
testdatei.txt wird im Finder wieder sichtbar

`chflags -R nouchg Testordner`
alle im *Testordner* enthaltenen Dateien werden »entschützt«

chmod – change mode

Mit dem Befehl `chmod` werden die Zugriffsattribute für Dateien oder Ordner festgelegt. Dazu zählen die reinen Benutzer- und Gruppenrechte, aber auch verschiedene Flags, die unter Unix bestimmte Ausführungsmodi steuern. Mit der Option `-R` werden alle enthaltenen Objekte eines Ordners rekursiv berechtigt. Hinter dem Befehl – ggf. hinter der Option – werden die Parameter für die Berechtigungen gesetzt.

Praxis-Beispiele

`chmod 755 Testdatei`
setzt die Zugriffsberechtigung 755 für die *Testdatei*

`chmod -R 755 Test`
setzt die Zugriffsberechtigung 755 für den Ordner *Test* und alle enthaltenen Objekte

`chmod 1777 Test`
setzt neben der Berechtigung 777 das Sticky Bit für den Ordner *Test*

`chmod +t Test`
setzt nur zuzüglich das Sticky Bit für den Ordner *Test*

chown – change owner

Der Befehl `chown` ändert die Eigentümerrechte von Dateien und Ordner. Mit der Option `-R` werden alle enthaltenen Objekte eines Ordners rekursiv berechtigt.

Praxis-Beispiele

`chown frida:admin testdatei`

der Benutzer *frida* wird Eigentümer der Datei *testdatei*, die Gruppe wird auf *admin* gesetzt

`chown -R frida:admin Test`

die Eigentümerrechte für den Ordner *Test* werden für *frida* und *admin* und alle darin enthaltenen Objekte vorgenommen

`chown frida /Users/Shared/Test`

ändert den Ordner-Eigentümer vom Verzeichnis *Test* auf *frida*

chrgp – change group

Der Befehl `chgrp` ändert die Gruppenzugehörigkeit von Dateien und Ordnern durch Eingabe des Gruppennamen oder der Gruppen ID.

Praxis-Beispiel

`chgrp -R admin /Users/horst/Test`

setzt die Gruppe für den Ordner Test auf *admin*

clear – clear the terminal screen

Mit `clear` wird der Inhalt des Terminals nicht wirklich gelöscht, sondern vielmehr nach oben geschoben, so dass das sichtbare Fenster leer wird.

cp – copy

Dateien oder Ordner können mit dem Befehl `cp` kopiert werden. Für Ordner muss hinter dem Befehl und vor der Pfadangabe die Option `-R` gesetzt werden.

Praxis-Beispiele

`cp Testdatei Test`

kopiert die *Testdatei* in den Ordner »Test«

`cp -R Test Test2`

kopiert den Ordner »Test« in den Ordner »Test2«

D

date

Eine schnelle Möglichkeit, um im Terminal oder im Verlauf eines Scripts das aktuelle Datum und die aktuelle Zeit auszugeben. Am Ende der Zeile wird die aktive Zeitzone genannt. Bei den Ausgabezeichen unterscheidet man > für die einmalige Ausgabe in eine Datei, die eine bestehende überschreibt, und >> für die fortlaufende Ausgabe in eine bestehende Datei.

Praxis-Beispiele

`date`

gibt Datum und Zeit aus

`date >> ~/Documents/log.txt`

schreibt bei jeder Ausführung fortlaufend Datum und Zeit in die Datei *log.txt*

diff – differ

Überprüft Textdateien Zeile für Zeile und gibt die Unterschiede aus, sofern welche vorhanden sind. Mit einigen Parametern kann der Vergleich eingeschränkt werden.

Praxis-Beispiel

`diff Testdatei1.rtf Testdatei2.rtf`

vergleicht die beiden genannten Dateien

ditto

Mit `ditto` lassen sich komplette Verzeichnisstrukturen rekursiv kopieren und abgleichen. Außerdem können Archive auf Unix-Ebene erstellt und extrahiert werden.

In der default-Einstellung werden auch Flags und ACLs mit kopiert. Ein weiterer Unterschied zum Befehl `cp -R` ist, dass `ditto` ohne Nachfrage überschreibt, was eventuell am Zielort bereits vorhanden ist.

Praxis-Beispiel

`ditto ~/Desktop/Test/ ~/Documents/Test`

kopiert das Verzeichnis *Test* in den Ordner »Dokumente« im Benutzerprofil; falls es nicht existiert, wird es erstellt.

diskutil - disk utility

Dieser Befehl wird zur Überprüfung, Reparatur und Modifizierung lokaler Festplatten genutzt.

Praxis-Beispiele

`diskutil info /`

gibt ausführliche Information zur lokalen Festplatte an

`diskutil verifyPermissions /`
überprüft die Zugriffsrechte auf der lokalen Festplatte

`diskutil repairPermissions /`
repariert die Zugriffsrechte auf der lokalen Festplatte

`diskutil zeroDisk <Volume>`
löscht das Volume und überschreibt es mit Nullen

drutil – drive utility

Mit drutil lässt sich per Terminal auf den CD-/DVD-Brenner zugreifen und ihn entsprechend benutzen.

Praxis-Beispiele

`drutil info`
zeigt Infos zu den angeschlossenen Geräten an

`drutil -device internal burn -eject -speed 16 ~/Desktop/Tools`
brennt den Ordner »Tools« mit den angegebenen Parametern auf das interne Laufwerk; danach wird die CD/DVD ausgeworfen.

dscacheutil – directory system utility

Ein Befehl zum Managen des Verzeichnis-Caches.

Praxis-Beispiele

`dscacheutil -cachedump -entries Host`
zeigt die besuchten Websites des lokalen Rechners, trotz manuellem Löschens des Cache oder Aktivierung von *Privates Surfen,* an.

`dscacheutil -flushcache`
leert den versteckten Cache

E

echo

Mit dem Befehl echo kann eine beliebige Syntax oder Variable auf dem Bildschirm, in eine Datei oder auf dem Drucker ausgegeben werden.

Praxis-Beispiel

`echo $USER`
gibt den aktiven User aus

emacs

Mit *emacs* und der Angabe eines Dateinamen wird der Texteditor *emacs* gestartet. Es handelt sich um einen in ähnlicher Weise mächtigen Editor wie *vim*. Er ist etwas einfacher zu bedienen, hat aber wesentlich mehr Komplexität als beispielsweise *nano (pico)*.

env – environment

`Env` ist ein Tool, das zum Anzeigen und zur Konfiguration der Terminal-Umgebung benutzt wird. Durch einfache Eingabe des Befehls `env` werden die aktuellen Einstellungen angezeigt.

F

find

Der Suchbefehl schlechthin: `find` lässt sich mit diversen Parametern und anderen Befehlen kombinieren, so dass sehr komplexe Suchen ausgeführt werden können. Alle Parameter zur erweiterten Suche erfahren Sie auch für diesen Befehl durch Eingabe von `man find` im Terminal.

Da `find` relativ häufig Anwendung finden wird, haben wir einmal ein paar ausführlichere Beispiele aufgezeigt. Es soll nur verdeutlichen, dass sich bestimmte Aktionen im Terminal auf äußerst komfortable Weise erledigen lassen. Im Finder müssten Sie hier entweder mehrere Schritte ausführen oder die Tools *Automator* und *AppleScript* zu Hilfe nehmen.

Praxis-Beispiele

```
find /Users/horst/ -name "?est*" - print
```

sucht im User-Verzeichnis von *horst* alle Objekte mit dem Namen *?est**, wobei das Symbol `?` für einen beliebigen Buchstaben und das Symbol `*` für eine beliebige Zeichenfolge steht, `print` zeigt das Ergebnis an

```
find /Volumes/Extern/ -type f -name '*.tiff' -exec cp {}
~/Pictures/ \;
```

diese Befehlskette sucht auf »Extern« nach dem Dateityp *File* und Endung *tiff*, um die Ergebnisse dann in das lokale Bilderverzeichnis zu kopieren.

```
find /Users/horst/ -type f -name '*Fnt*.lst*' -exec ls -l {} \
```

hiermit wird im User-Verzeichnis von *horst* nach allen Font-Cache-Dateien gesucht, danach werden diese aufgelistet

```
find /Users/horst/ -type f -name '*Fnt*.lst*' -delete
```

hier wird das obige Suchergebnis gelöscht

fsck – filesystem consistency check and interactive repair

Der Überprüfungs- und Reparaturdienst für die Behebung von Festplattenproblemen wird in der Regel nur angewandt, wenn die typischen Auffälligkeiten auftreten. Abstürze oder lange Boot-Zeiten können ebenso der Auslöser für die Zuhilfenahme von `fsck` sein wie permanente Fehlermeldungen, die nicht anderweitig zugeordnet werden können.

Praxis-Beispiele

`fsck -y`
überprüft die Festplatte und bestätigt alle auftretenden Anfragen mit *yes*

`fsck -n`
siehe oben, jedoch wird ein *no* gesendet

`fsck -q`
die Option bedeutet *quick* und wird benutzt, wenn zum Beispiel ein Volume nicht ordentlich getrennt wurde

G

grep – global / regular expression / print

Grep wird benutzt, um Inhalte von Dateien nach bestimmten Werten zu durchsuchen und das Ergebnis auszugeben oder entsprechend weiter zu verarbeiten. Es handelt sich um ein äußerst hilfreiches Tool, das mit diversen Befehlen kombiniert werden kann. Oft wird mit dem Symbol | `(pipe)` gearbeitet, um zuvor erfasste Daten mit *grep* weiter zu bearbeiten. Da *grep* case-sensitive arbeitet, kann die Option `-i` zum Unterdrücken genutzt werden.

Praxis-Beispiele

`grep 'Apple' Testdokument.txt`
sucht nach dem Wort »Apple« (case-sensitive) im Dokument *Testdokument.txt*

`grep -i 'apple' ~/Desktop/*`
sucht nach dem Wort »apple« (ohne Beachtung auf Groß-/Kleinschreibung) in allen Dateien auf dem Schreibtisch des aktiven Benutzerprofils und zeigt die zutreffenden Dateien mit den Einträgen an

`grep -i -E -n 'test1|test2' test.txt`
sucht nach den Suchbegriffen *test1* und *test2* in der Datei *test.txt* und gibt das Ergebnis mit Angabe der Zeilennummer an

getcwd – get or copy working directory

Dieser Befehl oder auch einfach `getwd` kopiert den logischen Pfad des Arbeitsverzeichnisses und speichert ihn zur Weiterverarbeitung ab. Er wird hauptsächlich im Rahmen der Scripterstellung benutzt.

H

help

Mit `help` kann die Hilfe zu den so genannten *BSD-builtins* angezeigt werden. *Builtins* sind Shell-Befehle, die innerhalb der laufenden Terminalumgebung benutzt werden können. Einige der hier aufgezählten Befehle gehören zu den *builtins* (`echo`, `kill`, `login`, `nohup` etc.).

Praxis-Beispiele

`help help`
zeigt die Hilfe zur Hilfe an

`help pwd`
zeigt eine kurze Info zum Befehl `pwd` an

I

ipconfig

Mit `ipconfig` kann die IP-Konfiguration angezeigt und kontrolliert werden. Zur Analyse von eingehenden Datenpaketen wird `ipconfig` am häufigsten genutzt.

Praxis-Beispiele

`ipconfig getpacket en0`
sofern eine IP-Adresse vom DHCP-Server vergeben wurde und dieser aktiv ist, zeigt der Befehl das von ihm erhaltene Datenpaket an

`ipconfig getoption en0 domain_name_server`
zeigt die IP-Adresse des DNS an

ifconfig

Mit `ifconfig` lassen sich Netzwerkparameter verschiedener Interfaces anzeigen und ändern.

Praxis-Beispiele

`ifconfig`

zeigt alle wichtigen Netzwerkparameter aller Interfaces an

`ifconfig en0`

zeigt alle wichtigen Netzwerkparameter des Anschlusses `en0` an

J

jot

Der Befehl `jot` listet eine Zahlenfolge nach vorgegebenen Kriterien auf. Genutzt werden kann er für Scripte, um gerade Zufallszahlen generieren zu lassen. Die Option `-r` steht für *random* und wird für die zufällige Bestimmung benutzt.

Praxis-Beispiele

`jot 20 1 100`

listet 20 Zahlen von 1 bis 100 auf

`jot -r 20 1 20`

listet 20 Zahlen von 1 bis 20 in zufälliger Reihenfolge auf

K

kill oder killall

Wie der Name vermuten lässt, geht es beim Befehl `kill` um das Vernichten. Mit `kill` können Prozesse gestoppt werden, indem man sie mit Hilfe ihrer ID oder anhand des Prozessnamens identifiziert und dann »abschiesst«.

Der Befehl `killall` kann für das Beenden von Prozessen benutzt werden, in dem man die Prozesse in Verbindung mit der Option `-c` mit Hilfe ihres Namens adressiert. Prozesse lassen sich auch User-spezifisch und mit Hilfe von Steuersignalen kontrolliert beenden.

Praxis-Beispiele

`kill 766`

beendet den Prozess mit der Prozess ID (PID) 766

`killall -c iTunes`

beendet den Prozess mit Namen *iTunes*

L

launchctl – launch control

Der Hauptprozess innerhalb des Mac OS X ist der `launchd` / *Launch Daemon.* Er ist verantwortlich für alle Dienste, die während oder nach dem Systemstart geladen werden müssen. Kontrollieren kann man diese einzelnen Systemdienste mit Hilfe des Tools `launchctl`. Auch für diesen Befehl gibt es eine Reihe von Optionen, mit denen gearbeitet werden kann. Durch Eingabe von `launchctl` ohne Parameter startet man den Editor.

Praxis-Beispiele

`launchctl list`
listet alle Jobs von `launchd` auf

`launchctl load my.daemon.plist`
lädt den Dienst `my.daemon.plist`

login – log in

`login` ist eigentlich selbsterklärend und für die Anmeldung unter anderem Benutzer notwendig. Befehle können mit `sudo` unter anderem Benutzer ausgeführt werden, jedoch bleibt die Umgebung dieselbe. Mit `login` wechselt man in die Umgebung des anderen Benutzers. Nach der Eingabe des Befehls und dem entsprechenden Benutzernamen erhält man die Aufforderung, das Kennwort des Benutzers einzugeben.

Praxis-Beispiel

`login frida`
es erfolgt die Benutzeranmeldung mit dem Account *frida*

logout – log out

`logout` ist der Umkehrbefehl für `login` und ermöglicht die temporär mit anderem Benutzeraccount angemeldete Umgebung zu beenden.

ls – list screen

Der am meisten genutzte Befehl in der Unix-Umgebung. Mit `ls` zeigen Sie den Inhalt eines Verzeichnisses an. Wird der Befehl einfach im Terminal angegeben, werden alle sichtbaren Dateien und Ordner im aktuellen Arbeitsverzeichnis dargestellt.

Es gibt eine Menge an Parametern, mit denen man den Informationsgehalt oder die Ansicht vorgeben kann. Eine gute Möglichkeit, um eine übersichtliche und informationsreiche Darstellung des Verzeichnisinhaltes zu erhalten, ist die Benutzung der Option `-l`. Damit erscheinen bereits zusätzlich unsichtbare Verzeichnisse und Links zu Unterordnern Zeile für Zeile mit Berechtigungsinformationen.

Praxis-Beispiele

`ls -l /Library/Preferences/`
zeigt den Inhalt des angegebenen Ordners mit Berechtigungsangaben an

`ls -la`
zeigt zusätzlich Verzeichnisse beginnend mit einem Punkt an, die im Finder nicht sichtbar sind

`ls -lae`
gibt die jeweilige ACL mit an, soweit verfügbar

`ls -laeF`
Verzeichnisse werden mit Slash / am Ende angezeigt

`ls -laeFh`
reduziert die Angabe der Objektgrößen auf 2 bis 3 Stellen mit der jeweiligen Maßeinheit

`ls -lS`
zeigt den Inhalt des aktuellen Verzeichnisses in der nach Größe sortierten Reihenfolge

lsof - list open files

Mit `lsof` können diverse Informationen über offene Dateien angezeigt werden. Dieser Befehl kann unter anderem helfen, dazugehörige Prozesse zu definieren.

Praxis-Beispiele

`lsof`
listet alle offenen Dateien und verschiedene Infos dazu an (unter anderem Name und Prozess-ID, sowie Art und Größe)

`lsof /Users/horst/.Trash/Testdatei.rtf`
zeigt die Infos lediglich für die genannte Datei an

M

man – manual page

Weniger ein Befehl als mehr eine Institution im Terminal. Sollte die Syntax oder die Benutzung verschiedener Parameter für irgendeinen Befehl nicht klar sein, ruft man ihn in Verbindung mit `man` auf.

Praxis-Beispiel

`man cp`

ruft die Beschreibung für den Befehl `cp` auf und listet die Parameter und einige Beispiele auf

mkdir – make directory

Mit `mkdir` erstellen Sie einen Ordner. Mit einer Pfadangabe ist die Erstellung auch außerhalb des Arbeitsverzeichnisses möglich.

Praxis-Beispiele

`mkdir Test`

erstellt einen Ordner mit Namen *Test* im Arbeitsverzeichnis

`mkdir -p /Neu/Test`

die Option `p` bewirkt, dass der komplette Pfad angelegt wird

`mkdir Test -m 755`

erstellt einen Ordner mit Namen *Test* und Berechtigung `755`

mv – move

Dateien und Ordner können verschoben oder auch umbenannt werden, wozu allgemein der Befehl `mv` genutzt wird. Nach dem Befehl wird zuerst das zu verschiebende Objekt und danach der gewünschte Pfad angegeben.

Praxis-Beispiele

`mv Testdatei Test`

verschiebt die Datei *Testdatei* in den Ordner »Test«

`mv Test Test2`

verschiebt den Ordner »Test« in den Ordner »Test2«

`mv testdatei testdatei2`

die Datei *testdatei* wird umbenannt in *testdatei2*

N

nano oder pico

Nano (ein *Pico*-Nachbau) ist einer der vielen Terminal-Editoren, der aufgrund der einfachen Bedienung oft genutzt wird. Man bewegt sich zum Beispiel mit den Cursortasten an die gewünschte Stelle und editiert, ohne jedoch zwingend Befehle für die Bearbeitung eingeben zu müssen. Beendet wird der Editor mit `CTRL+x`.

Nano hat zwar den Vorteil der simplen Bedienung und eine Syntax-Hervorhebung, ist aber nicht mit jedem Dateityp kompatibel. An dieser Stelle setzen die Editoren *emacs* oder *vim* an, die jedoch ungleich komplizierter zu bedienen sind und daher Einarbeitung benötigen.

nohup – no hangup

`Nohup` wird in der Regel innerhalb von Scripten benutzt, um zum Beispiel Dienste starten und laufen zu lassen, während die ausführende Shell beziehungsweise das ausführende Script geschlossen wird. Aufgerufene Dienste oder Scripte werden somit von der Loginshell getrennt und Standard- und Fehlerausgaben der Datei `nohup.out` angehängt. Auch für Secure-Shell-Kommunikationen ist die Verwendung von `nohup` sinnvoll, da aufgerufene Prozesse keine permanente SSH-Verbindung benötigen. Mit der Option `&` wird der aufgerufene Dienst in den Hintergrund verschoben.

Praxis-Beispiel

```
nohup ./test.sh &
```

öffnet das Shellscript *test.sh,* der Prozess wird von der laufenden Shell getrennt und in den Hintergrund geschoben

nslookup oder dig
name server lookup oder domain information groper

Mit `nslookup` oder auch `dig` können Internetadressen per Domain-Name Server aufgelöst werden. Sowohl die absoluten als auch IP-Adressen können angefragt werden. Im letzteren Fall spricht man vom *Reverse Lookup.* Beide Befehle können durch bestimmte Operanden spezielle Anfragen senden. `Dig` ist die moderne und etwas ausführlichere Version, die hauptsächlich zur Fehlersuche bei Netzwerk-Auflösungsproblemen benutzt wird.

Praxis-Beispiel »nslookup«

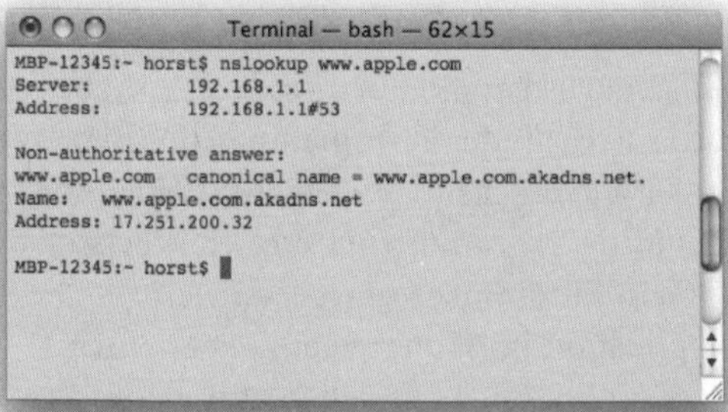

Praxis-Beispiel »dig«

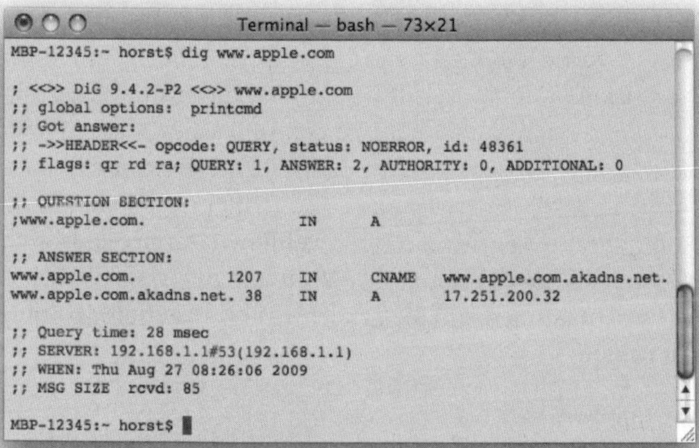

netstat – network status

`netstat` listet je nach Parameterwahl aktuelle Netzwerkprotokollinhalte der Netzwerkschnittstellen auf.

Praxis-Beispiele

`netstat -r`

zeigt den Inhalt der Routing-Tabellen an

`netstat -I en0`

listet einige Netzwerkprotokolldaten für den Ethernetport en0 auf

O

open

Durch den Befehl open wird es möglich, das System zu beauftragen, Dateien und Verzeichnisse außerhalb der Terminalumgebung zu öffnen. Durch einfache Syntax mit der entsprechenden Datei und ohne Angabe von Parametern wird das Standard-Programm zum Öffnen verwendet. Durch die Angabe von `-a` kann ein Programm vorgegeben werden. Die Option `-g` sorgt dafür, dass die Applikation im Hintergrund geöffnet wird.

Praxis-Beispiele

`open test3.rtf`

öffnet das Dokument mit dem Standardprogramm

`open -g -a /Applications/OpenOffice.app/ test3.rtf`

öffnet das Dokument mit *OpenOffice* im Hintergrund

P

ping

Das *Ping*-Programm kennen auch die Windows-Administratoren, indem *Internet Control Message Protocol / ICMP*-Pakete zur Diagnose im Netzwerk verschickt werden können, um die Erreichbarkeit einer definierten Internet-Adresse zu prüfen.

Praxis-Beispiel

`ping -i 5 10.11.12.13`

schickt Echo-Pakete zur angegebenen Adresse im 5-Sekunden-Intervall

ps

Mit ps können aktive Prozesse inklusive ihrer Herkunft aufgelistet werden. Ähnlich wie mit top kann die Anzeige mit verschiedenen Parametern verändert werden.

Praxis-Beispiel

`ps -ax`

listet aktive Prozesse von allen Usern nach ID auf

pwd – primary working directory

Dieser Befehl zeigt Ihnen die Verzeichnisebene an, in der Sie sich gerade befinden – auch Arbeitsverzeichnis genannt.

Q

quota

Mit diesem Befehl werden etwaige benutzerbasierte Disk-Quotas angezeigt.

Praxis-Beispiele

`quota`
zeigt das Quota für den aktiven Benutzer

`quota -q`
zeigt nur den Speicherbedarf über dem `quota` an

R

rm – remove

Mit `rm` können Sie Objekte löschen. Um einen Ordner zu löschen, kann auch `rmdir` benutzt werden. Ist das Verzeichnis jedoch nicht leer, verwendet man `rm` in Verbindung mit der Option `-R`.

Praxis-Beispiele

`rm Testdatei`
löscht eine Datei mit Namen »Testdatei« im Arbeitsverzeichnis

`rm -R Test`
löscht einen Ordner mit Namen »Test« im Arbeitsverzeichnis, auch wenn sich Objekte darin befinden

`rm *.tiff`
löscht alle Dateien mit Endung *.tiff* im Arbeitsverzeichnis

`rm Test test2`
löscht sowohl den Ordner »Test«, als auch den Ordner »test2«

rsync

Mit `rsync` kann auf äußerst effektive Weise ein Abgleich, also eine Synchronisation von Objekten generiert werden. Dabei arbeitet das Programm inkrementell und behält unter anderem auch die Benutzerrechte bei.

`Rsync` wird oft für einfache Backup-Scripte genutzt, ohne auf teure grafikbasierte Backuptools zurückgreifen zu müssen. Die Syntax ist relativ einfach und wird in der üblichen Reihenfolge mit Befehls-Optionen *Quelle Ziel* eingegeben.

Wichtig ist, dass bei Verzeichnisangaben ohne den abschließenden Slash »/« der komplette Quellordner und nicht nur der Inhalt berücksichtigt wird.

Praxis-Beispiele

`rsync -a Test1 /Volumes/Backup/`

erstellt einen Abgleich des Ordners »Test1« mit Beibehaltung der Rechte und speichert ihn auf dem Volume Backup

`rsync -auv  -- delete Test1 /Volumes/Backup/`

gleich der oberen Befehlskette, aber mit Ausgabe der einzelnen durchgeführten Schritte, einer Berücksichtigung etwaiger Updates der Daten am Zielverzeichnis und dem Löschen von Daten, die im Quellverzeichnis nicht mehr vorhanden sind.

S

sudo – superuser do

Mit dieser Befehlsangabe können speziell mit Systemrechten – also *root* – versehene Befehle ausgeführt werden, sofern sich der ausführende Benutzer in der sudoers-list befindet. Als Kennworteingabe ist lediglich das Benutzerpasswort notwendig. Im Unterschied zu su erreicht man mit sudo nur für den eingegebenen Befehl *root*-Rechte. Alle nachfolgenden Befehle ohne Angabe von sudo werden wieder nur vom Benutzer ausgeführt.

su – substitute user oder switch user

Mit su wechselt man in der aktiven Shell zu einem anderen Benutzer und wird dann dieser. In der Regel wird su benutzt, um mit Hilfe eines Admins oder mehreren *root*-Befehlen administrieren zu können. Durch die einfache Eingabe su wird man in der aktiven Umgebung zum *root*, sofern dieser aktiviert wurde (standardmäßig bei OS X deaktiviert, sudo su ist hier sonst möglich). Durch die Eingabe eines anderen Benutzeraccounts wird mit diesem gearbeitet. Mit dem Befehl `exit` kehrt man wieder zurück zum vorherigen Benutzer.

T

top

Durch den Befehl top werden Informationen über System-Prozesse angezeigt. Durch diverse Operanden können Sie zum Beispiel die Relevanz und Reihenfolge ändern.

Praxis-Beispiel

```
top -u
```

zeigt die aktiven Prozesse absteigend nach ihrer CPU-Aktivität.

touch

Der Befehl `touch` wird häufig zur Erstellung einer einfachen Datei verwendet, die Sie zum Beispiel als Textdatei oder für ein Shellscript nutzen können. Mit `touch` können aber auch Zugriffs- und Zeitmodifikationen von Dateien realisiert werden.

Praxis-Beispiel

```
touch Testdatei
```

erstellt eine Datei mit Namen »Testdatei«

U

unzip

Mit `unzip` können mit ZIP archivierte Objekte dekomprimiert werden.

uptime

Dieser Befehl zeigt die Zeit an, die seit dem letzten Einschalten des Computers vergangen ist.

V

vim oder view – vi IMproved

Ein äußerst produktiver Terminal-TextEditor und eine Weiterentwicklung von *vi*, der aufgrund seiner verschiedenen Arbeitsmodi und der komplexeren Bedienung nicht von Jedem geschätzt wird. Einige wandeln die komplexen Bedienungselemente jedoch in Vorteile um und können letztendlich effizienter und schneller zum gewünschten Ergebnis kommen.

Wird *vim* in Verbindung mit dem entsprechenden Dateinamen geöffnet, ist als Standard der Normalmodus aktiv. Das bedeutet, dass alle eingegebenen Buchstaben Befehle bedeuten. Dabei handelt es sich in der Regel um Anfangsbuchstaben von englischen Befehlen, so dass das Merken leichter fallen dürfte. Möchte man Text verändern, schaltet man mit `i` für `insert` in den Eingabemodus. Mit der *esc*-Taste schaltet man wieder zurück zum Normalmodus.

Um mit *vim* vernünftig arbeiten zu können, ist eine Dokumentation hilfreich. Für die eingebaute Hilfe, gibt man `:help` ein. Um den Editor zu beenden, gibt man den Befehl `:quit` ein.

W

w

Mit der simplen Eingabe von `w` erhält man einige Infos darüber, wer eingeloggt ist und was er gerade tut. Es verbindet unter anderem Abfragen von `who` und `whois`.

X und Y

Auch für X und Y gibt es Befehle, die sich jedoch hauptsächlich auf die *X-Window* Umgebung beziehungsweise auf YP-Dienste beziehen.

Z

zip

Hiermit wird das im System integrierte Archivierungstool ZIP benutzt, um Objekte zu komprimieren. Über die man-Page sind diverse Optionen einsehbar, mit denen der Komprimierungsvorgang konfiguriert werden kann. Der Vorteil über das Terminal besteht in der rekursiven Suchmöglichkeit, die einem ziemlich komfortabel ermöglicht, bestimmte Objekte inklusive Pfad zu komprimieren.

Praxis-Beispiel

```
zip -R ~/Desktop/MeinArchiv '*.rtf'
```

sucht, anfangend vom aktuellen Verzeichnis, nach allen Dateien mit der Endung *rtf* und komprimiert sie in das Archiv *MeinArchiv.zip*

Wichtige Kurzbefehle für Mac OS X Snow Leopard

Wichtige Kurzbefehle in Mac OS X

Tastaturbefehle im Finder

Effekt	Tastaturbefehl	Bemerkung
Alias erstellen	⌘+L	vom markierten Objekt
Alles auswählen	⌘+A	im aktiven Fenster
Auswahl erweitern	⇧	gedrückt halten und Objekte markieren
Auswahl einzelner Objekte, auch zwischen verschiedenen Orten	⌘	gedrückt halten und Objekte markieren
Auswerfen	⌘+E	vom markierten Wechselmedium
Darstellungsoptionen	⌘+J	
Duplizieren	⌘+D	vom markierten Objekt
Einstellungen öffnen	⌘+,	
Fenstersuche nach Attribut	⌘+F	
Fenstersuche nach Dateiname	⇧+⌘+F	
Information	⌘+I	vom markierten Objekt
Information aktiv	⌥+⌘+I	aktiv vom jeweils markierten Objekt
In den Papierkorb legen	⌘+←	vom markierten Objekt
Kopie auf gleichem Volume	⌥	gedrückt halten und Objekt bewegen
Neues Fenster	⌘+N	
Neuer Ordner	⌘+⇧+N	
Öffnen	⌘+O	vom markierten Objekt
Öffnen eines Ordners in neuem Fenster	⌘+↖↖	gedrückt halten und Doppelklick auf den Ordner
Papierkorb leeren	⌘+⇧+←	
Papierkorb sofort leeren	⌥+⌘+⇧+←	
Programmwechsel	⌘+⇥	auch aus Programmen ausführbar
Schließen eines Fensters	⌘+W	vom aktiven Fenster
Schließen aller Fenster	⌥+⌘+ W	oder Klick mit gedrückter ⌥-Taste auf den roten Fensterpunkt
Schließen eines Programms	⌘+Q	vom aktiven Programm
Serververbindung öffnen	⌘+K	
Spotlight Suche	➔+⎵	auch aus Programmen ausführbar
Verschieben zwischen verschiedenen Volumes	⌘+↖	gedrückt halten und Objekt bewegen

Tastaturbefehle für Direktzugriff im Finder

Ordner wird geöffnet	Tastaturbefehl
Benutzer	⌘+⇧+H
Computerbereich	⌘+⇧+C
Dienstprogramme	⌘+⇧+U
Netzwerk	⌘+⇧+K
Programme	⌘+⇧+A
Schreibtisch	⌘+⇧+D

Tastaturbefehle in Programmen

Effekt	Tastaturbefehl	Bemerkung
Ausschneiden	⌘+X	von Markierung
Alle auswählen	⌘+A	in aktivem Fenster
Beenden	⌘+Q	
Einfügen	⌘+V	von kopiertem Inhalt
Fenster schließen	⌘+W	von aktivem Fenster
Kopieren	⌘+C	von Markierung
Rückgängig	⌘+Z	von letzter Aktion
Wiederholen	⌘+Y	von letzter Aktion

Tastaturbefehle für den Systembetrieb

Effekt	Tastaturbefehl	Bemerkung
Abmelden	⌘+⇧+Q	
Abmelden sofort	⌥+⌘+⇧+Q	
Ausschalten	⌘➔|↵]+⌥+⌘+⏏	auch aus Programmen ausführbar
Neustart	⌘➔|↵⌃+⌘+⏏	
Ruhezustand	⌥+⌘+⏏	
Sofort beenden	⌥+⌘+esc	es erscheint das Fenster »Programme sofort beenden«

Tastaturbefehle beim Rechnerstart

<table>
<tr><th>Effekt</th><th>Tastaturbefehl</th><th>Bemerkung</th></tr>
<tr><td>Auswurf der CD/DVD</td><td>Maus- oder Trackpadtaste</td><td rowspan="10">gedrückt halten nach dem Einschalten</td></tr>
<tr><td>PRAM/NVRAM Reset</td><td>⌥+⌘+P+R</td></tr>
<tr><td>Startmanager</td><td>⌥</td></tr>
<tr><td>Start von CD/DVD</td><td>C</td></tr>
<tr><td>Start via NetBoot</td><td>N</td></tr>
<tr><td>Target Disk Mode</td><td>T</td></tr>
<tr><td>Sicherer Systemstart</td><td>⇧</td></tr>
<tr><td>Single User Mode</td><td>⌥+S</td></tr>
<tr><td>Verbose Mode</td><td>⌥+V</td></tr>
<tr><td>Umgehung gewähltes Startvolume</td><td>⌥+⌘+⇧+←</td></tr>
<tr><td>Start von Hardware Test DVD (Wiederherstellungs DVD)</td><td>D</td><td>gedrückt halten nach dem Einschalten
(u. U. auch ohne DVD)</td></tr>
</table>

Nachwort und Danksagung

Wenn man ein Nachrichten- und Lifestyle-Magazin technisch betreut, das regelmäßig jede Woche neu am Kiosk ausliegt, lässt sich erahnen, welcher Stressfaktor besteht – nicht aber, mit welchen Anforderungen man konfrontiert werden könnte. Im Zeitschriftenverlag *Gruner + Jahr AG & Co. KG* sind wir im redaktionellen Support für alle Redaktionen zuständig, was die Anforderungen im Clientmanagement zum Teil hochgradig strapaziert.

Die Clientlandschaft in den Redaktionen besteht dabei überwiegend aus Apple-Computern und ich bin in vielen Situationen froh darüber gewesen, mit dieser Technologie zu arbeiten.

Gerade wenn sich Journalisten in Krisengebieten im Einsatz befinden und dort unter widrigen Umständen ihrer Arbeit nachgehen, im schlimmsten Fall ohne ein Zurückgreifen auf Infrastruktur vor Ort, muss die eingesetzte Technik tadellos funktionieren und bei Notwendigkeit auch *remote* unterstützt werden können. Fotoreporter mit Satellitentelefon und mobilem Computer verlassen sich dann auf uns – die Techniker. Oft bereit, das Unmögliche möglich zu machen.

Wir Techniker sind eigentlich eine gebrannte Klientel, die oft – unbeachtet der erbrachten Dienstleistungen – als selbstverständlich und immer bereit gelten. Ein Kollege von mir sagte einmal, dass der IT-Betreuer als »notwendiges Übel« angesehen wird. Allerdings könnte man sagen, dass dies für viele Tätigkeiten gilt, bei denen es um Unterstützung und Hilfe geht. Ob nun die Krankenschwester, der Assistent, der Busfahrer oder der Handwerker. Die Tätigkeiten selbst könnten unterschiedlicher nicht sein; und doch haben alle eines gemeinsam: **Es ist ihre, von anderen häufig unterschätzte hohe Leistungsbereitschaft, es jedem recht zu machen.**

Ein Computer muss eben funktionieren. Funktioniert er nicht, wird geflucht und nicht immer nur auf die Technik geschimpft. Auf sich selbst nur selten. Tja, und wir müssen es dann richten. Wir IT-Administratoren und Supporter. Wir Windows- und Mac-Fachleute.

Den Computer, der sich in allen Situationen und Problemen selbst hilft und vor allem den Anwender so gut berät, dass er alle Aufgaben damit lösen kann, gibt es nicht und wird es wohl auch zukünftig bis in die letzte Konsequenz kaum geben. Und daher müsste es eigentlich klar sein, dass wir Supporter kein notwendiges Übel sind, sondern die »Kollegen mit den heilenden Händen«, die die Kiste in mancher Notsituation wieder zum Laufen bringen.

In diesem Sinne dürfen sich mit diesem Buch alle Menschen angesprochen fühlen, die mit einem Mac Arbeit verrichten, oder andere Menschen unterstützen, die mit dem Mac Arbeit verrichten, oder andere Leute kennen, die ...

Nebenbei: Was jetzt Handwerker oder Krankenschwestern mit Macs gemeinsam haben? Nun, ich kenne einige und weiß, dass sie den Mac zu schätzen wissen.

Es gibt viele Unternehmen und IT-Verantwortliche, die sich mit dem Gedanken befassen, Apple-Clients zu integrieren oder dies bereits hinter sich haben. Aus diesem Grund ist dieses Buch mit Unterstützungscharakter entstanden – denn Betriebssystem-Handbücher gibt es diverse am Markt. Nicht jede einzelne Frage innerhalb der Administration und den Einsatz von Macs in Unternehmen kann dieses Buch bis ins letzte Detail beantworten. Jedoch kann das ein oder andere Thema vielleicht bereits die richtige Richtung weisen.

Abschließend möchte ich noch sagen, dass es nicht einfach war, die heutige technologische Aktualität und den Fortschritt während der Bearbeitung dieses Buches zu berücksichtigen. Hatte ich mich mit einem Thema beschäftigt und dieses in Zeilen für das Buch umgewandelt, stand zwei Tage später dazu ein News-Beitrag im Internet, welche Alternativen es gibt beziehungsweise dass für diese Anforderung nun eine komplette Lösung zum Kauf existiert. Unternehmen haben ihre Produkte verändert oder sogar ganz abgekündigt. Es war eine Herausforderung, mit der zur Verfügung stehenden Zeit so viel wie möglich umzusetzen und so aktuell wie möglich zu bleiben – was für ein statisches Buch im technischen Segment fast unmöglich ist.

Aber nicht nur deshalb möchte ich einigen Leuten danken, die mich mit Tipps gefüttert haben, sondern vor allem aufgrund der tatkräftigen Unterstützung während meines »Trippellebens« als Supporter, Autor und natürlich als Familienvater. Ohne meine Frau, meine Eltern und meine Arbeitskollegen würden die Seiten noch immer weiß sein. Auch besten Dank an Christian Mattern, Tim Lührs, Marc Kuschel, Marc Holstein und Peter Ridzuan Bin Ismail, die mich in den Bereichen Sicherheit mit dem Mac, Terminalbefehle, Imaging und Support zwischen den Plattformen unterstützt haben. Vielen Dank auch an Gerhard Beck von *CCONE.at*, der mich um einige Fakten im Rahmen der Clientbetreuung verschiedener Plattformen aus Sicht eines Dienstleisters bereichert hat und an Volker Lensch, der in mir die Motivation entfachte, mal etwas Neues zu wagen.

Auch Ihnen, liebe Leserinnen und Leser, danke ich nochmals für Ihr Interesse. Sollte Ihnen das Buch gefallen haben oder haben Sie Anregungen zum Buch, kontaktieren Sie doch bitte den Verlag unter `leser@mandl-schwarz.de`
Wir freuen uns auf Ihr Feedback!

Ausführliches Stichwort-Verzeichnis

C

D

E

F

G

H

I

N

O

P

Q

R

S

XY

Z

jetzt bestellen auf www.mandl-schwarz.com

Daniel Mandl
Das Grundlagenbuch zum Betriebssystem
"Snow Leopard" in der Praxis
ISBN 978-3-939685-17-3
ca. 560 Seiten
EUR 34,80 (D) / CHF 54,50*

vierfarbig!

Daniel Mandl
iTunes 09: iPhone, iPod & Apple-TV
Musik, Filme und mehr –
unterwegs und im Heim-Netzwerk
ISBN 978-3-939685-16-6
192 Seiten
EUR 19,90 (D) / CHF 35,–*

Hans Dorsch
iPhone 3G –
iPod, Telefon und Internet
ISBN 978-3-939685-05-0
184 Seiten
EUR 19,90 (D) / CHF 35,–*

* in der Schweiz:
unverbindliche Preisempfehlung